中国における
生物多様性の
保全とその実践

張恵遠・郝海広・張強 ほか [著]
三潴正道 [監訳]　やまもも [訳]

科学出版社 東京

序　文

　人類の生存と発展の基礎として、生物多様性は、生態系サービスを提供し、生態系の安定を維持するとともに、グリーン発展の重要な保障であり、さらにはグリーン転換を推進する戦略資源でもある。長い間、従来型の粗放な発展方式は生物多様性、生態系の安定に大きな災難をもたらし、人類の持続可能な発展に影響を与えた。「殺鶏取卵、竭澤而漁（鶏を殺して卵を取り、池をさらって魚を取る）といった目先の利益を追う発展方式は行き詰まるが、自然に順応し生態を保全するグリーン発展には未来がある」ということである。目下、世界の工業化・都市化は依然として本格的な推進段階にあり、資源消費の「上限」と生態環境の「下限」という制約は一層際立ち、経済発展の質と効率の改善、構造転換と高度化といった要請は一段と高まっている。

　生物多様性を保全し、グリーン発展を推進することは、現在の国際社会における共通認識であり、一国のエコ文明レベルと持続可能な発展能力を測る重要な指標でもある。世界各国はいずれもグリーン発展を重大な戦略的選択肢としてはいるが、世界のグリーン発展プロセスは依然として満足のいくものではない。2020年以来、新型コロナウイルス蔓延と世界経済衰退の影響を受け、生物多様性保全であれグリーン発展であれ、いずれも大きな衝撃と試練に直面し、人と自然が共生するエコ文明社会の実現は任重くして道遠く、実践的な探索を早急かつ本格的に展開し、生物多様性保全とグリーン発展が新たな段階に踏み出すよう推進する必要がある。

　中国は世界で生物多様性が最も豊かな国のひとつである。中国政府はこれまで生物多様性保全活動を非常に重視し、国務院副総理を主任とする中国生物多様性保全国家委員会を設立し、生物多様性保全を国家戦略に格上げして、「中国生物多様性の保全戦略・行動計画」（2011-2030年）と「国連生物多様性10年の中国行動計画」を発表し、一連の法規・政策・計画を打ち出し、生物多様性保全を各部門・各地域の関連する構想・計画に組み込み、多くの重大プロジェクトを実施して、生物多様性保全活動は顕著な成果を上げた。十八全大会以降、中国はエコ文明建設を「五位〔経済建設・政治建設・文化建設・社会建設・エコ文明建設〕一体」全体配置の重要な構成内容とし、美しい中国を奮闘目標とし、生態環境保護活動をよ

り明確に位置づけ、グリーン発展をより速く推進して、人と自然の共生の促進に努めてきた。中国は生物多様性保全とグリーン発展の実践的な探索を推進し、中国がエコ文明建設を本格的に推進するために重要な経験を蓄積しただけでなく、世界の持続可能な発展のために重要な手がかりも提供した。

「生物多様性条約」第15回締約国会議（COP15）は「エコ文明——地球生命共同体を共同で構築する——」をテーマに中国昆明市〔雲南省〕で開催される[1]。グローバルエコ文明建設の推進を加速させ、2050年には生物多様性の持続可能な利用と広範な享受という「生物多様性条約」の目標を実現するよう努力することは、人と自然が共生するというすばらしいビジョンの実現と人類の福祉向上に重要な意義を持っている。本書は今回の会議を契機として、中国がエコ文明建設過程において生物多様性保全とグリーン発展を推進する面で行った活動と成果を主に3つの視点から示し、党中央が全国人民を率いて人と自然の調和のとれた発展を共に促進する揺るぎない決意を示し、グローバルエコ文明建設と生態環境保護をリードする中国の大国としての責任を示した。3つの面とは、第一に、中国のエコ文明理念と生物多様性保全に対するその重大な意義を詳述し、中国の生物多様性保全の法規・政策などを総括すること。第二に、生物多様性を保全し、緑の山河から金山銀山への転化を推進する典型的な事例・経験モデル・実践効果を整理すること。第三に、生物多様性保全とグリーン発展を共に実現する対策措置を提案し、人と自然の共生の実現をサポートすることである。

本書の内容は、主に生態環境部予算プロジェクト「生態環境保護の監督・管理」「生態環境保護による貧困扶助とペアリング支援」、国家自然科学基金プロジェクト「典型的生態脆弱区の景観多機能トレードオフと生態リスク制御メカニズムの研究」（41871196）、「涇河〔陝西省西安北部の河〕流域生態系保護政策駆動下の生態系サービスフロー研究」（41701601）の研究成果に基づいている。

本書は張恵遠が主編者となり、郝海広、張強が原稿の統一を行った。各章の執筆者は、第一章：劉海燕、張恵遠、郝海広、張強、張哲。第二章：馮丹陽、張強、張恵遠、郝海広、王宝良。第三章：周美華、張強、張恵遠、郝海広、王宝良。第四章：呉保鋒、張哲、張恵遠、郝海広、張強、李円円。第五章：張哲、管夢鸞、

---

1 本書の中国語版は2021年6月刊行。当初、COP15は2020年10月に中国・昆明市で開催予定だったが、新型コロナウイルスの影響で延期となり、2022年12月、カナダのモントリオールで開催された。

張恵遠、李毓琛、雛新萍、張強、郝海広。第六章：李娟花、郝海広、張恵遠、張強、方磊、舒昶。第七章：劉煜傑、林青霞、張恵遠、張超、郝海広、張強、朱粟鋒。第八章：李円円、張恵遠、郝海広、張強、張哲である。

　「緑の山河は金山銀山であり、生態環境の改善は生産力の発展である。良好な生態そのものに無限の経済価値が含まれていて、総合的な効果と利益を絶えず生み出し、経済社会の持続可能な発展を実現することができる」「我々は自分の目を大切にするように生態環境を大切にし、生命を扱うように生態環境を扱い、エコ文明の基礎を共に築き、グリーン発展の道を共に歩まねばならない！」。生物多様性の価値に対する人類の認識と重視のレベルが向上し続けていることは、生物多様性保全の内生的原動力になるであろう。生物多様性を保全し、グリーン発展を推進するには、世界各国が心を合わせて協力し、共に地球を守り、万物が調和した美しいふるさとを共に建設しなければならない。

著者
2020年10月

目　次

第1章　生物多様性保全とグリーン発展の関係 ……………………… 1
第1節　生物多様性の定義とレベル ………………………………… 1
1．生物多様性の定義 …………………………………………………… 2
2．生物多様性のレベル ………………………………………………… 5
第2節　生物多様性の価値と意義 …………………………………… 11
1．生物多様性の価値 …………………………………………………… 11
2．生物多様性の重要な意義 …………………………………………… 14
3．生物多様性保全の経済的意義 ……………………………………… 20
第3節　生物多様性と人類発展の関係の変遷 ……………………… 21
1．古代原始文明における天然資源への単純な依存 ………………… 22
2．農業文明における天然資源の低レベル利用 ……………………… 23
3．工業文明における天然資源の過度な開発 ………………………… 25
4．エコ文明の提唱による生物多様性の保護・利用の共同推進 …… 27
第4節　生物多様性保全とグリーン発展 …………………………… 30
1．グリーン発展は人類社会の持続可能な開発の必然的選択肢 …… 30
2．生物多様性はグリーン発展の重要な表象と基礎 ………………… 32
3．生物多様性への投資がますます多くの国の選択肢に …………… 33

第2章　中国エコ文明建設とグリーン発展 …………………………… 35
第1節　エコ文明・グリーン発展と生物多様性保全 ……………… 35
1．エコ文明は人と自然の共生実現を推進する中国プラン ………… 35
2．グリーンはエコ文明建設のテーマカラー ………………………… 48
3．エコ文明は生物多様性を擁護 ……………………………………… 50
第2節　中国がエコ文明とグリーン発展を推進した歴史的過程 … 53
1．エコ文明建設の萌芽段階 …………………………………………… 54
2．エコ文明建設の育成段階 …………………………………………… 54

3．エコ文明建設の発展段階 ·· 55
　　4．エコ文明建設の成形段階 ·· 56
　　5．エコ文明建設の本格化・高度化段階 ··· 57
　第3節　中国エコ文明建設の成果 ··· 58
　　1．エコ文明体制建設における段階的整備 ··· 59
　　2．生態環境における質の継続的改善 ·· 62
　　3．生態経済建設における積極的進展 ·· 65
　　4．生態系建設における社会的・文化的ムードのさらなる向上 ········ 66

第3章　国際的な生物多様性保全とグリーン発展行動 ······························ 71
　第1節　生物多様性保全とグリーン発展に関する国際条約 ······················ 71
　　1．生物多様性保全条約とその履行システム ···································· 71
　　2．その他の生物多様性保全に関する国際条約 ································ 77
　第2節　世界主要国の生物多様性保全活動 ·· 87
　　1．生物多様性保全における国際政策の変遷 ···································· 87
　　2．典型的な国家生物多様性戦略行動 ·· 91
　第3節　国際的な生物多様性保全とグリーン発展の典型的手法・事例 ······ 99
　　1．主要国の典型的手法・事例 ·· 99
　　2．生物多様性保全に基づくグリーン発展政策措置 ······················· 107
　第4節　国際的な生物多様性保全とグリーン発展の動向 ······················· 111
　　1．グリーン発展を推進し、生物多様性保全の多重目標をより重視する ··· 112
　　2．自然に基づく解決策の堅持により、人と自然の共生を実現する ······· 113
　　3．生態学的な価値の転換を重視し、人類福祉を向上させる ········· 114
　　4．多国間主義を提唱し、地球生命共同体を共に建設する ············· 115

第4章　中国生物多様性の調査と保全の状況 ·· 116
　第1節　生物多様性調査システムの段階的整備 ······································ 116
　　1．生物多様性の調査とモニタリング ·· 116
　　2．重要生態システム調査の全面的展開 ·· 119
　　3．重要生物類群特別調査の積極的展開 ·· 121
　第2節　動植物の遺伝資源保全状況 ·· 124
　　1．絶滅危惧動植物における遺伝資源保全の継続的強化 ··············· 124

vii

2．環境指標動植物における遺伝的多様性保全の重視 ················ 127
　　3．外来侵入動植物の遺伝的多様性に対する研究と予防・対策の実施 ···· 130
　第3節　種の多様性保全における著しい成果 ························ 133
　　1．野生植物における多様性の効果的な保全 ······················ 133
　　2．野生動物における多様性保全の著しい成果 ···················· 137
　　3．微生物資源の巨大な潜在能力 ································ 140
　第4節　生態システムにおける質の明らかな変化 ···················· 140
　　1．森林被覆率の明らかな向上 ·································· 143
　　2．低木生態システム面積の若干の減少 ·························· 146
　　3．草地生態システムにおける転換の実現 ························ 147
　　4．湿地生態システム保全率の向上 ······························ 148
　　5．農地生態システム面積全体の効果的制御 ······················ 150

第5章　生物多様性保全とグリーン発展の主な取り組みと成果 ········ 152
　第1節　生物多様性保全法規制度の整備 ···························· 152
　　1．法律法規 ·· 153
　　2．政策制度 ·· 159
　第2節　生物資源の合理的利用によるグリーン発展の推進 ············ 163
　　1．生物資源保全の強化 ·· 164
　　2．グリーン発展の推進 ·· 167
　第3節　保全空間の設定による重大生態プロジェクトの配置・実施 ···· 174
　　1．保全空間の設定 ·· 174
　　2．山・河・森・農地・湖・草原システムの保全・修復 ············ 180
　　3．天然林の保全 ·· 180
　　4．湿地の保全・修復 ·· 182
　第4節　目標責任制の実行による法執行・監督の厳格化 ·············· 182
　　1．目標責任制の実行による生物多様性保全主流化の実現 ·········· 183
　　2．法執行・監督の厳格化による野生動物狩猟の根絶 ·············· 187
　第5節　能力開発強化によるグリーン宣伝の展開 ···················· 190
　　1．組織作り ·· 190
　　2．人材育成 ·· 194
　　3．協力・交流 ·· 195

4．生物多様性保全とグリーン発展の宣伝·· 200

第6章　都市の生物多様性保全と調和のとれた住環境づくり ············ 204
第1節　生物多様性保全の都市建設計画への組み込み ···························· 204
　　1．生物多様性保全の都市建設計画への組み込みに関する発展過程······ 205
　　2．生物多様性保全の都市建設計画への組み込み事例························· 206
　　3．生物多様性保全を都市開発計画へ組み込む意義····························· 211
第2節　調和のとれた住環境と都市景観設計 ·· 212
　　1．自然景観要素と都市景観設計··· 212
　　2．都市景観設計における自然的要素··· 213
　　3．都市景観設計に自然の要素を取り入れる意義································ 215
第3節　都市の生態回廊建設·· 217
　　1．生態回廊の概念とタイプ··· 217
　　2．都市生態回廊の機能·· 218
　　3．都市生態回廊の実践·· 221
第4節　グリーン都市化の提案と内容··· 225
　　1．グリーン都市化の提案·· 225
　　2．グリーン都市化の内容·· 229
第5節　都市におけるグリーン発展の推進と生物多様性保全活動の事例···· 233
　　1．京津冀協同発展の堅持するテーマカラーは「グリーン」················ 233
　　2．雄安新区〔河北省〕建設は「緑を植えてから都市を築く」という
　　　　新理念を採用··· 240
　　3．上海市は庭園緑化建設に力を入れ、都市の生物多様性保全を促進···· 243

第7章　生物多様性保全と農村におけるグリーン発展の実践 ············ 248
第1節　生物多様性保全と農村におけるグリーン発展の主な方法 ············ 248
　　1．グリーン発展は背景となる特色ある生物資源の強みに立脚すべき ····· 248
　　2．生物多様性保全とグリーン発展には多方面の参画・保障が必要······· 249
　　3．エコツーリズムは生態資源の生態資産への転換を推進する効果的な
　　　　手段·· 250
　　4．改革・革新は生物多様性保全とグリーン発展を協調推進するための
　　　　ブースター·· 251

5．第一〜三次産業の融合は農業生産による生物多様性破壊の軽減に有益‥252

第2節　生物多様性保全と貧困脱却の難関攻略‥253
　　1．ケース1：湖北省五峰トゥチャ族自治県——特色ある「蜂薬
　　　　〔蜂蜜と中薬材〕」産業が貧困脱却を支援‥254
　　2．ケース2：四川省平武県
　　　　——生物資源の掘り起こしによる生態型貧困支援の牽引‥259
第3節　生物多様性保全と農村振興‥268
　　1．ケース1：河北省囲場満族モンゴル族自治県
　　　　——生態多様性の回復による金山銀山の築造‥269
　　2．ケース2：陝西省留壩県
　　　　——本場中薬材による農村産業の基盤構築‥276
第4節　生物多様性保全と農村のグリーン発展‥281
　　1．ケース1：浙江省安吉県——2枚の「葉」がグリーン発展を後押し‥283
　　2．ケース2：福建省武夷山市
　　　　——生物多様性保全重要地域におけるグリーン経済への転換‥292

第8章　生物多様性保全とグリーン発展戦略対策‥301
第1節　生物多様性保全とグリーン発展の主な問題‥301
　　1．生物多様性の減少傾向、未だ止まらず‥302
　　2．生息環境・生息地が占拠・破壊に遭遇‥306
　　3．外来種の侵入リスクは依然として大きいまま‥308
　　4．生物多様性保全と管理制度・政策の完全化が必要‥308
　　5．生物多様性保全任務の実施は未だ推進が必要‥310
　　6．生物資源の粗放的利用‥310
　　7．気候変動の影響が絶えず増大‥311
第2節　生物多様性保全とグリーン発展の戦略目標‥311
　　1．国家の重要な戦略と計画で確定した戦略目標‥312
　　2．新時期生物多様性保全目標設定の重点的研究内容‥312
第3節　生物多様性保全とグリーン発展の主な対策と任務‥316
　　1．生物多様性保全重要プロジェクトの持続的推進‥316
　　2．生物多様性基礎調査の本格的展開‥316

3．国家公園保護地システム構築の加速 ································· 318
　4．生物多様性保全と利益配分に関する法規制度の整備 ····················· 320
　5．生物多様性保全への国民参加の促進 ································· 321
　6．生物資源の持続可能な利用モデルの探索と普及の加速 ················· 322

参考文献 ··· 325

監訳者あとがき ··· 344

凡　例

・文中の〔　〕は訳者による補記または修正を示す。
・欄外注はすべて訳注。

第 1 章　生物多様性保全とグリーン発展の関係

　生物多様性とは人類がその存続を託す物質的条件であり、経済社会の持続可能な発展の基礎であり、生態系の安定と食糧の安全の保障である。人類発展の歴史は、さまざまな生物と密接不可分の関係にあり、各種の生物資源は人類に生存のための物質的基盤を提供し、人類の衣食住や交通手段を保障し、人類の経済、社会、生態系の持続可能な発展の基礎を築いた。従来型の経済発展モデルの多くは、生態系バランスの破壊、エネルギーと資源の大量消費を特徴とする直線型経済で、しばしば資源の過度な開発を引き起こし、生態系の安定を脅かす。従来の経済モデルと比較して言えば、グリーン発展は、人類の生存環境を維持し、エネルギーと資源を合理的に使用することを特徴とする持続可能な経済発展モデルであり、現代社会の新しいタイプの経済モデルと発展形態であり、生物資源の保全と利用の政策的サポートとなる。現在、生物多様性とグリーン発展の関係についての認識は依然として発展途上であり、その概念の内容と発展過程に対して系統的な整理を行う必要がある。

第 1 節　生物多様性の定義とレベル

　生物資源の合理的な利用と効果的な保全は、世界の関心事であると同時に、矛盾した困難な任務である。生物多様性の概念と内容はこれまで学界が共同で検討し、絶えず整備してきた課題であるため、生物多様性の内容を整理し、人間の生態システムの形成に対する多様な種の重要性を理解し、さらに生態環境と経済の持続可能性を調和させることは、生物多様性の持続可能な発展を実現する基礎であり、生物多様性の研究で注目されているポイントでもある。

1. 生物多様性の定義

(一) 定義の変遷

　生物多様性という概念は、米国の野生生物学者で自然保護活動家のレーモンド F. ダスマン（Raymond F. Dasmann）が 1968 年に著書『異なる類いの国（A Different Kind of Country）』の中で最初に提唱したもので、その英語は biology と diversity の組み合わせ、すなわち biological diversity である。その後 10 年以上、この言葉はさほど広く認識されず、普及することはなかったが、1985 年になって、ローゼン（W. G. Rosen）が初めて「生物多様性」の略称 biodiversity を使用し、そして 1986 年に初めて刊行物に登場した。これより「生物多様性」はようやく科学と環境の分野で広く普及し、使用されるようになった。1984〜1986 年、多くの学者が生物多様性という概念の提示を試みたが、いずれも明確ではなかった（Wilcox, 1984、Norse, 1986）。米国議会技術評価局（OTA）は 1987 年に生物多様性に対しより明確な定義を与えた。すなわち、生物間の多様性と変異性、および種の生息・生育環境における生態系の複雑性である。

　1989 年から現在まで、生物多様性という概念について多くの学者や機関が詳述・解析し、学問の発展の中で生物多様性の概念は絶えず変化している。生物多様性に対して、世界自然保護基金（WWF）は、地球という生命の宝庫で、無数の植物・動物・微生物、それらに含まれる遺伝子、およびそれらからなる複雑な生態システムであると定義した（WWF, 1989）。国際鳥類保護会議（ICBP）は、すべての遺伝子・種・生態システム、および生物が関与するさまざまな生態学的プロセスを含む、地球上のすべての生命の多様化であると定義した（ICBP, 1992）。「生物多様性条約」の定義では、それは陸地・海洋や、その他の水生生態システムおよびそれらが構成する生態系複合体を含むあらゆる源の多種多様な生物を含み、種の内部、種の間、生態システムの多様性を含む、とした。

　中国の学者馬克平（1993）は、生物多様性とは、生物とそれが環境と形成する生態系複合体、およびそれと関連するさまざまな生態学的プロセスの総和であり、生態システムの多様性、種の多様性、遺伝（遺伝子）の多様性という 3 つのレベルで組成されることを提示した。彼はさらに、生物多様性は、生物とそれが環境と形成する生態系複合体および関連する生態学的プロセスの総和であり、生物と生存環境が形成する複雑な生態システムの多様性と景観の多様性を含むと提示した（馬克平，1993）。銭迎倩（1994）は、生物多様性とは、百万単位の動物・植物・

微生物とそれらが持つ遺伝子、およびそれらがその生存環境と形成する複雑な生態システムを含む、生物と、生物が環境と形成する生態系複合体および関連するさまざまな生態学的プロセスの総和であり、生命システムの基本的な特徴であると考えた。2011 年、中国環境保護部（現生態環境部）は生物多様性の定義を、生物（動物、植物、微生物）と環境が形成する生態系複合体および関連するさまざまな生態学的プロセスの総和であり、生態システム・種・遺伝子の 3 つのレベルを含む、と示した（中華人民共和国環境保護部, 2011）。このほか、林学用語審議委員会（2016）は、生物多様性とは一定地域の各種生物、およびこれらの生物で構成される生命総合体の豊かさであり、遺伝子の多様性、種の多様性、生態システムの多様性など多くのレベルを含むと考えている。

（二）内容とレベル

分野が異なれば、生物多様性に対する理解や関心度も異なる。多くの学者や機関（馬克平, 1993、銭迎倩, 1994、陳霊芝, 1993、李俊清, 2012、薛達元, 2011、林学用語審議委員会, 2016）は、生物多様性という言葉には少なくとも 3 つの意味、すなわち生物学的、生態学的、生物地理学的な生物多様性があってしかるべきと考えている。①生物学的意義：代謝・生理・形態・行動などの面で生命実体群（主に種とそれ以下の実体を指す）の表現する差異性に重点を置くことが多い。例えば生命有機体、分類学生物の多様性。②生態学的意義：主に組成・構造・機能・動態などの面での群落・生態システム・景観の差異性を指す。例えば生態・種・生育環境の多様性。③生物地理学的意義：異なる分類群あるいはその組み合わせの分布特徴・差異を指す。例えば植物区系の多様性。

ここまでの学者は生物多様性を 3 つのレベル、すなわち遺伝子の多様性、種の多様性、生態システムの多様性に分けた（馬克平, 1993）。しかし、生態システムの多様性という概念を受け入れない学者もいる。例えば、Hawksworth（1994）は、生態システムには有機体群落と無機的環境の 2 つの部分が含まれているが、後者には明らかに生物多様性がないと考えている。遅徳富ほか（2005）は、生態システムの多様性は、遺伝子の多様性、種の多様性とまとめて生物多様性と呼ばれるが、後の二者とはかなり大きな違いがあると指摘している。一方で、生態システムの多様性は、より高く複雑なレベルでの、遺伝子の多様性と種の多様性の現れである。また一方で生態システムの多様性は異なる種や生物群落を含むほか、生物の生息・生育環境や生態学的プロセスとも密接に関係している。生態システム

の多様性の形成は、一方で各種の生態システムを構成する生物群落の違いに左右され、また一方で生態システムにおける環境因子の特異性と関連する。

　景観の多様性というレベルでの議論も大きくなってきている。王伯蓀ほか(2005)は、景観の多様性とは景観単位の構成と機能面の多様性を指し、それには個々のパッチの多様性、類型の多様性、構造の多様性を含み、主に景観を組成するパッチの数・大きさ・形状・景観類型・分布と、パッチ間の接続性・連結性などの構成と機能面の多様性を研究した。景観の多様性と生物多様性は、研究内容においても研究方法においても若干異なり、生物多様性とは明らかに異なる概念と内容だが、景観の多様性のレベルはその後徐々に受け入れられてきた（馬克平, 1993、銭迎倩, 1994）。かなり大きな時空間スケールにおいて、景観の多様性は他のレベルの生物多様性の背景をつくり上げ、その上、他のレベルの生物多様性と密接に関係し、物質移行、エネルギー交換、生産力レベル、種の分布・拡散などに対して重要な影響力を持ち、生物多様性の重要な組成部分である。

　文化的多様性を生物多様性の組成成分とする学者もいる（張新時, 1994）。すなわち言語、宗教・信仰、社会構造など人類社会の特徴に現れる多様性である（裴盛基ほか, 2012）。文化的多様性とは、異なる文化的背景あるいは同じ文化的背景の下で、人類による生物多様性の保全と持続的利用方式の多様化、および文化的背景の違いによって反映される人類の生活方式や異なる環境の中で取り入れられた生存戦略の多様化を指す（陳霊芝・馬克平, 2001）。文化的多様性は生物多様性に対する保全と利用の方式または影響に属するべきで、生物多様性の中に置くべきではない。

　要するに、生物多様性は生物資源が豊かで多彩であることの象徴であり、また生物間およびその生存環境との複雑な相互関係の現れでもあり、生物と環境の共進化の結果でもある。生物と環境は物質循環・エネルギー流動・情報交流を通じて比較的安定した開放システムを形成し、人類が生存を託す生物多様性と生態システムを維持している。以上のように本書における生物多様性とは、生物および、生物が環境と形成する生物分類群のレベル構造と機能の多様性であり、遺伝子の多様性、種の多様性、生態システムの多様性、景観の多様性という4つのレベルを含む。

2. 生物多様性のレベル
（一）遺伝子の多様性

　遺伝子の多様性（genetic diversity）とは、すなわち種内の遺伝子と遺伝型の多様性のことである。いかなる種の個体も大量の遺伝子型を維持しており、いずれも遺伝子プールである。遺伝子の多様性は生物多様性の重要な組成部分として、生態システムの多様性と種の多様性の基礎であるため、非常に重要な研究意義がある。遺伝子の多様性は、分子・細胞・個体という3つの面における遺伝的変異の多様性を含み、種と群落の多様性に決定的な役割を果たす。1900年のメンデルによる遺伝法則の発見は、遺伝子の多様性研究に基礎を築いた。

　広義の遺伝子多様性とは、地球上の植物・動物・微生物といった個体の遺伝子に秘められた遺伝情報の総和を指す（McNeelyほか，1990）。狭義の遺伝子多様性は主に生物種内遺伝子の変化を指し、種内の著しく異なる個体群間と同一個体群内の遺伝的変異を含む（WRIほか，1992）ため、遺伝子の多様性は変異レベルの高低を含むだけでなく、変異の分布パターン、すなわち個体群の遺伝的構造も含む（夏銘，1999）。遺伝子の多様性については異なる観点から異なる説がある。施立明（1990）は、遺伝子の多様性とは分子・細胞・個体の3つのレベルに現れる種内と種間での遺伝的変異度であると考えている。季維智と宿兵（1999）は、遺伝子の多様性とは、広義には分子・細胞・個体の3つのレベルに現れる種内あるいは種間の遺伝的変異度を指し、狭義には主に種内の異なる群体間と個体間の遺伝的多型の程度を指すと考えている。遅徳富ほか（2005）は、遺伝子の多様性とは、地球上のすべての生物が持つ遺伝情報の総和、つまり、さまざまな生物が持つ多種多様な遺伝情報を指すと考えている。張風春ほか（2015a）は、遺伝子の多様性とは、ある種の遺伝子組成における遺伝的特徴の多様性を指し、種内の異なる個体群間あるいは同一個体群内の異なる個体の遺伝的変異を含むと考えている。馮暁輝（2015）は、遺伝子の多様性は遺伝的多様性とも呼ばれ、生命体内で性質と形状を決定する遺伝子とその組み合わせの多様性を指すと考えている。

（二）種の多様性

　種の多様性（species diversity）とは、種レベルの多様性を指す。理論上、種の多様性は地球上のすべての生物種とその各種変化の全体を指し、種レベルにおける生物多様性の表現形式である。通常では、異なる種の出現頻度や多様性、あるいは地球上の動物・植物・微生物などの生物種の豊富さを指すこともある。1つ

の地域の種の多様化については、分類学・生物地理学などの視点から、種の多様性の規模・形成・進化、種が脅かされている現状、および種の持続可能な研究を展開することができる。

学者によっては種の多様性に対する定義もそれぞれ違う。遅徳富ほか（2005）は、種の多様性とは一定区域内の種の多様化とその変化であり、一定区域内の生物区系の状況・形成・進化・分布構造およびその維持メカニズムを含むと考えている。また、張風春ほか（2015 a）は、種の多様性とは「1回の個体採集（データセット）における、異なる種の有効種数、および一定時間・一定空間でのそれぞれの種の個体分布の特徴であり、種の豊かさと種の均一度を含む」と定義した。種の多様性は種レベルでの生物多様性の表現形式であり、地球上の動物・植物・微生物などの生物種の豊富さを指すとの説もある（馮曉輝，2015）。

種の多様性は生物多様性のカギであり、それは生物の間および生物と環境との間の複雑な関係を体現し、また生物資源の豊富さを体現している。種の多様性は主に2つの面を含む。①一定の区域内の種の豊富さを指し、区域的多様性（regional diversity）と称することができる。②生態学における種の分布の均一度を指し、生態学的多様性（ecological diversity）または群落種多様性（蒋志剛ほか，1997）と呼ぶことができる。地域的多様性の面では、地域種調査を通じて、分類学・系統学・生物地理学の角度から、一定の時空間スケールにおける種の総数の形成、移動と絶滅、科・属・種の分布中心、種類の特有な分布と島嶼生物地理学に関わる種の問題について研究を行う。群落種多様性の面では、しばしば群落の構造レベルに対して生態学の角度から研究し、種の多様性の生態学的意義を強調する。例えば、群落における種の組成、種の多様性の程度、生態学的機能群の区分、エネルギーの流れと物質循環における種の役割などである。

(三) 生態システムの多様性

生態システムは異なる生物群落から組成される。生態システムを組成する生物群落は、一般的に垂直構造と水平構造を有する。種の多様性と生態システムの安定・回復には密接な関係がある。いくつかの種はキーストーン種である可能性があり、その存在の有無が群落の組成に影響を与え、それによって生態システムの機能にさらに影響を与える。また、一部の生態システムは通常、別の生態システムの中に存在する。

生態システムは異なる栄養的特徴を持つ生物から組成されており、すなわち栄

養の多様性が生態システムの多様性をもたらす。生態システムの多様性とは、生物圏内の生息・生育環境、生物群落、生態学的プロセスの多様性を指す。McNeelyほか（1990）は、生態システムの多様性とは、異なる生態システムの変化とその頻度、すなわち生物圏内の生息・生育環境、生物群落、生態学的プロセスの多様化と生態システム内の生息・生育環境の差異、生態変化の多様性を指すと考えている。陳霊芝（1993）は、生態システムの多様性とは、生物圏内の生息地・生物群落・生態学的プロセスの多様性、および生態システム内の生息地の差異と生態学的プロセスの変化の多様性を指すと考えている。遅徳富ほか（2005）と馮暁輝（2015）は、生態システムの多様性とは、生物圏内の生物群落、生息・生育環境、生態学的プロセスの多様化を指すと考えている。張風春ほか（2015b）は、生態システムの多様性には生態システムのタイプ・構造・機能・生態学的プロセスの多様化などが含まれるという。

　生息・生育環境の多様性とは、地形・地勢・気候・水文などのような無機環境の多様性を指す。生物群落の多様性とは、群落の組成・構造・動態（遷移や変動を含む）面の多様化を指す。生態学的プロセスは時間・空間上での生態システムの組成・構造・機能の変化であり、主に物質の流れ、エネルギーの流れ、水分循環、栄養物質循環、生物間の競争、捕食、寄生などが含まれる。生態システムの多様性は主に比較的大きい単位の生態システム、例えば森林・草原・湖・サンゴ礁などの生態システムの多様性に関わる。

　生態系サービスとは、人類が生態システムから得たすべての恩恵を指す。ミレニアム生態系評価（MA）は生態系サービスを供給サービス・調整サービス・文化的サービス・基盤サービスの4種類に分けた。サービスの核心は生態システムの産品・過程・構造である。生態系サービスの識別と分類は生態システム機能の客観化プロセスであり、人類のニーズで生態システムを見直すプロセスでもある。生態システムは構造─過程─機能というルートを通じてサービスを提供し、各種サービスの直接動力は自然界の生物地球化学的循環に由来する。生物多様性は生態システムの属性と過程を通じて生態系サービスの形成と維持に影響を与える。生物多様性が高いほど、生態システム機能形質の範囲が広がり、生態系のサービスレベルが高く安定している（李文華ほか, 2002, 2009、范玉竜ほか, 2016）（図1-1）。

　生態系サービスには多くの価値が含まれる（Pearce, 1995、McNeelyほか, 1990、Turner, 1991）。例えば、大気と水の浄化、干ばつ・洪水の緩和、廃棄物の無毒化

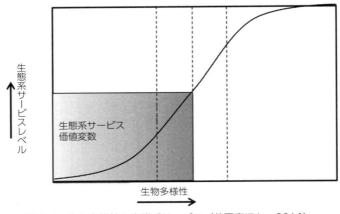

図 1-1　生物多様性と生態系サービス（范玉竜ほか，2016）

と分解、土壌とその肥沃度の形成と更新、農作物と天然植物への花粉媒介、農作物の大量潜在害虫の制御、種子の伝播と養分の循環、生物多様性の維持、農業・医薬・工業の重要な生産要素の提供、太陽からの有害紫外線の防護、気候の局所的安定、極端な温度・強風・高波の調節と抑制、人類の多様性文化の維持、人間の美的感覚や知的欲求の充足などである（張志強ほか，2002）。言い換えれば、生態システムは大気と水の清浄、作物への花粉媒介、廃棄物の分解、病虫害の制御、極端な自然事象の調節など多くのプロセスを支えている。水・食料・繊維・燃料・医薬品はすべてこの複雑で奇妙な生命ネットワークの産物である。芸術・文化・宗教のインスピレーションは自然から来ており、同時に自然は人類に豊かな憩いの場と精神世界も提供している（McNeely and Mainka, 2009）。しかしながら、評価された生態系サービスの60%は世界的に退化しているか、その利用方法が持続可能ではない（WRI, 2003）。要するに、生態系が提供するサービスには、自然的・生態学的・社会的機能が含まれる（表1-1）。

(四) 景観の多様性

　景観の多様性とは、構成と機能面での景観単位の多様性を指し（傅伯傑・陳利頂，1996）、主に景観を組成するパッチの数・大きさ・形状、景観の類型・分布、パッチ間の接続性・連結性などの構成と、機能面の多様性を研究する（Barrett and Peles, 1994）。

　つまり、景観多様性とは、異なる類型の景観要素または生態システムで作り上

表 1-1 生態系のサービス機能

生態系サービス	内容	事例
大気質調整	大気化学成分調整	CO_2/O_2 バランス、オゾン（O_3）紫外線保護、二酸化硫黄（SO_2）レベル調整
気候調整	気温・降水、その他生物媒体による地球規模・地域的気候調整	温室効果ガス調整、雲形成に影響する生物起源の硫化物ジメチルスルフィド生成物
干渉調整	環境変動に反応する生態システムの容量・減衰・完全性	暴風雨防止・洪水制御・干ばつ回復などの環境変化への反応
水の調整	水文水流調整	農業・工業・輸送に水を提供
水の供給	水の貯蔵と保持	集水域、貯水池、帯水層への供水
浸食抑制と堆積物保持	生態システム内の土壌保持	風や水による土壌の浸食を防ぎ、沖積した土砂を湖や湿地に保留
土壌形成	土壌形成プロセス	岩石の風化と有機質の蓄積
養分循環	養分の貯蔵・内部循環・獲得	窒素固定、窒素・リン、その他の元素と養分の循環
廃棄物処理	失われやすい栄養素の再獲得、過剰または外来の養分や化合物の除去または分解	廃棄物処理・汚染防止・毒性除去
花粉媒介	有花植物における配偶子の動き	植物個体群の繁殖のために花粉媒介者を提供
生物防除	生物個体群の栄養動力学制御	キーストーン捕食者が被食者の個体数を制御、頂点捕食者が草食動物を減少させる
避難所	常住・移動の個体群に生息・生育環境を提供	育雛地、移動動物生息地、常住種生息地または越冬場所
食料生産	総一次生産（光合成）で原材料として使用できる部分	漁業・狩猟・採集・農耕を通じた魚・鳥・獣・作物・木の実・果物などの収穫
原材料	総一次生産（光合成）で原材料として使用できる部分	木材・燃料・飼料製品
遺伝資源	唯一無二の生物材料と製品の源	医薬・材料科学製品、農作物における抗病・抗虫の遺伝子として用いる、飼育種（ペット・植物栽培品種）
レジャー・娯楽	レジャー・旅行の機会を提供	エコツーリズム、スポーツフィッシング、その他の野外レクリエーション活動
文化	非商業的な用途の機会を提供	生態システムの美学・芸術・教育・精神・科学的価値

げる景観の空間構成・機能メカニズム・時間動態での多様性または変異性を指す。①空間構成：主に景観要素の大きさ・形状・類型・数量・空間の組み合わせであり、景観構成およびその変化は自然・生物と社会要素との相互作用の結果であり、種の分布、動物の運動、栄養素の移行、地表流出、土壌浸食などに影響する。②機能メカニズム：景観要素間での物質・エネルギー・種の流動を指し、長期的な物質とエネルギーの流動は景観構成を変えることができ、同時に景観構成の制約

を受ける。③時間動態：景観構成と機能の時間にともなう変化のプロセスであり、自然攪乱、人間の活動、植生の内因性の遷移は景観動態変化の主要な原因であり、動態変化の結果で、景観の多様性を増加または減少させる可能性がある。

　景観多様性は自然攪乱、人間の活動、植生の内因性の遷移の結果であり、景観における物質・エネルギー・種の移行・転化・移動に重要な影響を与え、景観生態学研究の主要な内容である。景観多様性には、類型多様性、パッチの多様性、構造多様性が含まれる（丁聖彦，2004）。①類型多様性とは景観類型（例えば農地・森林・草地など）の豊かさと複雑さを指し、多様性指数・豊かさ・優位度などの指標をよく使って特徴を示す。景観類型の多様性と種の多様性との関係曲線は正規分布（図1-2）を示す（傅伯傑・陳利頂，1996）が、単純な正比例ではない。②パッチの多様性とは景観中のパッチの数・大きさ・形状の多様性と複雑性であり、主にパッチの総数、面積の大きさ、形状を考慮する。パッチの総数、すなわち景観の完全性と断片化程度は、個体群の大きさと絶滅速度に影響する。パッチの面積は、種の分布と生産性レベルだけでなく、エネルギーと養分の分布にも影響する。パッチの形状は、生物の拡散、動物の採餌、および物質とエネルギーの移行に重要な影響を及ぼし、その最も重要な生態学的特徴は境界部分が外部からの影響を強く受ける「エッジ効果」である。例えば、林縁は森林植物と動物区系の成分に大きな影響を及ぼす。③構造多様性とは、景観類型空間分布の多様性と各類型間、およびパッチ間の空間関係と機能的結びつきを指し、物質移行、エネルギー交換、種の移動に重要な影響があり、養分の遮断と伝送に選択性がある。

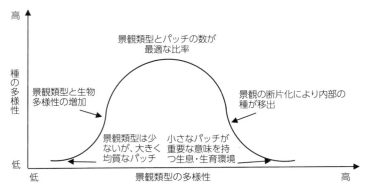

図1-2　「景観類型の多様性」と「種の多様性」の関係（傅伯傑・陳利頂，1996）

第2節　生物多様性の価値と意義

　地域のグリーン発展実現に対する生物多様性の貢献は、主にその価値に現れる。生物多様性の価値に関する分類方式が一様ではないことは、これまでの研究で明らかになっている。基本的な概念から見ると、遺伝子の多様性、種の多様性、生態システムの多様性、景観の多様性は人類の生産・生活と社会発展の過程で終始一貫しており、その直接的価値・間接的価値・潜在的価値は人類にあらゆる面の物質的条件を提供し、人類の生存の安全を保障し、その上、人類の科学研究や美的ニーズなどの面をサポートして、世界の枠組の安定とグローバルな発展にとってその経済学的役割は計り知れない。

1．生物多様性の価値

　初期の生物多様性の価値については二元価値論があり、それは単純に直接的価値と間接的価値に分けられる（McNeelyほか，1990、陳霊芝，1993）。生物多様性には利用価値と内在的価値があると考える学者もいる（蒋志剛ほか，1997）。その後、生物多様性の価値は直接的経済価値・間接的価値・倫理的価値の3つの面に表れていると考えられている（陳霊芝・馬克平，2001）。

　生物多様性の価値については多元価値論も存在する。薛達元（1999）、郭忠玲（2003）は生物多様性の価値をその性質に応じて利用価値と非利用価値の2つに大別した。そのうち利用価値は直接的価値と間接的価値に分けられ、非利用価値は潜在的価値・遺産価値・存在価値を含む。それぞれ以下に紹介する。

（一）生物多様性の直接的価値

　生物多様性の直接的価値には次のものがある。①顕著な実物型直接的価値は、生物資源が提供する直接産品の形式で現れ、生物資源産品の市場流通状況に応じて、さらに消費的使用価値と生産的使用価値に分けられる。②顕著な実物型ではない直接的価値は、生物多様性が人類に提供するサービスを指し、実物形式ではないが、それでも感じることができ、しかも人間に直接的な非消費的利用面のサービスを提供することができる。例えばエコツーリズム、動物ショーであり、あるいは文学作品・舞台芸術・映像・画像を媒体とする生物多様性文化の享受、または科学者が生物・生態・地理・人文・歴史などの多学科研究を展開する対象である。

（二）生物多様性の間接的価値

生物多様性の間接的価値には次のものがある。①生物多様性は生態システムの遷移と生物進化のために必要とされる豊富な種と遺伝資源を提供する。②生態システムの構造と機能の形成・維持における生物多様性の役割。③生態システムのサービス機能。例えば光合成と有機物合成、CO_2 固定、水源保護、栄養物質循環の維持、汚染物質の吸収と分解など。

（三）生物多様性の潜在的価値

生物多様性の潜在的価値とは、個人と社会が生物資源と生物多様性の潜在的な用途を利用することを指し、将来の直接利用・間接利用・選択利用・潜在利用などの価値を含む。

（四）生物多様性の遺産価値

生物多様性の遺産価値とは、ある資源を子孫に残すために現代人が自発的に支払う費用を指し、子孫が将来何らかの資源の恩恵を受けるようにするために現代人が自発的に支払う保護費用を表している。

（五）生物多様性の存在価値

生物多様性の存在価値は内在的価値とも呼ばれ、ある種の資源の存続（その知識を含む）を確保するために人々が自発的に支払う費用を指す。存在価値は資源そのものが持つ経済価値であり、人類の利用（現在および将来の利用と、選択的利用を含む）とは関係のない経済価値であり、すなわち資源の存在価値は永続的である。

李俊清と李景文（2006）の場合は、生物多様性の価値を6つに分類した。①直接的利用価値。例えば食用・薬用材料・作物品種・生物制御・木材・建築・燃料など。②間接的経済価値または生態価値（環境作用、生態サービス）。生態システムの生産力、土壌・水質の保全、気候の調整、廃棄物の処理、環境モニタリングを含む。③科学研究、教育上の価値。植生回復の自然モデルの研究、野外実習を含む。④レジャーとエコツーリズムの価値。⑤存在と代替価値。存在価値とはすなわち内在的価値で、代替価値とは将来のある時点でこの種が人類社会に経済的利益を提供できる潜在能力を指す。⑥生物多様性の負の価値。すなわち一部の種の存在は人類にとって有害である。つまり、人類科学がどんなに発達し、医療条件がどんなに進歩しても、ウイルスや病原菌による疾病は依然として患者を苦しめている。病虫害の猛威により人間の健康に有害な農薬を使用せざるを得なくなっ

た。希少な絶滅危惧種を保護するためには、多くの人員・資源・財力を投入して科学研究、人工繁殖、保護区の建設を行わなければならなくなった。政府が多くの地域で禁猟を実施したため、一部の野生動物が大量に繁殖し、個体群の数は増え続けていった。例えば山間部のイノシシの個体数が急速に増加し、農地などを荒らし始め、地元農民に深刻な経済損失をもたらした、などである。

李俊清（2012）は上述の分類に基づいて、生物多様性の価値をさらに4つにまとめ、しかも相応の調整を行った。①直接的利用価値。消費的使用価値と生産的使用価値を含む。例えば食料・木材・織物・建築材料・医薬品・燃料など。②間接的経済価値または生態価値（環境作用・生態サービス）。生態システムの生産力、土壌・水質保全、水源涵養、気候調整、廃棄物処理、環境モニタリング、さらには科学研究、教育における価値を含む。例えば植生回復の自然モデルの研究、野外実習、美的価値（レジャー、エコツーリズムなど）、科学実験などの生態学的価値。③存在と代替価値。④倫理的価値。

中国国内で認知度がより高い分類は、生物多様性の価値を利用価値と非利用価値に分ける方式である（劉桂環ほか，2015）。利用価値には、生物多様性の直接的利用価値と間接的利用価値が含まれる。直接的利用価値は、消費によって得ることができ、例えば食品・林産物・林副産物・薬材などである。間接的利用価値は、無料で得られる。例えば水源涵養、土壌・水質保全、気候調整などの生態システム機能と文化的・精神的価値である。非利用価値は生物多様性の遺産価値と存在価値に表れている。遺産価値は、子孫にとっての生物多様性と生態系サービス機能の利用可能性を指す。存在価値は、生物多様性を通じて人々が知識などを得ることを指す。

要するに、生物多様性の価値は「生態系複合体、およびそれと関連するさまざまな生態学的プロセスの総和」が提供する経済的意義を持つ価値であるべきで、それは生態システムの機能が提供する経済価値と似ているが、遺伝子・種・生態システム・景観の各レベルにおける生物多様性の役割と価値をより強調している。以上のように、本書では生物多様性の価値を直接的価値・間接的価値・潜在的価値に分類する。①直接的価値とは、人類にありとあらゆる物質やサービスを直接提供することを指し、直接的に経済効果に転化できる。例えば食用価値・薬用価値・工業価値・科学研究価値・美的価値などである。直接的価値はまた産品の自家用の消費の使用価値と、産品が市場販売に用いられる生産的使用価値に分けら

れる。②間接的価値とは、生態学的機能を指すことが多く、直接的に経済効果に転化することはない。例えば生物多様性の環境作用と生態系サービスなどである。③潜在的価値とは、現在、いまだ人類に発見されていない使用価値を指す。

2. 生物多様性の重要な意義

個々の種から生態システム全体に至るまで、人類の健康と福祉に生物多様性は極めて重要である。それは人類に豊かで多様な生産と生活の必需品、健康で安全な生態環境、独特で斬新な景観文化を提供している。我々が飲んでいる水、食べている食品、呼吸している空気、その質はすべて自然界の健全性に頼らないと維持できない（図1-3）。

（一）生物多様性は人類が生存する上で必要不可欠な物質的条件

地球の生物多様性は人類にほとんどの食料・繊維・医薬品・建築と、その他の生活・生産原料を直接提供し、人類の食用・薬用生物、工業原材料の主な出所である。

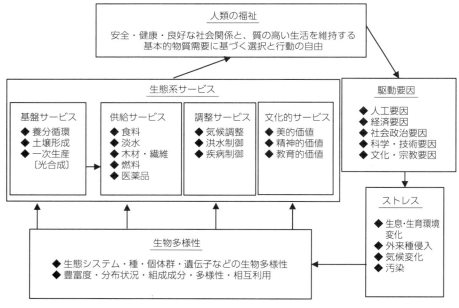

図1-3　生物多様性と人類の福祉との関係
(UNEP-WCMC, 2008)

人間の食べ物はほぼ完全に生物資源から得てきた。約 3,000 種の植物が人類に食べられ、ほかにも 7 万 5,000 種の植物には食用価値があり、現在人間に栽培されている食用植物は 150 種以上ある。今のところ、人類の食糧の 90% は約 20 種の植物に由来し、小麦・水稲・トウモロコシの 3 種だけで食糧の 70% 以上を供給し、しかも単型または遺伝的基盤が狭い品種である。中国の食糧作物は主に小麦・トウモロコシ・水稲・大豆であり、食物中のタンパク質はウシ・ヒツジ・ブタ・ニワトリ・アヒルなど少数の家畜・家禽の品種に由来する。世界中で毎年生産される水産物の半分以上は天然漁業によるもので、これらの産品はあるものは直接市場に出回って人間の食用に供され、あるものは養殖飼料として間接的に人間に動物性タンパク質を提供する。

　野生生物は、人間に食べ物を直接提供する以外にも、ほかの面で人間の生活に大きな貢献をしている。現代における遺伝資源の国際交流は、すでに世界の食糧生産の基本的な保障条件のひとつとなっている。例えば、ブラジルは東南アジアに野生ゴムの遺伝資源を提供し、同時にブラジル自体は他の国からサトウキビ・大豆・その他の作物の遺伝資源を導入する必要がある。米国の農産物の 98% は非在来品種からで、アメリカ大陸の農業生産量の 50% はアジア・アフリカの種に由来する。アフリカの農業生産量の 70% は、アジア・アメリカ大陸の種がもとになっている。アジアの作物生産量の 30% はアメリカ大陸やアフリカの種と関係がある。

　生物多様性はまた、木材・繊維・ゴム・製紙原料・天然デンプン・油脂など多種多様な工業原料を人類に提供している。木材は多くの熱帯諸国の経済的支柱である。1981〜1983 年、アジア、アフリカ、南米の年間平均木材輸出額は 81 億米ドルに達した。統計によると、中国の 1986 年の木材生産量は 6,502 万 4,000 ㎥ であったが、需要をはるかに満たすことができず、依然として毎年木材を輸入する必要があり、中国経済発展の重荷となっている。比較的辺鄙な地域では、人々が必要とするエネルギーは依然として主に自然・生物資源に依存しており、その中で最も主要なのは森林から産出される薪である。ネパール、タンザニア、マラウイでは、エネルギーの 90% 以上を薪から取っている。統計によると、1983 年、全世界で 1 億 6,000 万 ㎥ 以上の薪が消費され、森林木材総生産量の 54% を占めた。1989 年の中国農村部の総エネルギー消費量はすでに中国標準炭換算で 5 億 t を超え、そのうち 55% がバイオマスエネルギー、すなわち薪・わら・茅などであった

（鄧可蘊，2001）。世界の主要エネルギーである石油・石炭・天然ガスは、いずれも森林が何百万年も貯蔵している太陽エネルギーによって形成されており、全世界で1年間に消費された石炭は、貯蔵された太陽エネルギー1万年分の消費に相当する。

（二）生物多様性は人類の健康における重要な保障

生物多様性は人類の医療ヘルスケアと密接な関係があり、発展途上国の人口の80%は伝統医学で用いる薬で治療を行い、先進国の40%以上の医薬品は天然資源に依存している。現代ではたくさんの医薬品が化学合成されているが、その原材料はほとんど野生生物から得ている。米国の医薬品の14%には活性植物成分が含まれている。中国では、野生生物が薬に取り入れられてすでに数千年の歴史があり、記録に残る薬用植物は10,000種以上に達し、その中の1,700種は一般的に使用され、三七人参・当帰・甘草・黄連などはすべて中国の有名な薬用植物である。

動物も同様に重要な薬の原料を提供している。例えばヒルジン〔吸血虫ヒルの唾液中から精製〕は貴重な抗凝固薬であり、ビーベノム（蜂毒）は関節炎を、特定のヘビ毒製剤は高血圧を、カンタリジン〔甲虫類が分泌する体液〕は特定の癌を治療することができる。多くの抗生物質・抗ウイルス物質・心臓活性物質・神経生理活性物質は海洋動物から得られる。同時に、多くの動物は行動学と医学研究において重要な役割を果たしており、例えばヒヒ、チンパンジー、アフリカサバンナモンキーは、エイズやその他の疾病のバイオ医薬品研究にとって非常に貴重である。また、いくつかの動物は重要な医薬研究モデルと実験動物でもある。

茯苓・冬虫夏草・ヤマブシタケ・霊芝などの真菌やその加工品も重要な中薬材である。

（三）生物多様性は人類のために良好な生活環境を創造

生物多様性は気候変動の緩和、生態系の回復、水源の浄化、住みやすい環境の構築、貧困の緩和などに重要な役割を果たし、人類の生存・健康・発展・精神的ニーズと密接に関連している。中国林業科学研究院の10年間にわたる研究によると、バダインジャラン砂漠〔内モンゴル自治区〕南端の砂地では、広範囲の人工防風・砂防林と農地防護林システムによる環境改善の役割が明らかで、このエリアは緑化後に短波放射を10%～20%多く吸収し、7月頃には、大気蒸発量を30%～40%、緑化エリアの風速を28%～37%、大気混濁度を35%、遠方からの降塵量を風上エリアで48%低下させることができた。世界的に有名な三北〔西北・華北・

東北〕防護林システムが果たす役割はさらに大きく、最も直接的なのは北京における大気環境の質の改善で、1950年代の北京では毎年平均60日の風砂のある日があり、しかも半数は春に集中したが、現在の市街地、郊外の樹木被覆率は28%に達し、1989年と1981年を比較すると、北京市内の大気中の1㎥当たり浮遊粒子状物質含有量は18%、1㎢当たりの月の降塵量は43%、同時期の風砂のある日は39%減少した（高志義，1991）。ほかにも、湿地生態システムは環境中の有機廃棄物・農薬、その他の汚染物質を吸収し、分解することができる。天然植生、特に森林は、汚染物質の吸収によって大気と水を浄化することが可能である（張桂英・王之安，2004）。

　生物多様性は人類に良好な居住環境を創造した。都市の中で、粉塵は大気汚染を引き起こす主要な物質のひとつで、それは大量の煙塵・炭素粒・鉛・水銀・カドミウムなどの成分を含み、人体に対する危害が極めて大きい。葉がざらざらしていて、綿毛が密生し、葉面に皺が存在する一部の植物は、強力な吸塵・滞塵能力を持っている。葉が滑らかな植物でも、滞塵が可能である。松の成木1本で毎年1tの粉塵を吸着でき、桐は天然掃除機と呼ばれ、夾竹桃は解毒や吸塵の効能があり、グリーン掃除機と称される。都市部の騒音公害はしばしば住民の心身の健康を害するが、良好な緑化は騒音被害を効果的に弱めることができる。道路沿いに多層に街路樹を植えると、例えばヒマラヤスギ、ポプラ、サンゴ樹、キンモクセイなどの防音効果は良好で、緑化樹木の騒音低減効果は樹林帯の幅・高さ・位置・構造パターン・植物の種類などと密接な関係がある（江蘇省植物研究所，1978）。通常、樹冠の低い喬木は樹冠の高い喬木より騒音を弱める能力が高く、灌木の騒音抑制作用はより顕著である。広葉樹の騒音抑制効果は針葉樹より良く、いくつかの狭い樹林帯は広い樹林帯ひとつより騒音抑制機能が優れている。喬木・灌木・草本からなる多層疎林帯は高密度林帯1層より騒音抑制効果がさらに良い（中国科学院植物研究所，1978）。

　都市におけるグリーン回廊・生物通路などのグリーン施設の建設、都市森林公園・動物園・植物園・自然保護区などの設立は、都市の生物多様性を豊かにし（杜楽山ほか，2017）、都市動物の種類と数量を効果的に増加させ、都市の観賞性・娯楽性を大幅に向上させた。空はより青く、山はより緑に、水はより清く、「山並みは生い茂った林で染まり、平原の青と緑が溶け合い、都市と農村では鳥が歌い花が香る」という美しい絵巻がゆったりと広がっている。都市にグリーン空間を開

拓し、庶民の周りに目も綾な「森」の景観が現れ、ますます多くのグリーンが都市の中心部に入り込み、生物多様性は都市の持続可能な発展に「生態学的な強靭さ」を注入する。

（四）生物多様性は国家の安全を維持する保障

　生物多様性は水源涵養、風砂防御、土壌・水質の保全、炭素固定・酸素放出、気候変動緩和など多方面の生態学的機能を有し、国の生態系安定を維持する保障である。①植物は光合成によって太陽エネルギーを貯蔵し、それによって食物連鎖におけるエネルギー源となり、ほとんどの種の生存にエネルギー基盤を提供する。②水源を保護し、水の自然循環を維持し、干ばつ・洪水を弱める。試算によると、天然降水は森林地帯に降り注ぎ、降水量の15.30%は密生した樹冠に閉じ込められ、50.80%は森林の枯れ落ちたものと土壌に吸収され、雨の後はまたゆっくりと湧き水として放出され、河川増水期と枯水期の流量を調節する（閻樹文・黄元，2000）。③水土の流出を防ぎ、土石流や地滑りなどの自然災害を軽減する。海岸地帯では、森林は台風の被害を軽減することができるし、さらに土石流や地滑りの発生を減らすこともできる。1950年代の四川省の森林被覆率は30%に達し、土石流が発生した県は16県にとどまった。1980年代に森林被覆率は13%に低下し、土石流があった県は100以上に達した。1981年の陝西省南部の調査によると、森林被覆率18.5%の代家壩鎮では地滑りが2,900カ所以上に達したのに対し、森林被覆率31.6%の巴山地区では、わずか360カ所余りで、8倍以上の差があった（陳霊芝，1993）。

　生物多様性は国の食糧安全を保障する。国連の「生態系と生物多様性の経済学」報告によると、生物多様性の喪失によってもたらされる経済損失は毎年2兆〜4兆5,000億ドルで、世界総生産の7.5%に相当する。植物体が保護されることは、食糧豊作・生産量漸増の核心的な保障要素のひとつである（宋培培ほか，2020）。国連食糧農業機関（FAO）が2019年に発表した報告書も、農業の生物多様性は急速に失われつつあり、それに加えて人類がますます減少する種に頼って食糧を獲得していることで、もともとすでに十分脆弱な食糧安全防衛ラインが崩壊の瀬戸際に近づいている、と示している。

　生物多様性は人間社会の衛生・安全の基礎を築いた。生物多様性は人類全体の財産であり、生物多様性の損害と喪失がもたらす一連の影響も世界的なものであり、いかなる人も国も無関心な態度をとることはできない。現在世界で猛威を振

るっている新型コロナウイルス感染症（COVID-19）が明らかな例だ。これまでに発生したSARS（重症急性呼吸器症候群）、エボラウイルス、ニパウイルスなどと同様に、新型コロナウイルスの発生は、人間が野生動物を食べたり、野生動物の生息地を占領したりして、長期にわたって存在していたウイルスが動物から人に伝播した可能性がある。世界中で猛威を振るっている、動物ウイルスによって引き起こされるこれらの疫病の流行は、生物多様性の保全、生物学的安全性の強化に現実的な論拠を提供しただけでなく、「人と自然は生命共同体であり、世界は運命共同体である」ということにも有力な証拠を提供した。それゆえ、地球生命共同体という視点から生物多様性を認識・保全し、地球生命共同体の健全・安全を維持し、人と自然、人と人との共生を実現しなければならない。

（五）生物多様性は人類の発展のためにその他のサポートを提供

生物多様性は国の重要な戦略資源であり、生物資源の保有量は国の持続可能な発展能力を測る重要な指標である（柏成寿・崔鵬，2015）。科学技術の発展にとって生物多様性は不可欠であり、その科学研究の価値は多方面に現れている。①バイオミメティクスを利用した軍需品の開発：飛行機は鳥の模倣、船や潜水艦は魚やイルカの模倣、ロケットはクラゲの反動原理を利用している。ガラガラヘビが赤外線を利用して自動的に熱源を定位して捕獲物の位置を確定する原理に基づいて、ミサイル誘導システムの設計に成功した。昆虫の平均棍が針路を維持して逸脱しない原理に基づき、高速航空機やミサイルの針路安定を制御する振動ジャイロを製造した。②植物の品種改良：生物多様性は既存の栽培植物品種の改良に役立ち、新たなより優れた栽培品種を育成し、例えば野生生物の抵抗性（抗病性、干ばつ耐性など）遺伝子を馴化や栽培種に導入すると、農業生産力レベルを大幅に向上させることができる。中国の第一回国家最高科学技術賞の受賞者であり、交雑水稲の父である袁隆平院士〔中国工程院〕は、「水稲の雑種強勢を利用するには、雄性不稔性を利用することを推奨する」と提唱し、その上で野生稲と栽培稲の遠縁交雑技術と水稲三系交雑育種法を開発した。③野生花粉媒介動物による作物への貢献：中国では飼育ミツバチ700万群以上と野生ミツバチほぼ1万種が虫媒介植物繁殖の「仲人」であり、多種の農作物・果樹・牧草・野菜およびその他多くの経済植物の生産量と品質を向上させた。④病虫害の防除：生物多様性が豊かな地域では、一般的に壊滅的な病虫害は発生しにくい。生態システムにおける食物連鎖の各栄養段階の生物はどれも相互に制約されており、いかなる種も無限に増

大することができないため、平衡状態にある。人間の活動は食物連鎖を破壊し、病虫害がしばしば発生し、巨大な経済損失と生態災害をもたらす。

　生物多様性は人間の生活の中で美的価値も備え持つ。都市の大量の緑地・公園・動物園・種子倉庫・古木名木などは生態システムによる文化的サービスの担い手であり、人類の伝統的な文化的情感を担い、インスピレーションを触発し、観光活動を提供できる（杜楽山ほか，2017）。竹類は観賞価値がより高い。長い間、竹はそのすっくとそびえ立つ秀麗な形、瀟洒でさまざまな表情を見せる枝葉、豊かで多様な形態から、松や梅とともに「歳寒三友」と呼ばれ、梅・蘭・菊とは「四君子」と称されている。竹は四季を通じて青々としており、碧玉が林をなし、独特な風韻を有し、声・影・意・形という「四趣」を備えた庭園の景観である。また、竹類は比較的高い文化的造景価値を有し、文人の精神的深み、庭園の緑化と美化に欠かせない役割を果たし、中国と世界の庭園の中で重要な位置を占めている。ヤシ科植物の生態習性はさまざまで、形態は独特・多様であり、葉は秀麗で表情豊か、葉の掌状タイプは雄大で力強く、羽状タイプは優雅で気品があり、重要な庭園植物である。経済発展と人民の生活水準の向上に伴い、野生の草花も栽培に導入されるようになり、環境を美化し、心を楽しませ、精神を奮い立たせることに用いられている。

3. 生物多様性保全の経済的意義
（一）従来の経済学への挑戦

　従来の経済学の主な問題は、これまで天然資源に価値を与える傾向がなかったことだ。このようにして、環境破壊による経済的損失は無視され、天然資源の消耗は軽視され、資源の将来的価値は貶められているため、自然サポートシステムは損害を受け、最終的には経済の衰退を招いていた。社会の進歩と経済の発展につれ、人類は生物多様性への依存から抜け出すことができないだけでなく、食料・医薬品などの面で生物資源の一層の開発にさらに依存している。人間の活動による生態系破壊が日増しに深刻化する中で、社会経済に対する生物多様性の経済的価値の拘束力はますます明らかになっている。人類は自らの経済行為を見直し、従来の発展観・価値観・環境観・資源観に対して深く反省した後、生物多様性を保全する賢明な行動をとり、生態学原理を基礎とする持続可能な経済——生態経済——を生み出した。

生物多様性を保全し、その経済価値を掘り起こすことにより、各国政府と国民に経済学の角度から人類にとっての生物多様性の生存価値を認識させ、国民・科学者・管理者・政策決定者に共通の生物多様性の経済価値観と評価尺度を提供することができる。また、まったく新しい発展観を構築するために経済学上の理論的根拠を提供することができ、それはきっと世界経済の持続可能な発展の中ですます重要な役割を果たすであろう。

（二）新たな国民経済計算システムの発展に有利

　国内総生産（GDP）は現在世界で通用する国民経済計算システムを代表し、一国の経済産出総量をより正確に説明し、一国の国民所得水準を比較的正確に表すことができる。しかし、我々はGDPから経済産出総量や経済総所得の状況を見ることができるだけで、背後の環境汚染や生態破壊は分からない。環境と生態は国の総合経済の一部であり、環境と生態要素を組み込んでいないために、GDP計算法は国の真の経済状況を全面的に反映することができない。例えば、生物多様性の喪失は環境の変化や汚染を引き起こすが、環境汚染は患者を増やし、医療産業の大発展を促進し、GDPもそれに応じて増加するだろう。

　20世紀半ばから、持続可能な発展理念の台頭に伴い、一部の経済学者や統計学者は、環境要素を国民経済計算システムに組み込むことで、新しい国民経済計算システムである「グリーンGDP」を発展させることを試みた。すなわち、これは経済活動における環境コストを差し引いた国内総生産を指す。明らかに、生物多様性の保全はある程度、国民経済計算システムをより完備させ、それによって国民経済計算システムは絶えず更新され、世界の持続可能な発展過程に適応し続けるのである。

第3節　生物多様性と人類発展の関係の変遷

　生物多様性と人類発展の関係は何度も入れ替わった。初期の原始人は、自然に対して恐怖と畏敬に満ちていたが、生存の欲求は人類に生物資源の利用と自然の改造を徐々に身につけさせ、木の枝や石刀を利用することから、木をこすって火を起こすようになり、狩猟採集から焼畑農耕になり、気ままな利用から今日の持続可能な開発に至り、人類は文明を紡ぎながら同時に生物多様性を利用し、また自然を破壊し、さらにまた徐々に自然を保護し始めた（表1-2）。社会の生産力レ

ベルが向上する過程では、常に人と自然の関係のアンバランスとリバランスの調整が交錯している。このような調整は決して単純な繰り返しではなく、原点に戻ることもできない。なぜなら、人と自然の関係は不可逆的であり、アンバランスのたびに自然環境をより脆弱にし、毎回の修復も人と自然の関係の一時的な弥縫(びほう)にすぎない。そこで人類は、経済が発展すればするほど環境が悪化し、修復コストが増大するという悪循環に陥った。しかしその後、人と自然の調和のとれた発展を模索する過程で、生物多様性保全とグリーン発展に対する人類の認識も絶えず深まってきた（黄茂興・葉琪，2017）。

表 1-2　異なる社会段階と天然資源の関係

	原始文明	農業文明	工業文明	エコ文明
消費方式	個体存続を満たす低レベルの食物消費	基本的（生存）欲求の維持	高度物質消費の発展需要を満たす	物質と精神の全面的な需要と持続可能で適度な消費を満たす
発展方式	天然食物資源に依存	農業資源の大規模開発	再生不可能な資源と環境の略奪的利用	資源許容力を基礎として持続可能な開発を追求
生態意識	自然崇拝	自然を畏敬しながら自然に適応	自然を征服しながら自然を保全	自然に回帰しながら自然を守る
生態理論	なし	自然論、気候論、天人合一など	生態学、環境社会学など	生態経済、生態社会、生態現代化など
自然に対する態度	崇拝、畏敬	模倣、学習	改造、征服	調節、適応
人間と自然の関係	奴隷	使用人	主人	友人

1. 古代原始文明における天然資源への単純な依存

　人類発展の初期には、原始人は常にかなり直接的な方法で自然界から資源を獲得し、野生の果実をもぎ取り、野獣を狩り、さらには洞窟に住み、何もかも直接的で形式転換のない形で天然資源を利用していた。この時代、自然環境に対する人間活動の影響は小さく、人類は個体存続というニーズを満たすためだけに、低レベルの食物消費を生み出し、単純に天然の生物資源に依存していた。

　一方、社会生産力のレベルが低いことは、自然生態システムが外界の干渉因子に影響を受けにくいことになり、それによって生態システムは依然としてその良好な自己組織化の特性、システム構造の合理性と安定性を保持していた。また一方では、自然に頼る強い崇拝意識が、人間が自然を大きく改造することは不可能なことと決定づけた。これは生態システムのバランスのとれた進化を維持し、自

然・社会および人類の基本的な安定を保持することに対して重要な意義がある。

　自然の客観的事実から分析すると、原始人類は客観的自然界を認識し改造するレベルが遅れ、生産性要素と科学技術レベルの差が甚だしかったため、客観的に見て、人類は自然に従順になり、かつ依存せざるを得ず、人類は自然の「奴隷」であり、人類の生存と発展の維持に用いる生産財・消費財は自然の原始資源に由来した。原始的な採集漁猟時代、人類社会および自身の発展の速さと好し悪しは、自然の生存条件の優劣と生物資源の豊富さに直接かかっていた。一般的に言えば、自然地理的気候条件の良いところでは、人間は「身体能力」に頼ってかろうじて衣食を求めて命をつなぐことができるが、自然地理環境が劣悪なところでは、人類は飢餓や災害に直面し命を失う可能性がいつでもある（韋建樺，2008）。

2. 農業文明における天然資源の低レベル利用

　一般的に、原始社会から農業社会に至る過程で、採集活動が栽培業を生み、狩猟活動が牧畜業を生んだと考えられている。人類の出現から農業革命まで、自然に頼り切った、採集と狩猟を生業とする遊牧生活から、天然資源を自覚的に利用した、耕作と養殖を生業とする定住生活に転換した。農業文明の時期に人類はもはや、単に生物資源を通じて基本的な生存需要を維持するのではなく、ある程度大規模に農業資源を開発し、生物資源の供給サービスレベルを高めることができた。

　客観的事実から言えば、農業革命以前、環境に対する人類の影響は極めて限られており、環境は基本的に自然の法則に従って変化していた。人類が農業文明期に入るにつれて、史上初の、人口の爆発的な増加が現れ、人口の急増は生物資源に対する需要を高めた。生産の発展レベルから見ると、石器から銅器さらには鉄器に至る労働の道具であれ、人類の生産における灌漑や日常生活の飲用に供する用水路や井戸などの人工施設であれ、もしくは、人類の生存を維持する穀物・果物・野菜・家禽などの労働生産品であれ、いずれも比較的低い水準にある。消費流通の側面から見ると、一般人の服装は麻・木綿を主とし、日常生活の食事は栽培した穀物、家畜化した家禽を主とし、ほとんどの農家の住居は自然のままであり、粗末で、通常の移動は徒歩か家畜が引く車を主とした。このことから分かるように、当時の人々の衣食住や交通など各方面は、いずれも生物資源に対するさらなる利用と改造を明確に示していた（韋建樺，2008）。

農業文明の時期に、栽培業は焼畑農耕、鋤や鍬での耕作から、より発達した牛や馬に犂を引かせる耕作までの3段階を経て、土地資源利用率が著しく向上し、作物の種類が明らかに増加し、瓜や果物も栽培が始まり、五穀という概念が早くも形成された。牧畜業は長期にわたる飼いならしの結果、家畜の種類が増加し、すでに養蚕・製糸も始まった。代々伝わってきた資源理論はさらに発展し、「穀物畑は必ず輪作せよ」「連作は雑草が多くて収穫が少ない」などの記載は、当時、人々が農業資源を合理的に利用する必要性をすでに認識していたことを示している。植物保護の面では、農業防除は作物の抗虫品種の選択・育成および輪作による病気予防などの新しい内容を増やし、「虫による虫の退治」という生物による防除の新しいページを開いた。牧畜の面では、軍馬・駅伝馬・農耕馬・副業生産馬の需要が高かったため、養馬業が目覚ましく発展し、養牛・養豚は一段と豊富な経験を持つに至った。漁業の面では、やはり漁獲を主としていたが、すでに養殖を試みていた。

　この時期、人類はほぼ天然資源の使用人に近く、あいかわらず自然に依存しているが、自身の思想と行為によって資源の利用方式を改造することができた。自然に対する人類の畏敬と適応は豊かな自然保護思想を生み出した。中国古代の儒家哲学は天人合一を信じ、天と人との間の相互統一を主張した。道家は、自然界全体には「道」「天」「地」「人」が含まれており、人と自然の関係は「道法自然（道は自然に従う）」「万物平等」の基礎の上に確立されていると考え、自然を尊び、天地に倣うことを人生における行為の基本的な規範とするよう主張した。古人はまた倹約を重視し、『周易』には特に「節度」を語る箇所があり、墨子は人々に「倹約は繁栄につながり、不道徳は破滅につながる」と戒め、管仲は贅沢や浪費に反対し、「宮殿づくりは度を越してはいけない、伐採禁止は避けて通れない」と提起した。生産財と消費財に対する人口増加の圧力も人々に重視されるようになった。農業文明期は人類が人と自然との関係を認識する覚醒段階である。この認識はシンプルかつ素朴で、一部の見識ある人が環境保護を呼びかけていたものの、現実的な政策措置を提示せず、政府にも重視されなかった。農業生産は自然環境と切り離せないため、農業生産力レベルが低い時代には、衣食と生存の重要性は明らかに生物資源や環境の保護を上回っていたのである。

3. 工業文明における天然資源の過度な開発

　18世紀末から19世紀初頭にかけて、資本主義社会には一連の大きな変化が生じた。18世紀後半以降、近代的な産業革命の展開に伴い、人間社会は手工業の時代から機械化大規模工場の時代に入った。1760年代、英国の織工ジェームズ・ハーグリーブスが「ジェニー紡績機」を発明し、これによって産業革命の幕が開かれた。19世紀半ばになると、英国をはじめとする一部の西側諸国は相次いで第一次産業革命を完成させ、蒸気機関を主な動力とする大工業システムを構築した。人類社会は工業社会に入り始め、産業革命は人類に巨大な富を創造すると同時に、生物資源にも大きな影響をもたらした。この時期、人類はもはや低レベルの資源消費だけを行わず、より高い物質的発展への需要をさらに満たすために資源の略奪的な採掘と応用を始めた。

　この時期、都市は急速に拡大し、環境汚染・生態系劣化・生物多様性の喪失は絶えず激化している。産業革命によって石炭が大規模に開発利用され、大量の煤塵・二酸化硫黄・二酸化炭素・一酸化炭素・その他の汚染物質を放出した。重大な汚染事件が相次いで発生し、労働者の生産・生活の条件は急激に悪化して、その身体の健康は大きく損なわれた。人類は耕作面積を拡大するために広範囲に草原を開墾し、森林を伐採し、同時に水利工事を興したが、林木の育成に配慮が欠けたため、深刻な水土の流失、土壌の塩類化・沼沢化をもたらし、生態システムは急速に退化し、肥沃な田畑が次第にやせた土壌になった。生物の生息環境の破壊に伴い、種の絶滅スピードと生存の危機はいずれも大幅に増大した。

　その上、経済の急速な発展と世界人口の急速な膨張に伴い、天然資源に対する人類のニーズはますます大きくなり、世界的な資源不足の問題は大多数の国、さらには地球規模で顕在化し、日増しに深刻になっている。生態系の問題も、局所的で狭い範囲の危害から全世界に波及する地域的・世界的な問題に発展した。中でも、エネルギー・淡水・生物・土地などの資源危機は特に深刻で、世界経済の発展に影響と制約を与え始めた。同時に、都市の工業・交通・生活・サービス業などから排出された汚染物質は水環境に深刻な汚染をもたらし、その中には人工合成された数百万種類の化学品、農業用化学肥料・殺虫剤などが含まれていた。地下水の過剰採掘は、汚水の逆流を引き起こし、地下水位が低下し、泉が枯れ、地下水質が深刻に汚染された。人類の活動範囲の拡大と活動能力の増強に伴い、森林・草原など地球規模の生物資源の現状も懸念されている。現在、地球の種の消

減速度は、最大で自然状態下の1万倍にすでに達している。

　急速に発展した経済は人間の主観的利己主義と「金銭志向」の欲望を日増しに膨張させ、人類の科学技術による生産手段は日に日に進歩し、欲望の膨張や科学技術の進歩と同時に、「自然を利用する」「自然を征服する」「自然に勝つ」といった思想が日増しに蔓延し、人類は自然の主人になろうと妄想した（葉冬娜，2016）。生産消費意欲が高まれば高まるほど、マズローの欲求ピラミッド[1]の「台座」はますます大きくなり、人類は自然界から大量の物質とエネルギーを獲得して、無制限に日々膨張する自己の物質的欲求を満たさなければならなくなった。人類の発展と天然資源の「対立性」は、2つの面に現れている。思想的には、英国の実験科学の始祖ベーコン[2]の「すべてのものに対して自分の帝国を築く」のスローガン（葉冬娜，2016）も、フランスの合理主義哲学者デカルト[3]の「人間は自然の主人であり支配者である」という主張も、ドイツの古典哲学の創始者カント[4]「人間が自然のために法則を立てる」の思想（黄志斌ほか，2015 a）も、唯物論哲学者フォイエルバッハ[5]の「人本主義」なども、いずれも主客分離の立場にあり、「人間中心主義」を説いている。行為から見ると、絶対的主体の支配意識の下で、人類は日増しに自然を虐げる「不道徳」行為を露わにし、森林・牧草地・鉱物などの資源を狂気のように略奪し、資源の不足を招いた。センザンコウ・ゾウ・サイなどの野生動物に対する大量捕殺は生態システムの深刻なアンバランスをもたらした。これらのおぞましい行跡は、いたるところで人類発展と天然資源の「対立性」を体現している。

　工業化の過程で、人類はこれまで人と自然との関係を探ることを止めたことがない。経済学の観点から見るだけでも、重商主義の学者であるホイーラー[6]やセラ[7]などはすでに人口・資源などの要素が経済発展に重要な役割を果たすことを認識

1　アメリカ合衆国の心理学者アブラハム・ハロルド・マズロー（1908-1970）が、「人間は自己実現に向かって絶えず成長する」と仮定し、人間の欲求を5段階の階層で理論化した学説である。
2　フランシス・ベーコン（1561-1626）、イギリスの哲学者、神学者、法学者、政治家、貴族。
3　ルネ・デカルト（1596-1650）、フランスの哲学者、数学者。合理主義哲学の祖であり、近世哲学の祖として知られる。
4　イマヌエル・カント（1724-1804）、プロイセン（ドイツ）の哲学者。
5　ルートヴィヒ・アンドレアス・フォイエルバッハ（1804-1872）、ドイツの哲学者。青年ヘーゲル派の代表的な存在。
6　ジョン・ホイーラー（1553-1611）、イギリスの重商主義者。
7　アントニオ・セラ（1580-?）、イタリアの重商主義者。

しており、古典経済学者のアダム・スミス[8]は人口の増加が資源の不足をもたらすと主張した。マルサス[9]はさらに、資源の希少性は絶対的で、人口・資源と環境との関係を適切に処理しなければならないと強調し、リカード[10]は人口と消費財の間の矛盾を認識し、ジョン・スチュアート・ミル[11]は人類社会の経済成長と自然環境のキャパシティの限界に関する問題を初めて検討した。

4. エコ文明の提唱による生物多様性の保護・利用の共同推進

　21世紀に入り、世界経済は急速に成長し、工業化は世界に富をもたらすと同時に、環境にも災害的影響を与えた。グローバル化の急速な発展というバックグラウンドの下で、全世界が「地球村」となり、生態学的問題はすでに国際的な経済・政治・外交・人権および国家の主権と安全保障などの問題と密接に絡み合い、世界的な問題の集合体となっている。ますます深刻化する生態学的危機に直面し、2008年12月11日、パン・ギムン国連事務総長はポーランドで開催された国連気候変動会議において、経済と環境の持続可能な発展の実現を目指す「グリーン・ニューディール」という概念を正式に提案した。「グリーン・ニューディール」が提案されて以来、世界各国は次々と自らの強みと結びつけて、「グリーン・ニューディール」計画に呼応し、同計画を策定、実施して、これを契機に新たなグローバルグリーン競争において、世界の経済・政治という舞台での主導権を握ろうとしている。エコ文明時代に、人類は物質と精神という二重のニーズと、持続可能で適度な消費を求め、資源許容力を基礎とする持続可能な開発方式を追求し始めた。

　1972年、国連はスウェーデンの首都ストックホルムで初めて人間環境会議を開き、地球環境ガバナンスの開始を示した。その後、国際条約に基づく世界的な環境協力が継続的に展開されてきた。1992年、国連はブラジルのリオデジャネイロで環境と発展に関する会議を開き、初めて経済発展と環境保護を結びつけ、持続可能な発展戦略を提出した。この20年、「共通だが差異ある責任」をめぐって、各国は貧困削減・環境保護・生物多様性保全・世界的気候変動といった難題に共

8　アダム・スミス（1723-1790）、イギリスの哲学者、倫理学者、経済学者。
9　トマス・ロバート・マルサス（1766-1834）、イギリスの経済学者。
10　デヴィッド・リカード（1772-1823）、自由貿易を擁護する理論を唱えたイギリスの経済学者。
11　ジョン・スチュアート・ミル（1806-1873）、イギリスの哲学者。

同で対応し始めた。2002 年の持続可能な発展に関する世界首脳会議は、持続可能な発展に関する共通認識を実行可能性のある計画・方案に変え、統一的なグローバル目標を形成した（張剣智，2018）。

　2015 年 9 月、193 の国連加盟国が国連の持続可能な発展サミットで正式に署名した「我々の世界を変革する――持続可能な開発のための 2030 アジェンダ」（以下「2030 アジェンダ」）は 17 項目の持続可能な発展目標を提出し、その半分は環境と関係しており、これは新しいパラダイムシフトを表している。つまり成長に基づく従来の経済モデルを新しいモデル、新しい目標に置き換え、全世界で公平な経済と社会を実現するというのだ。2016 年 5 月にケニアの首都ナイロビで開催された第 2 回国連環境総会は、「『2030 アジェンダ』における環境目標の実行」をテーマとして、環境目標を他の持続可能な発展目標に統合するか主流化し、経済社会の目標と可能な限り十分に接続・融合すると同時に、各ステークホルダーの積極的な参加を奨励し、持続可能な開発目標の履行を推進することを提案した。

　将来の地球規模の持続可能な発展を推進する上で、この 2 つの会議の重大な意義は言うまでもなく、その中の環境目標を達成することが、今後の地球環境ガバナンスの重要なポイントであることも疑う余地がない。第一に、生物多様性・化学品・気候変動など国際環境条約の目標・行動と「2030 アジェンダ」の環境目標と行動との連携を推進し、条約とアジェンダの相乗効果を確保すべきである。第二に、水・大気・生態系保護などの環境目標は、人間の食料・エネルギーなどの経済社会の目標と内在的な関連があるため、将来の環境ガバナンスのネットワーク化開発目標もトレンドとなり、それにより人類に持続可能な健康環境を提供する。第三に、気候変動問題とその他の環境問題が深く融合し、気候変動への対応とその他の環境問題の管理は、各国の経済社会発展の計画と戦略の重要な内容となる。第四に、陸地生態システムの持続可能な利用を保護・回復・促進し、生物多様性の喪失を抑止しなければならない。

　近年、各国は世界的な気候変動、生態危機などの問題に対して積極的な交渉・協議を展開し、低炭素経済、循環経済、グリーン経済などの新しい理念を打ち出し、環境保護理論の発展と革新を推進し、人と自然との関係という問題は国家間のその他の問題を超えて人類が共に直面する最重要課題となり、人と自然の「高度な調和」という発展状態は全世界で盛んに実践され、普及している（楊宜勇ほか，2017）。西側の「緑の党」の政治、各国の環境保護デモなどの活動は日増しに

盛んになり、生態系保全事業は日増しに偉大なグローバル公益事業となり、ますます多くの環境保護者の支持を得ただけでなく、実践上でも人と自然の調和のとれた発展の合理性と合法性を証明した。英国の「野生生物および田園地域法」やEUの「グリーン再生計画」、日本の「福田ビジョン」や「低炭素社会づくり行動計画」「緑の経済と社会の変革」草案、米国の「絶滅危惧種法」「クリーンエネルギー安全保障法案」などは、例外なく野生動植物資源の保護に言及している。

　中国も例外ではなく、グリーン発展戦略は着実に推進されている。2010年、胡錦濤は中国科学院と中国工程院の院士大会の演説で、「グリーン発展とは、環境にやさしい産業を発展させ、エネルギー消費と物質消費を低減させ、生態環境を保護・修復し、循環経済と低炭素技術を発展させることによって、経済社会の発展と自然を調和させることである」と述べた。十八全大会報告は、「グリーン発展・循環発展・低炭素発展」という三大発展方式の推進に力を入れなければならないことを打ち出した。続いて第13次5カ年計画では、「革新・協調・グリーン・開放・共有」という五大発展理念を提起した。十九全大会報告によると、第13次5カ年計画時期に、全党・全国でグリーン発展理念を貫徹する自覚性と主動性が著しく強化され、生態環境保護を軽視する状況が明らかに変化し、19期五中全会では「グリーン発展の推進、人と自然の共生促進」という重要な措置を打ち出した。習近平のエコ文明思想の6つの基本原則、すなわち「人と自然の共生」「緑の山河は金山銀山」「良好な生態環境は最も普遍的な民生福祉」「山河・森林・田畑・湖沼・草原は生命共同体」「最も厳格な制度、最も厳密な法治で生態環境を保護」「世界のエコ文明を共に建設」は、いずれもエコ文明期において、全世界が生物多様性の保全とグリーン発展を共同提唱し、共同推進していることを体現している。環境科学やグリーンテクノロジーなどは日増しに成熟して、科学技術によるサポートを提供し、グリーン経済の応用と生態文化の伝播は推進力の源を提供する。それゆえ、社会全体が生態システムの保全、生物多様性の保全、人と自然の調和のとれた発展を唱導している。

　エコ文明期の核心は「人と自然は生命共同体」という体得と認知に基づき、人と自然の友人関係を明確にしたことであり、その出発点と帰結点は「人と自然の共生」に関する思考であり、人と自然の生態経済・生態社会・生態現代化などの生態倫理関係と共生の弁証法的知恵を体現している（胡莎莎，2019）。

第4節　生物多様性保全とグリーン発展

　2002年に国連開発計画〔UNDP〕駐中国代表事務所が発表した「2002中国人類発展報告：グリーン発展は必須の道」は、まず「グリーン発展」という概念を提出した。これは人類が自身の社会発展の歴史における苦い経験から引き出した全く新しい発展思想である。2012年6月、国連の持続可能な発展会議で、各国は未来の人類においてグリーン発展が主旋律であるという共通認識に達した。2020年、「国際生物多様性の日」キャンペーンが5月20日に北京で開催され、中共中央政治局常務委員の李克強総理が以下の重要な指示を出した。生物多様性は人類の生存と発展、人と自然の共生にとって重要な基礎であり、生物多様性の保全を推進し、グリーン発展を促進することは、環境保護の新たな道を模索する有機的な組成部分であり、その目的は、生物多様性友好型グリーン発展の模索にある。このグリーン発展とは自然の法則に従い、生物多様性が生態産品・生態サービスを提供するという多重機能を十分に発揮し、経済社会発展のグリーン転換を加速させ、コミュニティ・国家・世界各レベルで経済効果・社会効果・生態効果各面での勝利を実現することである。

1．グリーン発展は人類社会の持続可能な開発の必然的選択肢

　自然の美しい景色は、人々に美的楽しみをもたらすとともに、人類が未来に向かうよりどころである。生物多様性は生態系サービスを提供し、生態系の安定を維持し、それはグリーン発展の環境的保障である。生物多様性を保全することは、生態系バランスの維持、資源環境の許容力の向上、環境容量の拡大に有利であり、経済構造の最適化・高度化、発展方式転換の加速化により多くの生態スペースを提供し、グリーン発展を保障する。生物多様性は、科学技術の革新を促進し、永続的な発展を保障する、グリーン転換推進の戦略資源である。

　世界と中国の発展をなぞると、グリーン発展は発展理念、発展方式に関する時代の選択であり、自然の法則と経済社会の発展法則に合致している。グリーン発展はその先進的な意識で人々の経済発展活動を指導し、それによって人々が自発的に生態環境を保全することを促進し、生物資源に最大の効果と利益を発揮させ、低炭素経済・循環経済の道を絶えず模索し、人と自然の共生を実現し、生物多様

性の価値の最大化を実現する。

　生態環境問題は人類が共に直面している深刻な問題である。18世紀後半から20世紀前半にかけて、欧米や日本、ソ連などの国は相次いで産業革命を経験し、完成させた。社会学者が総じて人類の技術史と経済史の分水嶺と呼んでいるこの革命では、西側諸国は紡織・石炭・エネルギー・化学工業・冶金を基礎とする高汚染・高エネルギー消費・高排出・資源型すなわち「三高一資」の産業構造と発展モデルを構築し、この生産力の分水嶺は、同時に生態環境の変化の分水嶺でもあった。1920年代以降、深刻な環境公害事件が発生し始め、1950年代になるとさらに「公害氾濫期」に入り、有名な「八大公害事件」が発生した。

　環境保護の提案は、不可避的に、既存の発展理念と発展モデルに対する反省を呼んだ。1972年、初の国連人間環境会議の後、持続可能な発展理念は次第に世界の共通認識となり、持続可能な発展戦略は次第に各国の国家戦略に格上げされた。西側諸国は従来の「三高一資」の産業を広大な発展途上国に移転し始めた。同時に、グリーン低炭素産業の発展を重視し始め、クリーンエネルギー・バイオ医薬品・ハイブリッド自動車・デジタルクリエイティブ・海洋開発・ナノテクノロジー・情報技術が新興産業開発の戦略的重点として確立された。2008年の世界金融危機後、国連環境計画は「グリーン経済」の発展を提案し、世界中で「グリーン・ニューディール」を実施し、「グリーン回復」を実現するよう呼びかけた。米国・日本は経済刺激策の中で特別資金を用意して、環境保全型エネルギー利用・新エネルギーなどの分野を支援した。2009年4月の主要20カ国（G20）首脳会議の共同声明は、包括的でグリーンかつ持続可能な経済回復を推進することを約束した。同年6月に開催されたOECD閣僚理事会では、グリーン成長が現在の危機を脱する重要な手段であると提起し、「グリーン成長：金融危機の克服と超越」という報告を発表した。2015年、パリの国連気候変動枠組条約第21回締約国会議〔COP21〕では、気候問題にどのように共同で対処するかが、改めて全世界のあらゆる国に提示され、これに対して各国はいずれも大幅な炭素排出削減を明確に約束した。

　近年、すさまじい経済発展がもたらした生物多様性の低下は、グリーン発展が人類の持続可能な発展にとって必然的な選択であり、グリーン発展の道こそ正しい選択であると、絶えず我々に警告している。グリーン発展という大きな背景は、バイオテクノロジーの絶えざるブレークスルーの呼び水となり、国民経済の

グリーン発展を示すだけでなく、グリーンな制度・産業・意識といった面の発展と革新も意味している。グリーン発展は生態系の改善と環境保護を経済発展の最も重要な位置に置き、生態環境の容量と資源の許容力をさらに重視しているが、世界で日増しに脅威に晒されている生物多様性は、まさにこのような外部環境で保護が強化されることを必要としている。資源とエネルギーの使用において、グリーン経済体制下では、低炭素や高効率のクリーンエネルギーを優先的に採用することによって、資源エネルギーの利用率を高め、生態環境に対する汚染を減らすことになり、一般大衆の消費観念の転換を喚起し、公衆のグリーン製品の選択、資源エネルギーの節約などのより多くの生態保護行為を牽引するのにプラスになる（劉桂環ほか，2015）。

経済と環境保護の同時発展を実現するには、実情を踏まえ、グリーン発展の思考で経済社会の発展をリードし、発展と生態系の超えてはならない一線を守り、経済の良好かつ迅速な発展を実現しなければならない。グリーン発展には、環境の維持を重視し、発展の視点で社会を注視し、発展の考え方と方法で人と自然の矛盾を解決することにより、長期的な視点で世界を見つめ、調和のとれた社会の構築を推進することが求められている。グリーン発展は、有効な分配手段、科学的な採掘方法によって、天然資源の利用効率を最適化することができ、生態環境がこれ以上破壊されなくなり、それによって発展の追求と生態環境の保護のバランスが効果的にとれることで、最終的に人と自然の調和を実現する（孫金龍，2020）。

2. 生物多様性はグリーン発展の重要な表象と基礎

生物多様性保全はグリーン発展の基礎であり、前提である。いかなる生産、および生物資源に対する採掘行為も天然資源そのものの許容力を十分に考慮しなければならない。人類に絶えることのない生産生活資源を提供するために、自然に休息スペースを残し、自然の自己修復を実現しなければならない。中共中央、国務院が発表した「エコ文明建設の加速推進に関する意見」は、「自然を尊重し、自然に順応し、自然を守る」「緑の山河は金山銀山」などの基本理念を全編で貫いている。発展方式において、長い間、世界各国が高度経済成長期に歩んだのは、エネルギー資源を大量に消費し、時には環境破壊の代価を惜しまない外延的・粗放的な発展の道だった。経済発展がニューノーマルに入った情勢下では、生物多様性保全をグリーン発展という概念の第一の先決条件とし、環境容量と資源の許容

力を制約変数とすることが、世界経済の形態をよりハイレベルに転化する必然的な要請である。

　世界経済の急速な発展に伴い、資源供給と経済発展の矛盾はますます明らかになり、資源は徐々に経済の持続可能な発展の主要な制約となり、資源の現在と将来における適正配置を促進することは、経済の持続可能な発展戦略目標を実現するための必然的な選択肢である。全方位的な発展は、経済の成長だけでなく社会の進歩、人の解放、生態環境の改善なども含むべきである。生物多様性の保全は持続可能な開発理念の中に貫かれ、資源保護と環境友好を主張し、遺伝資源・種の資源・生態システム資源およびそれに含まれる持続可能な利用方式は常に現在の社会が発揚するテーマである。そのほか、人にとっての生物多様性の価値は多面的であり、自然環境は我々の衣食住行におけるすべての物質製品の直接あるいは間接的な源であるだけでなく、重要な精神的価値も持っている。そのため、生物多様性の保全は、人々の生活にとって精神を育む意味があり、人間中心の集中的な体現でもある。グリーン発展は自然の法則の尊重を重要な位置に置き、生物多様性の保全は天然資源のバックグラウンドを維持することを前提とし、グリーン発展のために絶え間ない原動力を提供する。

3. 生物多様性への投資がますます多くの国の選択肢に

　1992 年に「生物多様性条約」が採択されて以来、生物多様性の中で生態システムは世界の公共財に属し、また発展途上国は世界のほとんどの生物多様性を保有しているため、世界銀行は生物多様性保全への積極的な資金援助を続けてきた。統計によると、世界銀行の融資プロジェクトは、総面積 1 億 1,600 万 ha を超える海洋・沿岸保護区、1,000 万 ha の陸上保護区、300 以上の保護された生息地・生物学的緩衝地域・保護区の構築と統合を支援した。世界銀行の招集力と世界的な影響力は、「アマゾンのサステナブルな景観プログラム」が多国参加方式を採用してアマゾン流域内で保護活動を展開したり、「世界野生生物プログラム」が技術援助を提供し、原産国・通過国・目的国の間の世界的な協力を促進することで野生動植物種の違法取引に打撃を与えるなど、複数のグローバルパートナーシップメカニズムの構築と管理を後押ししている。

　生物多様性に対する世界各国の関心は絶えず高まっている。2008 年、ドイツ研究振興協会は専門委員会を設立し、世界の生物多様性を保全するための資金投入

を増やし続け、ドイツの生物多様性研究ネットワークを構築し、生物多様性保全におけるドイツの国際的地位を高めることを目指した。2009年から2012年まで、ドイツは森林やその他の生態システムを保全するために、毎年1億2,500万ユーロの資金を新たに投入した。2013年から、ドイツは世界の生物多様性を保全するために毎年5億ユーロを投入した。絶滅が迫るシロサイの深刻な状況を食い止めるため、ケニアとチェコ両国の動物専門家が協力して、チェコの動物園からキタシロサイ4頭をケニアのオルペジェタ自然保護区に移送した。日本政府は「生物多様性条約」第10回締約国会議（COP10）において、「生物多様性保全に関する途上国支援イニシアティブ」という生物多様性保全目標を設定し、生物多様性保全への日本の積極的な姿勢を世界に示した（馬嘉・小堀貴子，2019）。

　2019年8月、世界各地の政府高官、専門家などがケニアのナイロビに集まり、「さまざまな形で地球の生命を保護することを目的とする」グローバル合意について会談した。「生物多様性条約」第15回締約国会議（COP15）で、各締約国は「ポスト生物多様性枠組」を協議し、今後どのように生物多様性の世界的な喪失傾向を抑制するかについて詳細な計画を立てる。これまで、これらの喪失傾向の脅威は、生物多様性及び生態系サービスに関する政府間科学‐政策プラットフォーム（IPBES）の「生物多様性と生態系サービスに関する地球規模評価報告書」、気候変動に関する政府間パネル（IPCC）の「気候変動と土地利用に関する特別報告書」、世界経済フォーラムの「グローバルリスク報告書」、OECDの「生物多様性報告書：金融・経済・ビジネス行動の事例」、さらに発表されたばかりの第5版「地球規模生物多様性概況」など、複数の報告書に示されている。「ポスト2020生物多様性枠組」では、地球とその全ての住人が直面する多重危機に対して包括的なアプローチをとり、生物多様性に投資する機会を利用して変革を促進することが期待されている。「自然を中心とした」発展ルートを通じて、2050年までに「生物多様性条約」の「自然との調和」に関するビジョンを実現するためのルートを制定することを目指しているのである。

第2章　中国エコ文明建設とグリーン発展

エコ文明は、工業文明への反省を踏まえて発展してきたが、従来の理論の限界を超え、さらに革新を加え、新たな貢献をした総合的な発展理念である。経済・社会・環境が直面している問題の解決を試みるとき、エコ文明が向き合う分野はより一層広くなり、持続可能な発展にかつてない優位性を示した。中国のエコ文明建設は、すでに社会主義新時代の国家発展戦略という位置づけに昇格し、生命共同体と運命共同体の理念を受け継ぎ、人と自然の共生を核心的原則とし、生態優先・グリーン発展を重要な道筋とし、中国と世界の生物多様性保全に理論的サポートを提供しており、国際的な持続可能な発展理論に対する重大な革新である。

第1節　エコ文明・グリーン発展と生物多様性保全

生物多様性は、エコ文明建設の重要な内容であり、グリーンで質の高い発展を推進する重要な突破口である。エコ文明建設は、生物多様性保全を推進し、生態環境保護と経済発展の関係を正しく処理し、人と自然の共生、グリーンで質の高い発展を真に実現するために、根本的なよりどころを提供した。

1. エコ文明は人と自然の共生実現を推進する中国プラン
（一）エコ文明は人と自然の調和のとれた発展を実現する文明形態

一般的には、1978年にドイツ・フランクフルト大学政治学部のイーリング・フェッチャー（Iring Fetscher）教授が、「人類生存の条件：発展の弁証法を論ず」という論文の中で「エコ文明」（ecological civilization）という概念を最初に提唱し、工業文明と技術進歩主義に対する批判をするために用いたと考えられているが、具体的な定義は示されていなかった。1995年、アメリカのモリソン（Roy Morrison）教授は、『生態学的民主主義（Ecological Democracy）』という本の中で

「エコ文明」という概念を提唱し、エコ文明は工業文明の次の新しい文明段階であるとし、なおかつ工業文明にはエコ文明に転換する可能性があるが、もし人々に自覚的な努力がなければ、この点は実現不可能であると明確に指摘した。彼はまた、エコ文明建設には、相互に依存する民主（democracy）・バランス（balance）・調和（harmony）という3つの礎があると考えている。工業主義の触手は世界中に広がっているために、グローバルエコ文明を考える必要があり、地方レベルで行動するだけでなく、グローバルに行動する必要もある（梅雪芹，2020）。

中国国内では、1987年に農業経済学者で生態経済学者の葉謙吉が、最初に全国農業生態会議でエコ文明の概念を提唱した。1988年に『生態系農業──農業の未来』という本の中で、葉謙吉は初めてエコ文明を次のように明確に定義した。人類は自然から利益を得る上に、さらに自然の役に立ち、自然を改造すると同時に自然を保護して、人と自然の間で調和し統一された関係を保つ（葉謙吉，1988）。李紹東（1990）によると、エコ文明は、生態環境に対する理性的認識とその積極的な実践成果を精神文明建設に導入し、また、その重要な構成部分となっているのである。申曙光（1994）によると、エコ文明は新しい文明であり、人類社会の発展過程で出現した、工業文明よりもさらに先進的・高級・偉大な文明である。エコ文明は工業文明から生まれ出て（まさに工業文明が農業文明から生まれ変わったように）、工業文明と現代科学技術を踏まえて自らを発展させ整える。エコ文明は工業文明の継承であり、工業文明の発展でもある。エコ文明はまた工業文明の弊害と欠陥を回避し、資源の永続的利用と社会の持続的発展を保証できなければならない。劉思華（2002）によると、エコ文明は「人－社会－自然」という複合システムの整合性から出発し、人類と人類が身を置く生態環境の協同進化と協調発展という価値観によって現代の新たな文明を建設する。

銭俊生と余謀昌（2004）は、その著書『生態哲学』の中で、「エコ文明は概念でもあり、結果でもある」と定義している。概念として、エコ文明は生態システムの全体的な統一性・非線形性・有限性・共生性などの原則と原理によって、人と自然、人と人の間の関係を処理する思想である。成果としては、グリーン生産・無汚染消費・最小消費・最大効率を特徴とする生産と生活活動の総和である。俞可平（2005）は、その論文「科学発展観とエコ文明」の中で、エコ文明とは人類が自然を改造して自身に幸福をもたらす過程の中で、人間と自然の間の調和を実現するために行ったすべての努力と得られたすべての成果であり、それは人間と

自然の相互関係における進歩的状態を表していると述べている。エコ文明は、ポスト工業文明であり、人類社会の中の新しい文明形態であり、人類のこれまでで最高の文明形態であると言える。竜睿賛（2017）は、エコ文明の4つの次元を提唱し、人類の社会文明形態・社会文明形式・社会発展理念・社会主義制度という属性の観点から、エコ文明の概念と内容を個別に解説した。

盧風（2019）は、2種類のエコ文明理論が存在することを指摘した。1つは文明修復論であり、もう1つは文明超越論である。前者は、エコ文明とは生態環境に文明的に向き合い、エコ文明という次元を補えば、現代工業文明の偉大な成果をただちに継承できると考えている。後者は、現代工業文明の各次元はすべて反自然的、反生態的であり、エコ文明は現代工業文明を完全に超越した真新しい文明であると考えている。

以上のように、エコ文明には狭義と広義の2つの解釈があり得る。狭義で言えば、社会の文明構造から見て、エコ文明は物質文明・精神文明・政治文明と並ぶ社会文明形式であり、すなわち人類が自然との関係を処理した際に到達した文明のレベルは、社会文明構造の重要な構成部分である。広義で言えば、エコ文明は原始文明・農業文明・工業文明と同じで、人類の歴史が一定の段階に発展した際の必然的な産物である。具体的に言えば、エコ文明は環境資源の許容力を基礎とし、自然の法則を準則とし、持続可能な社会経済政策を手段とし、人と自然の調和のとれた発展を目的とした文明形態である（図2-1）。

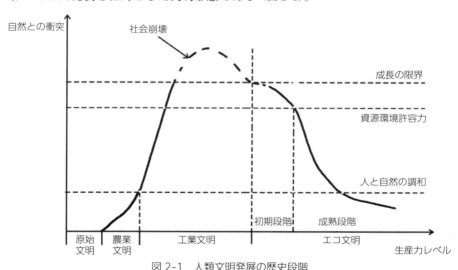

図2-1　人類文明発展の歴史段階

(二) エコ文明システムの構築は人と自然の調和を促進する根本的な方法

習近平総書記は、全国生態環境保護大会でエコ文明を建設するための「五大システム」を提案し、その豊かな内容は基本的な含意、目標要請、重点任務などの面に表れている。「五大システム」は「エコ文明建設を経済・政治・文化・社会建設の各方面と全過程に溶け込ませる」という基本的な考え方と要請を含んでおり、人間と自然をひとつの生命共同体と見なし、生態環境の質を改善し、人民大衆の生態環境への需要を満たすことを根本的な目標とし、グリーン発展の推進と社会全体が共に建設し、共に享受することを基本的な道筋とし、政府・市場・社会という多元的主体の協調的連動を通じて、制約的・奨励的・誘導的な道徳・経済・法制・行政・工事などの手段を総合的に運用し、エコ文明建設を全面的に推進する全体プランを形成して、エコ文明のレベルを高め、美しい中国を建設するためにその方向を指し示した。

(1) 生態価値観を準則とする生態文化システム

先進的な生態文化システムは、エコ文明建設の思想的武器である。世界と中華民族の文明史は、「生態系が盛んになれば文明が盛んになり、生態系が衰えれば文明が衰える」が永遠の法則であるということを示し、生態保護は文化と価値の概念として、社会文明の重要な構成部分である。習近平総書記は、「中華民族はこれまで自然を尊重し、自然を愛して、五千年余り連綿と続く中華文明は豊かな生態文化を育んできた」と指摘した。十八全大会以降、習近平同志を核心とする党中央は、一連の新理念・新思想・新戦略を打ち出し、習近平エコ文明思想を形成し、それは習近平の新時代における中国独自の社会主義思想の重要な構成部分となっている。習近平エコ文明思想は、中華文明の豊かな生態学的知恵と文化的土壌に深く根ざし、時代性・歴史性さらに哲学性も備え、現在および今後のエコ文明建設を指導する重要な思想的武器である。

生態価値観は、生態文化の基礎であり核心である。人類が人間と自然の関係を処理する上では、さまざまな不平等・不調和・不均衡という問題があふれており、これらの問題の主な難点は価値観と発展理念の問題である。習近平総書記は、十九全大会の報告で、「人と自然は生命共同体であり、人類は自然を尊重し、自然に順応し、自然を保護しなければならない」と指摘した。これは習近平エコ文明思想の最も核心的な生態価値観であり、現在の中国の生態文化の真髄でもある。人と自然の関係を扱うとき、この生態価値観を守り、節約優先・保護優先・自然回復

を主とするという方針を堅持し、目を保護するように生態環境を保護し、生命を扱うように生態環境を扱い、自然環境に対する人間の破壊を根本的に減らすことで、自然生態系の美しい景色が永遠に人の世にとどまり、自然に静けさ・調和・美しさを取り戻さなければならない。生態文化システムの構築には、従来の優れた生態文化の伝承を、新たな時代の生態文化の革新と結びつける必要があり、その重点は、人間と自然の調和における生態倫理道徳観を確立することである。

(2) 産業生態化と生態産業化を主体とする生態経済システム

発達した生態経済はエコ文明建設の動力源である。生態系資源は人類生存の基礎であり、生態系資源は最終的に人類社会の発展に必要な生態産品と生態サービスに転化し、産業化を通じて生態産品の生産能力を高めることができ、またそのあるべき価値も実現するはずだ。弁証法的観点から見ると、発展と保護は対立矛盾した関係ではなく、相互に促進し合う関係であり、「緑の山河」と「金山銀山」は同時に実現できる。経済発展は、資源と生態環境に対するやらずぶったくりの略奪であってはならず、生態環境保護も経済発展を捨てる「木に魚を求める」ような後ろ向きであってはならず、あくまで発展する中で保護し、保護する中で発展し、「食べつくし搾り取る」ような発展モデルを断固排除し、経済社会の発展とエコ文明建設を自覚的に統一して計画を立て、経済社会の発展と人口資源環境の調和を実現し、資源の節約と環境保護の空間構造・産業構造・生産方式・生活様式を形成しなければならない。

グリーン発展は、質の高い現代化経済システムを構築する必然的な要請であり、生態環境問題を解決する根本的な策であり、生態経済システム建設の鍵はグリーンな発展を堅持することである。「緑の山河は金山銀山」「生態環境を保護することは生産力を保護することであり、生態環境を改善することは生産力を発展させることである」というグリーン発展観を常に堅持し、グリーン・循環・低炭素経済を発展させて経済の生態化を実現し、同時に自然資源と生態環境の価値を体現する市場メカニズムを確立して生態の経済化を実現し、根本的に経済発展と資源環境の矛盾を解決し、生態保護の中で産業を発展させ、生産が発展し生活が豊かで生態が良好な文明的発展の道を歩むべきである。一方、産業生態化と生態産業化を実現するには、発展の従来型惰性モデルを変え、モデルチェンジとグレードアップを図る決意と勇気を高め、発展と生態の2つのボトムラインを守り、より質が高く、より効果と利益のある発展を推進する必要がある。

（3）生態環境の質の改善を核心とする目標責任システム

　明確な目標責任システムは、エコ文明建設の基本的な管理措置である。良好な生態環境は最も普遍的な民生福祉であり、エコ文明建設の内在的な要請と立脚点であり、良好な生態環境を創造してこそ、経済社会の全面的な協調と持続可能な発展を真に実現することができる。エコ文明建設の目標は、「より多くの良質な生態産品を提供し、日増しに増大する美しい生態環境への人民大衆のニーズを絶えず満たす」ことである。全国生態環境保護大会において、習近平総書記が描いた青空と白雲、星のきらめき、澄んだ水と緑の岸辺、魚が跳びはねる浅瀬や、安心な食住、鳥の声と花の香り、田園風景などは、「良質なエコ産品」の本質的な内容を生き生きと視覚的に示している。生態環境の質の改善を中心とする目標責任システムを確立することは、生態環境分野の主要な社会矛盾を解決し、美しい生態環境という人民大衆のニーズを満たす最も直接的かつ効果的な方法である。

　エコ文明建設は、各地域・各部門が担うべき政治的責任であり、国土に責任を持ち、国土に責任を尽くし、分業協力し、共同で力を尽くす必要がある。地方の各級党委員会と政府の主な指導者は生態環境保護の第一責任者であり、指導者と幹部の「重要な少数」の役割を発揮し、社会各界のパワーを効果的に導いて生態環境保護とエコ文明建設を推進しなければならない。指導者と幹部のエコ文明建設責任制を実行に移し、生態環境保護の「党と政府の共同責任」「同一ポスト二重責任」[1]を厳格に実行しなければならない。「GDP」一点張りの発展理念を転換し、持続可能な発展を最高の訴求とし、エコ文明による業績観、発展観を樹立する。科学的かつ合理的な審査評価システムを構築し、国民経済審査全体におけるエコ文明建設の重要な地位を絶えず高め、資源消費・環境損害・生態効果などエコ文明建設の状況を体現する指標を経済社会発展評価システムに組み込み、これをエコ文明建設を推進する重要なガイドと制約とし、「生態環境の質の改善」というエコ文明建設の核心的な目標・任務の完成を確保する。生態環境の質の改善を核心とするとは、質の高い発展要請に合わせて、人々が強く訴える生態環境問題の解決を重点とし、「新しい借りをしない、古い借りを多く返す」ことを達成し、生態環境の不足の補完を加速させ、人民大衆の生態環境による達成感・幸福感・安心感を絶えず強化しなければならないということである。

1　中国語原文は「党政同責、一崗双責」。指導者や幹部は党と政府の責任を同時に担い、ひとつの職務は党と政府の双方の責任を担うという中国共産党の方針。

（4）ガバナンスシステムとガバナンス能力の現代化を保障とするエコ文明制度システム

完全なエコ文明制度システムは、エコ文明建設の根本的な保障である。最も厳格な制度、最も厳密な法治を実行してこそ、エコ文明建設に信頼性のある保障を提供することができる。十八全大会以降、習近平同志を核心とする党中央は、発展規律を断固として遵守し、緑の山河を守り、エコ文明制度システムを絶えず整備し、エコ文明制度の「四梁八柱[2]」を日増しに整備し、環境違法行為を抑制するために重要な手段と有力な武器を提供した。エコ文明建設とは、生態環境の改変からエコ文明の実現に到る巨大なシステムプロジェクトであり、システムが完備され、科学的に規範化され、運行が効率的な制度システムを構築し、制度を用いて建設を進め、行為を規範化し、目標を実行し、懲罰と問責を行うことで、制度をエコ文明の持続的で健全な発展を保障する重要な条件にしなければならない。

ガバナンスシステムとガバナンス能力の現代化とは、国家ガバナンスシステムを制度化・科学化・規範化・プログラム化させることで、国家統治者が法治思考と法律制度を運用して国家を統治することに熟達し、それによって中国独自の社会主義における各方面の制度的優位性を国家統治の効力に転化させることである。ガバナンスシステムとガバナンス能力の現代化を保障とするエコ文明制度システムの建設を加速させるには、根源の厳重なチェック、プロセスの厳格な管理、結果に対する厳罰という考え方に基づいて、財産権が明確化され、多元的に参加し、奨励と制約を同等に重視し、体系が完備されたエコ文明制度システムを構築し、エコ文明建設を法治化・制度化の軌道に組み込まなければならない。エコ文明制度システムを構築するには、環境の公平・正義を経済社会の政策決定・管理の各方面に貫かなければならない。

（5）生態システムの好循環と環境リスクの効果的な予防・制御を重点とする生態系安定システム

優れた生態系安定システムは、エコ文明建設の物質的基礎である。生態系の安定は国家の安全の重要な構成要素であり、経済社会の持続的で健全な発展に対する重要な保障である。社会システム・経済システム・自然生態システムは、人類

2　4本の梁と8本の柱で建物全体を支える中国古代の伝統的な建築構造に由来し、中国共産党の最新理論成果の中で「四梁八柱」を比喩的に使い、「われわれの改革には基本的な主体の枠組が必要である」と強調。

の活動によって結合し複合システムとなり、各要素は相互に依存し、相互に制約し、相互に作用する。人類の経済活動は、自然生態システムの許容力という制限を受ける一方で、自然生態システムに反作用する。社会システム・経済システム・自然生態システムには独自の運行規律がある一方、他のシステムの影響と制約を受けており、各システムが互いに適応してこそ、複合生態システム全体がバランスを達成でき、かつまた安定して、持続的に好循環を続けることができるのである。そのため、生態系安定システムを構築するには、経済社会の発展と環境保護との関係を統一的に計画し、人と自然の生命共同体を再構築しなければならない。

一方、「山・河・森・農地・湖沼・草原は生命共同体である」という理念に基づき、自然生態の各要素、山上と山下、地上と地下、陸地と海洋、上流と下流を統一的に考慮し、生態システムの保護に力を入れ、生態修復の重要なプロジェクトを統一的に実施し、生態システムが自己バランスと好循環を維持する能力を強化し、生態系安定システムの基礎を築く。生態システムそのものの自然属性に基づき、地域・流域を保護と修復の有機的統一体とし、各種の生態問題およびその関連と因果関係とを正確に判別し、行政の壁を打破し、全体設計・プロジェクト別管理を実現する。「1つの地域、1つの問題、1つの技術、1つのプロジェクト」という考え方に基づき、生態保護修復のコア技術全体の解決案を形成する。一方、大衆の健康を損なう突出した生態環境問題と潜在的な生態環境リスクを解決することを目標・出発点とし、生態環境リスクを恒常的管理に組み込み、全過程にわたる多層的な生態環境リスク対策と緊急時対応システムを系統立てて構築する。

エコ文明建設は、生産方式・生活様式・思考方式・価値観に関わる革命的な変革であり、「調和」を旨とする生態倫理観を確立し、「グリーン」を特徴とする生態経済発展を推進し、「改善」を準則とする目標評価審査システムを確立し、「協同」を基礎とする生態制度の枠組を打ち立て、「優先」を前提とする生態環境安全システムを構築する必要がある。習近平総書記は、十九全大会と全国生態環境保護大会での演説で、エコ文明建設の新しい思想、新しい要請、新しい目標、新しい配置を確立し、中国のエコ文明建設の理論体系をさらに豊かにし、全国各地のエコ文明建設の実践を力強く指導した。エコ文明システムの建設は、習近平のエコ文明思想を指針とし、経済・政治・社会・文化・生態環境の多方面で同時に力を入れ、生態文化・生態経済・目標責任・生態制度・生態系安定などの面で全面的に実践探索を展開し、五大システムの建設を加速させ、美しい中国という壮大

な目標を徐々に実現しなければならない。

(三) エコ文明は持続可能な発展観に対する革新的な発展

国連が1987年に採択した報告書「我ら共有の未来」によると、「持続可能な発展とは、将来の世代のニーズを満たす能力を損なうことなく、今日の世代のニーズを満たすような開発」と正式に定義されている。エコ文明と持続可能な発展は、互いに融通し合うと考える学者もいれば（鄔慶治，2020、孫偉平，2008、張永亮ほか，2015）、エコ文明は持続可能な発展とは異なり、新しい社会秩序であり、エコ文明は持続可能な中国の道だと考える学者もいる（Gare・王俊，2019、Liuほか，2018）。融通論と新秩序論は、エコ文明の持続可能な発展への貢献を実際にはいずれも認めており、エコ文明建設は中国の持続可能な発展のための新たなより高いレベルの探索であり、継承でもあり革新でもある。

(1) 文明形態の革新

工業化がここ百年で作り出した生産力は、過去のすべての時代に作り出されたあらゆる生産力よりも多い（中共中央編集局，2012）が、この時期は生態環境に大きな破壊をもたらした。資源枯渇・環境汚染・生態系アンバランス・人口膨張など一連の問題は、人類の生存と発展を深刻に脅かしているだけでなく、人類文明の発展プロセスを制約している。環境保護と持続可能な発展はすでに国家と国際政治のレベルにまで格上げされ、「持続可能な発展のための2030アジェンダ」が確立した5P理念、すなわち人間中心・地球・繁栄・平和・パートナーシップは、持続可能な発展理念の革新的な転換でもあるが、社会文明形式という視点から発展パラダイム問題を考えてはいない（潘家華，2015）。エコ文明は、物質文明・精神文明・政治文明と共存する人類文明の形態であり、従来の農業文明、工業文明を超えたより高度な人類文明の形態でもある。自然を征服するという工業文明下における発展理念に直面して、エコ文明は理論と実践という2つの次元からこの発展理念を超越した。中国のエコ文明は、人類文明が必然的に人と自然の対立から人と自然の調和へと発展するという客観的法則を正確に把握しており、エコ文明建設において先人の成果を継承し、また革新的な発展を行った（王璐，2017）。

(2) 発展次元の革新

ヨハネスブルグ会議が持続可能な発展の3つの柱を明らかにして以来、経済・生態・社会がすでに持続可能な発展の長期的な枠組となっているという点で、各国政府と学界は共通認識に達している。「五位一体」の全体的な配置は、エコ文明

建設を発展戦略というレベルにまで高め、持続可能な発展の3つの次元を広げた。一方では、エコ文明建設は経済建設・政治建設・文化建設・社会建設の各方面と全過程に溶け込み、人間本位で全面的に調和した持続可能な科学的発展の実現に役立つ。また一方では、持続可能な発展の3つの次元は、経済・政治・文化・社会・エコ文明の5つの次元にさらに深く拡大し、より広い範囲で役割を果たすことになる。実践をリードする面で、エコ文明はより深遠な影響を及ぼした。生態価値観を準則とする生態文化システム、産業生態化と生態産業化を主体とする生態経済システム、生態環境の質の改善を核心とする目標責任システム、ガバナンスシステムとガバナンス能力の現代化を保障とするエコ文明制度システム、生態システムの好循環と環境リスクの効果的な予防・制御を重点とする生態系安定システムは、エコ文明システムの基本的な枠組を定義した。五大システムは美しい中国を建設するための行動指針であり、エコ文明建設と永続的発展のために根本的な支えを提供し、人類運命共同体構築のために思想面と実践面の「中国プラン」を提供した。

（3）生態指向の革新

長い間、西側の二元論は「こちらでなければ、あちらだ」と主張し、物事の2つの側面を完全に対立させ、経済発展と環境保護への扱いも相互に孤立してきた。エコ文明は、生態経済の新しい方向性と、共同体という生態の新しい方向性を作り出した。「緑の山河は金山銀山」という理念の提起は、生態の経済化と経済の生態化の有機的統一を代表し、緑豊かな自然は絶え間なく存続する宝の山を実現する基礎と前提であることを明らかにした。マルクス主義哲学の視野の中で、生産力と生産関係の飛躍的な上昇は生態環境保護と経済社会発展の弁証法的統一と統一的配慮を必然的に指向し、生態の保護こそが生産力の発展である。グリーンの「両山」理論が発展と保護を対立させる古い概念から脱却し、「これかあれか」という二元論的な思想をもはや信奉せず、経済発展と環境保護の内在的統一・相互促進・協調共生を実現する弁証法的唯物主義の方法論を明示（呉舜沢ほか，2018）したことは、持続可能なグリーン発展理念に対する超越である。共同体生態の新しい方向性は、山・河・森・農地・湖沼・草原が生命共同体であるという体系的な保護思想に示され、「山・河・森・農地・湖沼・草原のシステム管理の統一的計画」を強調した。その一方では、ボトムライン思考を堅持し、レッドラインの概念をしっかりと確立し、自然生態系の安定境界、すなわち自然生態システム分

布の生態空間境界、自然生態システムの質のボトムラインと許容力を守る必要がある。また一方では、我々には生態ガバナンスという大局観、全体観を確立することが求められ、山・河・森・農地・湖沼・草原一体化思想を確立するだけでなく、全域管理を実施し、管理面では統一的に計画して協力し合い、生命共同体の思想を本格的に実践しなければならない。そして、「生命共同体」が強調しているのは、まさに自然が完全なシステムで、人類は自然の一部にすぎないということであり、我々は自然を尊重し、自然を保護し、人と自然の調和を維持しなければならない。

(4) 実践レベルの革新

持続可能な発展は、2030年目標を確立したが、実際には多くの難題に直面している。欧州や韓国など少数の国が「グリーン・ニューディール」を積極的に推進しているだけで、世界的に「CO_2排出ピークアウト」と「カーボンニュートラル」を実現するのには依然、時間を必要とする。国連の生物多様性及び生態系サービスに関する政府間科学 – 政策プラットフォーム（IPBES）が発表した2019年のグローバル評価報告書によると、20項目の愛知目標のうち、実現が期待されたり、積極的な進展が得られたりするのはほんのわずかで、ほとんどの目標は進展が限られ、時には目標から外れることさえある。2020年、貧困削減という目標を達成した国は193カ国中わずか20%にすぎず、良好な健康と福祉という目標を達成した国は3%にも満たない。エコ文明は環境資源の許容力を基礎とし、自然法則を準則とし、持続可能な社会経済政策を手段とし、人と自然の調和のとれた発展を目的とする文明形態である。エコ文明の実践レベルの革新は、システム思考と全体思考を運用し、全方位・全地域・全過程でエコ文明建設を展開しており、異なる地域のその土地に合わせた探索を強調することに示されている。中国は理論 – 戦略 – 制度 – プロジェクトの実践システムを構築し、同時に実践全体は順を追って進められ、モデル探索・細胞工学〔人工的な操作によって細胞を加工したり、培養したりする技術〕をベースに、根本的・根源的・基礎的問題の解決を強調し、システム的施策を強調した。良好な生態環境がエコ文明のハードパワーであるならば、エコ文明制度システムはエコ文明のソフトパワーである（夏光, 2013）。先進的な制度を代表とするエコ文明ガバナンスシステムは、世界の永続的発展の道をリードしている。

グローバルな生態環境保護思想理念の側面であれ、気候変動に対応するCO_2排

出削減・生物多様性保護・生態型貧困削減などの具体的な実践分野であれ、あるいは生態環境保護の「ローカライズ」と全国民参加の側面であれ、エコ文明はすべて異なる次元から世界の持続可能な発展を促進している（図2-2）。

マクロ的に見れば、エコ文明の理念は未来の発展モデルの転換に参考となり、2030年の持続可能な発展目標の実現に新たな道を提供し、世界の持続可能な発展の方向をリードしている。自然に対しては、生命共同体という理念を受け継ぎ、人と自然の調和を実現する。人類に対しては、運命共同体という理念を受け継ぎ、世界各国が互いに寄り添い、共に助け合う。グローバル環境ガバナンスは、自然やグリーン発展を尊ぶ生態システムの構築を加速させなければならず、持続可能

図2-2　エコ文明と持続可能な発展（Weiほか，2020）

な発展目標が描く平等でクリーンで美しい世界の実現を加速させるには、気候変動・生物多様性・海洋生態・貧困削減・突発的な環境汚染や公衆衛生事案のリスク対策などの分野で世界各国間の政策協力を強化し、世界各国・各地域・各民族が共同でグローバル生態環境整備に参加する良好な雰囲気を積極的に醸成しなければならない。

　メゾ的に見れば、まず、エコ文明は「人と自然の調和」の理念を受け継ぎ、目標責任システムを通じて気候行動に有効な方法を提供し、世界の気候変動がもたらす生態系の安定という問題に正しく向き合い、解決することを提唱する。中国が低炭素発展戦略を積極的に実施し、CO_2排出削減の義務を担い、多形式の排出削減措置をとることは、世界の気候安全保障の責任を自発的に担うことの表れである。次に、将来はエコ文明という理念の下で地球生命共同体を共同で建設しなければならない。生物多様性を積極的に維持することは、生物の種類の多様性だけでなく、さらに遺伝的多様性と生態システム多様性を含み、野生動物の不法狩猟や重点保護種の生息地への侵入を根絶しなければならない。生物多様性の保護は、人と自然生態システムの調和という関係を考慮するだけでなく、人と人の調和の関係も重視しなければならない。同時に、「良好な生態環境は最も普遍的な民生福祉である」という中国のエコ文明建設の根本的趣旨を受け継ぎ、一般庶民のためにより多くの良質な生態産品を提供することで、日増しに増大する人民大衆の美しい生態環境への需要を満たすことが発展の現実的な要請である。

　ミクロ的に言えば、中国が展開するエコ文明建設モデル地区と「緑の山河は金山銀山」の実践革新基地建設は良い手本となり、リードする役割を果たした。特に「両山」実践革新基地は、緑の山河が金山銀山に転化する有効な革新の道筋を積極的に探索し、繭を破って蝶になった安吉〔浙江省〕や、モデルチェンジに成功した欒川〔河南省〕にせよ、十年一日の如く防砂の造林にたゆまず努力してきた塞罕壩〔河北省〕や右玉〔山西省〕、あるいは山を耕して山に住むことで有名な麗水〔浙江省〕にせよ、みな独自の方法やモデルがある。異なる地域の特徴と実践モデルに基づいて、市・県・企業に深く入り込み、現地の特色ある発展方式について総合的な理解と分析を行い、各地域のために地元の発展に適した最適な方法とモデルを定めなければならない。

2. グリーンはエコ文明建設のテーマカラー

　十八全大会以降、革新・協調・グリーン・開放・共有という発展理念が鮮明に打ち出され、エコ文明建設と経済建設・政治建設・文化建設・社会建設の高度な融合を実現した。グリーン発展理念は発展法則を科学的に把握する革新理念として、新たな情勢の下で第一の重要任務を完成させる重点分野と有力な手がかりを明確にし、新たな時期における執政・国家振興に前進する方向を示した。

（一）グリーン発展理念は発展観における本格的な革命である

　十八全大会の報告は、エコ文明建設を独立項目として詳しく述べ、また「両山理論」を踏まえて「美しい中国の建設に努力し、中華民族の永続的な発展を実現する」という目標を打ち出した。十八全大会以降、習近平同志は一連の比喩を用いて生態環境保護の重要性を述べ、グリーン発展理念の含意をさらに豊かに発展させた。2013年4月、習近平総書記は、中共中央政治局常務委員会会議において「エコ文明建設の強化、生態環境保護の強化、グリーン低炭素生活様式の提唱などを単なる経済問題にしてはならない。この中には大きな政治がある」と指摘した。これは政治的観点からグリーン発展理念を述べたものであり、グリーン発展は経済の持続可能な発展問題だけではなく、それにも増して政治的観点からグリーン発展の重大な意義を理解し、正しい政治業績観を確立すべきである。2015年4月、習近平総書記は、首都ボランティア植樹キャンペーンに参加した際、「植樹は青い空、緑の大地、きれいな水を実現する重要な手段であり、最も普遍的な民生プロジェクトである」と指摘した。一般庶民の生態ニーズは最も基本的な民生的需要であり、良好な生態環境は最も良い民生上の福祉である。グリーン発展を堅持し、生態環境をしっかり保護することで、良好な生態環境は人民の生活の質と幸福感の成長点となり、グリーン発展がもたらす環境効果を一般庶民が実感できるようにしなければならない。

　2015年10月に開催された18期五中全会において、習近平総書記は、初めて革新・協調・グリーン・開放・共有という発展理念を打ち出し、「グリーン発展を堅持するには、資源節約と環境保護という基本国策を堅持し、持続可能な発展を堅持し、生産発展・生活富裕・生態良好という文明発展の道をしっかり歩み、資源節約型・環境友好型社会の建設を加速し、人と自然の調和のとれた発展という現代化建設の新たな枠組を形成し、美しい中国の建設を推進し、グローバルな生態系安定のために新しい貢献をしなければならない」と指摘した。これはグリー

ン発展理念の正式な提唱と確立を表している。「国民経済と社会発展の第 13 次 5 カ年計画策定に関する中共中央の提案」を説明する中で、彼は、発展理念は発展行動の先導であり、全体・根本・方向・長期に目配りするものであり、発展の構想・方向・力点の集中的な体現であると指摘した。2016 年 1 月に開催された、省部級の主要指導幹部が党の 18 期五中全会精神を学習し徹底する特別セミナーで、習近平総書記は、また歴史や現実といくつかの重大な問題を結びつけ、理論的、マクロ的に五大新発展理念の具体的な内容を踏み込んで説明した。中国では、新しい発展理念がすでにタクトとなり、信号になっている。

　2017 年 5 月、18 期中央政治局第 41 回集団学習の際、習近平総書記は、「グリーン発展方式と生活様式の形成を推進することは、発展観の本格的革命である。これには新しい発展理念を堅持・貫徹し、経済発展と生態環境保護の関係を正しく処理しなければならない」と指摘した。具体的には、我々はグリーン発展方式と生活様式を形成する重要さ・緊急さ・困難さを十分に認識し、科学的で適度かつ秩序ある国土空間配置システム、グリーン循環低炭素発展の産業システム、制約とインセンティブを同時に行うエコ文明制度システム、政府・企業・国民が共同管理するグリーン行動システムの構築を加速し、生態機能保障ベースライン、環境クオリティ安定ボトムライン、自然資源利用上限ラインの三大レッドラインの構築を加速して、全方位・全地域・全過程で生態環境保護建設を展開しなければならない。

(二) グリーンで質の高い発展はエコ文明建設の根本的な目標

　グリーン発展を全面的に推進することは、エコ文明建設の根本的な対策である。グリーン発展はエコ文明建設の必然的な要請であり、現代の科学技術と産業変革の方向を代表する、最も有望な発展分野である。人類の発展活動は自然を尊重し、自然に順応し、自然を保護しなければならない。生態系を回復・管理する防護措置を研究するだけでなく、さらに生物多様性などの科学的法則に対する認識を深めなければならない。政策の面から管理と保護を強化するだけでなく、さらに世界的な変化、炭素循環メカニズムなどの面から認識を深め、科学技術革新を頼りにグリーン発展の難題を解決し、人と自然の調和という新しい枠組を形成しなければならない。

　グリーン発展は、質の高い現代化経済システムを構築するための必然的な要請であり、汚染問題を解決するための根本的な策である。いわゆるグリーン発展と

は、第一に経済成長と資源環境負荷の切り離しを実現する、すなわち経済成長が資源環境負荷の増加を引き起こすことはあり得ないようにし、際立った生態環境問題をきちんと解決し、持続可能性を改善しなければならない。第二に、持続可能性を生産力にし、グリーンや生態に利益をもたらし、生態系の優位性を経済の優位性に転化させることを可能にし、緑の山河が金山銀山になることを実現しなければならない（石敏俊，2018）。中国の特色ある社会主義が新時代に入るとは、すなわちグリーン生産力を実現・解放し、人と自然の調和のとれた現代化を建設することである。エコ文明を建設すること自体も発展であり、まさにグリーン発展であり、質の高い発展である。

　18期五中全会はグリーン発展理念を強調し、十九全大会の報告は未来の中国のエコ文明建設とグリーン発展のために方向を示し、路線を確立した。十九全大会報告書は、「エコ文明の建設は中華民族が永続的に発展するための千年の大計である。『緑の山河は金山銀山』という理念を確立し、実践し、資源の節約と環境保護という基本的国策を堅持し、生命を扱うように生態環境を扱い、山・河・森・農地・湖沼・草原のシステム管理を統一的に計画し、最も厳格な生態環境保護制度を実行し、グリーン発展方式と生活様式を形成し、生産発展・生活富裕・生態良好という文明発展の道をしっかり歩み、美しい中国を建設し、人民のために良好な生産・生活環境を創造し、世界の生態系安定に貢献しなければならない」と指摘している。報告はまた、法律制度・政策的リード・技術革新システム・エネルギー消費革命・資源節約行動・低炭素生活様式などの内容を含むグリーン発展の実施プランを提供した。19期五中全会は、グリーンな生産・生活様式の広範な形成、炭素排出がピークアウトした後の安定的低下、生態環境の根本的好転、美しい中国建設目標の基本的実現を含む社会主義現代化を2035年に基本的に実現する長期目標を提出した。

3．エコ文明は生物多様性を擁護

　生物多様性とは、人類がその存続と発展を託す基礎であり、人類生命共同体の血脈であり根幹である。中国政府はこれまで生物多様性保全を非常に重視し、それをエコ文明建設の重要な内容と、グリーンで質の高い発展を推進する重要な手がかりとした。生物多様性保全は「美しい中国」を建設するための基礎的保障でもあった。中国はまた、国際生物多様性保全条約の履行システムに積極的に参加

し、持続可能な発展の既定目標を実現するために強固な基礎を築いている。

（一）生物多様性保全はエコ文明の核心的内容である

人類と生物多様性は、物質循環・エネルギー流動・情報交換など複雑な自然と文化の過程を通じて、相互に作用し、相互に影響して、地球生命共同体を形成している（張恵遠ほか, 2020）。人と自然の関係から見ると、地球生命共同体は数十億年の進化を経て、すでに生態バランスを形成しており、生物多様性は地球の生態バランスを維持する重要な基礎である。このバランスは、いったん崩れると一連の連鎖反応が起こり、その上最終的には人間自身に危害を及ぼす。例えば、種の多様性の喪失、生態システムの破壊が地球温暖化とそれに伴う破壊を激化させていた、と研究が明らかにしている。現在、生物多様性の損害と喪失は人類社会が直面する最も深刻な脅威のひとつである。国連の生態システムと生物多様性の経済学研究報告によると、生物多様性の喪失がもたらす経済的影響は毎年2兆～4兆5,000億ドルで、全世界の総生産の7.5％に相当する。FAOが2019年に発表した報告書も、食糧や農業の生物多様性は急速に失われつつあり、加えて人類はますます少なくなっている種に頼って食糧を得ており、その結果、もともと非常に脆弱だった食糧安定防御ラインは崩壊寸前に追いつめられている、と指摘している。人と人との関係から見ると、生物多様性は全人類の財産であり、生物多様性の損害と喪失による一連の影響も世界的になり、いかなる人も、いかなる国も無関心ではいられなくなるだろう。現在世界的に猛威を振るっている新型コロナウイルスの感染が明らかな例だ。これらのウイルスによる疫病は、生物多様性を保全し、生物の安全を強化するために現実的な論拠を提供するだけでなく、人と自然が生命共同体であり、地球が生命共同体であることの有力な証拠も提供している。そのため、地球生命共同体という観点から生物多様性を認識・保全し、地球生命共同体の健康・安全を守り、人と自然、人と人との調和を実現しなければならない。これもエコ文明建設の核心的な重要意義である。

自然を尊重し、自然に順応し、自然を保護することは、エコ文明の核心的理念と要請であり、生物多様性は自然の最も核心的な構成部分として、必然的にエコ文明が注目する革新的な内容となっている。生態システムの好循環と環境リスクの効果的な予防・制御を重点とする生態系安定システムを確立し整備することは、エコ文明システムの重要な内容であり、生物多様性保全はその必然的な要請であり、主たる意義である。習近平同志は、生物多様性は持続可能な発展の基礎であ

ると同時に、目標と手段でもあり、我々は自然の道理で、万物の生を養い、自然保護の中から発展のチャンスを探し、生態環境保護と経済の質の高い発展双方の成功を実現しなければならないと強調した。中国政府は、これまで生物多様性保全を重視し、エコ文明の建設を推進してきたため、必然的に生物多様性保全を強化し、人と自然の調和を促進することを要請する。

（二）生物多様性の国際的なプロセスとエコ文明の高度な符合

「人と自然の調和」は、エコ文明の核心的理念であり、「生物多様性条約」の2050年ビジョンでもある。習近平総書記は、「人間と自然は生命共同体であり、人間は自然を尊重し、自然に順応し、自然を保護しなければならない」と指摘し、客観的な法則の観点から人間と自然の間の「ありのままの」関係を明らかにしただけでなく、人間の感情・願望の観点から人間と自然の「あるべき」関係を具現した（金瑤梅，2020）。山・河・森・農地・湖沼・草原は生命共同体という体系的保護思想は、「山・河・森・農地・湖沼・草原のシステム的管理の統一的計画」「全方位・全地域・全過程でのエコ文明建設の展開」を強調し、我々に生態ガバナンスという大局的見地、全局的見地を確立することを求めた。習近平総書記は、「人の命脈は田にあり、田の命脈は水にあり、水の命脈は山にあり、山の命脈は土にあり、土の命脈は木にある」と喝破した。もし、植樹は木を植えるだけ、治水は水を治めるだけ、護田は田を守るだけならば、ほかのことに気を配れなくなり、生態系破壊の発生を招いてしまう。「砂が進み、人が後退」から「緑が進み、砂が後退」への転換を実現するには、山・河・森・農地・湖沼・草原・砂漠を一体化する思想を樹立するだけでなく、さらに全域管理も実施すべきであり、管理面から統一的に協力を計画し、生命共同体の思想を本格的に実践しなければならない。生命共同体の理念は、保護が必要な動植物などの種を自然生態システムの中に組み込み、生物多様性保全活動の進展を積極的に推進することに役立つ。

「生物多様性条約」の履行交渉の国際的プロセスは、「枠組」の制定に絞って展開され、「枠組」は中国のエコ文明思想の精髄と内容を全面的に取り入れた。2020年1月に発表された「枠組」ゼロ号草案の2050年ビジョンは、「2050年には生物多様性が重視され、保護・回復および合理的な利用が得られ、生態系サービスが維持され、持続可能で健全な地球が実現し、すべての人が重要な恩恵を共有できる」というものだ。このビジョンはエコ文明の核心的な情報を十分に理解し、持続可能な発展の中で社会・経済・環境面の問題を考えている（Pisupati, 2020）。「枠

組」には 20 の行動目標が設定されており、最初の 6 目標は「生物多様性への脅威を減らす」ことに焦点を当てており、7～11 の目標は「持続可能な利用と利益の共有によって人類のニーズを満たす」こと、12～20 の目標は「実行と主流化のためのツールと解決策」にポイントを置いている。エコ文明の理念に込められた、自然を尊重する、自然に順応する、自然を保護する、自然法則に従う、自然秩序を乱すことを避ける、自然資源を持続可能に利用する、日増しに増加する人民大衆の美しい生態環境へのニーズを満たすためにより多くの良質な生態産品を提供するなどの意義深い内容は、「枠組」の目標と非常に一致している（万夏林ほか, 2020）。

第 2 節　中国がエコ文明とグリーン発展を推進した歴史的過程

　中国のエコ文明とグリーン発展理念は、生態環境保全の実践を推進する中で、世界の持続可能な発展理論と中国の伝統文化を結合させて形成されたものである。その形成発展過程は新中国建設と共に歩み、萌芽・育成・発展・成形・本格化と高度化の 5 つの歴史的段階に分けることができる（図 2-3）。

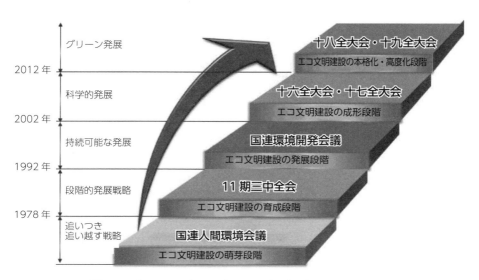

図 2-3　中国のエコ文明とグリーン発展が形成された歴史的段階

1. エコ文明建設の萌芽段階

　新中国成立から改革開放までの30年間、中国共産党は、全国人民を指導して革命と武装闘争、社会主義改造および国民経済の回復を行うと同時に、林業の発展、水利工事などの生態建設を重視し、環境保護活動についてすでに自発的で素朴な認識を持っていた。1950年代半ば、毛沢東同志は、「祖国緑化」を呼びかけ、「大地の園林化」を実行し、1956年には、最初の「12年緑化運動」を開始し、植林を通じて荒れ果てた山や村の様相を変えた。毛沢東同志は、「空の空気、地上の森、地下の鉱物は、すべて社会主義建設に必要な重要因子であり、また、すべての物質的要素は人という要素を通じてこそ、開発利用ができる」と強調した（中共中央文献研究室，1994）。周恩来同志も経済建設における環境汚染問題の対策について何度も重要な指示を出し、「経済建設における廃水・排気ガス・廃棄物が解決されなければ公害になる。先進的な資本主義国のアメリカ、日本、イギリスでは公害が深刻であり、我々は経済発展において遭遇するであろうこのような問題を認識し、措置を講じて解決しなければならない」と強調した（中共中央文献研究室，1997）。1972年6月5～16日、スウェーデンの首都ストックホルムで開催された国連人間環境会議に、国家環境保護局の初代局長である曲格平が中国代表団を率いて参加した。1973年8月5～20日、第1回全国環境保護大会が北京で開催され、新中国における環境保護事業の最初のマイルストーンとなった。会議では、「全面的に計画し、合理的に配置し、総合的に利用し、害を利に転換させ、大衆に頼り、みんなで着手し、環境を保護し、人民に幸福をもたらす」という環境保護活動方針を確定し、「環境保護と改善に関するいくつかの規定（試案）」を検討・採択し、「全国環境モニタリング活動の強化に関する意見」と「自然保護区暫定条例」を制定した。この段階の生態環境保護活動あるいはエコ文明建設は、主に自然災害への対応を主とした。

2. エコ文明建設の育成段階

　1978年12月に11期三中全会が開催されたが、その中心議題は全党の活動の重点を社会主義現代化建設に移すことの検討であり、あわせて、森林法・草原法・環境保護法などの法律の制定計画を開始することであった。11期三中全会後、党と国家は環境保護活動を大いに重視し、環境保護が社会主義現代化建設の重要な構成部分であることを明確に提案した。鄧小平同志は、「刑法・民法・訴訟法・そ

の他必要な各種法律、例えば工場法・人民公社法・森林法・草原法・環境保護法などの制定に力を集中し、依るべき法があり、あれば必ずそれに依り、厳格に法を執行し、違法は必ず追及するようにすべきである」と指摘した。憲法の明確な規定により、一連の環境法律法規が相次いで登場した。1979年の第5期全人代常務委員会は、新中国初の環境保護基本法である「中華人民共和国環境保護法（試行）」を採択した。1982年に国務院は「国民経済調整時期における環境保護活動の強化に関する決定」を発表した。1989年には「中華人民共和国環境保護法」が正式に公布、施行された。1992年に中国政府は国連環境開発会議に「中華人民共和国環境・発展報告」を提出し、率先して「環境・発展十大対策」を提起、伝統的な発展モデルを転換し、持続可能な発展の道を歩むことを初めて明確に提案した。それと同時に、1979年2月、第5期全人代常務委員会第6回会議は、毎年3月12日を全国植樹の日とすることを決定し、さらに西北・華北・東北の風砂の危害が大きい地域と土壌流失重点地域に三北防護林システムを建設することを決定した。1981年に「全国民ボランティア植樹運動展開に関する決議」が採択された。1983年12月には第2回全国環境保護会議が開催され、環境保護が中国の長期的に堅持しなければならない基本国策として確立された。会議は、「経済建設・都市農村建設・環境建設の同時計画・同時実施・同時発展と、経済効果・社会効果・環境効果の統一の実現」という中国の環境保護の大方針・総合政策を制定した。1987年の十三全大会では、「三段階」に分けて現代化を基本的に実現する発展戦略を提起した。この時期、中国の環境保護事業は急速に進展し、生態を保護すると同時に、汚染防止活動を徐々に強化し始め、エコ文明建設のために良好な基礎を築いた。

3. エコ文明建設の発展段階

　1990年代から、中国のエコ文明建設は、持続可能な発展段階に入った。1992年にブラジルで開催された国連環境開発会議では、183の国と地域の代表が持続可能な発展のための綱領的文書「アジェンダ21」に署名した。それと同時に、1992年の十四全大会では経済・人口・資源の関係を重点的に分析した。1994年3月に『中国21世紀アジェンダ――中国21世紀人口・環境開発白書』が国民経済と社会発展の中・長期計画を策定する指針文書として発表された。1996年7月に第4回全国環境保護会議が開催され、環境保護の本質は生産力保護にあると提起した。

江沢民同志は、「経済の発展は、人口・環境・資源を統一的に配慮しなければならず、現在の発展をうまく配置するだけでなく、将来の世代のために考え、今後の発展のためにさらに良い条件を創造しなければならない。資源を浪費し、汚染してから対策を講じるという道を絶対に歩んではならず、ましてや祖先の恩恵を食いつぶして、子孫の歩む道を断ってはならない」と指摘した。また、持続可能な発展戦略の重要な地位を強調し、「環境保護は重要で、中国の長期的発展と全局性に関わる戦略的問題である（中略）。社会主義現代化建設において、持続可能な発展戦略の徹底した実施を常に最重要事項として捉えなければならない」と指摘した（江沢民, 1996）。1997年9月、十五全大会は持続可能な発展を党の報告に入れ、さらに現代化建設の中で持続可能な発展戦略を実施しなければならないことを強調した。2000年11月、国務院は「全国生態環境保護要綱」「持続可能な発展科学技術綱要」を配布し、「生態環境の保護を通じて、生態環境の破壊を抑制し、自然災害の危害を軽減する。自然資源の合理的・科学的利用を促進し、自然生態システムの好循環を実現する。国の生態環境の安定を維持し、国民経済と社会の持続可能な発展を確保する」ことを強調した。2002年に南アフリカのヨハネスブルグで採択された「持続可能な発展に関する世界首脳会議実施計画」は、持続可能な発展の3つの柱、経済・社会・環境を明確にした。この段階は中国の持続可能な発展思想と戦略の正式な確立を表しており、汚染防止・生態保護・資源エネルギーの節約などのさまざまな活動が絶えず強化されている。

4．エコ文明建設の成形段階

　2002年から、中国のエコ文明建設は、科学的発展段階に入った。16期三中全会は、人間本位を堅持し、全面的・協調的・持続可能な発展観を確立し、経済社会と人間の全面的な発展を促進しなければならないと提唱した。2005年に開催された中央人口資源環境工作座談会で、胡錦濤同志は初めて「エコ文明」という言葉を使用し、現在の環境活動の重点のひとつとして「生態建設を促進する法律と政策システムを整備し、全国生態保護計画を制定し、社会全体でエコ文明教育を大いに行う」と指摘した（喬清挙・馬嘯東, 2019）。2007年にはこの概念が十七全大会の報告に初めて書き入れられた。それはまた、十七全大会が初めてエコ文明建設を戦略任務として、小康社会の全面的建設を実現する目標のひとつに組み込み、資源環境の許容力を基礎とし、自然法則を準則とし、持続可能な発展を目標とす

る資源節約型・環境友好型社会の建設を要請したことにほかならない。胡錦濤同志は、十七全大会精神学習貫徹研究討論班の始業式で、経済建設・政治建設・文化建設・社会建設を全面的に推進し、エコ文明建設を積極的に推進することを提案した。これは「五位一体」理念のひな形と言える。17期五中全会は、資源節約型・環境友好型社会の建設を、経済発展方式の転換を加速させる重要な力点とし、エコ文明レベルを高めると指摘した。中国共産党成立90周年記念大会での講話の中で、胡錦濤同志はさらに、「生産が発展し、生活が豊かになり、生態が良好な文明発展の道で、絶えず新しい、さらなる成果を上げる」と強調した。これは人と自然の調和、エコ文明の建設に対する中国共産党の認識がさらに科学的かつ本格化していることを示しており、自然の美しさと人間自身の発展を結びつけ、人と自然の調和的統一を実現することを要請している（趙曼，2017）。これらの認識が深まった結果が、ほかでもない、エコ文明建設が中国独自の社会主義事業の全体配置における重要な構成部分に上昇したということなのである。

5. エコ文明建設の本格化・高度化段階

　十八全大会以降、中国のエコ文明建設は徐々に成熟し、美しい中国を建設し、中華民族の永続的な発展を実現する社会主義エコ文明の新時代に入った。習近平同志を核心とする党中央は、エコ文明のトップレベルデザインと制度システムの建設を非常に重視している。汚染対策への力の入れ具合、制度の公布頻度の高さ、監督管理と法執行基準の厳格さ、環境の質の改善の速さはかつてないほどである。中共中央・国務院は、エコ文明建設の推進について一連の政策的手配りをし、「エコ文明建設の加速推進に関する意見」と「エコ文明体制改革の全体計画」を配布しただけでなく、「国民経済と社会発展の第13次5カ年計画綱要（2016-2020年）」にもエコ文明建設を実施する総合的なプランを組み込んでいる。2016年末までに、「エコ文明建設目標評価審査方法」の公布に関する中共中央弁公庁・国務院弁公庁の通知の要請に従い、国家発展改革委員会・国家統計局・環境保護部・中央組織部などの部門は「グリーン発展指標システム」と「エコ文明建設審査目標システム」を共同で制定・公布し、エコ文明建設評価審査の根拠とした。

　十八全大会の報告では、エコ文明建設を経済・政治・文化・社会・エコ文明といった「五位一体」の全体的配置の構成部分とした。18期三中全会では、美しい中国の建設をしっかり中心に据えてエコ文明体制の改革を全面的に本格化させ、

エコ文明制度の確立を加速させることを強調した。18期五中全会では、「革新・協調・グリーン・開放・共有」という五大発展理念を提起し、グリーン発展を理念のひとつとし、グリーンの重要性を浮き彫りにした。エコ文明建設を展開するにはグリーン発展を実施し、美しい中国を建設するという目標を堅持しなければならない。十九全大会では、「自然の尊重、自然への順応、自然の保護」をさらに強調し、「人と自然の調和」をエコ文明の核心理念とした。十九全大会で新たに改正された党規約には、「緑の山河は金山銀山という意識を強める」という内容が盛り込まれた。全国生態環境保護大会は習近平のエコ文明思想を確立し、「8つの視点」を系統的に説明した。すなわち深い歴史観、科学的自然観、グリーン発展観、基本的民生観、全体的システム観、厳密な法治観、全国民行動観、全世界共栄観という歴史的弁証法と科学的発展理念であり、中国エコ文明建設の思想的手引きと行動指針になった。19期四中全会では、エコ文明制度システム建設の推進をさらに加速させることを強調した。19期五中全会は新しい発展理念を堅持し、質の高い発展を推進することに着目し、持続可能な発展戦略を本格的に実施し、エコ文明分野の統一計画・協調体制を整備し、グリーン低炭素発展の推進を加速することなどに対して重要な配置を行った。

　習近平総書記主導の下、中国は相次いで一連の国際環境管理行動に参加し、責任ある態度と断固とした行動で、グローバルなグリーン発展のために世界が注目する中国の貢献を行った。習近平主席が2019年中国北京世界園芸博覧会の開幕式で打ち出したグリーン発展の「5つの追求」、すなわち「人間と自然の調和を追求する」「グリーンな発展と繁栄を追求する」「自然を愛する気持ちを追求する」「科学的ガバナンス精神を追求する」「手を携えた対応を追求する」は、グリーン発展の理念を伝えた。グリーン発展理念とエコ文明建設の内在的な論理はハイレベルに統一され、グリーン発展はエコ文明建設を実現するために欠くべからざる道であると言えよう。

第3節　中国エコ文明建設の成果

　十八全大会以降、習近平同志を核心とする党中央は、世界の文明形態の進化、中華民族の永続的発展、党のモットーと責任、人民大衆の民生福祉および人類運命共同体の構築という幅広い視野で、新しい歴史的スタート地点から、エコ文明

の建設が人民の福祉に関わり、民族の未来に関わる長期的な大計であることを提唱した。エコ文明建設は「五位一体」の全体的配置に組み入れられ、戦略的レベルに引き上げられることで、中国の特色ある社会主義事業の全体的配置におけるその戦略的地位をより明確にした。一方では、エコ文明建設は経済建設・政治建設・文化建設・社会建設の各方面と全過程に溶け込み、人間本位で全面的に調和した持続可能な科学発展の実現に役立つ。また一方では、持続可能な発展における経済・生態・社会の３つの次元は、経済・政治・文化・社会・エコ文明の５つの次元にさらに深く踏み込み、より広い範囲で役割を果たすであろう。中国のエコ文明建設はすでに新しい発展段階に入っており、将来的には新しい発展構造を構築し、新しい発展理念を揺るぐことなく貫徹する必要がある。

1. エコ文明体制建設における段階的整備

　エコ文明建設は中華民族の永続的発展のための千年の大計である。十八全大会でエコ文明建設を「五位一体」の全体的配置に組み入れて以来、中国のエコ文明制度システムの形成は加速し、エコ環境管理システムと管理能力の現代化レベルは絶えず向上している。エコ文明の体制・メカニズムの確立と整備は、エコ文明建設を展開する礎石であり、エコ文明体制改革の絶えざる深化に伴い、「大気十条」「水十条」「土十条」[3]が相次いで登場し、８つの制度は絶えず確立・整備され、中央生態環境保護監察制度は絶えず規範化され、生態環境損害賠償制度は着実に推進され、エコ文明体制建設は際立った成果を収めたが、これは、習近平のエコ文明思想実践の政治標識である。

　2012年の十八全大会報告は、エコ文明建設を強力に推進するための特別テーマをわざわざ設置し、エコ文明制度建設の強化に対して５つの方面から要求を出し、それによって中国の特色ある社会主義事業の全体的配置における戦略的地位をより明確にした。18期三中全会では、システマティックで整備されたエコ文明制度システムの確立を加速させ、制度を用いて生態環境を保全することを提案した。18期四中全会では、エコ文明の法制度の確立を加速させ、厳格な法制度で生態環境を保全することを求めた。18期五中全会では、「革新・協調・グリーン・開放・共有」という五大発展理念を提案し、グリーン発展をその重要内容とした。2015

3　2013年９月公布の「大気汚染防止行動計画」（大気十条）、2015年４月公布の「水汚染防止行動計画」（水十条）、2016年５月公布の「土壌汚染防止行動計画」（土十条）。

年に、中共中央と国務院は相次いで「エコ文明建設の加速推進に関する意見」「エコ文明体制改革の全体計画」を通達し、エコ文明建設の全体的要求・主要目標・重点任務などを明確にし、全体計画では40余りの体制改革のロードマップとタイムスケジュールを明確にし、2020年までに、自然資源資産所有権制度など8つの制度からなるエコ文明制度システムを構築し、エコ文明分野の国家管理システムと管理能力の現代化を推進し、社会主義文明の新時代に向かって歩む努力をする必要がある、と提起した。

　2017年、十九全大会が順調に開催されると、その報告ではエコ文明問題を解決するための全体的な指導思想を提起しただけでなく、確実で実行可能な具体的措置を提案した。報告は、「エコ文明の建設は中華民族の永続的発展のための千年の大計である」と指摘し、さらにグリーン発展を推進し、際立った環境問題を重点的に解決し、生態系保全に力を入れ、生態環境の監督管理体制を改革するという4つの改革措置を具体的に打ち出した。2018年、全国生態環境保護大会が習近平エコ文明思想を確立し、「生態系が盛んになれば文明が盛んになる」「人と自然の共生」「緑の山河は金山銀山」「山・河・森・農地・湖沼・草原は生命共同体」「良好な生態環境は最も普遍的な民生福祉」「最も厳格な制度、最も厳密な法治による生態環境の保護」「世界のエコ文明を共に建設」などの歴史的弁証法と科学的発展理念を系統的に解説し、8つの視点、五大システムという思想的含意を逐次明確にし、新たな時代のエコ文明建設の根本的なよりどころとなり、エコ文明建設を推進するために思想上の手引きと実践的指針を提供した。

　19期四中全会は、エコ文明制度システムの堅持と整備、人と自然の調和共生の促進を明確に打ち出し、さらに、最も厳格な生態環境保護制度の実行、資源の効率的利用制度の全面的確立、生態系保護と修復制度の整備、生態環境保護責任制度の厳格化をいっそう具体的に強調した。エコ文明制度システムの整備は、エコ文明建設を推進する本質的な要求であり、美しい中国という奮闘目標と中華民族の永続的発展を実現するためにも、重要な支えを提供した。19期五中全会は、「第14次5カ年計画」と2035年長期目標を提起し、さらに「国民経済と社会発展第14次5カ年計画と2035年長期目標の策定に関する中共中央委員会の提案」を採択し、グリーン発展の推進、人と自然の調和共生の促進を強調し、さらに具体的にグリーン低炭素発展の推進を加速し、環境の質を持続的に整備し、生態システムの質と安定性を高め、資源利用効率を全面的に高めるという各要求を提起した。

19期五中全会は中国の今後5年さらには15年の、グリーンで質の高い発展のために、戦略的な計画の青写真を描いた。

　十八全大会以降、中国はエコ文明体制の建設、とりわけ制度建設・法治建設・法律実践の面で著しい成果を収め、「四梁八柱」を支えとする中国のエコ文明制度システムを基本的に確立した。制度建設の面では、全体プランなどが相次いで打ち出され、自然資源資産所有権制度、国土開発保護制度、空間計画システム、資源総量管理・全面節約制度、資源有償使用・生態系補償制度、環境管理システム、環境管理・生態系保護市場システム、エコ文明業績評価審査・責任追及制度という8分野の制度を制定・実施し、エコ文明建設と生態環境保護に関わる改革任務と成果は合わせて80項目以上にのぼり、発生源に対する厳重な対策、プロセスの厳格な管理、結果の厳罰と多元的な参加、インセンティブと制約の並行実施、システマティックに完備されたエコ文明管理システムを構成した（任勇，2019）。法治建設の面では、第13期全人代常務委員会は生態環境保護を全面的に強化し、法に基づいて汚染防止の難関克服をしっかりと実行する決議を行い、法律という武器、法治の力で生態環境を保護するとした。環境保護法、環境保護税法および大気・水・土壌・原子力安全といった面の11の法律を制定・改正し、5つの部門規則を公布し、国レベルの157項目の環境の質、排出、監視方法基準を制定・改訂し、現行の有効な国の環境保護基準は1,970項目に達している。法律実施の面では、全人代常務委員会は「中華人民共和国水汚染防止法」「中華人民共和国大気汚染防止法」「中華人民共和国固体廃棄物環境汚染防止法」「中華人民共和国海洋環境保護法」の法執行検査を展開した。2019年12月現在、全国で行政処罰事件48万3,000件余りを処理している（趙英民，2019）。生態環境保護を全面的に強化し、汚染防止の難関攻略戦を断固として戦うために、中央生態環境保護査察は全国31の省（自治区・直轄市）に対する査察の全面カバーを実現し、同時に全国20の省（自治区・直轄市）に対する「振り返り」と特別査察を完成させた。

　エコ文明建設はすでに社会主義新時代の国家発展戦略という地位に引き上げられた。十八全大会では、エコ文明建設が「党規約」に書き込まれた。これは中国共産党がエコ文明を非常に重視していることが、党の根本的な大法に十分に反映されたことを示している。13期全人代第1回会議第3回全体会議で「中華人民共和国憲法改正案」が可決され、「エコ文明」が憲法に盛り込まれたのは、まさに党の主張が国家の意志になったことを表している。十九全大会で新たに改訂された

「党規約」には、「自然を尊重し、自然に順応し、自然を保護するというエコ文明の理念を確立し、緑の山河は金山銀山という意識を強める」といった内容が盛り込まれ、社会主義エコ文明新時代の新たな発展理念と発展戦略が明示された。

中国は生物多様性の保全を促進するために、力強い政策措置を取った。2011年、中国は国務院副総理が主任を務める、23の国務院部門からなる「中国生物多様性保全国家委員会」を設立し、全国の生物多様性保全活動を統一的に計画した。2010年に「中国生物多様性の保全戦略・行動計画」（2011-2030年）を制定・実施し、中国の今後20年間の生物多様性保全の全体目標・戦略任務・優先行動を提起した。2015年から生物多様性保全のための重大プロジェクトを実施し、全国の野生動植物資源の調査・観測を行い、調査記録は210万件を超えた。同時に、生物多様性を「国民経済・社会発展第13次5カ年計画要綱（2016-2020年）」に組み入れ、関連する中・長期プランの中で生物多様性の保全・管理措置をさらに明確にした。2020年6月に、中国は「全国重要生態システム保護と修復に関する重要プロジェクト全体計画（2021-2035年）」を発表し、今後15年間の生態システム総合ガバナンスの目標を全面的に打ち出した。2010年の「生物多様性条約」第10回締約国会議（COP10）で採択された「愛知目標」を積極的に履行し、その中の、重要な生態系サービスを回復・保障する第14の目標、生態システムの復元力と炭素埋蔵量を強化する第15の目標、国内戦略と行動計画を実施する第17の目標はいずれも著しく進展している（外交部・生態環境部，2020年）。

2. 生態環境における質の継続的改善

生態系バランスを維持し、環境を保護することは、人類の生存、社会の発展に関わる根本的な問題である。十八全大会がエコ文明建設を「五位一体」の全体的な配置に組み入れて以来、中国の生態環境の質の状況は明らかに好転した。生態系の安全は、地域や国、ひいては世界の生態環境を脅威から守り、さらに経済社会全体の持続可能な発展のために保障を提供することができる（呉暁青，2006）。生態系の安全とは、狭義には生態システムの構造が破壊されておらず、その生態系機能が損なわれていないことを指す。広義には安全な生態環境、人類の生存を保証できる条件を指し、人と自然の調和でもあり、経済・社会・生態系の三者が調和して統一されているということである。

十八全大会以降、中国は大気・水・土壌汚染防止の三大行動計画を相次いで実

施し、いくつかの重大な環境問題を解決し、汚染対策の勢いはかつてないほどである。十九全大会の報告書は、重大なリスクの防止・解消、的確な貧困脱却、汚染防止の3つの難関攻略を提起し、汚染防止の攻略はその1つである。「生態環境保護を全面的に強化し、汚染防止攻略戦を断固として戦うことに関する中共中央・国務院の意見」（以下「意見」）の規定に基づき、「青空」・「碧水〔澄んだ水〕」・「浄土〔きれいな土〕」という三大防衛戦を断固として戦い、汚染防止攻略戦の「7+4」行動をしっかりと行った。すなわち、青空防衛戦、ディーゼルトラックの汚染対策、水源地の保護、都市のドブ水対策、長江の保護・修復、渤海の総合的整備、農業・農村汚染対策という7つのシンボル的な重大な戦い、および外国ごみの流入禁止、固体廃棄物および危険廃棄物の不法移転と投棄の規制、ごみ焼却発電業界の排出基準達成、「グリーンの盾」自然保護区監督検査の4つの特定行動である。特に「青空」防衛戦は4つの重点を際立たせた。すなわち重点汚染防止因子はPM 2.5で、重点区域は京津冀（けいしんき）〔北京市・天津市・河北省の総称〕およびその周辺、長江デルタ、汾渭平原〔山西省の汾河流域と陝西省の渭河流域にまたがる平原〕で、重点季節は秋と冬、重点産業と分野は鉄鋼・火力発電・建材などの産業および排出基準未達成企業、雑多な用途で使用された石炭、ディーゼルトラック、揚塵管理などである。「碧水」防衛戦は人々の飲用水の安全を保障し、水環境の質のボトムラインを守り、都市のドブ水を基本的に消滅させることである。「浄土」防衛戦は土壌環境の質の改善をめぐって、環境リスクの防止・抑制を目標とし、その重点は、汚染された耕地の安全利用、建設用地の用途規制の厳格化、ごみの分別処理の加速化などであり、農地と都市建設用地の土壌環境リスクを効果的に管理・コントロールする。

　生態系保護修復活動を大いに展開する。中国は率先して国際的に生態系保護レッドラインを提案・実施し、重要な生態系機能区・生態系脆弱区・生物多様性保全区を主体とする生態系保護レッドラインシステムを構築した。生態系保護レッドラインとは、生態空間の範囲内で特殊かつ重要な生態機能を有し、強制的かつ厳格に保護しなければならない地域を指し、国家の生態系の安全を保障し維持するためのボトムラインとライフラインであり、通常、水源の涵養、生物多様性の維持、水土の保持、風の防御と砂の固定、海岸生態系の安定化などの機能を有する重要な生態系機能区、および水土流失・土地の砂漠化・礫砂化・塩類集積化などの生態環境が敏感で脆弱な区域を含む。十九全大会の報告書は、生態系保

護レッドライン・永久基本農地・都市開発境界の3つの制御ラインの画定作業の完成を求めている。「意見」は、2020年までに全国生態系保護レッドラインの画定、境界基準の線引きを全面的に完成し、生態系保護レッドラインの全国地図を作成し、レッドラインが重要な生態空間を管理・コントロールすることを実現し、さらに「生態系保護レッドライン面積の占める割合を25％前後にする」という明確な目標を提示した。自然保護地システムの構築を絶えず推進し、自然保護区・景勝地・森林公園・地質公園・自然文化遺産・湿地公園・水生遺伝資源保護区・海洋特別保護区・特別保護島などからなる保護地システムを形成した。生態機能区画・主体機能区画を編制し、生物多様性保全優先区域を明確にし、国家公園システムをスタートさせ、試験モデルを展開した。

十八全大会以降、生態環境の質の状況は絶えず改善されている。全体的に、生態環境の質は持続的に好転し、安定しつつ向上し、「青い空、白い雲、きらめく星」「澄んだ水、緑の岸辺、浅瀬を泳ぐ魚」「鳥のさえずり、花の香り、田園風景」は多くの地域で新しい常態となっている。①空がさらに青くなった。「大気十条」の各任務は順調に完成し、2013年と比べ、2017年には全国338の地級市以上の都市でPM 10の平均濃度が22.7％低下し、京津冀・長江デルタ・珠江デルタ重点区域のPM2.5の平均濃度はそれぞれ39.6％、34.3％、27.7％低下した。②山がさらに緑になった。2017年現在、中国は累計で1億5,000万ムー〔1ムー≒666.7㎡〕の砂漠化した土地を改善し、全国で5億800万ムーの造林を行い、森林被覆率は21.66％に達し、同時期に世界で最も森林資源の増加量が多い国になった。③水がさらにきれいになった。2012年と比べて、2017年には、全国の地表水が汚染指標の3類水質を下回る割合は6.3ポイント上昇し、5類水質より高い割合は4.1ポイント低下した（高敬ほか，2018）。2020年、「第13次5カ年計画」で確定した生態環境の制約指標9項目が超過達成された。米航空宇宙局（NASA）の衛星調査データによると、2000～2017年の世界の緑化面積の増加量に対する中国の貢献度は25％に達した。中国はすでに自然保護区を基幹として、異なるタイプの保護地を含む保護ネットワークシステムを構築しており、各種自然保護地の面積は172万8,000㎢を超え、国土面積の約18％を占め、「生物多様性条約」の2020年目標17％を前倒しで達成した。また、重要な自然生態システムと自然資源を保護し、重要な種の生息地の維持に積極的な役割を果たしている。

3. 生態経済建設における積極的進展

　グリーン発展はエコ文明建設を推進する必然的な措置であり、小康社会を全面的に建設するための内在的な要求であり、美しい中国を建設する基本的な手がかりでもある。十八全大会がエコ文明建設を「五位一体」の全体的配置に組み入れて以来、発展と保護をともに重視する生態経済建設が逐次進められている。2005年、習近平総書記は、浙江省安吉県余村を視察した際、初めて「両山」論を打ち出し、「もし、これらの生態環境の優位性を生態農業・生態工業・生態観光などの生態経済の優位性に転化できれば、緑の山河は金山銀山になる。緑の山河は金山銀山をもたらすことができるが、金山銀山は緑の山河を買うことはできない。緑の山河と金山銀山は、矛盾を生み、また弁証法的に統一できる」と述べた。習近平総書記は、カザフスタンのナザルバエフ大学で講演した際、「我々には緑の山河も、金山銀山も必要である。金山銀山より、むしろ緑の山河を求めるが、しかし、緑の山河こそが金山銀山である」と、さらに強調した。「両山」理念の提案は、生態の経済化と経済の生態化という有機的統一を代表し、緑の山河が、絶え間なく続く金山銀山を実現する基礎と前提であることを明らかにした。

　十八全大会以降、生態経済建設は勢いよく発展し、グリーンはエコ文明建設のテーマカラーとなっている。エコ文明は憲法に書き込まれ、「両山」の理念は「党規約」に書き込まれている。「第13次5カ年計画」では、地域協調発展の新たな枠組が「主体機能による拘束が有効」であり、「資源環境が支えられる」ことを重視し、長江経済ベルト開発では、「生態系優先、グリーン発展」という戦略的位置づけを堅持しなければならないと提起した。国家発展改革委員会が通達した「グリーン発展促進価格メカニズムの革新と整備に関する意見」は、グリーン発展を促進する重要な革新的政策である。十九全大会報告はグリーン発展の推進を「美しい中国」建設の第一の任務とした。同時に、「グリーンな生産と消費のための法制度と政策的方向づけの確立を加速させる」必要があることを提案した。「グリーンな生産と消費の法規政策システムの構築加速に関する意見」の布告は、党中央・国務院のトップデザインを細分化・具体化し、グリーンな生産と消費の法規政策システムの改革方向を明確にし、中国の経済社会発展のグリーン転換に重要な制度保障を提供した（温宗国, 2020）。19期五中全会は、2035年までに社会主義現代化の長期目標を基本的に実現し、グリーンな生産・生活様式を幅広く形成し、炭素排出量がピークアウト後に安定しつつ下降し、生態環境は根本的に好転

し、美しい中国建設の目標は基本的に実現する、と打ち出した。

　中国の生態経済建設はすでに著しい成果を収めた。「第13次5カ年計画」以来、全国のエネルギー強度は累計11.35%減少し、2018年の全国のエネルギー消費総量は46億4,000万t標準炭に抑制され、エネルギー消費の「ダブルコントロール」目標の完成状況は、「第13次5カ年計画」のタイムスケジュール要件に合致している。環境保護産業の営業収入の対GDP比は、2004年の0.37%から2017年の1.63%に増加し、国民経済成長率への直接貢献率は0.3%から2.4%に上昇した。下水処理場特許権融資BOTモデルやごみ焼却などの分野は、環境保護産業の新たな花形となっている。ドブ水対策、スポンジ化都市、都市の水環境のグレードアップ、土壌の修復、流域の管理など多くの産業の発展見通しは明るい。「中国環境保護産業発展状況報告（2018）」によると、2015～2018年、環境保護産業の営業収入は年平均成長率が約16%に達し、同時期の国民経済の成長幅をはるかに上回り、国民経済に対する環境保護産業の貢献は徐々に向上している（班娟娟・陳淑蘭，2019）。2019年、中国の単位GDP当たりのCO_2排出量は、2005年より累計48.1%減少し、非化石エネルギーが一次エネルギー消費に占める割合は15.3%に達した。再生可能エネルギー投資は、5年連続で1,000億ドルを超えており、新エネルギー車の保有台数は、世界の半分以上を占めている（兪懿春ほか，2020）。

4. 生態系建設における社会的・文化的ムードのさらなる向上

　社会文化建設は、エコ文明建設に思想的保証・精神的エネルギー・世論支持を提供している。十八全大会以降、特に十九全大会以降、グリーン発展はエコ文明社会・文化建設を常に貫き、グリーン低炭素の生活理念を大いに提唱し、全国民の省エネ・環境保護意識を強化することは、生態系建設における社会的・文化的レベルの一層の向上を促進する根本的な道となった。「美しい中国、私は行動者」という全国民のエコ文明建設と生態環境保護への参加は、すでに一般的な風潮となっている。同時に、エコ文明モデル建設は長期の脱皮を経て、習近平のエコ文明思想を全面的に貫徹・実行し、「五位一体」の全体配置を統一的に推進し、「緑の山河は金山銀山」という理念を実践する重要なキャリアおよびプラットフォームとなっている。エコ文明建設の理論と実践は、探索の中で絶えず充実し整備されている。

（一）エコ文明建設モデル区

　1990年代以降、生態環境部門は一貫してモデル建設を、地域の持続可能な発展を統一的に計画し、エコ文明建設を加速させる重要な媒体としてきた。エコ文明のモデル建設を積極的に組織・展開して、相互に連絡し、順次進歩させ、基準を徐々に高めるという3つの推進段階を形成した（図2-4）。

（1）生態系モデル区（1995～1999年）

　早くも1995年に、国家環境保護総局は持続可能な発展戦略を実施する必要と、全国の環境保護情勢、特に農村の環境保護情勢に適応する必要に基づいて、外国の経験を学び、参考にした上で、「生態系モデル区」の活動をスタートさせ、国の持続可能な発展戦略の実行を推進し、地域経済の発展と環境保護の調和を模索し、地域農村の生態環境保護と自然生態保護のレベルを力強く向上させた。

（2）生態系建設モデル区（2000～2013年）

　2000年、国家環境保護総局は生態系モデル区の活動を基礎に、「生態系モデル区」を「生態系建設モデル区」に改称し、生態省・市・県・郷鎮・村・工業パークを手がかりに生態系建設モデル区活動の展開を推進した。生態系建設モデル区は環境・資源条件に基づいて、都市部と農村部の経済・社会・環境を統一的に計画し、資源の持続可能な利用を保障し、好循環の生態環境・経済・人間居住・文化システムを構築し、各地が「資源節約型」「環境友好型」という両タイプの社会を建設し、エコ文明レベルを高める重要な担い手になることを強調した。習近平

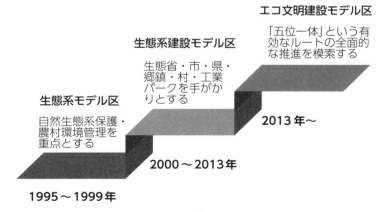

図2-4　エコ文明建設モデル区の段階イメージ図

同志は、福建省を担当していた時に率先して生態省構想を提案し、さらに関連業務の推進を取り仕切り、浙江省時代にはまた、浙江省生態省の建設を引き続き推進した。2013年までに、全国ではすでに海南省、吉林省など16の省が生態省の建設を展開し、1,000以上の市・県が生態市・県の建設を展開し、すでに181の国家生態市・県が建設された。

（3）エコ文明建設モデル区（2013年6月〜）

2013年6月、中央の許可を得て、「生態系建設モデル区」は正式に「エコ文明建設モデル区」に改称した。2016年、環境保護部は、「国家エコ文明建設モデル区管理規程（試行）」と「国家エコ文明建設モデル県・市指標（試行）」を通達し、各地域のエコ文明モデルの創設に方向性を示した。エコ文明建設の加速推進に関する党中央・国務院の政策決定と配置を貫徹・実行し、各地が試験モデル建設を受け皿として、「緑の山河は金山銀山」という理念を全面的に実践するよう奨励・指導するために、浙江省安吉県を「緑の山河は金山銀山」という理論の実践モデル県とした。2018年、「生態環境保護を全面的に強化し、汚染防止攻略戦を断固として戦うことに関する中共中央・国務院の意見」は、エコ文明モデルの創設を推進し、「緑の山河は金山銀山」実践革新基地の建設活動を明確に打ち出した。2019年、習近平のエコ文明思想と全国生態環境保護大会の精神を本格的に貫徹・実行し、十九全大会以降のエコ文明建設に関する党中央・国務院の新たな配置、新たな要求、新たな目標に対応するため、生態環境部は「国家エコ文明建設モデル市・県管理規程」「国家エコ文明建設モデル市・県建設指標」を制定した。2017年以来、生態環境部は、相次いで4回の国家エコ文明建設モデル市・県の選考活動を展開し、合計262の国家エコ文明建設モデル市・県に称号授与と表彰を行い、エコ文明建設の先進的な典型を提供し、優れたモデル作用と指導的役割を発揮した。

国家エコ文明モデル市・県の建設指標は、生態制度・生態安全・生態空間・生態経済・生態生活・エコ文化という6つの面から展開されている。具体的な指標から見ると、モデル創設は特に国家重点保護野生動植物の保護率、外来種の侵入状況、特有性・指示性水生種保持率という3つの生物多様性保全指標に注目した。マクロ的に見ると、指標システムは生物多様性保全とグリーン発展理念の相互融合を十分に表している。これ以外に、住宅・都市農村建設部は1992年から全国で国家園林都市創設活動を展開し、2004年には園林都市の創設を踏まえて、国家生態園林都市創設活動を展開し、2019年までに計19回にわたり国家園林都市の、3

回にわたり国家生態園林都市の命名を行った。中国の都市森林建設を積極的に提唱し、中国の都市森林建設の中で顕著な成果を収めた都市を激励・肯定し、生態森林都市建設のモデルを確立するため、2004年から、全国緑化委員会・国家林業局は「国家森林都市」評定をスタートさせ、2019年までに計10回、185都市に命名した。これらの活動はいずれも生物多様性保全を重要な内容としている。

（二）「緑の山河は金山銀山」実践革新基地建設

「緑の山河は金山銀山」の実践革新基地は「両山」理念を実践するプラットフォームであり、「両山」転化の制度的実践と行動的実践を革新的に模索し、典型的な経験モデルを総括し普及させることを目的とする。2017年以来、生態環境部は相次いで4回にわたる「緑の山河は金山銀山」実践革新基地選考活動を実施し、合計87の「両山」実践革新基地に称号を与え表彰をし、グリーン創設の先進的なモデルを提供し、優れたモデル作用と指導的役割を発揮した。「両山指数」の評価指標は、緑豊かな自然の構築、「両山」への転化の推進、長期効果メカニズムの確立という3つの面から展開されている。エコモデル市・県と比べて、「両山」基地は生物資源の持続可能な利用をさらに重視し、生態農業・生態工業・生態観光業の視点から典型的な実例を多くまとめ、他の地域の学習・参考に供している。例えば、雲南省騰衝市は、独特の変化に富んだ気候と豊富な火山灰土壌を利用して、良質の特色ある農産物を作り出し、その上、「グリーン・生態系・有機・野生」といった理念に基づき、健康食品と保健食品産業を大いに発展させ、生物抽出物の発展に努力し、マリーゴールド、ワモンゴキブリなどの健康製品原料の抽出加工を重点的に推進し、植物を主とする健康製品・生物添加剤などの植物産業製品を研究開発した。

（三）国家エコ文明試験区

18期五中全会は、統一的に規範化された国家エコ文明試験区を設立し、エコ文明体制改革総合実験を展開し、エコ文明制度システムを整備するルートを探索し、経験を蓄積することを提案した。2016年、中共中央弁公庁・国務院弁公庁は「統一化・規範化された国家エコ文明試験区の設立に関する意見」を通達し、国家エコ文明試験区の建設を展開し、改革に力を結集し、グリーン発展の原動力を増やし、エコ文明建設の効率的モデルを探索することを提案した。福建省・江西省・貴州省の3省は、生態系基礎が比較的よく、資源環境の許容力が比較的強い地区として、第1陣の統一規範化された国家エコ文明試験区に組み入れられ、「国家エ

コ文明試験区（福建）実施プラン」「国家エコ文明試験区（江西）実施プラン」「国家エコ文明試験区（貴州）実施プラン」が相次いで通達された。2019 年、「国家エコ文明試験区（海南）実施プラン」も対外的に発表されたことは、中国のエコ文明試験区建設が新たな段階に入ったことを示している。

　国家エコ文明試験区の設立は、エコ文明体制改革という要求の実行に有利であり、事前に具体的な実例と経験・参考が不足していたため難度が高く、パイロット実験をする制度、人民大衆の切実な利益にかかわる大気・水・土壌汚染などの突出した資源環境問題の解決に有利な制度、供給側の構造改革を推進し、企業・民衆により良いエコ製品・グリーン製品を提供するのに有利な制度、エコ文明分野の国家管理システムと管理能力の現代化を実現するのに有利な制度、地方の開拓者精神を体現するのに有利な制度を必要としている。福建省、江西省、貴州省、海南省の 4 つの試験区は、エコ文明制度の建設をめぐって大胆に探索し、モデル普及の価値を持つ制度的成果を形成し、良好な効果を生んだ。2020 年、国家発展改革委員会は、「国家エコ文明試験区改革措置と経験・方法普及リスト」を通達した。これは試験区建設が段階的な成果を収めた重要なしるしであり、エコ文明体制改革プロセスが「点から面へ」普及する段階に入る重要な起点であり、各地にエコ文明システムの構築をかき立てる重要な措置であり、「第 14 次 5 カ年計画」期におけるエコ文明建設の加速推進にとって重要な意義がある（王毅・蘇利陽，2020）。

第3章　国際的な生物多様性保全とグリーン発展行動

　現在、生物多様性の喪失と生態系の退化は、すでに人類の生存と発展に影響を及ぼしている。近年、生物多様性の保全、グリーン発展、人類の福祉に対する国際社会の関心が絶えず高まるにつれて、世界各国は生物多様性の保全、グリーン発展の推進において積極的な措置を講じ、一連の政策を打ち出し、生物多様性の保全とグリーン発展の協同推進が国際社会の主流になっている。生物多様性の保全とグリーン発展の推進には、世界が人類運命共同体の意識を絶えず深め、一致協力して国際行動を展開し、発展の中で保全し、保全の中で発展し、万物が調和した美しい祖国を共に建設する必要がある。

第1節　生物多様性保全とグリーン発展に関する国際条約

　「生物多様性条約」は、地球の生物資源分野で最も影響力のある国際条約のひとつである。この条約は生物多様性保全分野における国際社会の協力を促進し、各国が生物多様性保全に基づく関連政策・保護措置・行動計画を構築することを促進し、グリーンで、包摂的、持続可能な開発を実現し、人と自然の調和のとれた共存の道を模索し、経済発展と生態保全の協調と統一を促進し、繁栄しクリーンで美しい世界を共に建設することを目的としている。このほか、国際機関は多くの国と共同で砂漠化の防止、気候変動への対応、湿地保全など生物多様性保全に関する一連の国際条約の締結を推進し、生物多様性保全においても重要な支えとなっている。

1. 生物多様性保全条約とその履行システム
　（一）「生物多様性条約」および議定書
　「生物多様性条約」は3つの目的を設けている。「生物多様性条約」は1993年12

月29日に発効し、現在196カ国が締約している。本条約の3つの目的とは、生物多様性の保全、生物多様性の持続可能な利用、遺伝資源の利用から生ずる利益の公平かつ公正な配分である。以上の3つの目的に基づき、生物多様性資源の保全と持続可能な利用に関する義務を履行することを締約国に求めている。その他履行すべき義務には、保全を必要とする生物多様性の重要な構成部分を識別・モニタリングし、環境にやさしい生物多様性保護区を確立し、地元住民と協力して生態系を回復・保全し、生態系・生息地・種を脅かす外来種の導入を防止し、すでに導入され侵害をもたらした外来種を効果的に制御・除去し、遺伝子組換えのリスクを制御し、国民の参加を誘導し、国民教育を展開し、生物多様性の重要性と保全の必要性を普及させることが含まれる。

国際社会が「生物多様性条約」に基づいて採択した3つの議定書は、「生物の多様性に関する条約のバイオセーフティに関するカルタヘナ議定書」(以下「バイオセーフティ議定書」〔日本では「カルタヘナ議定書」〕)、「生物の多様性に関する条約の遺伝資源の取得の機会及びその利用から生ずる利益の公正かつ衡平な配分に関する名古屋議定書」(以下「名古屋議定書」)、「バイオセーフティに関するカルタヘナ議定書の責任及び救済に関する名古屋・クアラルンプール補足議定書」(以下「バイオセーフティ補足議定書」〔日本では「名古屋・クアラルンプール補足議定書」〕)である。現在、「バイオセーフティ議定書」「名古屋議定書」が発効している。

「名古屋議定書」の目的は、遺伝資源の取得の機会およびその利用から生ずる利益の公正かつ衡平な配分で、2014年に発効した。「バイオセーフティ議定書」の目的は、改変された生物(living modified organisms、LMO、遺伝子組換え生物)が転移・処理・使用される過程で、生物多様性の保全と持続可能な利用および人類の健康に不利な影響を与える可能性に対して十分な保全措置を取ることであり、2003年に発効した。「バイオセーフティ補足議定書」の目的は、改変された生物に関連する、賠償責任および救済の分野における国際的な規則および手続きを定めることにより、生物多様性の保全および持続可能な利用に寄与しつつ、人の健康に対する危険も考慮することである。

(二)「生物多様性条約」の履行システムおよびプロセス

(1)「生物多様性条約」締約国の履行システムを設立

「生物多様性条約」は締約国会議の制度を設立し、「生物多様性条約」とそれに続く締約国会議の決定において、世界的なパートナーシップを構築し、現地で

の保全、移転による保全、生物多様性の持続可能な利用などの面から完全な生物多様性政策体系を構築することを初めて明確に打ち出し、各国に相応の戦略・計画・行動案を打ち出すよう求めている。「生物多様性条約」締約国の履行システムは、主に「生物多様性条約」の目標を国家生物多様性保全戦略と行動計画に組み入れること、定期的に国家報告を提出すること、および地球環境ファシリティ（GEF）を通じた生物多様性保全活動に関する報告を提出することの3つの方式で構成される。「生物多様性条約」が設立した補助機関は、科学技術助言補助機関会合（SBSTTA、以下「科補機関」）、第8条（j）および関連規定に関する臨時の問題についてのメンバー数を限定せず、閉会中に開催される作業部会（従来の知識作業部会またはWG/8j）、条約履行に関する補助機関（SBI）である。「科補機関」は条約の締約国会議のテーマを議論する重要なプラットフォームであり、条約の方向性とその実施に関する意思決定に科学的および技術的な支援を提供する。

（2）生物多様性条約締約国会議の主な成果

「締約国会議」は、各締約国の履行プロセスを検証する主要な形式であり、世界の生物多性の保全を推進するための方向性を示す一連の象徴的な成果を生み出した（表3-1および表3-2）。

（3）「国際生物多様性の日」正式制定

1994年12月、国連総会では、生物多様性の保全の重要性について国民の認識を高めるため、毎年12月29日を「国際生物多様性の日」とする決議が採択された。「国際生物多様性の日」は、「生物多様性条約」をあらゆるレベルで実施するために公教育と国民の生態意識の向上が重要であることを踏まえ、2001年、毎年5月22日に変更された（図3-1は過去の「国際生物多様性の日」のテーマ）。2002～2020年の「国際生物多様性の日」のテーマは、森林・気候・干ばつ・外来種・海洋・島嶼・観光・食糧・健康への関心から人と自然へと移行しており、単一生態系要素への関心から自然万物へ、人と自然が調和・共生するエコ文明への道を歩み続けている。

（4）生物多様性保全のための初の政府間科学政策プラットフォーム構築

2012年4月、生物多様性及び生態系サービスに関する政府間科学 - 政策プラットフォーム（IPBES）がパナマで正式に設立された。これは生物多様性の分野における初の独立した政府間メカニズムである。IPBESは、生物多様性と生態系サービスに対する科学政策の影響を強化することで、生物多様性保全と持続可能な利

表 3-1　締約国会議によるこれまでの重要な成果

開催年	成果	内容
1994 年 COP1	クリアリングハウスメカニズム（CHM）の設置 「国際生物多様性の日」の決定	生物多様性の効果的な情報・技術・成功体験の交流と普及を通じて協力と履行を促進し、2015 年までに 158 の締約国の CHM 国家連絡拠点、155 のメールボックス、95 のウェブサイトを設定。2001 年から「生物多様性の日」の毎年開催日を 12 月 29 日から 5 月 22 日に変更
2000 年 EXCOP1	「カルタヘナ議定書」	バイオテクノロジーにより遺伝子組換え生物を取得し、かつ国境を越える移動の場合には、報告・審議・合意が必要で、「遺伝子組換えを含む可能性がある」と明記する、と規定
2002 年 COP6	生物多様性 2010 年目標	7 つのカテゴリー、11 の目標、21 の指標があったが、目下 2010 年の目標は実現されていないというのが共通認識
2006 年 COP8	2010 年を「国際生物多様性年」に設定	テーマ：生物多様性、それはいのち　生物多様性、それは私たちの暮らし
2010 年 COP10	「名古屋議定書」 生物多様性 2020 年愛知目標 国連生物多様性 10 年戦略	遺伝資源へのアクセスと利益配分に関する規則を規定。5 つの戦略目標と 20 の具体的目標を含む、締約国の 2010–2020 年の生物多様性保全目標を明確にした
2012 年 COP11	デラドゥン提案	生物多様性と貧困削減に注目し始める
2016 年 COP13	生物多様性及び生態系サービスに関する政府間科学–政策プラットフォーム（IPBES）	科学と政策の連携を確立し、知的革新を促進し、定期的な評価を実施し、生物多様性の保全と持続可能な利用を強化することを目的とする、独立した政府間機関で、IPBES を次回の国家報告書に含めることを要求
2018 年 COP14	「自然と人のために――シャルム・エル・シェイクから北京への行動アジェンダ」着手 「ポスト 2020 生物多様性枠組」	2020 年までに愛知目標の達成を目指すための行動を加速することで各国政府が合意。また、「ポスト 2020 生物多様性枠組」の策定に関する包括的かつ参加型のプロセスについて意見が一致

注：EXCOP1. 生物多様性条約第 1 回締約国特別会議

表 3-2　直近 6 回の COP の基本状況

会議	開催地	開催日	主な成果と関連分野
COP9	ドイツ・ボン	2008 年 5 月 19–30 日	バイオ燃料と生物多様性、ミレニアム生態系評価のフォローアップ、特別行動計画、南南協力〔発展途上国家間の経済協力〕、都市と地方当局の参画
COP10	日本・愛知県 名古屋市	2010 年 10 月 18–29 日	「名古屋議定書」、生物多様性戦略計画 2011–2020 と愛知目標、資金調達戦略、生物多様性と貧困削減、国連生物多様性 10 年目標、IPBES、企業参画、地域行動計画、山地の生物多様性、原住民と地域社会の参画
COP11	インド・ハイデラバード	2012 年 10 月 8–19 日	その他の利害関係者の参画、エコシステムの回復
COP12	韓国・江原道平昌	2014 年 10 月 6–17 日	「地球規模生物多様性概況」第 4 版、「江原宣言」、平昌ロードマップ（愛知目標達成状況の中間評価、生物多様性と持続可能な開発、条約目標の実施に向けた支援の進捗状況の評価、他の条約との連携、資源動員戦略）の発表
COP13	メキシコ・カンクン	2016 年 12 月 2–17 日	国家報告書の提出、「生物多様性戦略計画 2011–2020」実施と愛知生物多様性指標の実現に向けた進捗状況の分析、主流化のプロセス、リオ 3 条約の実施、持続可能な開発、分野横断協力、資金・予算の配置
COP14	エジプト・シャルム・エル・シェイク	2018 年 11 月 17–29 日	遺伝資源の数値配列情報の提示、昆虫の生物多様性と生物多様性のファシリティシステムのアジェンダ化、愛知目標進展の検討

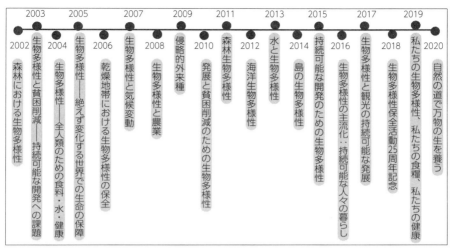

図 3-1 「国際生物多様性の日」過去のテーマ

用、人類の長期的な福祉と持続可能な開発を実現することを目指している。プラットフォームが主に展開する作業には、生物多様性保全を促進し、「持続可能な開発のための 2030 アジェンダ」を実現すること、生物多様性喪失の根本原因と大きな変革の決定要因を理解し、「生物多様性の素晴らしい 2050 ビジョン」を実現すること、生物多様性にビジネスが与える影響や、自然が人類に及ぼす貢献を評価することが含まれる。2014 年、IPBES は四大地理地域（アジア太平洋地域・米州地域・アフリカ地域・欧州・中央アジア地域）の評価作業を開始し、2018 年 3 月、IPBES 地域評価報告書が第 6 回全体会議で正式に発表された。2019 年 5 月、国連はパリにおいて「生物多様性と生態系サービスに関する地球規模評価報告書」を発表し、世界の注目を集めた。この報告書は 2005 年に国連の「ミレニアム生態系評価報告書」が発表されて以来、世界の自然環境を最も包括的に評価したもので、世界の生物多様性保全に再び警鐘を鳴らした。報告書は、愛知目標、持続可能な開発目標、その他の環境協定目標の世界的な実施の進捗状況を述べ、2050 年の自然と人類の状況を探求し、異なる政策シナリオの下で持続可能な開発を達成するための道筋と方法を予測し、それによって、生物多様性保全と生態系サービスに関する目標を達成するための政策に根拠を提供する。報告書によると、人類の多くの活動が生態系に破壊をもたらしており、世界の生物多様性は今まさにか

つてない速さで低下――世界の種の 8 分の 1 が絶滅の脅威にさらされている。世界評価報告書はまた、自然の変化の 5 つの直接的駆動要因をランク付けした。すなわち土地と海洋使用の変化、生物の直接利用、気候変動、汚染、外来侵入種である。

(三) 生物多様性保全に関する戦略目標
(1) 国連生物多様性 10 年目標

2002 年、「生物多様性条約第 6 回締約国会議」で採択された「生物多様性条約戦略計画 (2002-2010 年)」は、2010 年までに生物多様性の損失を顕著に減少させるという大胆な目標を掲げている。2010 年、「生物多様性条約第 10 回締約国会議」が名古屋で成功裏に開催され、「生物多様性保全戦略及び行動計画 2011-2020」と「愛知目標」が再提案され、全世界の森林・サンゴ礁・その他の絶滅危惧生態系を保護し、人類が存続するために必要な世界の生物多様性の状態が失われないよう、「効果的かつ緊急な」行動が求められた。「愛知目標」は、CBD〔生物多様性条約〕三大目標の実現を推進するため、初めて今後 10 年のために 5 つの戦略目標と関連する 20 の個別目標を設定し、細分化された目標は各国の生物多様性保全国家戦略及び行動計画 (NBSAP) の策定と更新をうまくリードし、その中で陸地の 17%、海の 10% を保護するという具体的な数値目標を達成した。また、「名古屋議定書」は、生物遺伝資源の利用とその利益配分に関するルールについて合意し、持続可能な開発を促進し、ミレニアム開発目標、特に貧困削減目標の達成を推進するユニークなツールとなった。「愛知目標」は、生物多様性保全分野における国際社会の協力をある程度促進した。第 65 回国連総会第 161 号決議は、2011 年から 2020 年までを「国連生物多様性の 10 年」とすると宣言し、各メンバーが行動を起こし、2020 年までの生物多様性保全の世界目標の実現を推進することを期待した。

(2) 国連の持続可能な開発目標

2015 年 9 月 25 日に国連の持続可能な開発サミットで採択された「持続可能な開発のための 2030 アジェンダ」は、世界の持続可能な 17 の開発目標を定め、ミレニアム開発目標の期限が終了した後も、2015～2030 年の世界的な開発活動を引き続き指導する。目標 14 (海洋目標) と目標 15 (陸域目標) は、生物多様性保全の目標に関連しており、うち目標 15 は、陸上生態系の持続可能な利用の保全・回復・促進、森林の持続可能な管理、砂漠化の防止、土地の劣化の阻止・転換、生

物多様性喪失の抑制を明確にしている。

2. その他の生物多様性保全に関する国際条約

1992年6月5日、国連はブラジルのリオデジャネイロで国連環境開発会議を開き、各方面は共同で3つの世界的意義のある国際条約、すなわち「生物多様性条約」(CBD)、「気候変動に関する国際連合枠組条約」(UNFCCC)、「国連砂漠化対処条約」(UNCCD)を締結した。その他、生物多様性の保全に関する条約や重要な協定には、「ラムサール条約」、「絶滅危惧野生動植物種の国際取引に関する条約」「食糧及び農業用植物遺伝資源に関する国際条約」「世界の文化遺産及び自然遺産の保護に関する条約」「植物の新品種の保護に関する国際条約」「国際植物防疫条約」「移動性野生動物種の保全に関する条約」「貿易に関わる知的所有権の協定」「南極海洋生物資源の保護に関する条約」などがある（図3-2および図3-3）。

(一)「気候変動に関する国際連合枠組条約」

気候変動問題に対処するため、1992年の国連環境開発会議で採択された「気候変動に関する国際連合枠組条約」は1994年に発効し、現在197カ国が締結している。目標は、人為的な妨害を阻止することにより、大気中の温室効果ガス濃度を、生態系が気候変動に自然に適応できる安全なレベルに安定させ、食糧生産を脅威から確実に保護し、長期にわたって経済発展を持続可能にすることである。この

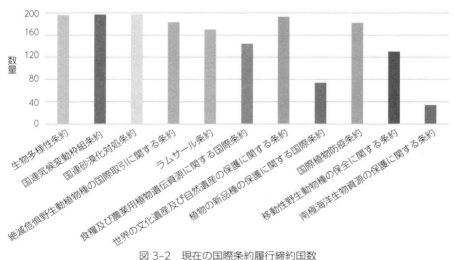

図3-2　現在の国際条約履行締約国数

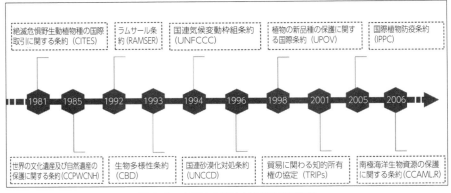

図3-3　中国の国際条約加盟履行時期

条約の実質的な目標は、人為的な措置によって生態系が気候変動に自然に適応できるようにすることであり、エコシステムと生物多様性を受動的に保護するアプローチであり、「生物多様性条約」の、森林減少・劣化の抑制による温室効果ガス排出削減システム（REDD）の目標と整合的であり（王敏ほか，2014）、両者の相互協力の戦略的関係がよく表れている。

同条約は「枠組条約」に属し、発展途上国と先進国のために温室効果ガス排出に関する異なる任務を定め、温室効果ガス排出の抑制を核心的目標とし、持続可能な開発のための相互協力を原則とする。同条約は国際社会の全メンバーが共同で参画し交渉する初の国際環境条約で、影響は非常に広く、国際社会の異なるメンバーのために持続可能な開発の権利と義務を確立し、世界の気候変動を共同で緩和している（劉琳璐，2015）。

「パリ協定」は世界の気候変動対策の新たな出発点である。2015年には、世界196の締約国が、気候分野における記念碑的な重要文書である「パリ協定」を全会一致で採択した。同協定は「京都議定書」に続く、法的拘束力のある第二の気候協定で、2020年以降の世界気候変動対策行動に向けた手配りを行う。2019年に開催された「国連気候変動枠組条約」第25回締約国会議では、「自然に基づく解決策」を活用して気候危機に対応することが強調され、生態系の構造と機能の回復および生物多様性の保全が世界気候対策の核心議題になっていることが提起された。2020年は各国が「パリ協定」に基づいて「各国の自主的貢献」の約束を強

化する期限の年であり、大会は「各国の自主的貢献目標」の向上に対する世界の幅広い要望を証明した。

　気候多国間プロセスにおける「中国の役割」を推進した。中国政府は気候多国間プロセスを積極的かつ建設的に推進し、多国間主義を終始揺るぎなく支持し、「公平」「共通だが差異ある責任」「各自の能力」という原則を堅持し、各方面と手を携えて世界の気候対策プロセスを推進した。2007年に発表された「気候変動に対応する中国の国家方案」は、中国がこの方策を実践していることを証明している。方案の主旨は、持続可能な開発戦略を堅持し、資源とエネルギーの利用率を絶えず高め、低炭素経済を発展させ、省エネ・排出削減と石炭消費量の削減を確固たるものにし、再生可能エネルギー技術を積極的に発展させることであった（張淵媛・薛達元，2014）。2019年に発表された「中国の気候変動対応の政策と行動2019年度報告」は、現在の気候多国間プロセスが直面している最大の問題は、先進国に支援を提供する政治的意思が不足していることであると指摘した。2019年の国連気候変動会議は、核心的議題である「パリ協定」第6条の関連交渉で意見の一致を得ることがまだできていないが、中国政府は関係各方面が早期に共通認識を達成し、積極的かつ建設的に世界の気候対策に参画するよう引き続き推進する。

（二）「国連砂漠化対処条約」

　「国連砂漠化対処条約」は、「深刻な干ばつ又は砂漠化に直面する国（特にアフリカの国）において砂漠化に対処するための国際連合条約」と総称され、1992年の国連環境開発会議で注目され、その後、「深刻な干ばつ又は砂漠化に直面する国（特にアフリカの国）において砂漠化に対処するための国際連合条約交渉委員会」が設立され、1994年に採択された。この世界的な砂漠化対処条約は、砂漠化対処協力に関する国際社会の重要な多国間条約であり、現在197カ国が締約している。同条約は締約国の基本任務を打ち出し、天然資源に対する国家の主権と権利、干ばつと砂漠化の防止における国家政府の重要な役割を確認し、現地の人々と地域コミュニティの役割を強調している（劉琳璐，2015）。「国連砂漠化対処条約」の各締約国は、条約採択当初から国家行動計画の制定と実施を積極的に行い、地域別・地域間の連絡と協力を積極的に展開し、関連行動方案を制定し、実際的かつ効果的に関連活動を展開している。中国は「国連砂漠化対処条約」を執行する最も積極的で有力な締約国のひとつである（王暁英，2011）。条約に加入して以来、国家

行動計画を積極的に制定し、三北防護林の建設、北京・天津周辺地域の風砂源の整備、黄土高原の水土保持プロジェクト、長江中・上流の水土保持プロジェクトなどの全国砂漠化防止プロジェクト、防護林体系プロジェクトといったさまざまな重点生態環境整備プロジェクトを展開して、予防と対策の実践に取り組んでいる。これらの活動は、中国が「国連砂漠化対処条約」を実践している実質的なパフォーマンスであるだけでなく、社会全体で砂漠化防止を強化し、生態建設を重視する好ましい雰囲気を形成している。

　近年、条約の履行過程において「チャンウォン・イニシアチブ」、「アンカラ・イニシアチブ」、「干ばつイニシアチブ」などの政策イニシアチブが相次いで形成され、「国連砂漠化対処条約2018-2030年新戦略枠組」が制定された。2017年9月、「国連砂漠化対処条約」第13回締約国会議で歴史的意義のある成果——「オルドス宣言」が合意された。この宣言は各国が行動を起こし、自発的な目標を設定し、2030年までに土壌退化ゼロ成長を実現することを奨励し、さらに中国政府が「一帯一路」を共同建設するオルドス・クブチ〔内モンゴル自治区に位置するオルドス盆地内の砂漠〕の「砂漠グリーン経済」モデルを認可した。2019年3月、国連総会は、気候危機への対応と食糧安全保障の強化、水資源と生物多様性の保全に有効な対策として、劣化し破壊された生態系の回復を拡大するための決議「国連生態系回復の10年　2021-2030」を発表した。2019年9月、「土地に投資し、チャンスを切り開く」をテーマとした「国連砂漠化対処条約」第14回締約国会議が開催された。大会は歴史的意義のある成果——「ニューデリー宣言」を生み、「国連砂漠化対処条約2018-2030年新戦略枠組」の重要な意義を肯定し、中国政府は「国連砂漠化対処条約」締約国の関連責任をしっかりと履行し、条約交渉に本格的に参加し、責任ある大国の役割を発揮し、「一帯一路」砂漠化防止の実務協力を積極的に推進し、世界的な砂漠化問題の解決、人類運命共同体の構築推進のために中国の経験と中国のプランを提供し、2030年には世界の土壌退化をゼロ成長にするなど持続可能な開発目標の実現をさらに推進すると表明した。

（三）「ラムサール条約」

　「ラムサール条約」は「特に水鳥の生息地として国際的に重要な湿地に関する条約」と総称され、世界初の多国間環境条約であると同時に、世界初の単一生態系保全に対する国際条約であり、1975年に発効した。同条約の趣旨は、地方・地域・国家の行動と国際協力を通じて、湿地の保全および合理的利用を行い、世界

の持続可能な開発に貢献することである。湿地の合理的利用、国際的に重要な湿地リスト、国際協力は「ラムサール条約」の三本柱で、条約の核心理念を体現しており、三本柱をめぐるさまざまな議題が「ラムサール条約」の重点となっている。条約の目標は、生態系の持続可能な開発を達成するために、加盟国間の協力を通じて、世界の湿地資源の保全と合理的利用を強化し、そして国の政策を策定し、協調した国際的行動をとることによって、湿地とその動植物相の保護を確保することである。

　40年以上を経て、「ラムサール条約」の理念は水鳥とその生息地を保全するという当初のものから、湿地生態系の保全と湿地の合理的利用へと発展してきた。現在、「ラムサール条約」が注目している議題には、水資源の管理、生物多様性の保全と持続可能な利用、気候変動への適応と緩和、都市部の発展レベルの向上、水供給と食品の安全、エネルギー、人間の健康、経済発展などにおける地域と地方の需要の充足などが含まれる（馬梓文・張明祥, 2015）。中国は「ラムサール条約」の作業に積極的に参与し、1992年7月31日に加入した。2007年には中国「ラムサール条約」履行国家委員会が設立され、独自に国際湿地大会を主催している。2017年には国際湿地都市認証がスタートし、中国の常徳市〔湖南省〕、常熟市〔江蘇省蘇州市〕、東営市〔山東省〕、ハルビン市〔黒竜江省〕、海口市〔海南省〕、銀川市〔寧夏回族自治区〕の6都市が世界初の「国際湿地都市」の称号を獲得した。また、中豪、中独、中米、GEF〔地球環境ファシリティ〕などの湿地保全国際協力プロジェクトを実施した（王福田, 2019）。2019年6月の「ラムサール条約」常務委員会第57回大会で、「ラムサール条約」第14回国際締約国会議が2021年に中国の武漢市〔湖北省〕で開催されることが決定した。中国が同国際会議を主催するのは今回が初めてで、「ラムサール条約」締結50周年にも当たる。中国が大会を主催することはより深い国際的意義があり、「一帯一路」の国際的な生態交流と協力を強化し、国の結束力を高める重要な契機でもあり、武漢市が国際湿地都市になることを推進する上でさらに有利になるであろう。

（四）「絶滅危惧野生動植物種の国際取引に関する条約」

　「絶滅危惧野生動植物種の国際取引に関する条約」は「ワシントン条約」とも称し、1973年3月3日に締結され、1975年7月1日に正式発効し、現在183の加盟国がある。同条約は、種の分類と使用許可証という方式を通じて、野生種の貿易を規制し、野生動植物資源利用市場の持続可能性を確保し、それによって野生動

植物種の生産と繁殖を効果的に保護することを目的としている。現在、同条約の附属書に登録されている野生動植物は 3 万 6,000 種を超え、うち約 6,000 種が動物である。種の標本が貿易の脅威を受ける程度に応じて、絶滅のおそれのある野生動植物の種をそれぞれ 3 つの附属書に組み入れる：「種の標本貿易による影響を受ける、または受ける可能性があり、絶滅のおそれがある種」（附属書 I）、「現在絶滅の危機に瀕していないが、その標本貿易を厳重に管理し、その生存に不利な利用を防がなければ、絶滅のおそれがある種」（附属書 II）、「利用を防止または制限すべきと締約国が考える締約国の原生種」（附属書 III）（薛達元，2015）。

　2019 年 8 月 17 日に「絶滅危惧野生動植物種の国際取引に関する条約」第 18 回締約国会議がスイスのジュネーブで開催され、各締約国は野生動植物種の貿易管理について共同で検討し、焦点を絞った。中国は積極的に議題の討議に参与し、国際ルールの制定に深く参与し、オナガキジ、チンハイイボイモリ、タカネイボイモリおよびミナミイボイモリ属、コブイモリ属、トカゲモドキ属を附属書 II に入れた 5 項目の提案はすべて順調に採択され、「共同の責任、共同の担当：全貿易チェーンで野生動植物の不法貿易を取り締まる」をテーマとする中国サイドミーティングを開催し、中国が野生動植物の不法貿易を取り締まった成果を全面的に示した。中国は 1981 年 4 月 8 日に正式に締約国となった。

（五）「食糧及び農業用植物遺伝資源に関する国際条約」

　「食糧及び農業用植物遺伝資源に関する国際条約」は「国際種子条約」とも呼ばれ、同条約の前身は 1983 年に締結された「植物遺伝資源に関する国際協定」であるが、同協定には利益分配の内容は含まれていない。1992 年に採択された「生物多様性条約」は、「植物遺伝資源に関する国際協定」の再交渉につながった。FAO 主導の下、新国際条約は 2001 年に採択され、2004 年 6 月 29 日に発効、現在、締約国は計 144 カ国に達している（熊哲ほか，2018）。新国際条約には、「生物多様性条約」と一致する利益共有の内容が新たに追加された。すなわち、農業と食糧植物遺伝資源の保全と持続可能な利用、およびこれらの資源の利用による利益の公平かつ合理的な共有である。その目標は、食糧と農業の遺伝資源へのアクセスを容易にするための多国間システムを構築することであり、締約国は、植物の育種と農業の持続可能な開発を強化し、食糧の安全を保障するために、公共分野に属する遺伝資源（知的財産権で保護されていない資源）を多国間システムに組み入れ、他の締約国がアクセスできるようにしなければならない（王述民・張宗文，2011）。

「食糧及び農業用植物遺伝資源に関する国際条約」は、多国間のアクセスと利益の共有に基づく国際協定であり、「生物多様性条約」「名古屋議定書」と密接な関係がある。中国が農業大国として「食糧及び農業用植物遺伝資源に関する国際条約」に加盟することは、同条約での発言権を確保し、「生物多様性条約」と「名古屋議定書」に対する中国での履行に役立ち、それによって多国間と二国間からの全方位的な生物遺伝資源の保全と利益の共有を保護し、世界の食糧と農業生産に重大な貢献をすることになる。

(六)「世界の文化遺産及び自然遺産の保護に関する条約」

「世界の文化遺産及び自然遺産の保護に関する条約」は1972年11月16日に国連教育科学文化機関〔ユネスコ〕第17回総会で可決され、現在193カ国が締約している。同条約の目的は、優れた普遍的価値を有する文化遺産および自然遺産の集団的保護のために、近代的な科学的手法に基づいて組織された恒久的かつ効果的な制度を確立することである。条約は主に文化遺産と自然遺産の定義、文化遺産と自然遺産の国家的保護と国際的保護措置などの条項を規定している。条約の管理機関はユネスコの世界遺産委員会で、同委員会は1976年に設立され、同時に「世界遺産リスト」を作成している。世界遺産への登録は、司法的、技術的および実用的な国際的任務であり、文化遺産や自然遺産の保護に向けて、人々が一丸となって積極的に取り組むよう働きかけることを目的としている。同条約の新味は、これまでほとんど無関係と思われてきた自然保護と文化保護を結びつけたことであり、文化を手がかりに文化目的論と普遍的価値の探求を展開するグローバル化の象徴的イベントであることである（熊哲ほか，2018）。これまで、文化遺産と自然遺産に対する国際社会の保全は別々に行われていた（戸暁輝，2016）。

中国は1985年12月12日に「世界の文化遺産及び自然遺産の保護に関する条約」に加盟し、1999年には世界遺産委員会のメンバーに選出され、世界遺産の管理と保全のレベルが絶えず向上している。2019年7月現在、文化遺産869件、自然遺産213件、複合遺産39件の計1,121件の世界遺産がある。中国には14件の世界自然遺産、37件の世界文化遺産、4件の複合遺産の計55件の世界遺産がある。中国は現在、世界遺産の総数でイタリアと並び1位となり、世界自然遺産と複合遺産の数は世界1位となっている。

(七)「植物の新品種の保護に関する国際条約」

「植物の新品種の保護に関する国際条約」は、定義された条件を満たす植物新品

種の育成者およびその合法的継承者の権利を認め、保証することを目的とする。原則上、植物新品種の保護は、自国の農業を発展させることにも、育種者の権利を保護することにも極めて重要であるが、育種者の権利を認め、保護することによって生じるいくつかの特殊な問題、特に公共的利益の保護のためには、そのような育種者の権利を制限することもあり得る（薛達元, 2015）。同条約は 1968 年に発効し、その後 1978 年と 1991 年に改定された。

　1997 年に中国が「中華人民共和国植物新品種保護条例」を公布したことは、中国の植物新品種保護制度の確立を示している。中国は 1999 年 4 月に国際植物新品種保護連合に加入し、39 番目のメンバーとなり、国内外の植物新品種権出願の受理を開始した。1999 年から 2018 年末までに、中国はすでに 17 回 397 属種の保護リストを発表しており、中国の植物新品種の出願件数は 2 年連続で国際植物新品種保護連盟のメンバーの中で第 1 位であり、農業植物新品種の年間出願件数は世界 1 位である。中国が「植物の新品種の保護に関する国際条約」に加盟してから 20 年、すでに 147 項目の林業植物テストガイドラインの作成が行われ、52 項目のテストガイドラインが発表されており、中国の林業専門家はツバキ、ボタン、チョウジ 3 項目の国際植物新品種テストガイドラインの作成に参加し、クルミの国際テストガイドラインの全面的な改訂を主導している。また、農業植物新品種保護 20 周年の効果評価を展開し、「2018 年農業植物新品種保護発展報告」を作成した。中国独自の農業植物新品種保護システムの構築を加速し、種子業の知的財産権保護の良好な環境を構築し、品種保護の国際協力交流を持続的に推進した。

　（八）「国際植物防疫条約」

　「国際植物防疫条約」は 1951 年 12 月に FAO 第 6 回総会で正式に採択され、1952 年 4 月に発効・施行され、現在 182 の締約国が加盟条約に署名している。同条約は FAO が定めた国際協力協定で、有害生物の流入と拡散を防止することで栽培植物と野生植物を保護し、国際的な商品の流通や人の移動への影響を最小化することを目的としている。同条約は、世界貿易機関〔WTO〕の「衛生と植物検疫措置の適用に関する協定」（以下「SPS 協定」）が国際的な植物検疫対策基準を策定する基準となり、植物資源保護のための国際的な植物検疫対策基準の設定など、植物保全のための国際的な枠組を提供している（熊哲ほか, 2018）。さまざまな害虫の脅威を効果的に抑制するために、条約成立以来、約 100 項目の基準が公布されて、一連の植物検疫問題をカバーし、発展途上国が国内および貿易環境における植物

病虫害の予防・抑制能力を高めるのを支援している。2018年4月18日に「国際植物防疫条約」締約国会議がローマで開催され、破壊的な農業などの害虫によって受ける環境被害の世界的な蔓延を防止するため、IPPCの主管機関である植物検疫措置に関する委員会（CPM）は、農業害虫の異なる温度処理措置基準、改訂された木質包装材料の衛生基準、熱蒸気を使用したミカンコミバエの駆除に関する拡張基準の3つの新基準を採択した。

2005年10月20日、中国は「国際植物防疫条約」に加入し、同条約の141番目の締約国となった。中国は条約の枠組の下での国際協力と交流に積極的に参与し、他の締約国から提供された有害生物情報を共有し、国際植物検疫措置基準と関連規則の制定に参与し、検疫紛争の合理的な解決に参画し、中国など発展途上国の利益を守っている。

（九）「貿易に関わる知的所有権の協定」

「貿易に関わる知的所有権の協定」はWTO体制下の多角的貿易協定であり、1995年1月1日に発効した。同協定は国際的な知的財産権保護分野の条約であるだけでなく、参加者数が最も多く、内容が最も全面的で、保護レベルが最も高く、保護が最も厳格な国際協定であり、8つの部分に分かれ、73の条約がある。同協定の特徴は以下の6つである。知的財産権のほぼ各分野に広範囲に及ぶこと。保護水準が高く、既存の国際条約による知的財産権の保護を超えていること。有形商品の貿易に関する「関税及び貿易に関する一般協定」（GATT）およびWTOの原則および規定を知的財産権の保護の分野に拡張したこと。知的財産権の法執行手続と保護措置を強化したこと。協定の実施措置と紛争解決メカニズムを強化したこと。TRIPs理事会を設置したこと。2001年に知的財産権および遺産資源・伝統的知識・民間文学芸術の保護をテーマとする交渉が行われたが、その目標は遺産資源・伝統的知識・民間文学芸術を保護する知的財産権保護システムの構築であり、「生物多様性条約」および「名古屋議定書」の戦略目標と密接に関連している（薛達元，2015）。

中国は2001年にWTOに加盟し、WTO/TRIPsの枠組の下で公衆衛生・生物多様性・伝統知識・民間文芸・技術移転などの議題を積極的に推進している。中国、南アフリカ等の国は共同で「TRIPs協定及び公衆衛生に関するドーハ宣言」の採択を推進し、薬品特許実施の強制許諾、並行輸入等の措置の合法性を確認し、政治的・法律的に発展途上国の薬物取得能力を強化した。新型コロナウイルスは

知的財産権に対する人々の理性的な認知を深め、先進国と発展途上国が知的財産権の多国間枠組内で新たなバランスを達成するのに貢献した。中国は最大の発展途上国という独特な身分を使い、WTO改革を推進し、各メンバーとの意思疎通と協力を強化し、条件が整った時に同協定に加入し、共に話し合い、共に建設し、共に分かち合うことで知的財産権のグローバルガバナンス構造の構築を共に推進すべきである。

（十）「南極海洋生物資源の保護に関する条約」

「南極海洋生物資源の保護に関する条約」は1980年5月20日にキャンベラ〔オーストラリア〕で採択され、1982年4月7日に発効し、現在34カ国が締約している。同条約は、南極海洋生物資源の保護に関する委員会の設置を通じて、南極周辺の海洋の環境とその生態系の完全性を保護し、南極海洋生物資源を保護することを目的としている。2006年9月19日に中国は同条約に加入し、2006年10月19日に中国に対して発効し、2007年10月2日に中国は正式に南極海洋生物資源の保護に関する委員会のメンバーになった。同委員会は「南極海洋生物資源の保護に関する条約」の枠組の下で海洋生物資源を管理する唯一の多国間機関である。

中国は南極海洋生物資源の維持管理に積極的に参画している。委員会の管理規則の枠組の下で南極海洋生物資源の保護と開発利用に積極的に参画し、一連の効果的な政策・制度・措置を打ち出し、遠洋漁業の管理制度を整備し続け、多国間・二国間漁業協力を強化し、「一切容赦せず」の態度で法律違反行為を断固として取り締まり、中国遠洋漁業の規範的で秩序ある発展を促進している（唐建業，2012、段文，2018）。

（十一）「移動性野生動物種の保全に関する条約」

「移動性野生動物種の保全に関する条約」通称「ボン条約」は、1979年6月23日にドイツのボンで締結され、1985年に発効し、現在130カ国が締約している。同条約は、陸・海・空の移動種の活動空間範囲を保護することを目標としており、国の管轄境界の外を通過する野生動物における移動性の種を保護するための国際条約である。同条約は、「移動性の種」を、「野生動物のいずれかの種、または第二分類種のすべての種、または地理的に互いに独立している種のいずれかに分類され、その分類のほとんどは1カ国あるいは数カ国が管轄する境界を定期的に予見可能に通過するもの」と定義し、種を付属書Ⅰと付属書Ⅱの2つのレベルに分けて保護し、締約国の3分の2以上の投票で支持された種を付属書に加える。

2020年2月22日に「移動性野生動物種の保全に関する条約」第13回締約国会議がインドのガンディーナガルで閉幕した。会議では「ガンディーナガル宣言」が調印され、世界の移動性野生動物種の保護に資する決議を採択したほか、アジアゾウ、ジャガー（別名アメリカ虎、アメリカ豹）、インドオオノガンなど10種の野生動物を「移動性野生動物種の保全に関する条約」の保護対象として新たに指定した。同宣言は、生態学的連結性の維持と回復が移動性野生動物種保護の最重要課題であり、特に移動種とその生息地の保護と管理を強化する必要があると指摘し、移動種と「生態学的連結性」の概念を、国連「生物多様性条約」第15回締約国会議で審議される「ポスト2020世界生物多様性枠組」に取り入れ、優先事項に指定するよう求めている（丁洪美，2020）。

第2節　世界主要国の生物多様性保全活動

「生物多様性条約」とそれに続く締約国会議の決定では、世界各国が完全な生物多様性保全政策・法規体系を構築するだけでなく、各国に相応の生物多様性保全の戦略、計画あるいは行動案を打ち出すよう要求することが明確に示されている。世界の生物多様性保全政策が科学界から国家政策へと継続的に変化する中、生物多様性保全のための国際的な行動が絶えず生まれている。生物多様性の巨大な生態的価値・経済的価値・社会的価値に鑑み、多くの国と地域は生物多様性の保全に対して一連の戦略・法案および政策法規を打ち出し、また関連管理機構を設立し、管理メカニズムを整備している。例えば、EU・ブラジル・オーストラリア・日本などの国と地域は、生物多様性の国家戦略・行動計画、生物多様性の保全および持続可能な利用に関する取り組みなどを次々と策定し、打ち出している。

1. 生物多様性保全における国際政策の変遷

生物多様性保全における国際政策は20世紀初頭以降、著しい変化を遂げたが、その実質はダイナミック、インタラクティブ、フィードバックというプロセスである。これまで、世界規模の生物多様性政策の変化は、相前後して、国際科学界の熱い眼差し、新たなテーマの出現、国際協議および政府間の全面的な展開という異なる段階、すなわち科学的な対応から社会・政治的な対応へという過程を経てきた（趙婧懿，2017）。

（一）生物多様性保全への国際科学界の熱い眼差し

19世紀以降、生物多様性保全は科学界から熱い眼差しを受けてきた。生物多様性の問題は主に工業的製造による野生動植物生息地の破壊、野生動植物の貿易、生物資源の単一化などとして現れている。1930年代、イギリスの著名な生態学者アーサー・タンズリーは生態学に「生態系」を正式に取り入れた。1937年、生物学者エリントンが初めて「保全生物学」（conservation biology）を提唱したことから、生物多様性研究は盛り上がりを見せ始めた。1950年代以降、生態学は生物とその生息地の関連学科、すなわち「自然界の構造と機能の科学」を探求するようになった。1962年に出版された『沈黙の春』〔レイチェル・カーソン著〕は、世界規模で環境問題に対する各国政府の関心を集めた。1969年、イギリス生態学会は定期刊行物『Journal of Applied Ecology』を創刊し、何度も「保全の科学的管理」を特別テーマにしたシンポジウムを開催した。これは科学界が生物多様性保全を提唱した段階であり、生物多様性保全の萌芽期であり、国の立法や条約の形成を絶えず促した（趙婧懿，2017）。

（二）生物多様性保全の議題、続々と提出

1970年代、科学分野での絶えざる提唱につれて、生物多様性保全の国家組織と科学研究機構が現れ始めた。各国政府も生物多様性保全と持続可能な利用を重視するようになり、重要な国際公約や個別条約が数多く現れ、人々が生物多様性の喪失問題を重視するようになった。1902年、フランス・パリで「農業益鳥の保護に関する国際条約」が、1940年には「動植物及び自然の美しさの保護に関するアメリカ条約」が、1946年には「国際捕鯨取締条約」がワシントンで採択され、1948年には国際自然保護連合〔IUCN〕が設立された。1957年には「北太平洋におけるアザラシの保護に関する条約」が締結され、1982年には「世界自然資源保全戦略」が採択され、世界資源の多様かつ完全な保全において重要な役割を果たした。1961年にWWFが設立され、野生種保全・海洋生態・淡水資源・森林維持など多くの分野で生態保護区が設置されている。この時点で、生物多様性保全政策はまだ比較的単一であり、整った系統的・世界的な保全政策が欠如していた（趙婧懿，2017）。しかし、この段階でも国際的な条約が数多く現れた。1971年にラムサール〔イラン〕で「ラムサール条約」が締結され、湿地の生態学的機能を維持することが自然の法則に従うための避けて通れない方法であることが指摘された。1972年には「世界の文化遺産及び自然遺産の保護に関する条約」が、1973

年には「絶滅危惧野生動植物種の国際取引に関する条約」が採択されたが、その趣旨は「多種多様な野生動物や植物は地球の自然システムのかけがえのない一部であり、私たちの世代と未来の世代のために保護しなければならない」というものであった。1979 年には国際協力、絶滅危惧種の捕獲禁止、生息地の保全、その他の悪影響の抑制などの措置を通じて移動種の保全を目指す「移動性野生動物種の保全に関する条約」が締結された。

(三)生物多様性保全のための政策支援
(1)生物多様性保全条約の正式提出

　1980 年代末、世界における生物多様性保全の議題は、科学界、国際組織および科学研究機構の共同の努力で、学術界から政府の政策レベルに転換し始めた。1972 年に国連人間環境会議が開催され、「国と国の間で広範に協力し、国際組織が行動を起こし、資金を調達して環境を維持し改善すると同時に、各地方政府と中央政府は管轄範囲内で大規模な環境政策と行動を展開し、最大の責任を負う」ことを提起したが、これは国際的に初めて各国政府が生物多様性の保全をさらに強化することを呼びかけたものである。1987 年、環境と開発に関する世界委員会(WCED)は研究報告「我ら共有の未来〔Our Common Future〕」を発表し、種の保全における共同協力には、世界各国の共同努力が差し迫って必要である、と指摘した。1987 年、国連環境計画〔UNEP〕は世界規模で生物多様性保全条約を設立し、生物多様性の概念を明確にすることを提案した。

(2)「生物多様性条約」および関連条約が徐々に出現

　1990 年代以降、国連環境開発会議において、100 以上の国と 20 以上の組織機構の代表が共同で、マイルストーンとなる「生物多様性条約」に署名した。人類は「生物圏生命維持システムの進化と維持に対する生物多様性の重要性」が「全人類共通の関心事」であることに気づきつつある。生物多様性の保全とその持続可能な利用は目下の社会発展の主要なテーマであり、最も基本的なテーマでもある。その後、「生物多様性条約」を基本的な指針の枠組として、「野生植物の違法取引を防止するための共通措置に関する協定」(1994 年)、「地中海の生物多様性特別保護区域に関する議定書」(1995 年)、「ライン川保護条約」(1999 年)、「生物の多様性に関する条約のバイオセーフティに関するカルタヘナ議定書」(2000 年)、「ボンガイドライン」(2002 年)、「名古屋議定書」(2010 年)など、国際的な法令文書が次々と作成された。2016 年 4 月 22 日にニューヨークで気候変動協定「パリ協定」

が調印された。この協定は 2020 年以降の世界の気候変動対策行動のために取り決めを行ったもので、1992 年の「気候変動に関する国際連合枠組条約」、1997 年の「京都議定書」に続く、2020 年以降の世界的な気候対策の新しい枠組である。「気候変動に関する国際連合枠組条約」に基づいて協議された「パリ協定」の主要な枠組は、まず世界的に一致した目標を決め、その後、各国がその目標を達成するために各自の公約を示すことができるというものである。「パリ協定」は新時代の多元的環境条約の中で重要な地位を占めるパラダイム革命であり、これまでの「トップダウン」と「ボトムアップ」モデルの優位性欠如に鑑み、国際的な気候対策構造を生まれ変わらせたものである。

(四) 生物多様性保全の国際的な支援
(1) 生物多様性保全に関する研究計画

2011 年、生物多様性科学国際共同研究計画 (DIVERSITAS)、地球圏・生物圏国際協同研究計画 (IGBP)、地球環境変化の人間・社会的側面に関する国際研究計画 (IHDP)、世界気候研究計画 (WCRP)、地球システム科学パートナーシップ (ESSP) といった既存の地球環境変化に関するいくつかの国際研究計画を踏まえて、「フューチャー・アース (Future Earth)」計画が作成されたが、その目的は、さらに既存の成果を推進し、科学的な早期警戒能力を高め、知識ノードから構成される世界分布ネットワークを形成し、世界の持続可能な開発のために知識伝播を行うことにあった。「国連生態系回復の 10 年 (2021-2030 年)」は 2019 年に国連総会で承認され、2021 年から実施され、主に気候変動、生物多様性、経済・民生などの面での人々の需要に注目し、世界の湿地と水生生態系景観の深刻な劣化問題の解決を目指している。

(2) 生物多様性保全のための行動計画

数年来、大型国際組織の多くは生物多様性の保全と持続可能な利用という実践作業で徐々に成熟しており、海洋生物のセンサス、国際生物多様性、国際 DNA バーコーディングなど、生物多様性保全に関する多くの行動計画を提起し、生物多様性政策の実行および 2030 アジェンダの実現に対して重要な推進・支援の役割を果たしている。WWF は、生命という名のもと、地球のために声を上げ、自然の保護を訴え、人類と自然の調和と共生を提唱する世界的な行動「アース・アワー」を立ち上げた。

2. 典型的な国家生物多様性戦略行動

　生物多様性喪失の大流行という差し迫った危機に直面している世界各国は、そのすべての生態系と生物多様性の変化をいっそう注視し、迅速かつ断固たる行動をとり、対応する国家戦略や行動を制定して生態環境のリスクを減らし、今後数十年以内に自国と世界における生態系と生物多様性の完全性を維持し、実際の行動で発生する可能性のある生態学的災害を予防し、共同で人と自然の調和的共生を実現することを期待している。その中で、EU は生物多様性保全行動と戦略を積極的に打ち出し、「欧州グリーン・ディール」を打ち出して生物多様性を保全している。アメリカは立法先行を堅持し、「30by30」生物多様性保全目標を掲げた。フランスは生物多様性の変革を推進している。オーストラリアは生物多様性保全の三大戦略目標を掲げた。日本は多くの生物多様性国家戦略を策定しており、都市における生物多様性保全の議題を初めて提示した（表 3-3、表 3-4）。

(一) EU 生物多様性戦略

　EU はこれまでずっと生物多様性に非常に関心を持ち、環境保全行動 Natura 2000、2006 年 EU 生物多様性計画、2020 年 EU 生物多様性戦略、2030 年 EU 生物多様性戦略を実行してきた。

(1) EU 自然保護区ネットワーク「Natura 2000」

　この自然保護区ネットワークは、EU における自然および生物多様性政策の最も中心的な構成要素のひとつであり、EU 最大の環境保護活動であり、「生物多様性条約」に定められた社会的義務の履行の一環でもある。その目的は、国境を越えた保護区ネットワークを構築し、欧州の重要な生息地と種を保護することにある。具体的には、野生動植物種、脅威にさらされている自然生息地、移動種の重要な地域を保護するため、欧州大陸に生態回廊を建設し、地域協力を展開することである（張鳳春ほか，2011）。

(2) 2006 年 EU 生物多様性計画

　同計画では 4 つの主要政策分野、10 の優先目標、150 を超える目標が設定されている。

(3) 2020 年 EU 生物多様性戦略

　2011 年、EU は、EU における生物多様性と生態系サービスの機能低下の抑制を目標とする戦略を採択し、2020 年までに EU における生物多様性と生態系サービスの喪失を抑制し、世界的な生物多様性の喪失を阻止する一助となることを目

表 3-3　2020 年 EU の生物多様性戦略

名称	内容	行動
目標 1：種と生息地の保全	2020 年までに、EU 法で保護されている種と生息地の保全と安全性が向上し、生息地の 100% と種の 50% が増加	行動 1：Natura 2000 ネットワークを改善し、適切に管理されることを確保 行動 2：Natura 2000 ネットワークに十分な資金を確保 行動 3：Natura 2000 への関心を高め、市民を巻き込み、自然法令の運用を改善 行動 4：EU 自然法の監視と報告をより一貫したものにし、生物多様性保全のために適切な情報通信技術 (information and communication technology、ICT) ツールを提供
目標 2：生態系の保全と回復	2020 年までに、グリーンインフラを構築し、劣化した生態系の少なくとも 15% を回復させることにより、生態系とそのサービスを維持・強化	行動 5：EU 域内全体で生態系とそのサービスの状態と経済的価値をマッピングし、評価する。欧州全体の会計・報告システムにおけるその経済的価値の認知促進 行動 6：生態系を回復し、サービスを維持し、グリーンインフラの利用を促進 行動 7：EU の資金が生物多様性に与える影響を評価し、生物多様性と生態系サービスのノーネットロスを確実にするための補償または相殺計画の機会を検討
目標 3：持続可能な農林業の実現	2020 年までに、農業や林業に依存、または農業や林業の影響を受ける種や生息地の保全、生態系サービスの提供で大幅な改善を明示	行動 8：輪作や恒久的な牧場などの環境公共財を奨励するため、EU 共通農業政策 (common agriculture policy、CAP) の直接払いを強化し、良好な農業および環境条件 (good agricultural and environmental condition、GAEC) の相互準拠基準を改善し、これらの基準に水の枠組の組み入れを検討 行動 9：農村開発がより良く生物多様性のニーズに対応するようにし、農民と森林農家が共に生物多様性保全に取り組むことを支援するツールを開発 行動 10：欧州の農業における遺伝多様性回復の保護と支援 行動 11：森林生物多様性の保護と強化を森林所有者に推奨 行動 12：生物多様性保全対策（防火や荒野保護など）を森林管理計画に統合
目標 4：持続可能な漁業と健全な海洋の開発	2015 年までに漁業が持続可能になり、2020 年までに魚類の個体群が健全で、欧州の海洋環境がより健全になり、漁業は種や生態系に重大な悪影響を及ぼさない	行動 13：「共同漁業政策」の管理計画が、科学的助言と持続可能性原則に基づくことを確保し、それにより魚類の個体群を持続可能なレベルに回復・維持する。 行動 14：廃棄物を徐々に抑制し、副漁獲物を回避し、漁業の影響を減少。「EU 海洋戦略枠組指令」が他の海洋保護区と整合的に実施されることを確保。漁業活動を調整し、エコツーリズム、海洋生物多様性の監視、海洋ごみ処理などの他の活動に漁業部門を関与させる
目標 5：外来種対応	2020 年までに、侵略的外来種を特定し、優先種を規制または排除し、新たな侵略種が欧州の生物多様性を破壊することを防止	行動 15：生物多様性に対する EU の動植物衛生規制の関心の高まりを確保 行動 16：侵略的外来種に対処するための法的枠組を提供
目標 6：世界的な生物多様性の損失を回避する支援	2020 年までに世界的な生物多様性の損失回避に対する EU の貢献を増加	行動 17：EU の消費方法が生物多様性に及ぼす影響を軽減し、資源効率に関する EU のイニシアチブを確保し、貿易交渉と市場シグナルにこの目標を反映させる 行動 18：EU の資金をより多く世界的な生物多様性のために活用し、その資金をより効率的なものにする 行動 19：生物多様性へのあらゆる悪影響を軽減するため、開発協力に向けた EU の行動を体系的に選別 行動 20：天然遺伝資源の利益の公平かつ公正な分配を確保

表 3-4　生物多様性保全に向けた世界各国の一連の政策と規制

国	一連の規制と政策
アメリカ	「絶滅危惧種法」「渡り鳥条約」「国立野生物保護施設管理法」「北米湿地保護法」など、絶滅危惧種を保護するための法律を制定。「国家環境政策法」を通じて、「環境保全の目標はもはや野生動物や森林の保護ではなく、私たちの生活基準、人々の健康と生活の質も含まれる」と主張する一連の優遇政策を打ち出した
ブラジル	遺伝子組換え製品の管理、外来種の侵入、生物遺伝資源の保護などに対して、一連の生物多様性保全に関する法律法規を制定。政府は徐々に生物多様性保全に注目し、「環境法」と「アマゾン地域生態保護法」を制定。新憲法を発布し、新たに「環境」の章を設け、遺伝子組換え農産物の栽培と販売を規制するために第1部「バイオセーフティ法」を制定。何度も「バイオセーフティ法」を改正し、「バイオセーフティ法実施条例」を公布。「新森林備蓄法」を発布し、150万 ha の熱帯雨林をすべて開発禁止区域に指定（張式軍, 2007）
インド	「国立公園法」「野生生物保護法」を公布、施行。「森林法」に代わる「森林保護法」の再制定。「野生動物保護法」を制定し、全国の野生動物とその生息地に全面的な保護を提供。「環境保護法」「危険微生物、遺伝子組換え微生物又は細胞の生産・応用・輸出入・保管の条例」を公布し、「環境保護条例」を再改正。「生物多様性条約」に加入後、「生物多様性条例」を通じ、この生物多様性立法をより良く実施し、生物資源の取得・管理および関連利益の公平な共有を推進するため、遺伝資源の取得および利益の共有における管理体制・管理範囲・管理制度・知的財産権管理制度をさらに確定（張式軍, 2007, 周琛, 2007, 秦天宝, 2007）。
フランス	1976年成立の「自然保護法」は、フランスの環境法体系の中で最も重要な基本法である。2016年成立の「生物多様性の回復、自然及び景観のための法律」（略称「生物多様性法令」）は「自然保護法」に対するここ 40 数年での重要な改正である。「生物多様性法令」は生態学的被害の概念を組み入れ、各方面の力を統合し、生物多様性保全のための公共政策の実施を強化し、土壌・水域・海洋に関連する動植物多様性問題を整備することを目的としている（彭峰, 2016）
日本	2008年5月29日に制定された「生物多様性基本法」は、生物多様性の保全と持続可能な利用を推進するために、人類の基本的位置づけを規定するもので、人間と自然の調和のとれた共存を実現し、生物多様性を持続的に豊かにすることに着目している。地域が共同して生物多様性を保全するよう推進するため、2010年12月に「地域における多様な主体の連携による生物の多様性の保全のための活動の促進等に関する法律」（略称「生物多様性地域連携促進法」）が公布された（白秀萍, 2013）。

指し、2020年までの生物多様性保全について具体的な目標を示した。この戦略には6つの目標と20の行動が含まれており（表3-3）、生物多様性に関する国際条約に基づく EU の行動が反映されている。2016年2月2日、欧州議会は、2020年の EU 生物多様性戦略の実施状況を評価し、その後の生物多様性保全を指導しやすくするための中期的な見直しに関する決議を採択した。

(4) 2030年 EU 生物多様性戦略

2020年5月20日、EU は、自然を保護し、生態系の劣化を逆転させ、生物多様性の損失を阻止するための「2030年 EU 生物多様性戦略（EU Biodiversity Strategy 2030）」を発表した。これは EU の「グリーン・ディール（European Green Deal）」の重要な中核部分であり、新型コロナウイルス（COVID-19）のパンデミックからの回復に向けた EU の取り組みの「中心的な要素」となっている。EU は、持続可

能な開発目標に向けた国際的な行動を牽引する役割を果たすため、具体的な行動をとる。戦略目標は 2030 年までに欧州の生物多様性を回復させることであり、既存の立法をより効果的に実行するための新たな方法、新たなコミットメント・措置・目標・ガバナンスの仕組みが提案されている。欧州委員会は農業を包括的に改革する戦略を策定し、野生動植物に恵みをもたらすために、炭素含有量の多い森林や湿地を厳格に保全している。同戦略によれば、2030 年までに動植物種の減少を食い止め、炭素シンクを回復して気候変動に対応するために、EU の陸地と海の少なくとも 30% を保護する。新しい欧州委員会では、欧州が 2050 年に「カーボンニュートラル」（別名「クライメイト・ニュートラル」climate-neutral）という目標を達成することに取り組む「欧州気候法」の提案が新たに加わった。

(二) アメリカの生物多様性保全計画

アメリカは生物多様性に富み、他のどの国よりも大規模な生態系の種類が多く、多様な生態系には全世界の種の 10% にあたる約 20 万種の在来種が生息している。しかし、既知の種のうち比較的詳細に研究され、保全されている状態にあるのは 15% だけである（David and Lawrence, 2020）。アメリカ連邦政府はその管轄下にある移動性の狩猟動物、非狩猟鳥、海洋哺乳類の管理、および脅威にさらされた絶滅の危機にある動植物の管理と回復に積極的な役割を果たしている。

立法優先を堅持し、「絶滅危惧種法」「渡り鳥条約」「魚類・野生生物調整法」「国立野生生物保護施設管理法」「北米湿地保護法」など、多様な立法によって生物多様性を保全している。中でも、「絶滅危惧種法」は絶滅危惧種の保護に大きな役割を果たし、種の絶滅率を大幅に減少させた。「魚類・野生生物調整法」は、非捕獲物を含む魚と野生生物の保護管理計画を各州で策定するよう求めている。現在、アメリカで州・連邦公園・野生生物保護区に指定されている公有地の総面積は 1 億 900 万 ha を超えている。アメリカは、生物多様性の保全に直接用いるために、毎年 1000 万ドルを割り当てることを法律で定めており、その大部分はアメリカ合衆国国際開発庁（USAID）を通じて使用されている。アメリカ合衆国国際開発庁は、発展途上国が臨界状態にある生態系を調査・保護し、保護区を設置・維持するのを支援するよう指令を受けた。熱帯林に関するアメリカ政府のイニシアチブは生物多様性と密接に関連し、かつ平行するもうひとつの取り組みである。アメリカ議会はこのほど、政府が世界規模の森林保護プロジェクトおよび非政府系保護機関により多くの資金を投入できるようにする法案を可決した。

国立公園や森林公園を設立する。アメリカは世界で最初に自然保護区を設立し、国家野生生物保護システム・国立公園システム・国家森林システム・原生自然保護システム・国立海洋保護区計画を中核とし、土地利用などの管理を補助とする自然保護区システムを構築した。1872年、アメリカ最初にして世界初の国立公園、イエローストーン国立公園〔アイダホ州、モンタナ州、およびワイオミング州に位置する〕の設立が議会で承認された。生態環境・自然資源の保全と適切な観光開発を基本戦略とし、比較的狭い範囲の適度な開発を通じて広い範囲の効果的な保全を実現し、保全目標に抵触する開発・利用方式を排除し、生態系の完全性を保全する目標を達成するだけでなく、国民にレジャー・教育・娯楽の場を提供することは、生態環境の保全と資源の開発・利用の関係を適切に処理できる管理モデルである（馬暁妍，2020）。

「30by30」生物多様性保全目標を確立する。同目標は、生物多様性の保全と気候変動の影響緩和を目的としている。そこには、2019年10月に今後の国家目標を設定し、2030年までにアメリカ国内で陸地と海の少なくとも30%を保全するよう計画すること、生物学的および生態学的に意義のある広い景観に重点を置くこと、動植物種を回復させることで絶滅を防ぐこと、生態系とそのサービス機能を安定させ修復し、従来の生態機能を維持することを含む（馬暁妍，2020）。

（三）フランスの生物多様性保全戦略

フランスの生物多様性は世界6位で、生物多様性は国の経済成長において重要な原動力とみなされている。フランスでは哺乳類の9%近く、爬虫類の24%、両生類の23%、淡水魚の22%、営巣する鳥類の32%が絶滅の危機にある（「IUCN絶滅危惧種レッドリスト」）。「フランスと生物多様性——調査、2013」の結果によると、フランスにおける3分の2の国民は生物多様性問題を理解していると述べており、生物多様性問題が環境劣化の中の問題のひとつであることを認識している人はますます増えている。3分の1以上のフランス国民が、生物多様性の喪失が日常生活をすでに脅かしていると考えていて（彭峰，2016）、フランスは生物多様性の保全を徐々に強化している。その後、法令刷新の推進、生物多様性に関する国家機関の設立、国際協力の強化など、さまざまな措置を通じて生物多様性の保全を推進してきた。

フランスの環境の持続可能開発・エネルギー省は2011年に「生物多様性10カ年国家戦略」を発表し、生物多様性保全の6つの基本軸と20の目標を設定し、全

国民に共同行動を呼びかけている。生物多様性保全の 6 つの基本軸には、生物多様性保全のための行動を奨励し、既存生物とその進化能力を保護し、生態分野への投資を保証し、持続可能でバランスのとれた生物多様性を保証し、政策の協調と行動の有効性を保証し、生物多様性の認知を発展させ、共有し、向上させることが含まれる（劉卓，2011）。同戦略では、生物多様性国家戦略フォローアップ全国委員会の設置も提案されており、国家戦略の実施状況を検討し、毎年議会に年次報告書を提出することが主な任務となっている。フランスの環境・持続可能開発・エネルギー大臣は、パリで開かれた 2011〜2020 年の生物多様性国家戦略の発表会で、この国家戦略は既存の生物を保全するだけでなく、フランスの領土を修復することを目的とした防衛戦略でもあると述べた。

　2016 年 8 月、フランス憲法評議会は「生物多様性法令」を正式に審査・採択した。この法令は生態学的損害の概念を取り入れ、生物多様性概念の枠を拡張するとともに、生物多様性局を設立し、多方面で重要な突破を成し遂げた（彭峰，2016、何瓈，2017、陳叙図ほか，2017、孫正楷，2020）。2019 年 11 月 6 日、「中仏の生物多様性保護と気候変動に関する北京イニシアチブ」が発表され、同イニシアチブは世界の炭素吸収源と生物多様性保全における森林の役割を強調し、山・水・林・草などの重要な生態系を共同で保全するよう各国に呼びかけた。各国は生物多様性の保全と回復を高度に重視し、地球の保全面積、特に生物多様性と生態系サービスの重点地域を絶えず増やし、2030 年までに生物多様性喪失の曲線を転換しなければならない。

(四) オーストラリアの生物多様性保全行動計画

　オーストラリアには豊かな生物多様性があり、約 56 万 6,398 種が存在し、世界の種の数の 7〜10% を占めている（李海東・高吉喜，2020）。オーストラリアの原生植生は複雑・多様で、独特な物理的特徴を持ち、生物多様性の重要な構成部分であり、オーストラリアの植物品種の約 85% を占めている。オーストラリアの森林面積は 1 億 2,500 万 ha で、国土面積の 16% を占め、そのうち天然林は森林総面積の 98% を占めており、生物多様性の保全に基づき、390 万 ha の天然林が特別に保護されている（尚瑋姣ほか，2016）。オーストラリアも深刻な種の絶滅に直面していたことがあり、絶滅のおそれまたは脅威にさらされている種の種類が最も多い 10 カ国のひとつとなっている。過去 200 年以上の間に、オーストラリアで失われた哺乳類と植物の数は他のどの国よりも多く、在来特有の陸上哺乳類 273 種

のうち、11%を占める29種が絶滅している（陳潔，2019）。

　オーストラリアは国際条約に加盟し履行することで、生物多様性の保全を徐々に強化している。1952年4月30日、「国際植物防疫条約」に調印。1976年7月29日、「絶滅危惧野生動植物種の国際取引に関する条約」に加盟。1989年2月1日、「植物の新品種の保護に関する国際条約」（1978年文書）に加入し、その後1991年改正文書にも加入した。1993年、「生物多様性条約」に加入し、CBDにおける責任を果たすことを公約し、法律的枠組を構築し、遺伝資源と生物資源の参入および利用を規範化し、生物資源の持続可能で合理的な開発利用に機会を提供すると同時に、資源利用による利益を公平・公正に分かち合うことを望んでいる。2002年6月10日、「食糧及び農業用植物遺伝資源に関する国際条約」に調印した。2012年1月20日、「名古屋議定書」に調印した。

　国レベルでは、オーストラリアエネルギー環境省が生物多様性保全活動の調整と管理を担当し、その下に生物多様性保全省を設置した。各州および領地政府も相応の生物多様性管理機構を設立し、一連の生物多様性保全政策と法案を制定している。1999年、オーストラリアは「環境保護及び生物多様性保全法」（EPBC）を公布し、遺伝資源の定義・保護原則・管理機構・取得・利益分配などの方面について明確に規定した（尚瑋姣ほか，2016）。このほか、「オーストラリア本土の遺伝資源と生物化学資源の取得と利用のための全国統一方法」（NFC）、「生物多様性と気候変動に関する国家行動計画（2004-2007年）」「国家森林政策声明」（NFPS）などを制定した（尚瑋姣ほか，2016）。

　2010年、オーストラリア政府は、2030年までに国の生物多様性保全の指導的枠組である「生物多様性保護戦略（2010-2030年）」を発表した。この戦略は、すべての部門が協調して取り組み、生物資源を持続可能に管理し、生物資源の長期的な健全および環境への適応性を確保することを目的とした集団的保護優先を掲げており、それはまた「生物多様性条約」の徹底した実施でもある。2010年に同戦略が発表されて以来、政府・企業・環境NGO〔非政府組織〕・各コミュニティは積極的に行動を起こし、生物多様性の保全は良好な効果を上げている。

　オーストラリアの生物多様性保全戦略の実施段階は5年ごとで、政府は2015年に戦略実施の進捗状況を正式に審査・評価し、評価報告書に基づいて戦略目標やその他の内容を調整することにした。2017年、オーストラリアエネルギー環境省は「オーストラリア生物多様性保全戦略5カ年回顧報告」を発表した。同報告書

は、戦略が関連行動に持続的かつ強力な原動力を与えていないことを発見し、具体的なガバナンス、関連する報告・制度の枠組、全国民の共通認識・保全意識などを含む戦略の実施と目標達成に影響を与えるいくつかの要素を確定した。

2018年、オーストラリアエネルギー環境省は、新たな生物多様性戦略である「オーストラリア2018-2030年ネイチャー戦略（試案）」を発表した。新戦略では、オーストラリア国民と自然との連携強化、森林生物多様性の保全、知識の蓄積と共有という三大戦略目標と12項目の具体的な目標が定められている。また、現在も未来も森林の健全性を維持して、さまざまな脅威に対処することを掲げている。同時に、森林自体および人間の健康・福祉・繁栄と良好な生活の質に対するその貢献によって、人々は森林を大切にするべきであるとして、生物多様性の保全に全国民が参加するよう呼びかけている。

（五）日本の生物多様性国家戦略

日本列島は南北に広がり、自然環境が複雑多様で、南北の気候が大きく異なる環境により生物多様性に恵まれているが、気候変動などは日本の生物多様性にも脅威を与えている。生物多様性の危機に対処するため、日本政府は1993年に国連の「生物多様性条約」に正式に署名し、第18番目の締結国になった。日本の森林生物多様性の保全は保護林などの指定保護区の設立にとどまらず、日本政府は全国の森林育成と林業の経営管理の強化に着目し、日本の林業の発展を推進し、森林生物多様性の保全と持続可能な利用を推進している（白秀萍，2013）。

1995年に、日本は生物多様性の保全と持続可能な利用を実現するため、日本初の「生物多様性国家戦略」を策定し、2002年には改訂された「新・生物多様性国家戦略」が打ち出され、2007年には第三の「生物多様性国家戦略」が策定された。同年、林野庁は第三の「生物多様性国家戦略」に基づき「農林水産省生物多様性保全戦略」を策定し、「2007〜2012年農林水産省生物多様性保全行動計画」を明らかにした（白秀萍，2013）。

2010年3月、日本は「生物多様性国家戦略2010」を策定し、過去100年間に破壊された国土生態系を100年かけて回復させる「100年計画」を打ち出し、「2050年までに生物多様性を現状以上、かつ豊かな状態にする」という中長期目標を定めた（康寧，2010）。同年10月、「生物多様性条約」第10回締約国会議が愛知県名古屋市で開催され、「生物多様性戦略計画と行動計画2011-2020」と「愛知目標」が採択され、同時に都市の生物多様性（urban biodiversity）保全の議題が提起され

た（康寧，2010）。

第3節　国際的な生物多様性保全とグリーン発展の典型的手法・事例

　生物多様性という概念が提唱されて以来、世界各国は自らの状況に応じて生物多様性保全のためのさまざまな政策・法規を打ち出し、生物多様性保全に関連するさまざまな条約を積極的に履行するとともに、資源保全を基礎とした合理的な生物多様性保全を行い、生物多様性保全とグリーン発展の持続可能性を実現している。イギリス、アメリカ、日本、韓国、インド、フランス、スウェーデン、オーストラリアなどの国は、生物多様性保全とグリーン発展の面で積極的に模索し、国際的に参考となる経験・手法を形成している。

1．主要国の典型的手法・事例
　（一）イギリスの生物多様性保全行動計画
　（1）立法・計画による保全
　イギリス政府は遺伝的多様性、種の多様性、生態系の多様性という3つのレベルに分けて法律を制定して生物多様性の保全を行い、現地における既存種の保全を重視するだけでなく、種の生存と繁殖のために、「野生生物および田園地域法」の公布、比較的完備した動物福祉制度の創立、「生物多様性行動計画〔The UK Biodiversity Action Plan（UK BAP）〕」の実施、「生物多様性条約」の義務負担といった必要な条件を提供して、生物多様性を持続可能な発展の過程に組み入れた（孫中艶，2005）。イギリス政府はまた、生物多様性保全のための新たな枠組文書「生物多様性保全——イギリスの手法」の構築を通じて、イギリスの国民・ボランティア団体・企業が共同で生物多様性保全のために努力するよう呼びかけている。その中には、家庭・地域・職場で野生動植物の生息に適した空間の創出を他者に促すこと、野生動植物保護団体の活動を支援すること、野生動植物を使った記念品を購入しないことなど、個人が生物多様性保全に協力する方法も挙げられており、これによって野生動植物の生息チャンスが増加している。
　（2）経済林の整備
　イギリス政府は、農地の絶えざる減少と野生生物の生息環境への影響に対処するため、391の種行動計画、45の生息地行動計画、162の地方生物多様性計画を

含む大規模な生物多様性行動計画を展開し、生物多様性保全とともに、生態サービスの価値を重視し、森林地域、レジャー用地などの農場も有効利用し、バイオエネルギーも重視し、なおかつ活用している。国は多様な形式の補助、林業税の減免および技術援助などの政策を通じて私有林の所有者の造林を奨励しており、これらの助成計画には新林地助成計画・現有林地助成計画・農場主林地助成計画などが含まれる。一方では人工林の国土保全機能を強調し、また一方では樹種を導入し、早生かつ多収穫な林の造営と広域経済林の発展を強調しており、この措置は森林面積の絶えざる拡大を推進するとともに、生産・生活に原材料を提供し、経済林の栽培・増収を推進している。

（二）アメリカは生物多様性の計画・設計を展開

アメリカは、資源の大部分を自然保護と野生生物管理の対象にしており、野生生物の法規を利用し、狩猟動物を管理・保護している。国際協力・対外援助法・資金提供などを通じて、世界的な生物多様性保全プロジェクトを設立し、保護区を設立すると同時に維持した。森林公園の生物多様性計画設計と結びつけて生物多様性を保全し、また自然環境と土地利用の関係にバランスを持たせた。

（1）生物多様性の計画・設計の展開で観光地を発展

例えば、Woodland動物園〔ワシントン州シアトル、フィニーリッジ地区〕は生物多様性の計画・設計を成功させるために造られた野生生物を中心とする動物園である。Crosswind沼沢湿原は生物多様性の回復をベースとした多目的保護の計画設計プロジェクトであり、このプロジェクトにおける生物多様性の計画・設計は主に以下の点に体現されている。①多目的システムの最適化設計の実現、②生息地の調査とランク付け、③水環境と水生動物群落の保護、④広範な管理技術を運用した生物多様性と湿地生息地の回復。フロリダ大学は総合的な景観という研究方法を採用し、自然資源と多文化景観をフロリダ州グリーンロードと生態ネットワークの計画・設計に組み入れ、生態ネットワーク計画・文化的景観・レクリェーションネットワーク計画を出発点として、生物多様性の計画・保全を強調した（王雲才・王敏，2011）。

（2）天然資源に依拠した国立公園の設立による経済発展

生物多様性保全におけるアメリカ各界の最も主要な方法は、自然環境を保全し、野生動植物の繁殖・生息をできるだけ妨げないようにすることである。アメリカは国立公園の設立を通じて、生態環境・天然資源の保全と適度な観光開発を基本

策略とし、比較的小さい範囲の適度な開発により、広範囲の効果的な保全を実現し、保全目標と矛盾する開発・利用方式を排除し、生態系の完全性を保全する目的を達成するだけでなく、人々に観光・科学研究・教育・娯楽の機会と場所を提供する。それは生態環境の保全と資源の開発・利用の関係を適切に処理できる管理モデルでもある。例えば、1872年にアメリカ議会で設立が承認されたイエローストーン国立公園である。

(三) 日本は「里山モデル」を構築

「里山モデル」は日本で最初に提唱されたもので、集落周辺の山林に人為的な介入を行い、定期的に適切に樹木を間伐して光を地上に届きやすくし、さらに水を引いて水田を造るなどして多様性のある動植物を育て、水田農業と林業の共生を実現する。水田が湿地の役割を果たすため、人の手を介さない原生林に比べ生態系が豊かになり、独特の景観や伝統文化が育まれる。手つかずの自然と都市の間に位置し、両者の緩衝地帯となり、生物多様性保全において非常に重要な役割を果たしている。日本は、「生物多様性条約」締約国として、生物多様性国家戦略の策定・改正、「生物多様性基本法」公布などの政策を通じて生物多様性保全を強化し、「里山モデル」の構築を通じて生物多様性の状況や動向を把握するとともに、自然資源の持続可能な利用や人と自然の調和のとれた共存を実現するために参考を供している。生物多様性保全については、「生物多様性国家戦略」とその他自然保護に関する法令を策定し、国の自然生態系に関する総合的な調査を実施している。日本政府と国連大学サステナビリティ高等研究所の推進により、カンボジアやペルーなどの環境省・ガーナ生物多様性委員会・UNDP、日本の一部地方組織など計51の機関が「SATOYAMA イニシアティブ」への参加を表明した（呉霞・向麗，2012）。

国立公園管理とエコツーリズムを開発した。日本では2002年「自然公園法」第5次改正で公園管理団体制度が追加され、民間団体と地元住民が公園管理団体を設立して公園管理に協力することが奨励され、現在の多方面の協同協力による環境教育体制がある程度形成されるようになった。また、自然風景地の保全と適正利用、業務能力、科学技術的基盤、活動実績の蓄積、非営利目的などの基準に基づき、政府の認証を受けた団体が環境省に代わって公園の管理維持・調査研究・提案指導など一部の仕事を実施できるようにした。同公園法はまた、地方団体・企業・公園利用者が共同で公園内の動植物の生息地、自然風景、生物・生態系多

様性などの保全に取り組む必要があると規定し、関連各方面の生態保全義務を明確にした。生態保護と観光の持続可能な発展を真に実現するため、日本社会はエコツーリズムの規範化と法制化を推進し始めた。2008年には「エコツーリズム推進法」を公布し、エコツーリズムは環境保護に対する国民の理解を深めることを前提に、環境教育と結びつけて展開し、生態保全・環境教育・観光業・地域発展を同時に実現するべきだと提起した。自治体・企業・住民・民間非営利組織など専門知識を持つ団体や土地所有者など、多方面が協力して「エコツーリズム推進協議会」を結成し、資源保護・生態知識の科学的普及などを共同で行うことができるとした。現行のエコツーリズムは生態保全という主旨を通じて規範化され、多方面の主体が参加する協議会制度を実現し、資源保護と経済発展、所有者と資源利用者の利益バランスを強化し、エコツーリズムの環境教育と生物保護の役割を強化し、観光客も楽しみながら学び、より豊かな満足感を得ることができるようになった（馬嘉・小堀貴子，2019）。

(四) 韓国は管理協定制度を推進

韓国は、生物多様性管理協定制度を通じて渡り鳥の生息地を保護するとともに、農民の所得も向上させ、環境浄化などを実現した。この管理協定制度の政策効果は明らかであり、生物多様性管理契約の持続的な改善と発展が持続可能な発展の原動力となっている。2010年、韓国政府は、生物多様性管理協定のうち、「公正な利益」を目標に定めた3つの国際規範法文書に基づき、人々の生活福祉を保障するため、生態多様性保全に関する政策措置を制定した。現在、韓国で実施されている生物多様性管理協定制度は、生態サービス支給制度という形式で、優先地域の生態系を保護するために、地域管理者と地元住民が締結するものである。協定成立後、地元住民は、契約内容通りに履行すれば、地方管理者から相応の報酬を得ることができる。生物多様性管理協定制度は、農業生態サービスと国民福祉の増進、地域農産物の消費拡大並びに農村観光の活性化、地域経済と農家所得の向上など、さまざまな政策的効果を実現している。グリーン農業管理は渡り鳥や他の多様な生物の増加に役立つだけでなく、環境に役立つ公益機能を提供し、地域ブランドなどを向上させる（劉昶煥・姚順波，2019、宋亨根，2019）。

(五) インドは資源利益共有を推進

1970年代になると、生物遺産の枯渇はインドが真剣に考えなければならない切羽詰まった問題になった。「世界保全戦略〔WCS〕」に触発され、インドは1983年

10月に国家保全戦略、すなわち「国家野生種保全行動計画」を策定し、正式に採択した。その主な内容は以下の10の部分を含む。代表的な保護ネットワークの構築、保護区の管理と生息地の回復、多目的地区の野生生物保全、絶滅危惧種の回復、制御された繁殖計画、野生生物に関する教育と宣伝、研究とモニタリング、国内法規と国際条約、国家自然保護戦略、大衆団体とNGOの役割（周琛，2007）。

（1）資源利益の共有

1998年、インドでは標本・文献の管理および生物多様性保全と持続可能な利用のために「生物多様性法案」が起草された。「2002年生物多様性法案」は、生物資源が豊富で多様性の高いインドの地域に外国人が自由に立ち入ることを禁止するとともに、生物の窃盗行為を禁止している。この法案はまた3段階の保全機構を設立した。主に国家レベルの国立生物多様性局（NBA）、地方レベルの地方生物多様性委員会（SSB）、地元レベルの生物多様性管理委員会（BMC）である。2014年にインドは資源の利益分配について「生物資源及び関連する伝統的知識獲得規則ガイドライン」を制定・公布し、前払金・採集費・成果転化分配額・知的財産権利益分配・第三者譲渡給付などの面から生物遺伝資源に関連する商業行為が納付すべき利益分配額を規定した。この2つの文書は、生物資源と伝統的知識による利益の公正かつ公平な使用を確保すると同時に、地域住民と農民の利益を保護し、多様な生物資源の利用に関する伝統的知識の認識と保全にも保護を提供した（秦天宝，2007）。

（2）科学研究の奨励

生物多様性保全と持続可能な利用の重要性を強調するため、インドでは「国家生物多様性行動計画」を策定し、バイオセーフティ・気候変動・バイオ燃料などの新たな課題を中心に、環境教育の展開や環境保全意識の向上活動を大いに奨励し、政策立案を進め、組織間協力を展開し、研究開発への民間参加に奨励を与えた。同計画は砂漠化の影響に関する重点的な研究を実施し、生物多様性保全および砂漠化防止に役立てている。

（六）フランスの「エコ共同体」コミュニティ管理

（1）国立公園の「エコ共同体」コミュニティ管理

2006年4月14日、フランス政府は「国立公園・海洋自然公園・地方自然公園に関する第2006-436号法例」という法案を公布し、フランス国立公園局の設立を提案し、並びに「エコ共同体」をコミュニティ管理の中心理念とした。国立公園ユニットレベルでは、フランスは主に「理事会＋管理委員会＋諮問委員会」と

いう管理体制を採用している。国立公園理事会は主にフランス環境省代表・大区〔フランスの地域圏〕政府代表・科学者・社会人などの利害関係者で構成され、国立公園諮問委員会は主に生命科学・地球科学などの分野の専門家および公益組織・利害関係者・地方住民の代表などで構成される。コミュニティが管理に参加することは、生物多様性保全の主流モデルとなっている（蘇紅巧ほか，2018、張引ほか，2018）。

(2) フランチャイズ経営の細分化

フランス国立公園は「エコ共同体」をコミュニティ管理の中核理念としており、イデオロギーと実際の措置において加盟区の市鎮〔コミューン、フランスにおける地方自治体の最小単位〕が調和発展する理念をすべて体現し、主に5つの方面をカバーしている。1つ目は、コミュニティの自主性を十分に尊重して、市鎮は自発的に国立公園に加盟することを選択できる。2つ目は、政策によって、資金・技術・税収など多方面で加盟区の市鎮の権益を保障する。3つ目は、独特なガバナンス理念を形成し、国立公園に対するコミュニティ住民の地域アイデンティティー、精神的帰属意識、コミュニティの誇りを育成する。4つ目は、フランス国立公園憲章において、市鎮の参画を十分に引き出し、市鎮の権限・責任・利益を具体的に協議し、明確にし、保全管理措置の実施を確実にするための契約を締結する。5つ目は、手工業・農林産品・屋外活動・観光地などを含む詳精なフランチャイズ経営の仕組みを形成し、加盟主体・加盟産品・生産過程を詳細に規定し、生態環境を保障すると同時に国立公園のブランドとイメージを宣伝し、コミュニティ経済の協調的発展を促進する（張引ほか，2018、蘇紅巧ほか，2018）。

(七) スウェーデンにおけるグリーン発展の「ストックホルムモデル」

スウェーデン政府は、より持続可能でグリーンな社会の建設に長期的に取り組んできた。1972年、第1回国連人間環境会議〔ストックホルム会議〕がスウェーデンで開催され、各国は「かけがえのない地球〔Only One Earth〕」という共通認識に達した。その後、スウェーデンはさらに長期的に国家の生態環境建設・生物多様性保全に力を入れ、グリーン国家を創設するだけでなく、人類の持続可能な発展も推進しようとした。現在、スウェーデンはすでに世界初のグリーン福祉国家であり、国際グリーン発展事業のモデルでもある。スウェーデン政府の集中的・一貫的・効率的なグリーン開発政策は、極めて重要な決定的役割を果たした。政府は「持続可能な発展のためのスウェーデン国家戦略」、「環境と気候問題政策──

スウェーデンの発展協力」、「気候及び国家政策の目標と措置に関するスウェーデン新提案」など一連のグリーン発展枠組を制定した。スウェーデンのグリーン発展の道は常に世界の先頭に立っており、特に環境指数・現代化指数・エコ文明指数・生物多様性保全などの方面で進んでいる。2015 年、スウェーデン政府は「政府政策声明」を発表し、生物多様性、無毒な日常環境、健全な海洋環境の促進、自然生息地の保全と管理のための投資の増加を優先することを指摘した（馮娜，2016）。気候・環境・エネルギーの 3 つの重要分野では、気候変動への適応を加速し、世界的な課題に対応し、排出量の削減と化石燃料への依存度を減らすという方針を政府が打ち出している。

スウェーデンの首都ストックホルムは、グリーン発展のモデル都市である（馮娜・李風華，2016、雷海・陳智，2014）。ストックホルムはスウェーデン第一の大都市であり、政治・経済・文化の中心であり、商業生産高と港湾取扱量はスウェーデン全国の 5 分の 1 を占めている。ストックホルム市は、面積 188km²、その 33%が公園と緑地で、現在の人口は 88 万 1000 人、全人口の 9.2% を占めている。1850年代、ストックホルムの人口は 9 万人をやっと超えるぐらいだったが、都市は「不潔・乱雑・劣悪」な状態で、臭気が漂い、ほこりが舞い、衛生設備が不足していた。1 世紀余りの模索と整備を経て、ストックホルムは都市発展の面で、より明瞭で全面的なグリーン発展の道へと歩みを進め、2010 年には欧州初の「グリーン首都」（Green Capital）の称号を得た。ストックホルムのグリーン発展プロセスは、スウェーデンの経済社会の発展とモデルチェンジ・アップグレードを大いに表し、そのグリーン発展は鮮明な特色を見せ、グリーン発展における「ストックホルムモデル」を形成した（馮娜・李風華，2016、雷海・陳智，2014）。

ストックホルム市は厳格な環境保全政策を実施したことで、美しい自然と文化環境をもたらし、それが逆に都市の魅力を高め、経済発展を促進することで、グリーン発展の目的を達成した。2012 年にエコノミスト・インテリジェンス・ユニット（EIU）〔イギリスの定期刊行物『エコノミスト（Economist）』の調査部門〕が発表した世界住みやすさランキングで、ストックホルムは世界都市ランキングのベスト 6 位に入った（雷海・陳智，2014）。ランキングの基準には、人口密度・大気質・交通利便性・緑化空間・汚染濃度が含まれる。ストックホルムが特に注目されるポイントのひとつは市内の緑化空間であり、面積の 40% 以上が公園・湖沼・ハイキングルートで構成されている。美しい自然と文化環境のおかげで、ユーロ

モニター（Euromonitor）〔イギリスに本拠を置く市場調査会社〕の調査によると、ストックホルムには年間約100万人の観光客が訪れ、北欧第二の観光都市となっている。

（八）オーストラリアにおける持続可能なグリーン発展の推進

オーストラリアは世界で最も早く持続可能な発展戦略を実施した国のひとつである。オーストラリアは生物多様性保全・グリーン都市建設・水資源有効利用などの面で国際的にリードしている。オーストラリアの国土面積は769万km²、人口は約2,500万人で、世界で唯一、国土が大陸全体をカバーしている国であり、四方を海に囲まれ、土地が広く人が少なく、グリーン発展の自然条件は非常に恵まれている。メルボルンは、10年以上連続で、世界で最も住みやすい都市に選ばれている（徐健・劉敏, 2020）。オーストラリアは、生態保全とグリーン発展を推進する上で参考になる典型的な手法と経験を持っている。

（1）政府の指導と推進

オーストラリア政府はグリーン発展を推進する過程で、制度建設・政府指導・市場メカニズム・社会参与の結合を非常に重視し、行政コストを効果的に引き下げ、政策実施効率を高めた。オーストラリアは自国の自然環境・資源賦存量に基づき、生物多様性保全を強化し、グリーン発展を推進しており、政府も関連研究や資金・政策に重点を置いている。

（2）法規制の強化

オーストラリア政府は環境保全を非常に重視しており、「環境保全と生物多様性保全法」（EPBC）、「絶滅危惧種保護法案」など、環境、自然資源保全、持続可能な利用に関わる100近くの環境保護法規を打ち出し（商瑋姣, 2016）、各州政府も相応に資源と環境保護法規を発布した。オーストラリアは基準による指導を重視し、世界で最も早くエネルギー消費表示を実施した国であり、エネルギー消費表示を通じて消費者に省エネ・環境保護家電の購入を促しており、社会全体のエネルギー効率を高める重要な手段となっている。オーストラリアは革新的な政策ツールを通じて、電子ゴミ回収処理の難題を解決し、使用済みパソコンなどの電子ゴミに対して目標回収制を実施している。

（3）国民の参加を奨励

オーストラリアは、環境保全とグリーン発展への国民参加を奨励しており、環境と持続可能な発展に関するその教育は常に世界のトップレベルにある。資質が

高く市民とレベルの高い国民の参与は、オーストラリアの生物多様性保全を推進し、グリーン発展を実現する重要な原動力となっている。グリーン理念はグリーン発展の重要な保障であり、市民のグリーン理念はグリーン消費の方向を決定する。

2. 生物多様性保全に基づくグリーン発展政策措置

世界の生物多様性保全と生態系サービス価値の研究がますます深まるにつれ、国際生物多様性保全のインセンティブ手段もますます豊富になり、成熟している。例えば、西側諸国は比較的早く生物多様性保全におけるグリーン経済政策の実践を展開しており、環境税政策・生物多様性補償・グリーン金融／銀行・湿地緩和銀行・グリーン製品市場・生物多様性利益などである。海外の一部の国は、生物多様性保全のグリーン発展という面である程度成熟した経験があり、中国および世界の生物多様性の保全と回復、生態系の持続可能な協調的発展に対して重要な意義を持っている。

(一) 環境関連の財政・租税政策の確立

環境関連の財政・租税政策は、ひとつの経済手段として生物多様性保全行為ならびに持続可能な管理行為を奨励し、生物多様性保全に不利な行為を罰し、制限することができる。1970年代、OECD加盟国は「汚染者負担原則」（polluter pays principle、PPP）を提唱し、相応の環境補償と汚染徴収を実施した。アメリカ政府もこの時期に国家環境保護庁〔EPA〕と大統領府環境クオリティ会議〔CEQ〕を設立し、「国家環境政策法〔NEPA〕」に基づいて一連の傾斜政策を創始し、「環境保全の目標はもはや野生動物と森林の保全ではなく、私たちの生活基準、人民の健康、生活の質も含む」と宣言した。1990年代半ば、先進国では資源環境の保全を目的とした租税や資源環境関連の財政補助・租税支出政策が実施されるようになった。例えば、EUの付加価値税生態化改革は、生態環境に影響を与えるか否かによって付加価値税を徴収する製品と役務を持続可能と持続不可能に分け、続いて生態化の差別税率を制定し、環境保全を促進し生態バランスを維持する製品と役務に低税率または超低税率を付与している（何軍ほか，2017）。

(二) グリーン金融政策の推進

グリーン金融政策の確立を通じて生物多様性保全を支援する。生態銀行は生態製品の価値を実現する金融手段であり、政府が構築した生態権帰属取引プラット

フォームであり、取引を通じて生態信用を資源開発者に販売し、生態製品の経済転化を実現する。例えば、中国福建省南平市順昌県は初の森林生態銀行を設立し、林業カーボンシンク〔二酸化炭素吸収源〕を試行した。ケニアは森林計算口座を開設した。ナミビアは野生動植物と漁業資源の算定に着手した。26 回目の「砂漠化及び干ばつと闘う世界デー〔Desertification and Drought Day〕」では、中国政府のグリーン金融政策がクブチ砂漠の整備で際立っていることが国連・国際機関から称賛された。中国は世界最大のグリーンボンド[1]発行国のひとつで、生物多様性保護分野へのグリーンクレジットの重視度がますます高まっており、銀行はすでに生物多様性保全をサポートする重要な力となっている（銭立華ほか，2020）。

(三) 生物多様性補償メカニズムの構築

生物多様性補償メカニズムは 1970 年代のアメリカ湿地緩和プロジェクトで最初に形成され、現在 40 以上の国と地域が法律あるいは政策を制定し、特殊な地域では、生物多様性補償あるいは、何らかの補償性保護を進めることを特に要求している。現行の生物多様性補償メカニズムは一般的に 3 種類ある。一つ目は、開発活動主体自身が補償を実施する一度限りの補償であり、環境機構あるいは第三者が制御監督管理を行い、自発的な補償によく用いられ、コロンビアの環境補償、オーストラリア・クイーンズランド州における植生管理補償、アメリカの種の減少緩和と湿地の減少緩和補償、カナダの漁業産地補償などが含まれる。二つ目は、開発活動の主体が第三者に費用を払い、第三者が補償を実施する代替協定で、現在すでにアメリカの湿地と種の減少緩和プロジェクト、南オーストラリアの在来植生と散在樹の補償、インドとメキシコの森林補償計画に使われている。三つ目は、生物多様性バンキング（緩和バンク・保護区バンク・種バンク・生息地バンクも指す）で、ひとたび（予測的に）不利な影響があると評価されると、開発者は公共あるいは私営の生物多様性バンキングから直接に補償信用を購入することができる。これらの補償信用は、生物多様性（例えば、湿地・河川・生息地・種）を回復・確立・拡張・保全する行為による生物多様性の利得を数量化することで得られる。例えば、アメリカの保護区バンク、オーストラリア・ニューサウスウェールズ州の生物多様性バンキング計画、ドイツの影響緩和コントロール下の補償バンクである（胡理楽ほか，2015、何軍ほか，2017、李京梅・王騰林，2017、趙暁寧・李

1 　企業や地方自治体等が、国内外のグリーンプロジェクトに要する資金を調達するために発行する債券。

超, 2020)。

(四) グリーン製品市場の発展

グリーン製品市場は世界の生態環境保全と生物多様性保全の分野でますます広く応用されており、主な形式にはグリーン製品認証と政府のグリーン調達〔環境負荷のより小さい商品を調達すること〕が含まれている。グリーン製品認証およびエコラベルは、ここ数十年で急速に発展しており、現在は世界25の業界で約430のラベルが認定されており、そのうち生物多様性保全と密接に関連しているのは農業（レインフォレスト・アライアンス）・漁業（船舶管理委員会）・観光資源（グリーングローブ）などである。グリーン調達もグリーン製品認証をベースに世界の主流となっている。イギリス、アメリカ、カナダ、日本、オランダ、ドイツなどは、特別な立法や政令の形で政府のグリーン調達を強制あるいは奨励している。フランスは中央管理機関が調達計画を立てて末端まで徹底している。デンマークと日本は、国が持続可能な調達政策を打ち出している。イギリスは政府のグリーン集中調達を実行するための専門調達部門を設置している。EUは製品政策を集大成したグリーンブックをつくり、製品のライフサイクル内での環境に与える影響を最大限に減少させた。

(五) 法規制を確立し生物多様性保全の基盤を築き上げる

上記の国際生物多様性保全の政策と法規の概況についての紹介を通じて、その中の多くの措置が、中国およびその他の国が生物多様性保全に関する法律・法規を制定する際に参考にする価値があることが分かる。そこには主に以下のいくつかの面が含まれる。①関連法規が関わる保護対象は広範である。「生物多様性条約」とは、世界の全ての生物を保全することである。各国が定める動物・植物などに関する法律・法規は対象範囲が広い。②生物多様性モデル地域の保全を重視する。イギリスやアメリカなどは典型的地域を対象に保護区を設定して生物多様性を保全している。③生物多様性保全の教育と宣伝を強化する。例えば、インドの「国家野生種保護行動計画」には、全国民の生物多様性保全に対する意識を強化するために、特に宣伝と教育を強調している部分がある（孫中艶，2005）。④国際協力を強化する。各国間の生物多様性保全協力は、生物多様性保全に関連する条約・戦略などに反映することができる。

(六) ランドスケープデザインの強化による投資誘致

アメリカが、異なるタイプ、異なる基準の計画設計実践を通じて、生物多様性

保全と設計プロセスを有機的に組み合わせていることは、土地利用と自然環境保護のバランス保持に役立つ。生物多様性の計画設計は生態計画の重要な構成部分である。生息地の生態を全体として、生息地内の各種の安定した生態関係とプロセスを保全および設計し、このような生態プロセスをより大きなスケール空間の生態プロセスに複合させ、安定した生態プロセスネットワークを構築し、生態プロセスの全体性と連続性を実現することは、土地利用と自然環境保全のバランス保持に役立つ。計画設計のプロセスで生物と生態情報を統一すると同時に、動物園・大学などを生物多様性計画の中に組み入れ、社会各界の投資を誘致して建設することで、一方では、土地利用と自然環境との関係のバランスをより良くすることができ、一方では、国民が生物多様性保全意識を高め、人類に対する生物多様性保全の価値に関心を寄せるようになる。

（七）生態産業経済の発展

ブラジルのアマゾン地域は適度に開発され、森林地域を生態保護区と開拓可能な耕作地や牧畜区に分けることで、地元資源の適度な開発とエコツーリズムの発展に役立ち、地域経済の発展と住民の増収を促進している。フランスやアメリカなどは、国立公園の建設を通じて観光収入を増やし、保全意識をアピールしている。日本の「里山モデル」は生物多様性の3つのレベルと人類社会を緊密に結びつけ、自然資源の持続可能な利用と、人と自然の調和した共存を実現し、グリーン農業・アグリツーリズム・レジャー農業などの政策措置を導入することで、生物多様性保全の強化を踏まえつつ、農業生態サービスと国民福祉の増進、地域農産物消費の拡大と農村観光の活性化、地域経済と農家収入の向上などの政策的効果を達成している。フランスのコミュニティ管理＋フランチャイズ経営モデルも、地元経済に新たな活気をもたらしている。

（八）利益の共有と資源交流の促進による収益の獲得

生物資源の共有と交流を利用して収益を得ることは、生物資源の共同保全を促進するだけでなく、生物資源の潜在的価値が利用され、効果を発揮することも可能にする。国際的にはメキシコ、フィリピン、オーストラリア、チリなどの国がいずれも遺伝資源の利益分配の面で計画を進めている。インドは前払金・採集費・成果転化配分額・知的財産権利益分配・第三者譲渡給付などの面から遺伝資源交流の経済的利益を生み出し、同時に知的財産権・生物調査項目・利害関係者など一連の交流活動を派生させ、経済・社会・生態的利益をさらに促進している。

（九）科学研究プロジェクトの協力によるグリーン発展の推進

　生物多様性は１つの国家内の異なる地域間、異なる国家間の関連科学研究プロジェクトの協力と交流に関わり、これによって発生した科学研究経費の流通は異なる地域間の経済流通を促進した。日本は生物多様性総合評価〔JBO〕を実施し、環境行政の意思決定に必要な材料を提供し、生物多様性の喪失を食い止め、環境を保全する対策を講じている。アメリカは低所得国に森林の保全と利用支援を提供し、多くの科学研究プロジェクトを生み出している。インドは生物多様性保全に参加する民間の行動やプロジェクトに対して科学研究を奨励しており、科学研究のうち地元住民に関わる部分については、ある程度増収を促し、経済発展を牽引している。

第４節　国際的な生物多様性保全とグリーン発展の動向

　現在の生物多様性の喪失速度は人類史上前代未聞であり、それに伴うプレッシャーは日に日に増大し、地球の生命システム全体が破壊されつつある。人類が持続不可能な方法で自然を開発利用し、人類への自然の貢献を弱めれば、我々も自らの福祉・安全・繁栄を保障しにくくなる。加えて気候変動と環境問題は日増しに顕著になっており、グリーン発展は世界の共通認識となり、国際的な生物多様性保全とグリーン発展の研究はますます重視されるようになった（図3-4）。2020年９月15日に発表された第５版「地球規模世界生物多様性概況」（GBO-5）は、自然の現状について最も権威ある評価を提供しており、報告書は、後世に残す自然遺産の問題で人類がまさに岐路に立たされていると強調している。

　研究により、現在、気候に対する生物多様性の対応がグリーン発展の重要な議題になっていること、環境政策の計画設計・実行・適応管理はグリーン発展の有効なツールであること、マクロ経済のグリーンモデル転換はグリーン発展の核心問題であること、新興産業のグリーン革命と環境イノベーションは未来のグリーン発展の突破口であることが明らかになった。将来的には中国、インドなどの発展途上国が未来のグリーン発展の主戦場となる（曽甜・鄔志竜, 2020）。自然の退化に伴い、新型コロナウイルスのような感染症が再び発生する可能性は高いが、今回のパンデミックも、やむを得ないときには人々が必要な変革を行い、生物多様性保全とグリーン発展の推進をすべての政策と決定の中心とし、より調和のとれ

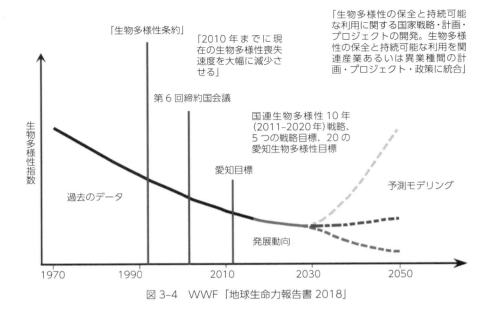

図 3-4　WWF「地球生命力報告書 2018」

た人と自然の関係を創り、地球という生命共同体を共同構築することができることを証明している。生物多様性保全の新たなモデルパターンの形成を推進するには、生命共同体を指導的理念とする必要がある（張恵遠ほか，2020）。

1．グリーン発展を推進し、生物多様性保全の多重目標をより重視する

　人間と自然は生命共同体であり、生物多様性保全の最終目的は、人類の持続可能な発展を保障することである。研究によると、生物多様性には多様な価値があり、生物多様性を保全するには、自然のニーズと人類のニーズを統一的に考慮し、人と自然の調和的共存を実現しなければならない。保全のための保全、あるいは単に保全を強調して、生物多様性に関する人類の発展ニーズを無視することは、必然的に保全政策の失敗を招くことになる。生物多様性保全の成功を推進するには、生物多様性保全の複数の目標を調整しなければならない。2020年の国連最新評価の結果では、2010年に掲げられた愛知生物多様性目標のうち、野生動植物や生態系の保全に関する目標はすべて達成できていないことが明らかになった。これと同時に、UNDPのデータによると、2018年時点でも、世界で13億人が「多

次元貧困状態」にあり、保全と発展の同時達成をいかに実現するかは、依然として大きな課題に直面している。厳しい現実は、我々がより強力な行動をとらなければならないことを促しているが、同時に、保全のみを重視してグリーン発展を軽視してきたこれまでのやり方を省みる必要がある。馬克平（2016）は、将来の自然保全活動は国連の持続可能な開発目標、「生物多様性条約」の「愛知目標」「パリ協定」など世界的に重要なアジェンダの実施を積極的に支持するだろうと指摘している。張恵遠ほか（2020）は、「ポスト2020生物多様性枠組」を制定する過程で、人と自然の調和・共生を究極の目標とすることに重点を置き、これに基づき生物多様性保全の段階的な戦略目標の枠組を制定し、シンプルで効果的、定量化可能、追跡可能な目標指標を選別・設定する必要があると提起した。

2. 自然に基づく解決策の堅持により、人と自然の共生を実現する

　緊急的な保全は、短期的な目標に着目しており、機能が単一である。生物多様性の緊急保全と生態系の関連性を軽視し、投資は多いが効果が遅く、利益フィードバックメカニズムが欠如していることは、現在の生物多様性保全措置が重大な突破を得にくい主な原因である。2008年に世界銀行は報告書「生物多様性、気候変動、適応性：世界銀行からの投資によるNBS」を発表し、初めて公式文書で「自然に基づく解決策」（nature-based solution、NBS）の概念を提示し、人と自然の関係を体系的に理解するための新たな方策を提供した。2010年、IUCN・世界銀行・WWFなどの機関は共同で「ネイチャープログラム報告書：保護区による気候変動対策の促進」を発表し、「自然に基づく解決策」を生物多様性保全に正式に応用した。馬克平（2016）は、自然に基づく解決策は社会・経済・生態の問題を根本的に解決する有効かつ長期的なプランであり、この理念は国連の持続可能な開発目標と、気候変動に対応する「パリ協定」などの国際行動枠組によって認められ、重視されていると考えている。荘貴陽・薄凡（2018）は、「自然に基づく解決策は、自然界から物質資源を獲得するという人類の一方的な考え方を覆し、自然に対する前向きな保全を能動的に求めることに変わり、間違いなく持続可能な発展を目指す有効な道である」との見解を示した。自然に基づく解決策は、自然保護の原則を重視し、生物多様性と生態系の完全性を活用して純利益を実現することを強調し、経済性と効率性の両方の利点を兼ね備えている。IUCNは、8つのガイドラインと28の指標を含む「自然に基づく解決策」のグローバルスタン

ダードを研究・策定し、世界各国に行動指針と手段を提供している。また、「自然に基づく解決策」は、多くのプランとツールを統合したツールキットであり、一連の解決策を提供し、絶えず発展し、更新されている。「自然に基づく解決策」は根本的に生物多様性保全とグリーン発展を推進する有効かつ長期的なプランであり、2020年以降の生物多様性保全戦略行動とその他の国際行動計画の指導原則になるはずである。将来の生物多様性保全は、「自然に基づく解決策」を基本準則とし、山・川・森林・田畑・湖沼・草原および生物多様性の保全と回復を統一的に実施し、自然を尊重し、自然に順応する全体的な保全を際立たせ、生態保全の協同的な向上を実現しなければならない。

3. 生態学的な価値の転換を重視し、人類福祉を向上させる

生物多様性保全を推進すると同時に、生態学的富・自然学的富から経済学的富・社会学的富への転化を実現し、生物多様性保全と経済社会発展の協同的進歩を実現することは、生物多様性保全成功の鍵であり、当面の難題でもある。自然資本の増強に重点を置いた研究は増えており、新たな視点から共同行動を取る上での証を提示し、変革と改善のための実行可能なメカニズムを提示している（中国の環境と開発に関する国際協力委員会〔CCICED〕、2020）。国連の生物多様性及び生態系サービスに関する政府間科学－政策プラットフォーム（IPBES）が2019年に発表した報告書、WWFの「リスクの本質：企業が自然と関連するリスクの枠組を理解するのを助ける」、食糧と土地利用連盟の2019年の報告書「より良い成長：食糧と土地利用の重要な十大モデルチェンジ」など、自然生態系の価値と経済システムを明らかにすることに力を入れている研究は、世界が未来へ向けた重要な行動を取るために貴重な科学的根拠を提供している。中国のエコ文明建設は、「緑の山河は金山銀山」であることを重要な理念・原則とし、一連の行動を展開し、世界各国に有益な探求と経験を参考として提供した。将来、緑の山河から金山銀山への転化推進をキーポイントとし、資源環境の持続可能な利用を基礎に、自然の内在的価値を重視し、生態効果から社会効果・経済効果およびより総合的な人類福祉への転化を推進し、国・地域・大衆・企業が生物多様性保護に参与する意思と行動を高めるべきである。

4. 多国間主義を提唱し、地球生命共同体を共に建設する

　現在、ほぼすべての国は生物多様性を保全し、グリーン発展を実現するために相応の措置と行動を取っているが、進展はまだ十分ではない。2019年に発表された「生物多様性と生態系サービスに関する地球規模評価報告書」では、生態系が人類史上かつてないペースで悪化していると指摘されている。現在、世界各国の生物多様性保全の意気込みと実際の行動との間には依然として大きな隔たりがある。生物多様性保全のための国際的な取り組みの規模と注力を大幅に拡大し、プロジェクト主導のモデルから、より具体的な、体系的かつ大規模なモデルに転換する必要がある。生物多様性保全と良好な生態系は、人類の進歩と繁栄にとって極めて重要である。現在、世界の生物多様性保全は激動の変革期にあり、新型コロナウイルスがもたらす影響と課題に直面する中、世界各国はより多国間主義を強化し、国際的な責任感を強め、世界のエコ文明ガバナンスシステムの構築を重要な措置とし、生命共同体の共同建設を指導目標とし、国際協力を強化し、法律・行政・科学技術・文化などのさまざまな手段を総合的に運用し、世界の生物多様性保全目標と国家戦略行動の「トップダウン」と「ボトムアップ」を結びつけた効果的なメカニズムおよび政策ツールの形成を推進し、世界の生物多様性ガバナンス能力を高める必要がある（張恵遠ほか，2020）。

第4章　中国生物多様性の調査と保全の状況

　中国は世界で生物多様性が最も豊富な国のひとつであり、最も早く「生物多様性条約」に加盟した締約国のひとつでもある。「生物多様性条約」の目標に基づいて、中国は生物多様性の調査とモニタリングを強化し、多くの生物多様性保全行動を実施し、森林・草原・砂漠・湿地・海洋などの自然生態系および希少絶滅危惧種の保全に力を入れ続け、外来侵入種の防止と遺伝子組換え生物の生態リスク評価（薛達元ほか，2012）を展開し、生物多様性保全活動は著しい成果を収め、経済と社会の持続可能な発展に堅実な保障を提供した。

第1節　生物多様性調査システムの段階的整備

　生物多様性の調査とモニタリングは、生物多様性の保全と持続可能な利用の前提および基礎である。ここ数年、各級政府と関連部門はそれぞれ異なる地域と分野で生物多様性調査を展開し、整った生物多様性調査モニタリングシステムを構築し、全国の生物多様性の数量・分布およびその変化をリアルタイムで追跡するための基礎を築いた。

1. 生物多様性の調査とモニタリング
（一）生物多様性の調査とモニタリングのネットワーク構築強化
　中国は生物多様性が豊富であると同時に、生物多様性が最も深刻に脅かされている国のひとつでもある。すでに1999年、中国は「中国生物多様性国情研究報告」を発表し、各関係部門と科学研究機関が長期にわたり生物多様性の保全と持続可能な利用の面で考察・研究により蓄積した資料を、収集・整理・分析・研究し、その後の生物多様性の調査とモニタリングのネットワーク構築に着実なサポートを提供した。中国の生態環境の変化をモニタリングし、資源と生態環境方面の重

大な問題を総合的に研究するために、すでに1988年、中国は中国生態系研究ネットワーク（CERN）を設立し始めた。これは中国にとって生態系モニタリングと生態環境研究基地であり、世界にとっても生態環境変化モニタリングネットワークの重要な構成部分である。

　森林の生物多様性の変化を把握するため、中国はすでに2003年から中国森林生物多様性モニタリングネットワーク（CForBio）を立ち上げている。同ネットワークは9カ所の森林生態系定点サンプル地からなり、現在はそのうちの5カ所が完成している。同ネットワークは中国の森林生態系の種の多様性の変化をモニタリングする基地である。2011年以降、環境保護部（現在の生態環境部）と財政部のサポートで、昆虫・両生類・鳥類・哺乳類などを指標生物群として、648のモニタリングサンプルエリアを徐々に設立し、サンプルラインとサンプルポイントを1万カ所以上設置し、国際的に一定の影響力を持つ全国生物多様性モニタリングネットワークを暫定的に形成した。

　2013年、中国科学院は中国生物多様性モニタリング・研究ネットワーク（SinoBON）の構築を開始し、現在は多様な生物群を含む特別モニタリングネットワーク10カ所と総合モニタリング管理センター1カ所を構築し、全国30カ所のメインポイントと60カ所のサブポイントをカバーしている。構築された生物多様性ネットワークモニタリングシステムは、大型動物モニタリングネットワーク、森林大規模サンプル地点プラットフォームの構築と研究、衛星による鳥類の移動追跡などの面で際立った成績を収めた。

（二）優先地域を中心とした生物多様性総合調査の実施

　2016～2019年、中国は、長江経済ベルト・京津冀など重点地域の生物多様性保全優先エリアをめぐり、系統的な生物多様性調査・モニタリング・評価作業を実施し始めた。2019年12月現在、全国のサンプルラインのデータ6万点余りと種の分布点のデータ30万点近くが収集され、調査エリアの種群・数量・分布・保全状況などのバックグラウンドをほぼ把握し、重要で希少な絶滅危惧種の保全が行き渡っていない部分を明確にした。生態環境関連部門は生物多様性の調査と観測を積極的に展開し、生物多様性保全の基礎を固め続けているほか、中国科学院と共同で「中国生物多様性レッドリスト」を発表し、重点的に注目し保全すべき種のリストを示した。長年の取り組みの成果を踏まえ、生態環境部はさらに「生物多様性の調査・観測・評価5カ年計画と実施プラン（2019-2023年）」を作成した。

2019年5月22日の「国際生物多様性の日」において、李幹傑元生態環境部部長は、「中国は生物多様性の調査・観測・評価を強化し、長江経済ベルト・京津冀などの地域における生物多様性の調査と評価を優先的に完了させ、生物多様性保全に存在する際立った問題を明らかにし、国の生態安全を確保する」と述べた。

(三) 国務院の関連職能部門による生物資源調査の実施

農作物の種質資源の全面調査と収集は、農業生物多様性資源の効果的な保全を強化するための重要な措置である。農業部が2015年より開始した第3回全国農作物種質資源全面調査・収集活動は、現在すでに湖北省・湖南省・広西チワン族自治区など6省（自治区・直轄市）の系統的な調査を完了し、各種農作物種質資源サンプル計2万4,638点を徴収（収集）している。全面的な調査により、中国の生物資源保護の情勢は楽観視できず、多くの地方品種と主要農作物の野生近縁種の喪失状況は深刻で、喪失速度が加速していることが分かった。2021年もこの活動は全国で全面的に実施されている。現在、中国で長期保存されている作物遺伝資源は51万点以上、家畜・家禽の地方品種は560点以上、農業微生物資源は23万点以上で、世界の上位に位置している。中国の農作物の自主品種は95%以上を占め、家畜・家禽のコア種源自給率は70%以上に達している。

中国の林業有害生物の状況を全面的に把握するため、国家林業・草原局は全国林業有害生物全面調査を展開し、2019年末に第3回全国林業有害生物全面調査の状況を発表し、林業植物（林木、種苗など）およびその製品に危害を及ぼす可能性のある林業有害生物計6,179種を発見し、そのうちネズミ（ウサギ）類が52種、植物類が239種であった。

中薬資源は中国医薬産業発展の物質的基礎であり、中国の中薬資源の状況を十分に把握するため、国家中医薬管理局は2011年から2020年に第4回全国中薬資源全面調査を実施し、200万件以上の資源調査記録を取得し、1万3,000種以上の中薬資源の種類・分布などの情報をまとめ、うち千種類以上が中国固有種である。新種は79種発見され、うち60%以上の種が潜在的な薬用価値を持つ。

(四) 各省（自治区・直轄市）の生物多様性調査

現在、中国の生物多様性評価の多くは省（自治区、直轄市）を単位とする（朱万沢ほか, 2009）。2017年から、江蘇省は、全国に先駆けて省全体の生物多様性バックグラウンド全面調査を開始した。調査の重点は、自然保護区など生態レッドライン地域の種資源の状況を把握するため、全省の生物多様性状況を系統的に評価

することに置かれた。2017年、吉林省は、森林資源の調査、植物と大型真菌の多様性、さらに底生生物の特別調査など、長白山〔別名は白頭山。中国と北朝鮮の国境に位置する火山〕地域の生態資源のバックグラウンド調査を完了した。調査作業は100の大規模サンプル地点、400のサンプル地帯、2,776のコドラートが完了し、1万3,000点余りの植物標本を採集し、200種余りの植物種子と胞子を採集した。2020年5月、貴州省は全省野生植物資源調査を完了し、多くの県が特別に種質資源調査と古大木の調査を実施した。同時に野生動植物資源についてローラー調査を展開しており、動物の調査を率先して完了した全国でも珍しい省となっている。

また、都市は生態系の重要な構成部分であり、中国の都市管理関連部門も都市の生物多様性調査を大量に展開している。2017年から、連雲港市〔江蘇省〕は、数回に分け、地域別に生物多様性のバックグラウンド調査を実施しており、2021年には全市の生物多様性バックグラウンド調査の成果がまとまる見通しである。成都市〔四川省〕生態環境局は、2018年から約2年間を費やし、市域内で行う生物多様性に関する調査・研究を踏まえた上で、目的を持って重点的に実地追加調査を展開し、成都市および各区（市）県の生態保全実施を指導するために重要な基礎資料と科学的根拠を提供した。2019年、浙江省麗水市で生物多様性調査が行われ、全部で鳥類14目35科117種が記録され、そのうち国家二級重点保護動物が10種、「中国種レッドリスト」の危急等級鳥類が1種、近危急等級鳥類が7種、省重点保護鳥類が15種である。また、サルタンガラ〔Melanochlora sultanea〕、セボシエンビシキチョウ〔Enicurus maculatus〕など麗水地域〔浙江省〕の希少鳥類も調査記録されている。北京市園林緑化局によると、2020年春に北京の渡り鳥モニタリングステーション88カ所で、移動中の渡り鳥100万羽以上がモニタリングされた。飛来する鳥の群れの中には、コウノトリ〔Ciconia boyciana〕、アカハジロ〔Aythya baeri〕、カオジロダルマエナガ〔Paradoxornis heudei〕、ナベコウ〔Ciconia nigra〕などの鳥類が現れ、首都の生態環境の持続的な改善を体現している。

2．重要生態システム調査の全面的展開
（一）全国生態システム調査

2000年以降、環境保護部（現在の生態環境部）は関連部門と共同で、「2000年全国生態現状調査」「全国生態環境10年間の変化（2000-2010年）調査・評価」「全国生態変化（2010-2015年）調査・評価」という3回の調査・評価を完了している。

調査・評価の成果は全国生態環境保全計画、全国生態機能区画および改定、生態保全と建設など多くのプロジェクトで応用されている。自然資源部が実施した第3回全国国土調査では、山・河・森林・田畑・湖沼・草原・海などの自然資源を、初めて全方位・多要素で統一的に調査した。その成果は「第14次5カ年計画」の立案を力強く支え、中国の自然資源の保全および利用、エコ文明の建設と発展に政策決定の根拠を提供した。

(二) 森林生態システム調査

「中華人民共和国森林法」の関連規定に基づき、中国は森林資源の定期的な精査〔徹底調査〕制度を確立し、5年ごとに全国精査を完了している。第9回全国森林資源精査は2014年にスタートし、吉林省・上海市・浙江省・安徽省・湖北省・湖南省・陝西省の7省（直轄市）がまず森林資源精査を完了した。2018年には内モンゴル自治区・福建省・河南省・海南省・青海省の5省（自治区）と内モンゴル自治区大興安嶺重点国有林管理局も森林資源の精査を展開した。2018年に国家林業局森林資源管理司と中国林業科学研究院は中国の森林資源とその生態機能の40年間の動態に関する研究を完了し、評価報告書は中国が1973〜2013年に実施した8回の森林資源連続精査のデータの法則性、変化とその原因などを初めて明らかにした。

(三) 草原生態システム調査

全国の草原資源と生態状況を正確に把握し、草原の保全・建設と合理的な利用を促進するため、2017年に農業部（現在の農業農村部）は全国草原モニタリング活動を実施し、全国草原の植生成長状況・生産力・生態状況・保全建設プロジェクトの成果などを重点的にモニタリングし分析した。2020年7月、国家林業・草原局は「2019年全国草原モニタリング報告」協議を実施し、報告は2019年の全国草原の生態状況を全面的かつ客観的に反映しており、草原の成長動向、生態の質、保全修復などの状況が報告されている。2011〜2018年にかけ、全国の草原の総合植生カバー度は49%から55.7%に向上し、重点天然草原の家畜過負荷率は28%から10.2%に低下した。

(四) 湿地生態システム調査

中国の湿地資源の現状と動的変化状況を明らかにし、全国の湿地の保全管理と「ラムサール条約」の履行のため、国家林業局（現在の国家林業・草原局）は第2回全国湿地資源調査（2009-2013年）を実施した。その結果、全国の湿地総面積は53

万km²余りであり、国土面積に占める割合（湿地率）は5.58%であった。2019年末現在、中国には国際的に重要な湿地が57カ所、湿地自然保護区が602カ所、国家湿地公園が899カ所あり、全国の湿地保護率は52.19%に達している。

3. 重要生物類群特別調査の積極的展開
（一）国家重点保護種の調査

　国家重点保護種とは、中国が正式に公布し、重点保護を要求する種であり、主に「国家重点保護野生植物リスト」「国家重点保護野生動物リスト」に収録されている種を含む。中国は近年、生物多様性の保全活動を積極的に展開しており、各地の重点保護野生種・絶滅危惧動植物の調査は重大な進展を遂げ、一部の種は長年消滅した後に再び出現したことさえある。中国はすでに第2回陸生野生動植物資源調査を実施し、「国家重点保護野生動植物リスト」の修訂を開始し、「中国植物保護戦略（2021-2030年）」を制定した。2019年に中国は43のプロジェクト、49の動物種と300種以上の植物の資源調査を完了した。ジャイアントパンダ、ユキヒョウ、アムールトラ、アムールヒョウ、トキなどの重点種の調査とモニタリングがさらに強化された。例えば、ジャイアントパンダを科学的に研究し保護する、繁殖飼育し救護する、野生へ復帰させるなどの取り組みに新たな進展があり、全国で60頭のジャイアントパンダを繁殖させ、57頭が生存し、世界で飼育されているジャイアントパンダの数は600頭に達した。中国のジャイアントパンダ分布区の生態環境と保護情勢は絶えず変化しており、ジャイアントパンダの生存現状を把握するため、国家林業局は相次いで4回にわたるジャイアントパンダ調査を実施し、その内容には野生個体群、生息地、保護管理などが含まれ、それによってジャイアントパンダの保護管理活動をさらに強化するための政策的根拠を提供している。

　中国は重点保護野生動植物種に対して多くの追跡調査活動を展開している。例えば、2015年に陝西省洋県のトキ自然保護区は全地球測位システム（GPS）を利用して野生のトキを追跡・モニタリングし、トキの活動法則・活動範囲および生息地の保護などの把握に重要な役割を果たし、保護の政策決定作業に理論的基礎を提供した。2017年に上海市野生動植物保護管理ステーションが野鳥の重大な疫源種の飛来ルートに対する衛星追跡研究を行ったことは、鳥類資源の保護にとって重要な価値を持つ。2017年6月に、遼寧省鳥類研究センターは衛星追跡器を用

いてカラシラサギ〔Egretta eulophotes〕の全天候型追跡・モニタリングを実施し、鳥類の保護に向け科学的かつ合理的な提案を行った。2018年に、江西省は初めてコハクチョウ〔Cygnus columbianus〕の飛来ルートの全過程追跡に成功し、その結果、コハクチョウの飛来ルートと飛来周期律を示したほか、越冬地・繁殖地・飛来休息地におけるコハクチョウの空間分布の特徴を明らかにした。2018年に、生態環境部南京環境科学研究所は重点類群の種の多様性調査を実施し、これまでの活動を踏まえた上で、引き続き区域内の鳥類・両生類・蝶・大型中型哺乳類の重点個体群の調査を行い、各動物個体群の種類・数量・分布・人為的干渉の状況を把握し、さらに調査区域内の生物多様性の現状および生息環境の動態を把握した。2019年12月に、農業農村部の長江流域漁政監督管理弁公室と自然資源部の第一海洋研究所は協力協定に調印し、長江とその関連流域・重要水域・国境水域で、水生生物資源の調査・モニタリング、希少絶滅危惧種保護などの面に焦点を当て、全方位的な協力を展開することとした。

（二）象徴種の調査

象徴種とは、生態保護の民間活力に対して特別なアピール力と吸引力を持つ生物種であり、地域生態維持の代表種でもある。脅威にさらされている中国の象徴種に対する調査活動も重要な進展を遂げている。「エコロジカル・フットプリント・レポート 中国2012」は、中国の多くの生態系における「象徴種」の生存状況を紹介し、これらの生態系が直面する課題を分析した。ジャイアントパンダ、アジアゾウ、カイナンテナガザル〔Nomascus hainanus〕、野生のフタコブラクダ、ヨウスコウカワイルカ、ヨウスコウワニ、トキ、シフゾウ〔Elaphurus davidianus〕、青海湖裸鯉、ジャコウジカ、セイホウサンショウウオ〔Ranodon sibiricus〕などを「象徴種」とする各生態系のうち、トキとシフゾウを除いて、残りの種は1960年代から1980年代に急激な減少傾向が現れ、一部の種は絶滅の危機に瀕している。フランソワルトン〔Trachypithecus francoisi〕は、広西チワン族自治区西南部カルスト生物多様性の象徴種として、その生存状態と保護の現状が同地区の生物多様性の現状と保護レベルを直接反映している。2012年より、国家林業局の支援を受け、広西チワン族自治区は個体群の選定、大明山のフランソワルトンのバックグラウンド調査を実施した。オグロヅル〔Grus nigricollis〕はチベット高原の湿地鳥類の象徴種として、世界で唯一、高原に生息し、繁殖しているツル類である。2019年に祁連山国家公園青海エリアで5年間にわたるオグロヅルなど移動性水鳥の特

別調査が開始され、2年間の調査により、青海エリアのオグロヅルなど飛来水鳥の種類・数量・分布パターンが基本的に把握された。

（三）外来種の調査

2019年に国連が発表した「生物多様性と生態系サービスに関する地球規模評価報告書」によると、1970年以降、各国の外来種の数は約70％増加した。2019年時点で、外来種は、過去50年間に世界の生態系に深刻な影響を与えた5つの要因のひとつとなっている。

「生物多様性条約」は、締約国が国情に応じて、国家の戦略・計画または方案を策定し、適宜更新することを規定している。同時に、第7条では、サンプル調査とその他の技術を通じて、生物多様性の構成要素および生物多様性に悪影響を及ぼす活動をモニタリングすることが締約国に求められている。そのため、2011年に中国の環境保護部（現在の生態環境部）が先頭に立って「中国生物多様性の保全戦略・行動計画」（2011-2030年）を制定し、外来種の管理強化を優先分野とし、なおかつ外来種の早期警報、緊急対応・モニタリング能力の向上を優先行動のひとつとした。環境保護部（現在の生態環境部）は中国科学院と共同で、2003年、2010年、2014年、2016年の4回にわたる「中国外来種リスト」を発表した。生物種資源と典型的な生態系を保全する主要陣地である国家レベル自然保護区が外来種の侵入を受けることは、生物多様性と重点生態系機能の保護にとって非常に深刻な課題となっている。近年、生態環境部は国家レベル自然保護区の外来種の調査を重点的に展開し、中国の国家レベル自然保護区の外来種基礎データを基本的に把握した。2020年8月現在、生態環境部が発表した「2019年中国生態環境状況公報」によると、中国全土で660種以上の外来種が発見されており、そのうち、71種が自然生態にすでに影響を与えているか、潜在的な脅威になっており、「中国外来種リスト」に登録されている。67の国家レベル自然保護区における外来種の調査結果によると、215種の外来種がすでに国家レベル自然保護区に侵入しており、うち48種が「中国外来種リスト」に登録されている。

このほか、農業農村部は、国家が重点的に管理し地域的に重大な危害を及ぼす侵入種の調査を長年にわたり展開し、種の国内外分布、主な危害、伝来経路、鑑別特徴などの情報を収集・把握し、「中国外来種データベース」をほぼ構築した。河北省・遼寧省・湖南省・雲南省などに定点モニタリング地点を設置し、キアレチギク〔Flaveria bidentis〕・ブタクサ〔Ambrosia artemisiifolia〕・ツルヒヨドリ〔Mikania micrantha〕などの侵入種をモニタリングしている。2013 年より南方 11 省（自治区・直轄市）の重点水域 20 カ所で、ホテイアオイ〔Eichhornia crassipes〕・ナガエツルノゲイトウ〔Alternanthera philoxeroides〕・ボタンウキクサ〔Pistia stratiotes〕などの侵入種をリモートセンシングでモニタリングした。外来種の管理を強化し、外来有害生物の伝播危害を防ぎ、中国の生態安全・農業生産・人体健康を保障するため、2013 年 2 月に農業部（現在の農業農村部）は「国家重点管理外来種リスト（第 1 期）」を発表した。同リストには、タルホコムギ〔Aegilops tauschii〕・キダチカッコウアザミ〔Ageratina adenophora〕など、すでに中国の生物多様性と生態環境に深刻な危害をもたらしている外来種 52 種が含まれており、植物 21 種、動物 26 種、微生物 5 種が関わっている。2018 年、これまでの試行段階を踏まえた上で、林業・草業局は全国で省（自治区・直轄市）を単位に林業外来種調査・研究プロジェクトを展開し、3 年間をかけて全国の林業外来種の把握に全力で取り組んだ。

第 2 節　動植物の遺伝資源保全状況

　遺伝的多様性は生物多様性の基礎であり、種レベルの多様性に決定的な役割を持つ。種内の遺伝的変異の大きさ、時空分布および環境条件との関係を研究することは、生物遺伝資源の保全のための科学的かつ効果的な措置を講じることに役立つであろう（田駿，2012）。中国の生物遺伝資源は豊富で、保有する高等植物・脊椎動物の個体群数は世界の上位に位置し、生物特有属・固有種が多く、世界四大遺伝資源の起源中心地のひとつであり、水稲や大豆など重要な農作物の発祥地でもある。2020 年 5 月に生態環境部が発表した 2019 年の全国生態環境品質概況によると、中国には栽培作物が 528 類、栽培種が 1,339 種、経済樹種が 1,000 種以上、原産観賞植物の種類が 7,000 種あり、飼育動物は 576 品種である。

1．絶滅危惧動植物における遺伝資源保全の継続的強化

　絶滅危惧種とは、種自体の原因、人類の活動、自然災害の影響により、その野生個体群が近い将来に絶滅に直面する確率が高いすべての種を指す。重要な種の絶滅は、現地の食物連鎖を破壊し、生態系を不安定化させる可能性がある。種間の相互依存、相互制約の関係から、1 つの種が消滅すると、しばしば他の 10～30

種の生物の生存危機を引き起こし、最終的には生態系全体が崩壊する可能性がある（張維平，1999）。2019年5月6日、国連の枠組に基づく生物多様性及び生態系サービスに関する政府間科学－政策プラットフォーム（IPBES）は、パリで「生物多様性と生態系サービスに関する地球規模評価報告書」を発表した。これは画期的な報告書で、それによると現在約100万種の動植物種が絶滅の脅威にさらされており、その多くが今後数十年以内に絶滅する可能性がある。植物がグローバルな生命支援システムの中で最も重要な地位を占めていることが、それらの保全の緊急性を決定している。種の数から見ると、希少絶滅危惧種の多くは植物である。

（一）絶滅危惧植物の遺伝的多様性

中国は地域が広く、植物資源が豊富であるが、ここ数十年来、経済の急速な発展、人口の急速な増加、環境破壊の深刻化、植生の萎縮などのプレッシャーにより、中国の現有野生植物種のうち4,000～5,000種が絶滅の危機にあるか絶滅に瀕する状況にあり、中国の植物総数の15～20%を占めている。さらにまた、すでに100種以上の植物が深刻な危機または絶滅危機にあり、かなりの部分の種の資源が野外に存在しなくなっている（蒋志剛・馬克平，2014）。

環境保護部（現在の生態環境部）が中国科学院と共同で2013年9月に発表した「中国生物多様性レッドリスト――高等植物巻」は、中国の高等植物の危機的状況に対して分類評価を行った。その結果、中国の高等植物3万4,450種のうち、すでに27種が絶滅、10種の野生が絶滅、15種が地域で絶滅、583種が深刻な危機、1,297種が危機、1,887種が危急、2,723種が準絶滅危惧、2万4,296種が危惧外、3,612種がデータ不足であった。危機的種（深刻な危機・危機・危急種）は計3,767種で、植物全体の約10.9%を占める。

絶滅危惧植物の遺伝的多様性は、それぞれの地域の生息環境と大きな関係がある（段義忠ほか，2018b）。樊沢璐ほか（2017）は、生息環境の異質性により、太行菊〔Opisthopappus taihangensis（Y. Ling）C. Shih〕と長裂太行菊〔Opisthopappus longilobus Shih〕は、形態分化、遺伝分化などの面で明らかな違いを示していると報告した。植物の絶滅危惧・衰退の原因には、生息環境の変化、種子の天然繁殖の困難、人為的要因による干渉および生息地の断片化などが含まれる（李暁燕ほか，2017）。孫旺ほか（2020）は、選別されたSCoTプライマーを利用した研究により、秦嶺石蝴蝶〔Petrocosmea qinlingensis〕の各個体群内と個体群間の遺伝的多

様性が低く、遺伝的背景が狭く、その絶滅危機の原因は環境に適応する能力の低さである可能性があることを発見した。外部環境要素の水分条件の変化は、希少な絶滅危惧植物であるスイセイジュ〔Tetracentron sinense〕個体群の適応範囲の後退を招き、結果としてその遺伝的多様性の低下をもたらした（李珊ほか，2016）。黄鈺倩ほか（2017）は、核遺伝子 *LEAFY* の第二のイントロン断片により、中国に現存するシナミズニラ〔Isoetes sinensis Palmer〕自然群の遺伝的多様性を分析し、同種の遺伝構造が水系や海抜などの要素と関連している可能性を推測した。広西チワン族自治区に特有の希少な絶滅危惧植物である小花異裂菊〔Heteroplexis microcephala Y. L. Chen〕の分布エリアの断片化は、個体群の遺伝的多様性の低さと個体群間の高い遺伝的分化を招く可能性がある（史艶財ほか，2017）。鄭世群ほか（2011）は、現地調査により、スイショウ〔Glyptostrobus pensilis〕が絶滅危機に瀕している直接的な要因は人為的干渉による生息地の断片化と過剰伐採による個体数の減少であり、内在的な要因は遺伝的多様性レベルの低さであることを明らかにした。滕婕華ほか（2017）は、マイクロサテライト（SSR）分子マーカーを利用し、絶滅危惧固有種である掌葉木〔Handeliodendron bodinieri（H. Lév.）Rehder〕の自然分布個体群には豊富な遺伝的多様性があるが、同群が絶滅危惧に瀕している原因は人為的な破壊などであることなどを明らかにした。王愛蘭・李維衛（2017）は、葉緑体遺伝子 *trn* S-G 配列に基づき遺伝多様性の研究を行い、チベット高原の絶滅危惧植物、唐古特大黄〔Rheum tanguticum Maximowicz〕個体群間の高い遺伝分化が、高山地区の特殊な自然生息地と人類活動に関係している可能性を発見した。韓宝翠ほか（2017）は、cpDNAの2つの非コード区を用いて半日花の遺伝的多様性と発展系統の地理構造について研究を行い、人為的な開発により生息地の破壊化が深刻な地域では、生息域外保全措置を検討することができると提案した。道路の建設、観光地の開発などの要素の影響を受け、縉雲衛矛〔Euonymus chloranthoides〕個体群は生息域の断片化を受け、生息域が小さくなり、隔離状態になっており、生息域の断片化は多くの種の生存の主要な脅威となった（胡世俊ほか，2013）。人為的な妨害などの原因により、一部の植物種群が徐々に衰退して小種群になり、それによって絶滅危惧植物になる可能性がある。

（二）絶滅危惧動物の遺伝的多様性

2015年5月に発表された「中国生物多様性レッドリスト──脊椎動物巻」は、中国の脊椎動物の危機的状況に対して分類評価を行った。評価結果によると、中

国の 4,357 種の脊椎動物のうち、4 種がすでに絶滅、3 種が野生絶滅、10 種が地域で絶滅、185 種が深刻な危機、288 種が危機、459 種が危急、598 種が準絶滅危惧、1,869 種が危惧外、941 種がデータ不足であった。脅威にさらされている脊椎動物は計 932 種で、評価された種全体の 21.4% を占めた。

　人類の経済発展は陸生野生動物とその生息地に大きな影響を与え、その数を減少させ、その個体群分布に影響を与え、遺伝的多様性の絶え間ない低下は最終的に生物多様性の低下を引き起している。自然生態系の退化、生息地の断片化により、野生動物の資源量は急速に低下し、絶滅の危機に瀕する。その主な根源は、人類活動の干渉、過剰な開発、自然災害、管理の不行き届きなどにある。孫麗婷ほか（2019）は、ミトコンドリア DNA 制御領域（D-loop）配列を用いて長江口〔長江の東海河口の水域〕のカラチョウザメ〔Acipenser sinensis〕の幼魚のサンプルを分析し、遺伝的多様性の水準が低いことを明らかにした。カラチョウザメの個体群資源量が低下し続けていることは、集団の遺伝的多様性が徐々に失われ、絶滅の危険にさらされる可能性があり、野生のカラチョウザメの個体群資源の回復が急がれている。東北アマガエル〔ニホンアマガエル、Hyla japonica〕個体群は、生息地の構造タイプが単一で多様性の程度が低く、一部の生息地は人為的活動の影響を受けて破壊が深刻であるため、遺伝的多様性（ヌクレオチド多様性とハプロタイプ多様性）がやや低い（于佳琳, 2017）。

　1981 年に「絶滅危惧野生動植物種の国際取引に関する条約」（CITES）に加入して以来、中国政府はしっかりと国際義務を履行し、CITES よりさらに厳格な一連の措置を取り、絶滅危惧野生動植物種の遺伝子の保全活動を展開し、絶滅危惧動植物の遺伝資源に対する保全を強化し続けている。近年、中国では、絶滅危惧種救済プロジェクトをシステマティックに実施することで、ジャイアントパンダ、トキ、チベットカモシカ〔Pantholops hodgsonii〕など絶滅危惧野生動物の個体数が減少を続けていた態勢が転換され、徳保ソテツ〔Cycas debaoensis、広西チワン族自治区百色市徳保県で発見〕、華蓋木〔Pachylarnax sinica〕、百山祖冷杉〔Abies beshanzuensis、浙江省麗水市慶元県百山祖で発見〕などの野生植物の生息数が安定的に増加している。

2. 環境指標動植物における遺伝的多様性保全の重視

　環境指標生物とは、ある地域の範囲内で、その特性・数量・種類あるいは群落

などの変化によって、環境あるいはある環境因子の特徴を示すことができる生物のことである。この種の生物の出現あるいは消失は、その環境の理化学的特性および品質の概況をおおむね明らかにすることができる。

（一）環境指標植物の遺伝的多様性

外部の自然条件に対するシダ類などの植物の反応は、高い感受性と選択性を持っている。中国にはシダ植物が広く分布して、約2,600種あり、多くは西南地区〔チベット自治区・雲南省・貴州省・四川省・重慶市〕と長江流域以南に分布している。中国西南地区はアジアひいては世界のシダ植物の分布中心のひとつである。近年、人類活動が水生生息地に与える影響により、中国のミズワラビ植物の分布範囲と個体群数が大幅に減少しており（楊星宇，2015）、同種は国家二級重点保護野生植物に指定されている。国家一級重点保護野生植物である光葉蕨〔Cystoathyrium chinense〕の生育環境は深刻な影響を受け、数が希少であるが、絶滅の危機に瀕している原因は、人類活動の干渉と地質災害による破壊である（蔡煜ほか，2016）。このほか、地衣（孔繁翔ほか，2002）、苔、ムラサキウマゴヤシ（曹滌環，2019）などの植物は二酸化硫黄などの物質に敏感で、それによって大気の質に指標作用がある。李倩影ほか（2010）は、ランダム増幅多型DNAマーカー技術を用いて、異なる濃度の重金属汚染下で小羽蘚〔Bryohaplocladium〕個体群の遺伝多様性と遺伝分化を分析し、重金属クロムストレスが小羽蘚個体群の遺伝分化に比較的に大きな影響を与えることを発見した。陳国慶ほか（2010）は、配列関連増幅多型（SRAP）分子マーカーを用いてツユクサ〔Commelina communis〕個体群の遺伝多様性検査を行い、古い製錬スラグの堆積に定着したツユクサ個体群が長期的な進化の過程で豊富な遺伝変異を蓄積し、それによって銅汚染環境に対して高度な適応性を持つことを発見した。

（二）環境指標動物の遺伝的多様性

生態環境の中で、多くの動物は人類のために貴重な安全指標として作用しており、それはある環境が人類の生存に必要な条件を備えているかどうかを示すことができる（王致誠，2002）。ミミズは比較的よく見られる環境指標動物であり、他の種と比べて、それ自体の成長特性は土壌中の汚染物質に対してより敏感であり、例えばイトミミズ〔Tubifex tubifex〕は有機汚染度の高い水体の指標となるため、その種群の遺伝構造と遺伝多様性はさらに周囲の環境条件の影響を受けやすい（Annaほか，2020）。巨大ミミズ科ミミズは中国ミミズ優勢グループで、中国陸生

ミミズ資料によると、中国で最も種が多く、最も広く分布しているグループである（徐芹・肖能文，2011）。2017 年までに、中国では 7 つの属の巨大ミミズ科ミミズ 579 種（亜種）が記録され、優位のグループはアズマフトミミズ属とフクロフトミミズ属（蒋際宝・邱江平，2018）である。張玉峰ほか（2016）は、ミトコンドリアの一部遺伝子断片を用いて河北省地域のミミズ個体群の多様性を分析し、その結果は、遺伝的多様性と一部の土壌理化学指標に顕著な相関性があることを明らかにしている。張玉峰ほか（2019）は、核遺伝子の 28S rDNA、ミトコンドリア遺伝子の 16S rDNA と ND1 を分子マーカーとし、中国の遼東半島〔遼寧省の南部〕、膠東半島〔山東省煙台市、威海市および青島市の東半分〕の陸生ミミズの優勢種である湖北アズマフトミミズの個体群の遺伝的変異と進化を研究した結果、土壌の有機炭素・全窒素・速効リンの含有量と湖北アズマフトミミズ個体群の遺伝的多様性に顕著な相関性があることを発見した。

　受粉昆虫のうちハチ類・チョウ類・ガ類・ハエ類なども生態環境の指標であり、植物と協同して進化し、生態環境と密接に関わっている。陳道印ほか（2018）は、38 のマイクロサテライトを利用して個体群の遺伝分析を行い、楡林市〔陝西省に位置する地級市〕のトウヨウミツバチ〔Apis cerana Fabricius〕の遺伝的多様性の水準が低いことを発見し、原因は生息地の断片化によりトウヨウミツバチの分布が断片化し、それが各種群間の遺伝子交流に影響を及ぼした可能性があることを明らかにした。郝璐楠ほか（2019）は、中国東北地区のトウヨウミツバチの遺伝的分化を分析し、その結果、長白山のトウヨウミツバチ個体群の遺伝的多様性レベルが低く、環境と人為的要因によりその個体群数が減少していることを明らかにした。

　一部の魚類は、他の動物と同様に環境指標生物とすることができる。祖慧琳ほか（2012）の研究により、ランダム増幅多型 DNA 分子標識技術を利用して、太湖〔江蘇省・浙江省・上海市の境にある淡水湖〕の浮遊性藍藻による環境汚染がコウライギギ〔Pelteobagrus fulvidraco〕の遺伝的多様性にある程度影響しており、しかも水体汚染の激化に伴い、コウライギギの多様性が次第に低下していることを発見した。このほか、底生動物群落とプランクトンの相関性は、ダムの富栄養化の程度を判断するために重要なシグナルを提供することができる（池仕運ほか，2020）。人類活動の干渉下における大型底生動物の多様性の高さは、生態系の生産力と安定性を反映することができる（楊暁明ほか，2020）。両生爬虫類は環境変化に敏感

に反応し、生物多様性モニタリングの重要な指標種でもある（李成ほか，2017、徐海根ほか，2018）。高山倭蛙〔Nanorana parkeri〕はチベット高原特有の指標種で、胡軍華チームの研究で、気候の安定性と遺伝データを結びつけて空間分析を行ったところ、最終間氷期以降の高山倭蛙個体群の遺伝的多様性の変化構造と生息地の断片化程度に高度な相関関係があることを発見した（Hu ほか，2019）。ウミガメは海洋生態系における重要な象徴種・指標種であり、人類活動の激化に伴い、海洋生態環境が変化し、中国国内のウミガメも遺伝資源の減少という問題に直面している。長江の象徴種であるヨウスコウカワイルカやスナメリなども生態環境の指標生物であり、その遺伝的多様性の低下は主に長江の淡水魚資源の減少によるものである。そこで、農業農村部は2020年1月1日から「長江10年間禁漁計画」を実施すると発表し、これにより多くの魚類に2世代から3世代の繁殖をもたらし、現在の長江魚類資源の減少傾向緩和が見込まれており、長江スナメリを含む多くの象徴種の保全にも希望をもたらしている。ユキヒョウは高原の生態系が健全かどうかを示す重要な指標種であり、気候変動および各種の人為的な妨害要因がユキヒョウの運命をひそかに変えている可能性がある。そのため、自然生態環境を改善し、効果的な現地保全・域外保全などの措置を取り、動植物の種質資源バンクを設立するなどの活動が、遺伝的多様性の低下傾向をより緩和することになる。

3. 外来侵入動植物の遺伝的多様性に対する研究と予防・対策の実施

　ここ数年来、多くの動物と植物が中国に侵入し、巨大な経済損失をもたらしている。例えばホテイアオイ、ツルヒヨドリ、マツノザイセンチュウ〔Bursaphelenchus xylophilus〕、マメハモグリバエ〔Liriomyza trifolii〕、コロラドハムシ〔Leptinotarsa decemlineata〕、イネミズゾウムシ〔Lissorhoptrus oryzophilus〕、赤脂大小蠹〔Dendroctonus rufipennis〕、アメリカシロヒトリ〔Hyphantria cunea〕などで、これらの主要な外来種による経済損失は年平均500億元余りに達している。2020年6月2日に生態環境部が発表した「2019年中国生態環境状況公報」によると、全国で660種以上の外来種が発見されており、うち215種が国家レベル自然保護区に侵入している。

（一）侵入植物の遺伝的多様性

　外来種の中で最も多いのは侵入植物である。馬金双・李恵茹（2018）によると、

中国では現在、外来侵入植物48科142属239種が発見されている。IUCNが発表した世界で最も脅威的な外来種100種のうち、中国では50種が発見された。その中で全国あるいは地域性の悪性雑草は15種類あり（強勝・曹学章，2001）、著名なものにツルヒヨドリ、モミジヒルガオ〔Ipomoea cairica〕、偽臭草〔Praxelis clematidea〕、ギネアキビ〔Panicum maximum〕、コシロノセンダングサ〔Bidens pilosa〕と、キダチカッコウアザミ〔Ageratina adenophora〕、ホテイアオイなどがある。都市部から農村部、沿海部から内地に至るまで、中国の34省（自治区・直轄市）すべてが外来侵入植物によって攻略されており、さらには多くの国家レベル自然保護区でも外来侵入植物が発見されている。西南および東南の沿海地区は、外来植物の侵入の深刻な被災地区である。中国に侵入した外来植物は、南アメリカ原産の割合が最も大きく、次いで北アメリカであり、その合計が全侵入植物の半分以上を占めている。キク科・マメ科・イネ科は中国の外来侵入植物の主体を構成している。

　中国はすでに外来種侵入の影響因子・侵入経路・拡散方式・侵入メカニズムなどの分野で成果を上げている。外部環境因子の中の光・温度・水分・土壌栄養・空気・金属元素および新しい生息地の干渉の程度と群落生物多様性、地球の変化はいずれも外来種の侵入に影響を与える。遺伝的多様性は外来種の侵入の成否を決定する重要な要素のひとつである（施雯ほか，2010）。宋振ほか（2019）は、ランダム増幅多型性DNAマーカー（RAPD）技術を用いて、異なる地理的地域に由来する少花蒺藜草種群の遺伝的多様性を分析し、中国北方地区におけるその主な拡散伝播経路を報告した。肖猛ほか（2015）は、RAPD技術を用い、四川省西部地区の桃児七〔Podophyllum hexandrum〕の7つの自然個体群を対象に研究を行って、遺伝的多様性が相対的に高い個体群を原位置保護の中核個体群とし、すべての既存個体群を可能な限り保護すべきだとしている。王美皇ほか（2020）は、SRAP技術に基づき、熱帯地域の侵入植物である銀胶菊〔Parthenium hysterophorus〕の遺伝多様性分析を行って、中国の銀胶菊個体群に高い遺伝多様性があることを発見し、銀胶菊は人的要因によって拡散することが多いと推測した。

（二）侵入動物の遺伝的多様性

　国家環境保護総局（現在の生態環境部）、環境保護部（現在の生態環境部）は中国科学院と共同で、2003年・2010年・2014年・2016年の4回にわたり「中国外来種リスト」を発表した。そのうち外来侵入動物は31種で、種数が最も多い昆虫

類（22種）を含む。外来種の発生源を分析すると、最も多いのは北アメリカに由来（13種）している。外来種の侵入方式を分析すると、その中に意図せず引き入れてしまったものが23種類、人為的・意図的に導入したものが8種類あった。外来種の空間分布状況を分析すると、中国における全体的な分布法則は南に多く北に少なく、内陸より沿海部のほうが多い（張春霞ほか，2019）。

　動物の侵入規模が各地で急速に増加するにつれ、その伝播拡散方式・侵入メカニズムなどに関する研究が広く注目されている。賀華良ほか（2018）は、湖南省イネミズゾウムシの遺伝的多様性および侵入・拡散の特徴を分析し、その結果、湖南省イネミズゾウムシの地理的個体群分化は人為的要素による拡散が主で、自然拡散が従であることを明らかにした。mtDNA cox1とcox2遺伝子に基づくミスジミバエ〔Zeugodacus scutellatus〕個体群の遺伝構造分析結果によると、最も早く中国に進出した地域は上海市と重慶市である可能性があり、同昆虫の中国での広範囲な拡張が2つの主要ルートを経由して実現されている可能性が確認された（劉暁飛ほか，2019）。安徽省に侵入したツマジロクサヨトウ〔Spodoptera frugiperda〕の遺伝分析により、同昆虫が安徽省の食糧生産にとって大きな安全上のリスクとなっていることが確認された（徐麗娜ほか，2019）。王佳麗ほか（2020）は、分子マーカー技術を利用してミトコンドリアDNAと核DNAの角度からツマジロクサヨトウ個体群の遺伝的多様性と個体群構造を研究し、気象状況・地理的隔離・人為伝播がツマジロクサヨトウの拡散過程に影響を与えることを報告した。李優佳ほか（2020）は、侵入性食葉害虫の椰子織蛾のハプロタイプ多様性分析により、環境選択圧力の影響を受け、椰子織蛾の個体群が侵入した後、新たな生息地で新たな突然変異あるいは交雑が発生していることを明らかにした。

　侵入種の波氏吻蝦虎魚〔Rhinogobius cliffordpopei〕は、珠江水源の侵入地で高い遺伝的多様性レベルを持っており、その分布拡散と突然変異蓄積は数回の人為的導入と水利ダムの隔離作用による可能性がある（顔岳輝ほか，2019）。易金鑫ほか（2019）は、PCR技術を利用して北盤江下流のナイルティラピア〔Oreochromis niloticus〕の群れのCytb遺伝子を増幅し、配列を測定し、同配列の変異および多型を分析した結果、その群れが高い遺伝的多様性を持ち、強い侵入適応潜在力を示していることを明らかにした。

　外来種の侵入は、生物多様性の急激な減少の主な原因のひとつとなっており、遺伝的多様性、種の多様性、生態系の多様性に影響を及ぼし、生物多様性の喪失

速度を速めるため、外来侵入種は生態系にとって最大の生物学的脅威である。大部分の外来種が侵入に成功した後に大量発生し、制御が困難になった。生態系に生じた破壊は不可逆的で、優勢な個体群を形成し、在来種の生存を危うくし、深刻な場合には後者の絶滅と消滅を招き、農林牧畜漁業に深刻な損失をもたらし、人間の健康を脅かす。中国の外来生物の侵入過程は絶えず加速している。中国は広大で、約50の緯度、5つの気候帯にまたがり、世界各地から来た多くの外来種は、中国でちょうど良い生息地を見つけることができる。外来種の侵入はすでに中国が直面している大きな課題であり、国の関係部門が重視するのに伴い、ますます多くの科学者・技術者が外来有害生物の侵入を防ぐ研究に取り組んでいる。

第3節　種の多様性保全における著しい成果

　種の多様性は生物多様性の中心であり、生物多様性の最も主要な構造的・機能的単位である。種の多様性はしばしば種の豊富さで示される。種の豊富さとは、ある地域内のすべての種の数、あるいは一部の特定グループの種の数である（Frankelほか，1995）。これまでに記述、命名された生物の種は約200万種であるが、地球上に実在する生物の種の総数について、科学者の推定は500万種から1億種と大きく異なり、そのうち昆虫と微生物が占める割合が最も大きい。「中国生物種リスト2020年版」には、種および種内分類群合計12万2,280種（種11万231種、種内分類群1万2,049種）が収録され、動物の種5万4,359種、植物の種3万7,793種、真菌の種1万2,506種を含む。中国の高等動植物の種類は世界でもトップクラスで、ジャイアントパンダ、カラチョウザメ、ヨウスコウカワイルカ、ナメクジウオ、オウムガイ、イチョウ、サイカス・パンジーファエンシス〔Cycas panzhihuaensis〕など、「生きた化石」と呼ばれる希少な動植物が数多く存在する。中国は種が非常に豊富で、固有種と希少植物が多いだけでなく、その空間分布構造には高い多様性がある。

1. 野生植物における多様性の効果的な保全
（一）野生植物の数

　中国は世界で生物多様性が最も豊かな国のひとつで、現在、陸生高等植物3万4,000種以上を保有し、世界第3位である（高吉喜ほか，2018）。『中国生物多様性

国情研究』〔中国環境出版社，2018〕によると、中国には274科3,152属2万9,233種の種子植物があり、世界の種子植物数ランキングで3位となり、うち裸子植物は12科42属237種で、世界で裸子植物が最も多い国となっている。中国には維管束植物（シダ類・裸子植物・被子植物を含む）が3万1,000種以上ある。『中国淡水藻志』〔科学出版社〕によると、中国の淡水藻類は計4,902種と1,359変種で、世界ですでに記述されている種類の約40％を占めている。「中国生物種リスト2020年版」には表4-1の植物群が収録されている。

　中国は領土が広大、生物資源が豊富で、異なる環境が多くの植物に生存条件を提供している。そのため、中国には多くの固有植物が出現し、その中には2つの固有科すなわち裸子植物のイチョウ科と被子植物のトチュウ科が含まれている。高等植物の固有属は207属で、その中で最も多いのは被子植物で189属である。種子植物のメタセコイア、ギンサン、コウヨウザン、スイショウ、イヌカラマツ、フッケンヒバ、ハンカチノキ、トチュウ、カンレンボク、金花茶などは中国特有のものである。

　野生植物は豊富な遺伝資源と遺伝子多様性を保存しており、人類の生存と社会の持続可能な発展の重要な戦略資源である。大まかな統計によると、中国の中薬製剤の80％とサプリメントの原料の大部分は野生植物からできており、世界では約30億人が野生植物を医薬品として使用している。「国家重点保護野生植物リスト」には2,261種の重点保護植物が収録されており、そのうち、一級保護植物は291種、二級保護植物は1,970種となっている。「中国生物多様性レッドリスト

表4-1　「中国生物種リスト2020年版」に収録されている植物群

植物分類群	種および種内分類群の数量（個）
被子植物門	31,533
角苔門	27
真蘚門	1,988
緑藻門	199
裸子植物門	264
石松門	152
地銭門	1,059
蕨類植物門	2,075
紅藻門	496

データ出典：「中国生物種リスト2020年版」

――高等植物巻」に基づいて、中国の3万4,450種の高等植物に対する評価を行うと、中国の植物区系の中では52種がすでに絶滅している。そのうち27種が絶滅、10種の野生が絶滅、15種が地域で絶滅、その他、583種が深刻な危機、1,297種が危機、1,887種が危急、2,723種が準絶滅危惧、2万4,296種が危惧外、3,612種がデータ不足種である。脅威にさらされている数は3,767種で、評価対象種総数の10.9％を占め、その割合が最も高かったのは裸子植物（51％）であった。ソテツ科は裸子植物の中で度合いが最も高く、同科の全22種はいずれも脅威にさらされている。中国には固有種が1万7,700種あり、全体の49.7％を占めており、これらの特有植物は高い遺伝資源価値と遺伝的多様性の価値を持つ。脅威にさらされている3,767種の植物のうち、2,462種が固有種であり、固有種全体の13.9％を占め、脅威にさらされている種全体の65.4％を占めている。

（二）野生植物の分布

中国にはコケ植物150科591属3,021種があり、その分布の特徴は全体的に南方に多く、北方に少なく、西南地区のコケ植物は非常に豊富である。台湾におけるコケ植物の種類も非常に豊富で、その種類は約1,200種である。このほか、シダ植物の分布地域は主に秦嶺山脈〔中国中部を東西に貫く山脈〕以南、ヒマラヤ山脈以東の南方の山間部および東北部の大興安嶺山脈〔黒竜江省〕、小興安嶺山脈〔黒竜江省〕、長白山にある。裸子植物の分布地域は山地が多く、平原が少ないという特徴があり、ホットスポットは中国西南部の山間部に集中しており、ホットスポット内の裸子植物は中国の裸子植物の67.3％を占めている。被子植物の分布地域は主に秦嶺山脈以南、ヒマラヤ山脈の東区間から横断山脈〔四川省西部、雲南省西部、チベット自治区東部の交わるあたりを南北方向に走っている山脈の総称〕以東にある。

中国特有の種子植物が最も集中している地域は西南山間部にあり、狭域特有の種子植物が分布する中心でもある。重点保護野生植物の分布は南に多く北に少なく、横断山脈地域・海南島南部・秦嶺山脈山間部および浙江省の一部山間部に散在している。

外来侵入植物は主に中国の南部・東南部・東部沿海地域・黄河流域南部内陸地域に分布している。17省（自治区・直轄市）の外来侵入植物は15種以上で、上位5地域は広東省・広西チワン族自治区・福建省・香港・雲南省となっている。

（三）野生植物の多様性の変化

中国は全世界で唯一、熱帯・亜熱帯・寒温帯が連続して整った各植生タイプを持つ地域であり、植生タイプの連続性は中国が大量の種を保存するために優れた

条件を提供している。1999〜2015 年、中国では高等植物の新種 2,923 種が発見され、188 科 686 属に属している。その中には 76 種のコケ植物、313 種のシダ植物、22 種の裸子植物、2,512 種の被子植物が含まれる。10 科の新規記述種は 100 種以上であり、その中の 4 科は 150 種以上であり、それぞれラン科・イラクサ科・マメ科・キク科である。雲南省は新たに発見された植物が最も多く、四川省・広西チワン族自治区・チベット自治区・貴州省が続いた。1999〜2015 年、中国は種子植物の新科 1 個、新属 62 個を発表した。

　しかし、20 世紀の人口増加と高度経済成長に伴う自然生態環境の変化に伴い、植物の種は減少し続け、絶滅のリスクにさらされている地域もある。例えば、環境要因の相互作用は蒙古沙冬青〔Ammopiptanthus mongolicus〕群系の種の多様性に影響する主要な要素である（段義忠ほか，2018a）。生息地の断片化、生息地の退化および喪失は多数の植物が絶滅する主な原因である。人類による森林資源の過度な利用により、原始林が深刻な破壊を受け、生息地が悪化し、さらに採掘により、モクレン科の植物の中には絶滅の危機に瀕している種類もある（王麗霞ほか，2017）。

　人類の長期的な経済活動は土地の使用性質を変え、その結果、野生植物の生息地は減少し、植物の個体群数の減少さらには消滅を招いた。張雲香ほか（2013）は、単純反復配列（ISSR）分子マーカーを用いて、四川省江油市の涪江上流区間に集中して分布するキンポウゲ科の希少絶滅危惧植物である距瓣尾囊草〔Urophysa rockii Ulbr.〕について、現存する 4 つの個体群の遺伝多様性を研究し、距瓣尾囊草が絶滅危惧現状にある主な原因は、人類活動の妨害と生息域の断片化であることを明らかにした。人類活動の強い妨害により、中国の一級重点保護野生植物であるスイショウの野生個体群と個体数が急激に減少しており、IUCN はすでにスイショウを「絶滅寸前」の状態にあると評価している（陳雨晴ほか，2016）。プテリスは、中国で絶滅が危惧されている樹木シダ植物であり、過剰な開発により野生個体群が深刻な被害を受けている（Liu ほか，2017）。

　また、経済的な植物の過剰な採取も、一部の種が絶滅する一因となっている。違法無断採取の結果、裸子植物のうち絶滅危惧種類群ソテツ科植物の個体数は徐々に減少し、同時に外部の生息地の急速な変化はソテツ個体群を絶滅危惧に向かわせ、さらには絶滅の危険にさらした（呉萍・張開平，2008）。野生資源と生息地の破壊により、現在、ヒョウタンソテツ個体群の個体数は極めて少なく、IUCN により世界で極めて絶滅危惧が懸念されるレベルに評価されている（孫湘来ほか，2019）。

植物多様性の保全において重要な進展を遂げ、「緑の山河は金山銀山」という理念が人々の心に深く浸透し、生態環境を破壊する状況が改善され、一部地域の生態系機能が効果的に修復され、一部の重点植物は効果的に保全されて個体数が大幅に増加した中国は、実際の行動と巨額の投資によってその生物多様性が保全され、世界の運命共同体を守るために貢献した。例えば、現地保全・生息域外保全・自然回帰などの措置を取って、希少で絶滅危惧にある野生植物の保全を継続的に展開している。徳保ソテツ・華蓋木・百山祖冷杉など100種近くの極小個体群の野生植物に対する緊急保全を実施することで、一部の絶滅危惧種の個体数が徐々に回復している。植物の多様性を保全し、回復させ、持続可能な利用を推進するため、中国は2019年11月に「中国植物保全戦略（2021-2030年）」を発表したが、この戦略では絶滅危惧植物種の少なくとも85%が現地で保全されるなど18項目の目標が設定されている。中国は2020年までに主要戦略目標の75%を前倒しで達成した。

2. 野生動物における多様性保全の著しい成果

（一）野生動物の数

中国には陸生脊椎動物種に豊富な多様性があり、現在60目248科1,190属2,914種、脊椎動物固有種は641種で、脊椎動物総種数の22%を占めている。

中国で知られている両生類は408種で、3目13科82属に属しており、そのうち無尾目が336種、有尾目が71種、無足目が1種、固有種が272種である。

中国で現有の爬虫類は461種で、3目28科137属に属しており、そのうちワニ形目3種、カメ目34種、有鱗目424種（トカゲ亜目188種、ヘビ亜目236種）、固有種142種で、爬虫類種総数の30.8%を占めている。中国の爬虫類種数は世界の爬虫類種数の5.1%を占め、世界8位であった（蔡波ほか，2015）。

中国はまた、鳥類種の多様性が豊富で、1,445種の鳥類が24目101科439属に属し、固有種は77種となっている。中国には鳥類の種の豊富度が高い科もあり、そのうちキジ科は全世界で159種、中国には55種がいる。チメドリ科は全世界に263種いて、中国には126種、固有種は23種いる（鄭光美，2011）。

中国には哺乳類が564種あり、12目55科245属に属し、世界で最も哺乳類が豊富な国であり、150種の固有種を含む。中国特有の脊椎動物は種類が多く、中国生物地理区の特徴である。そのうちジャイアントパンダ、キンシコウ、アモイ

トラ、ミミキジ、タンチョウ、トキ、ヨウスコウカワイルカ、ヨウスコウワニなど100種以上の中国特有の希少野生動物が、世界に知られている。

国務院が公布した「国家重点保護野生動物リスト」では、中国には101種の国家一級重点保護野生動物がおり、そのうち4種は爬虫類、43種は鳥類、54種は哺乳類である。また7種の両生類、10種の爬虫類、200種の鳥類、55種の哺乳類を含む272種の国家二級重点保護野生動物がいる。2014～2015年に環境保護部（現在の生態環境部）は「中国生物多様性レッドリスト」の脊椎動物巻の研究を行い、中国の生物多様性を明らかにし、中国が世界で哺乳類が2番目、鳥類が4番目、両生類が5番目に豊富な国であることを確定した。中国の脊椎動物は高い独自性を持ち、両生類・爬虫類・鳥類・哺乳類にはいずれも種の絶滅と部分的な絶滅があり、それぞれ両生類2種、爬虫類2種、鳥類3種、哺乳類5種が絶滅レベルに属することが分かっている。

(二) 野生動物の分布

陸生脊椎動物の多様性が高い地域は華中と華南にあり、西南地域の種密度は800種／万km²以上にも達する。次は華北と東北地域で、西部地域、特に青海チベット高原の奥地の種の多様性は相対的に低かった。中国の野生動物の多様性分布を表4-2に示す。

表4-2　中国の陸生脊椎動物の多様性分布

動物分類群		主要な分布地域	分布密度(種／1万km²)
両生類	無尾目	長江流域およびそれ以南の地域	最高密度は約38種で多様性が高い
	有尾目	中国東北東部・東南・中部から西南にかけての地域	
爬虫類	カメ目	中国の東南・華南・西南地域	22
	トカゲ目	中国の東南・華南・西南地域	30
	ヘビ目	長江流域およびそれ以南の地域	76
鳥類	ブッポウソウ目	中国東部・西南地域	21
	カモメ目	中国南東部・華北東部地域	26
	スズメ目	長江流域およびそれ以南の地域	364
哺乳類	霊長目	中国南部の地域	8
	齧歯目	中国西南・中部・華北西部・新疆北部地域	36
	偶蹄目	長江流域およびそれ以南の地域、東北北部、西南、西北東部、新疆西部地域	14
	食肉目	長江流域およびそれ以南の地域、東部地域	35

データ出典：高吉喜ほか、2018

（三）野生動物の多様性の変化

　環境の変化、人間の活動などの要素は動物の多様性に大きな影響を与える。黄河河口付近の海域の大型底生動物群落は構造に大きな差があり、全体的な汚染・妨害の状況が比較的はっきりしている（閆朗ほか，2020）。姚衝学ほか（2020）は、ライントランセクト法を用いて雲南省玉竜雪山の両生類の多様性時空構造を2回観測し、その結果、両生類の種の多様性に影響を与える重要な生態因子に生息地のタイプ、水温、気温、人類の活動が含まれることを発見した。

　野生動物の個体数減少と多様性低下はますます人々の関心を集めており、野生動物の多様性観測研究を展開することは種の保全に役立つ。四川省西昌市瀘山の4つの植生タイプの中で、鳥類の出現が比較的集中しているタイプは灌草叢植生、鳥類の出現頻度が中間となるタイプは針広葉混交林植生、鳥類の出現頻度が低いタイプは広葉樹林植生、鳥類が広く分布しているタイプは農地栽培植生である（李海濤，2012）。群落レベルでは、都市化レベルの向上に伴い、鳥類群落の種の豊富度と多様性が低下し、鳥類の密度と個体数が上昇した（陳水華ほか，2013）。また、都市化に伴ってスズメの生存資源が不足し、都市のスズメに環境圧力による総合的な反応を引き起こすこともある（張淑萍・鄭光美，2007）。

　生息地の断片化と喪失、資源の不合理な利用、環境汚染および人間活動などにより、中国の鳥類多様性保全は厳しい試練に直面している（張雁雲ほか，2016）。埋立地は自然保護区における水鳥の種類の組成に顕著な影響を与え、埋立て後の生息地の利用可能性と人間活動の状況は水鳥の群落構造と空間分布を決定する（顔鳳ほか，2018）。湿地自然保護区内の鳥類の種の数の主な影響要素は、湿地の生息地面積の大きさ、人為的干渉の状況などである（賀沢帥ほか，2019）。2016〜2018年、西安市の越冬水鳥の種類・数の減少は、河道の水量の少なさ、水質の低下、建設工事といった人為的干渉などによる可能性がある（汪青雄ほか，2020）。

　WWFが発表した「地球生命力報告書2020」によると、1970年以降、世界の野生動物の数は40年以上の間に平均68％減少しており、この壊滅的な減少が鈍化傾向にある兆候は見られないという。人類の足跡がかつては荒涼としていた場所にまで広がるにつれて、人類の活動は今まさに動物の数に影響を与えている。現在、中国の多くの絶滅危惧野生動物の個体数が持続的に減少する状況はすでに転換されているが、これは完全に、近年、中国が野生動物の生息地の保全と救済・繁殖を強化し、野生動物を発生源とする疫病に対する自主的な早期警戒モニタリ

ングシステムを構築するなどの措置を講じて、絶滅危惧野生動物の保全を絶えず強化してきたことによるものである。

3. 微生物資源の巨大な潜在能力

　中国には豊富な微生物種の多様性と特有のタイプがある。微生物資源は種の多様性で動植物資源をはるかに上回り、うち真核微生物の既知種数は約9,000種で、中国の推定種数のわずか4％しか占めていない。中国で解明されている真核微生物のうち、固有種は2,000種を超える。「中国微生物資源発展報告書2016」によると、中国菌種寄託センターは計33カ所、共有可能な寄託菌株は18万2,235株で、寄託菌株の総量は世界4位となっている。「中国生物種リスト」は生物多様性を認識するための基礎データであり、中国科学院など多くの機関の科学研究者の共同努力により、2019年5月22日に中国は正式に「中国生物種リスト」2019年版を発表し、初めて17の種および下位分類を含む真菌界のBlastocladiomycota門を収録した。新種と種内分類群は、子嚢菌門451種、担子菌門457種と同物異名49種、壺菌門〔ツボカビ門〕36種類、球嚢菌門〔グロムス門〕11種類、接合菌門75種類である。2020年に発表された2020年版目録では、計1万5,971種が新たに追加され、うち真菌種が5,474種で、細菌・ウイルスなどの種が少量増えた。その中で真菌界の変化が最も大きく、子嚢菌門の新種571種、調整減少した下位分類は241種であった。担子菌門の新種及び下位分類4,929種と同物異名973種、壺菌門の新種17種、調整減少した下位分類1種であった。球嚢菌門は種および種内分類群移出8種、接合菌門の新種110種で、調整減少した下位分類は32種であった。中国の微生物資源は非常に豊富であるが、科学研究力と経費などの要素による制約を受け、現在すでに発見された微生物群は実際に存在する資源量よりはるかに少ない。多くの微生物群と地域では調査データが不足しているため、科学研究力と経費投入を引き続き増やす必要がある。「中国生物種リスト2020年版」には表4-3の微生物類群が収録されている。

第4節　生態システムにおける質の明らかな変化

　生態システム（ecosystem）は生物群落とその生存環境が共に構成する動的平衡システムである（中国大百科事典総編集委員会『環境科学』委員会，2002）。生態シス

表 4-3 「中国生物種リスト 2020 年版」に収録されている微生物類群

微生物類群		種および下位分類数（種）
真菌界	子嚢菌門	4,190
	担子菌門	7,479
	壺菌門	77
	球嚢菌門	217
	接合菌門	516
原生動物界	変形虫門〔アメーボゾア〕	1,187
	糸足虫門〔ケルコゾア〕	6
	領鞭毛虫門	2
	繊毛門	497
	双鞭毛虫門	253
	滲養門	3
	放射虫門	537
細菌界	放線菌門	45
	擬杆菌門〔バクテロイデス門〕	30
	緑細菌門	1
	藍細菌門	158
	厚壁菌門〔ファーミキューテス門〕	48
	変形菌門〔プロテオバクテリア〕	181
色素界	硅藻門	1,245
	卵菌門	421
	双環菌門	12
	褐藻門	292

データ出典：「中国生物種リスト 2020 年版」

テムでは、それぞれの種が互いに依存し、制約し合うだけでなく、生物とその周囲のさまざまな環境因子も相互に作用している。生態システムの多様性とは、主に地球上の生態システムの構成・機能の多様性および各種生態過程の多様性を指す。中国は世界で生物多様性が最も豊かな国のひとつであり、森林・草地・湿地・砂漠・農地などを含むすべての陸地生態システムのタイプを持っている。生態環境部が発表した「2018 年全国生態環境の質的概況」の統計によると、中国の陸地における生態システムのタイプは、森林生態システム 248 類（うち竹林 36 類）、低木・低草木生態システム 113 類、草原・草地生態システム 132 類（うち草原 55 類）、

砂漠生態システム 52 類、自然湿地生態システム 30 類、また高山ツンドラ、高山マット生態システム 15 類（徐衛華ほか，2006）である。このほか、中国の海洋と淡水の生態システムのタイプもひと通りそろっており、黄海・東海・南海・黒潮流域の四大海洋生態システムがある。

　生態環境部と中国科学院が 2018 年に発表した「全国生態状況変化（2010-2015 年）リモートセンシング調査評価報告書」によると、2015 年、全国八大類生態システムのうち、草地・森林・農地・砂漠 4 種類の生態システムが国土陸地面積の 82.6% を占めた（図 4-1）。主に森林・低木・草地・湿地・砂漠およびその他の生態システムから構成される自然生態空間は国土陸地面積の約 78.0% を占めている。主に農地生態システムからなる農業空間は国土陸地面積の約 18.9% を占める。城鎮〔都市部〕の建設用地を中心とする都市空間は国土陸地面積の約 3.1% を占める。気候・自然地理条件などの影響を受け、全国の生態システムは複雑多様で、空間的な差異が大きく、東南から西北まで順に分布しているのは主に森林・低木・草地・砂漠という生態システムであり、城鎮・農地・湿地の生態システムがその間に分布している。ここ数年、中央財政は林業生態環境の保全と修復への資金投入を絶えず強化し、林業重要プロジェクト（例えば天然林資源の保全、耕地の森林・草原回復の支援）を積極的に実施し、森林資源の管理と育成を強化し、絶滅危惧の野生動植物を含む生物多様性保全活動を支援している。

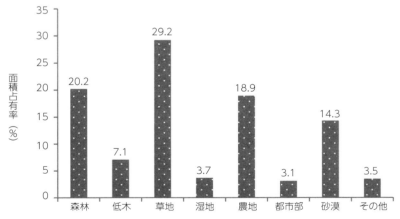

図 4-1　2015 年の全国の生態システムの種類と面積占有率
データ出典：「全国生態状況変化（2010-2015 年）リモートセンシング調査評価報告書」

第4章　中国生物多様性の調査と保全の状況

　2010～2015年、全国の生態システムで変化が生じた面積は全国で13万1,500km²で、国土陸地総面積の1.4%を占めている。空間分布を見ると、東北地域・華東地域・天山南北地域などで変化が見られる（表4-4）。

　以上、生態システムの変化の発生は主に城鎮の拡張、農業開墾・生態の保全回復などの影響を受けている。中国の生態環境は脆弱で、人類活動の妨害に対して非常に敏感である。同時に、悠久の歴史、巨大な人口、急速な経済成長は高強度の天然資源開発を招き、中国の森林・草地・湿地などの自然生態系に比較的に大きな影響をもたらし、生態システムの退化は中国の経済社会が持続可能な発展をする過程で直面する主要な問題となっている。

表4-4　全国の一部地域における生態系の変化（2010-2015年）

地域	生態系の変化
大小興安嶺山脈と三江平原区域	農地・湿地・森林・草原の間の相互転換
東部沿海・雲貴高原〔広西チワン族自治区北西部など〕・四川盆地周辺地域	都市部の拡張が農地を占拠
黄土高原と銀川平原区域	農地が草原や森林に変化
天山南北のオアシス分布区域	農地が拡張して草原を占拠
青海チベット高原	湖沼面積の増加、草原の減少

データ出典：「全国生態状況変化（2010-2015年）リモートセンシング調査評価報告書」

1. 森林被覆率の明らかな向上

　中国の森林生態系は主に湿潤あるいは比較的湿潤な地域に分布しており、そのうち東北・西南・華南地域の森林面積は比較的大きい。その主な特徴は、動物の種類が多く、群落構造が複雑で、個体群密度と群落構造が長期的に比較的安定した状態にあり得ることである。「世界生態環境リモートセンシングモニタリング2019年度報告書」によると、21世紀に入ってから、世界の森林被覆面積は全体的に安定度がやや低下しており、森林面積の減少は主に発展途上国に集中している。中国の植樹造林と森林保全の効果は顕著で、世界の森林被覆面積の基本的なバランスを維持する主要な貢献者となっている。中国の主要な地帯性天然林生態システムのタイプと分布は、海抜と緯度の上昇に伴い、順に雨林・季節風林、常緑広葉樹林、落葉広葉樹林、針葉樹・落葉樹・広葉樹混交林、亜高山針葉樹林、高山低木矮生林、高山草地、高山ツンドラとなっている。

　FAOが発表した2020年の「世界森林資源評価報告書」によると、1990年から

現在まで、世界の森林面積は急減し続け、純消失面積は 1 億 7,800 万 ha に達しているが、一部の国の強力な保全措置のおかげで、森林面積の縮小ペースはやや鈍化している。過去 10 年（2009〜2019 年）、中国の造林面積は 7 万 1,307km² に達し、中国の森林面積の年平均純増加量は世界第 1 位であり、他の国をはるかに上回っている。2010〜2020 年にはアジア地域の森林の純増加面積が最も多く、主に東アジア地域に集中しており、これは中国の森林が年間約 1 万 9,400km² 純増したことによるものである。「全国生態状況変化（2010-2015 年）リモートセンシング調査評価報告書」によると、森林生態システムの総面積は 191 万 2,700km² で、広葉樹林・針葉樹林・針広混交林・稀疎林の 4 つの二級類が含まれる。2010〜2015 年に新たに増加した森林生態システムの面積は 1 万 5,600km² で、江蘇省・浙江省・安徽省などの地域の森林生態システムの面積増加が顕著である（図4-2）。

中国の天然林保全活動は 1998 年から試験的に始まり、2000 年から第 1 期天然林保全プロジェクトが実施され、2011〜2020 年が第 2 期で、天然林資源の回復的成長が持続的に加速し、森林面積と蓄積量のダブル成長を実現した。第 8 回全国森林資源調査（2009〜2013 年）の結果では、中国の森林資源は良好な展開を示していて、数量が持続的に増加し、質が安定的に向上し、効能が絶えず強化されている。森林面積と森林蓄積量はそれぞれ世界 5 位と 6 位で、人工林面積は依然と

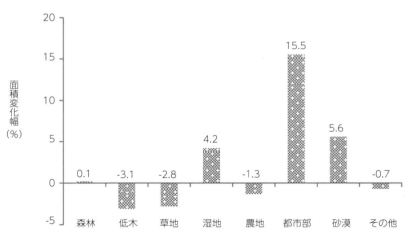

図 4-2　2010〜2015 年の全国生態システムの面積変化幅
データ出典：「全国生態状況変化（2010-2015 年）リモートセンシング調査評価報告書」

して世界トップである。アメリカ航空宇宙局が発表した研究結果によると、2000〜2017年に、中国のグリーン純増加面積は135万km²、純増加率は17.8%に達し、いずれも世界首位となった。世界の新増緑化面積の25%は中国の貢献によるもので、ロシア、米国、オーストラリアの合計に相当する。

世界の気候環境などの影響を受けて、中国の森林生態システムに多くの変化が生じ、複数の省および自治区の森林資源は動態的な変化の過程を呈している。西部の3省はいずれも森林面積、蓄積量のダブル増加を実現した。1978〜2012年の森林資源観測データに基づくと、雲南省の35年間の森林資源の量と質の動態変化の特徴は、全省の森林面積が急速に増加し、林分[1]の質が低下したことを示している。森林蓄積量が増加し、活立木〔林の中に生えている木〕蓄積量の増減比率が年々高まっている（胡宗華，2017）。2001〜2016年、チベット自治区の森林面積は9万8,929km²から10万9,095km²に、森林蓄積量は11億8,267万2,700m³から11億9,939万6,600m³に増加し、森林資源は持続的に増加、森林被覆率は絶えず向上している（杜志ほか，2018）。1970年代から現在まで、甘粛省の林地と森林面積は全体として波動的に増加し、森林蓄積量は全体的に大幅な増加傾向を示している（張竜生ほか，2020）。

東北地区の遼寧省は、森林面積・森林被覆率がともに増加した。全省の林地面積は1990年代初めの5万4,620km²から、2015年には7万1,473km²に、森林面積は3万9,186km²から5万7,183km²に、森林被覆率は26.9%から39.2%に、東部山岳部は森林資源が多く分布している（景焱，2019）。

中部4省でも明らかな変化が見られた。2012〜2017年、山東省の森林資源変化の全体的傾向は、林地面積と森林蓄積量がやや増加、森林被覆率が着実に向上、活立木の総蓄積量と森林蓄積量が持続的に増加して、森林資源の質が徐々に向上していることを示した（張芬ほか，2019）。河南省で林業の発展速度が最も速かった時期は「第12次5カ年計画」〔2011-2015年〕期で、森林面積・森林被覆率・森林蓄積量などの面で明らかに向上した（羅穎ほか，2017）。2014年に発表された第8回全国森林資源精査の結果に基づくと、安徽省全省の高木林の単位面積当たり蓄積量は全国平均の80.05%、世界平均の54.87%にすぎず、森林全体の質は低く、森林蓄積量と林地生産力は依然として向上の余地がある（周敏，2018）。江西省の

---

1 樹木の種類・樹齢・生育状態などがほぼ一様で、隣接する森林とは明らかに区別がつく、ひとまとまりの森林。

林地面積と森林面積は共に増加し、そのうち、林地面積は 1996 年の 10 万 4,532km² から 2016 年の 10 万 7,990km² に増加し、3.31% 増加した。森林面積は 8 万 8,978km² から 10 万 2,102km² へと 14.7% 増加した（陳済友ほか，2018）。

南方各省の中で広東省の変化は比較的明らかである。2010～2014 年、広東省全省の森林資源総量は全体的に上昇し、森林資源の質は次第に向上して、広葉樹林が次第に優勢な森林タイプとなり、森林生態は良好な状況となった（労小平ほか，2016）。そのうち、人工林面積は 1978～2017 年の成長量が 3 万 2,708km² で、年平均 818km² 増加した。人工林の ha 当たりの蓄積量が大幅に向上し、かつ質が明らかに向上した（楊加志ほか，2019）。

各地方政府は各方面の力を結集して造林・森林保全・森林育成の積極性を十分に引き出し、着実に森林面積を拡大し、森林被覆率を高め、数々の取り組みを実施し、中国の森林資源を守ってきた。中国は引き続き植樹造林のペースを速め、資源保全に力を入れ、林産業の発展に力を入れ、グリーン経済の発展と生態の改善、民生の改善により大きな貢献をしていく。天然林を全面的に保全することは、エコ文明と美しい中国を建設し、中華民族の永続的な発展を実現する上で重大な意義を持つ。

2. 低木生態システム面積の若干の減少

低木は森林と草地の間に介在する生態系タイプであり、群落の平均高度は 5m より低く、カバー率は 30% より大きく、植生層は鬱蒼としており、主要構成種の多くは群生低木生活型植物であり、その植物株は矮生化し、多くの分枝があり、葉は小さくて硬く、叢状あるいは匍匐状に成長し、肉質・多棘などの明らかな乾生特徴を持っているものもある（王慶慧ほか，2019）。低木は種類が多く、生命力が強く、発芽力が強く、生産力が高く、適応範囲が広いなどの特徴がある。低木の生態適応範囲は極めて広く、中国の山地と乾燥地帯に極めてよく見られるため、低木は自然界に広く分布する陸地生態系のタイプである（胡会峰ほか，2006、謝宗強・唐志尭，2017）。

中国の低木生態システムのタイプは主に広葉樹低木・針葉樹低木・稀疎低木である。低木の植生は主に西南・西北地区に分布しており、東南沿海に向けて面積は減少傾向を示している。四川省・内モンゴル自治区・新疆ウイグル自治区・チベット自治区 4 省（自治区）の低木面積が最も大きく、4 万 6,600km² 以上ある一方、

天津市・江蘇省・山東省の低木面積は最も小さく、いずれも 660㎢ 以下であった。2010〜2015 年、中国の低木生態システム面積は減少傾向を示し、低木生態システムの総面積は 69 万 5,300㎢ から 67 万 5,300㎢ に減少し、減少率は 2.9% であった。各省（自治区・直轄市）の 2009 年と 2015 年の低木面積のデータを比較すると、各省（自治区・直轄市）の低木生態システムにはすべて程度こそ異なれ退化が見られ、そのうち江蘇省は退化が最も深刻で、退化総面積の 2.6% を占め、チベット自治区は最も小さく、退化総面積の 0.592% を占めた。低木生態システムは主に農地と森林生態システムに転換し、両者はそれぞれ低木生態システム転出面積の 41.3%、33.2% を占めている。新疆ウイグル自治区・広西チワン族自治区・福建省などの地域では、低木生態システムの面積の減少が目立っている。西部の低木地域が直面している第一の問題は、人間の樵採〔柴や薪を採ること〕であると同時に、人間の活動によって地下水位の埋蔵深度が低くなりすぎて、低木植生が衰退して死んでしまうことである（丁愛強ほか，2019）。これらの人間活動を効果的に制御できれば、西部の低木生態システムは、より深刻な被害を回避できるであろう（王偉民ほか，2008）。軽度に退化した低木については、輪牧〔草原地帯を区分けして、交代で放牧する〕方式を用いて適度な事業活動を行うことができる。重度と中度の退化の場合は、人工的な育成促進と立ち入り禁止措置を採用して、人間の干渉強度を制御し、干渉方式を改善し、自然回復を促進することができる。極度に退化した地域では植被再生を行い、人工的に回復を行うべきである（楊小林ほか，2012）。

3．草地生態システムにおける転換の実現

　草地は中国の主要な自然生態システムのひとつである。草地生態システムは主に年間降水量 400㎜ 以下の乾燥・半乾燥地域、南方と東部の湿潤・半湿潤地域の山地、および東部と南部の海岸帯に分布している。中国の草地生態システムには草地・草原・草むらが含まれ、そのうち草原生態システムが主である。森林生態システムに比べ、草地生態システムは動植物の種類がはるかに少なく、群落の構造もそれほど複雑ではない。温帯草地は主に内モンゴル自治区東部に分布し、高寒草地は主に青海チベット高原東部に分布している。温帯草原は主に内モンゴル高原・黄土高原北部・松嫩平原〔黒竜江省西南部から吉林省西北部にかけて位置する東北平原の一部〕西部に分布し、温帯荒漠草原は主に内モンゴル自治区西部と新疆ウイグル自治区北部に分布し、高寒草原と高寒荒漠草原は主に青海チベット高原

西部と北西部に分布している。草むらは主に中国東部の湿潤地域に分布している。

　以前は草原資源に対して自然粗放式経営〔自然のままに収穫を待つ農業形式〕を行っていたため、中国の草原牧場の退化状況は比較的深刻であった。過放牧・乱開発で草原の破壊が深刻になり、草原の退化・砂漠化・アルカリ化面積が日増しに拡大し、草原の生産力が低下し続けている。現在、中国の草地退化面積は利用可能な草地面積の1/3を占めており、引き続き拡大する傾向にある。虫害（主にバッタ）と鼠害は牧草地退化のもうひとつの原因で、内モンゴル地域では鼠害により牧草が毎年減産化している。内モンゴル自治区と青海省の多くの牧場は、牧草生産量が1950年代に比べて大幅に低下しており、質も劣化している。そのため、中国は多くの地域でさまざまな措置を講じて退化草地の整備を行っている。例えば、農業・林業・草業・牧畜業の構造を改良し、耕作を放棄して草に戻すという人工草地の確立と退化草地の整備を結合させ、草地の量で家畜の量を定め、許容家畜量を合理的に調整し、草原資源の監督管理を強化し、草原への資金投入を増やす、などである。中国政府は「退牧還草」〔放牧をやめ植生を回復させる事業〕、草原の生態保全と回復などのプロジェクトの実施を通じて、草原の牧畜禁止地域80万㎢、草地と家畜のバランス調整地域180㎢近くを確保し、草原の整備面積は66万6,700㎢を超えた。全国重点草原の過重負荷率は長年にわたり低下傾向を示しており、2018年末までに全国重点草原の平均過重負荷率は10.2%まで低下した。

　2010〜2015年、中国の草地生態システム面積は減少傾向を示し、草地生態システム総面積は284万5,000㎢から276万6,000㎢に減少し、減少率は2.8%であった。草地生態システムは主に農地生態システムに転換し、草地生態システム転出面積の41.2%を占めている。そのうち、東北地方と新疆ウイグル自治区のオアシス周辺地域などの草地生態システム面積は主に耕地開拓の影響を受けて減少傾向を示している。甘粛省東部と寧夏回族自治区などの草地生態システム面積は主に耕作放棄と生態回復の影響を受け、上昇傾向を示している。

4. 湿地生態システム保全率の向上

　「ラムサール条約」の定義では、湿地には沼沢地・泥炭地・河川・湖沼・マングローブ林や沿岸の干潟などがあり、さらには干潮時に水深が6m以下の浅海水域も含まれる。湿地には非常に豊富な生物資源がある。沼沢は多くの水生動物の生息に適しており、河川の両岸と湖岸の沼沢は魚類の繁殖と肥育の場所である。湿

地は独特な機能を持つ生態システムで、洪水の防止、気候の改善、環境の美化、地域の生態バランスの維持などの面でかけがえのない役割を果たしており、「生命のゆりかご」「文明の発祥地」「種の遺伝子バンク」と呼ばれている。湿地帯は地球面積の 6% しか占めていないが、地球上の種の 40% に生存環境を提供している。

かつて中国の湿地面積は 65 万 7,000㎢に達し、国土面積の約 7% を占めていた。しかし 2004 年の調査では、中国の湿地総面積は 38 万 4,800㎢で、国土面積の 4% となり、全世界平均の 6% を下回っている。2008 年、中国の湿地総面積は 35 万 9,500㎢で、そのうち内陸湿地は 33 万 9,400㎢、非農地人工湿地は 2,800㎢、浜海湿地は 1 万 7,600㎢であった。国家林業局〔現在の国家林業草原局〕が 2009～2013 年に実施した第 2 回全国湿地資源調査の結果によると、全国の湿地総面積は 5,360 ㎢、湿地率は 5.58%、そのうち調査範囲内の湿地面積は 5,342㎢であった。2010～2015 年、中国の湿地生態系面積はやや増加し、湿地生態系の総面積は 33 万 8,200 ㎢から 35 万 2,500㎢へと、4.2% 増加した。このうち、貯水湖型湿地面積は 2.2% 増の 20 万 6,900㎢で、主に人工ダム建設の影響を受けて明らかに増加した。青海チベット高原では、世界的な気候変動の影響を受け、湖沼水域面積が 1569.52 ㎢増加と明らかに増え、これも中国の貯水湖型湿地面積の増加に大きな影響を与えた。沼沢湿地面積は 14 万 5,600㎢で 7.4% 増であった。「ラムサール条約」に登録された中国の湿地には、黒竜江省のジャロン自然保護区、江西省の鄱陽湖国家級自然保護区、内モンゴル自治区の西オルドス国家級自然保護区、山東省の黄河デルタ国家級自然保護区などが含まれる。

近年、中国は一連の効果的な措置を実施し、湿地保全政策・法規制度の確立、湿地保全修復プロジェクトの実施、湿地調査モニタリングの展開、「ラムサール条約」の積極的な履行、国際協力交流の拡張、社会全体の湿地保全意識の向上などを通じて、湿地保全管理業務を全面的に強化している。特に 2014 年より、中国は重点省の泥炭・沼沢の炭素プール調査を開始し、分布面積の大きい内モンゴル自治区・四川省など 11 地域の泥炭・沼沢の炭素プール調査を実施しており、現在すでに 6 地域の調査試行作業を完了している。2016 年、国家林業局は「林業気候変動適応行動方案（2016-2020 年）」を制定し、中国の気候変動対応に関する戦略計画と行動を具体的な保護措置に変え、「全国の湿地面積を 8 億ムー以上に保つ」ことを行動の全体目標に組み入れた。現在、中国は応急的な湿地保全から全面的な

湿地保全という新たな道のりに入り、国から地方に至るまで、湿地保全への注力は絶えず強化されている。2018年10月、「ラムサール条約」第13回締約国会議は朗報を伝えた。中国の常熟市〔江蘇省蘇州市〕・常徳市〔湖南省〕・海口市〔海南省〕・東営市〔山東省〕・銀川市〔寧夏回族自治区〕・ハルビン市〔黒竜江省〕の6都市が、優良な湿地資源、着実な湿地保全・回復活動により、「世界初の国際湿地都市」の称号を獲得し、第1陣18都市の1/3を占めた。

5. 農地生態システム面積全体の効果的制御

　農地生態システムは、人間によって作られた生態システムが自然環境と結合して形成された生態システムである。農地生態システムの中で、人類はその鍵を握る主導要素であり、異なる生物群落・光・空気・水分・土壌・無機養分などは、すべてその主要な構成要素である。農地生態システムは食糧を提供し、人類社会の存在と発展の基礎となっている。

　中国は伝統的農業大国であり、農地生態システムは耕地と栽培園を含み、主に東北平原・華北平原・長江中下流平原・珠江デルタ・四川盆地などの地域に分布している。耕地には水田と畑が含まれ、うち水田は水稲を主とし、畑は小麦・トウモロコシ・大豆・綿花などを主とする。栽培園には高木栽培園と低木栽培園があり、高木栽培園には主に果樹園、並びに海南省、雲南省などの熱帯作物園が含まれ、低木園地には主に中国南方に広く分布する茶畑が含まれる。2010～2015年、中国の農地生態システム面積は減少傾向を示し、総面積は180万9,200km²から178万6,000km²に減少し、減少率は1.3%であった。農地生態システムは都市生態システムへの転換面積が最も大きく、農地生態システム転出面積の19.4%を占めている。次は農地生態システムから森林生態システムへの転換で、農地生態システム転出面積の8.6%を占める。その中で、長江デルタ・河南省中部などの農地面積が明らかに減少したのは、主に都市化の拡張によるものである。天山〔新疆ウイグル自治区〕南北地域では農地の拡張が著しく、大量の砂漠と草地を占有している。

　農地生態システムは人工的に作られた生態システムであり、ある程度人工的にコントロールされた生態システムである。その主な特徴は、人の役割が非常に重要で、人の役割がなくなると農地の生態システムはすぐに退化し、優位な作物は雑草やその他の植物に取って代わられてしまうことである。王軼虹ほか（2017）は、MOD17A3データセットに基づく研究で、農地の生態システムが人類活動の

影響を大きく受けることを発見した。2004～2016年に中国の典型的な農地生態システムの各水体のpHと鉱化度が変化した主な原因は、人類活動（耕作・施肥・灌漑）である（劉旭艶ほか，2019）。鳥類の生息地の種類の変化と人類の活動の激化に伴い、農地の耕地面積が増加し、一方、沼地・湿地・草地の面積が減少したことで、アヒル類とツル類の数が大幅に減少した（陳麗霞ほか，2019）。高強度の農業生産は生態環境に多くのマイナスの影響をもたらしており、どのように農地生態システムによる貢献を判断するかは、農業の持続可能な発展が直面する重要な課題のひとつである。

第5章　生物多様性保全とグリーン発展の主な取り組みと成果

　習近平総書記は、「自然を尊重し、自然に順応し、自然を保護するエコ文明の理念を確立し、重要な生態修復プロジェクトを実施し、エコ製品の生産能力を強化し、生物多様性を保全しなければならない」と明確に述べた。中国は、保護の優先、自然の回復を主体とする基本方針を堅持し、あくまで発展する中で保護し、保護する中で発展し、生物多様性に関連する法律・法規と政策・制度を絶えず整備し、保護を基盤とした生物資源の合理的な利用を強調し、生物多様性保全とグリーン発展を協調的に推進し、生物多様性を保全する目標と責任を強化し、生物多様性保全を主流とする発展を推進し、重要な生態プロジェクトの配置と実施を通じて、生態保護に一層力を入れ、生物多様性保全が顕著な成果を実現するよう推進している。

第1節　生物多様性保全法規制度の整備

　中国政府は、生物多様性を保全する立法および関連制度の構築を非常に重視しており、すでに生物多様性保全の法律体系を若干構築しており、「中国の生物多様性保全の戦略・行動計画（2011-2030年）」や「全国生物種資源の保護・利用計画要綱」といった重要な計画を立案実施し、生物多様性保全に関する一連の基準や規範を制定している。中共中央委員会と国務院は、「エコ文明建設の加速推進に関する意見」の中で、「生物多様性の喪失速度を基本的に抑制し、全国の生態系の安定性を顕著に強化する」ことを主要目標のひとつとした。また、「国民経済と社会発展第13次5カ年計画要綱（2016-2020年）」では、革新・調和・グリーン・開放・共有という5つの発展理念をきちんと確立し徹底して実行するよう提案し、「第13次5カ年計画」期間における生物多様性保全の重点課題を特に明確にした。中国は、エコ文明建設を全面的に推進する過程で、最も厳格な制度と最

第 5 章　生物多様性保全とグリーン発展の主な取り組みと成果

も厳密な法治を採用し、生物多様性保全を推進している。

1. 法律法規

　大まかな統計によると、現在、中国ではすでに 20 以上の生物多様性保全に関する法律、40 以上の行政法規、50 以上の部門規則が公布実施されている（薛達元, 2019）。同時に、地方の各省（自治区、直轄市）も国家の法規に基づき、地域の実情に応じて若干の地方法規を公布している。中央から地方に至る多くの行政レベルおよび多くの部門による法律や法規の公布実施は、生物多様性保全に強固な法的保障を提供している。

（一）関連法律

　「中華人民共和国憲法」は次のように規定している。「国家は自然資源の合理的利用を保障し、貴重な動植物を保護する。いかなる組織または個人でも、いかなる手段でも、自然資源を占拠または破壊することを禁止する」「国家は生活環境や生態環境を保護・改善し、汚染やその他の公害を防止する。国家は植林造林を図り奨励して、森林を保護する」。「中華人民共和国刑法」第 341 条・第 344 条・第 345 条では、「貴重な絶滅危惧野生動物を不法に捕獲し殺害する罪」「国家重点保護植物を不法に伐採・破壊する罪」「森林の違法伐採の罪」が規定されている。このほか、生物多様性保全の具体的分野では、生物安全、外来種の侵入の防止と対処、遺伝資源へのアクセスと利益配分、現地保全[1] など、生物多様性保全に関する一連の法律がすでに公布されており、中国の生物多様性保全の法律体系に強固な基盤を築いている。

　生物の安全に関しては、1988 年 11 月の第 7 期全人代常務委員会第 4 回会議で「中華人民共和国野生動物保護法」が可決され、1989 年 3 月、正式に実施された。「中華人民共和国野生動物保護法」は、生物多様性と生態バランスを維持する原則を明確にし、さらに野生種の保護・救済、野生動物資源の合理的な利用、野生動物の保護並びに管理上の政策・措置とその法的責任などを詳細に規定している。1989 年 12 月に改正された「中華人民共和国環境保護法」第 17 条では、「各レベルの人民政府は、代表的な各種タイプの自然生態系エリア、希少・絶滅危惧野生動植物の自然分布エリア、重要な水源涵養エリア、重要な科学文化的価値を有す

1　中国語原文は「就地保护」。生物多様性や自然環境を保護するための一手段で、生物や生態系を本来の自然な環境で保護・保存すること。

る地質構造や著名な鍾乳洞と化石分布エリア、氷河・火山・温泉などの自然遺産および人文遺産、古木・名木などを措置を講じて保護するべきであり、破壊を厳禁する」と規定しており、動植物が生存する空間で明確に保護している。2020年10月の全人代では「中華人民共和国生物安全法」が採択された。

外来種侵入の防止と対処に関しては、「中華人民共和国野生動物保護法」第37条が、国外からの野生動物種の持ち込みに関する規範的条件を規定している。このほか、1982年に公布された「中華人民共和国海洋環境法」、1984年公布の「中華人民共和国森林法」、1985年公布の「中華人民共和国草原法」、1986年公布の「中華人民共和国漁業法」と「中華人民共和国国境衛生検疫法」、1991年公布の「中華人民共和国出入国動植物検疫法」、1997年公布の「中華人民共和国動物防疫法」などの法律は、外来種の侵入の防止と対処という目的を達成するため、すべて検疫要件に言及している。

遺伝資源へのアクセスと利益配分に関しては、2006年に公布された「中華人民共和国畜産法」が、中国で最初に遺伝資源へのアクセスと利益配分について明確に言及した法律であり、その第16条は、「保護リストに含まれる家畜・家禽の遺伝資源を、国外に輸出、あるいは国内で国外の機関や個人と共同して研究利用する場合は、省レベルの人民政府の畜産獣医行政管理部門に申請を提出し、同時に国の利益配分プランを提出しなければならない」と規定している。このほか、「中華人民共和国森林法」「中華人民共和国草原法」「中華人民共和国漁業法」「中華人民共和国野生動物保護法」「中華人民共和国種子法」などもすべて関連規定を定めている。

現地保全に関しては、「中華人民共和国環境保護法」「中華人民共和国森林法」「中華人民共和国草原法」「中華人民共和国漁業法」「中華人民共和国野生動物保護法」などの多くの法律が、すべて自然保護区について関連規定を定めている。これらの法律は、野生動植物やその生息地などの自然資源の所有権は国家または集団にあり、野生動植物は森林資源の一部であること、草原の植生を厳格に保護して過度の放牧を防止すること、優良種の保護を強化して有害生物を防除すること、保護区を設立し野生動植物に生存空間を提供することを明確にしている。

環境資源を合理的に開発・利用・節約・保護し、自然災害に対処し、自然資源の持続可能な利用を実現し、同時に生物多様性を保全するために、中国は「中華人民共和国水汚染防止法」（1984年）、「中華人民共和国鉱産資源法」（1986年）、

「中華人民共和国土地管理法」(1986 年)、「中華人民共和国水法」(1988 年)、「中華人民共和国都市計画法」(1990 年)、「中華人民共和国固体廃棄物環境汚染防止法」(1995 年)、「中華人民共和国エネルギー節約法」(1997 年)、「中華人民共和国気象法」(2000 年)、「中華人民共和国大気汚染防止法」(2000 年)、「中華人民共和国防砂治砂法」(2002 年)、「中華人民共和国環境影響評価法」(2003 年)、「中華人民共和国再生可能エネルギー法」(2006 年) などの法律を相次いで制定し、国民経済と社会発展のニーズに適応している。

経済社会の発展に伴い、人類による自然資源の開発や利用、ひいては破壊がますます激しくなり、中国の生物多様性は深刻な危機に直面している。このような背景の下で、1994 年以来、中国では一部の法律に対し、相次いで改正・廃止・増補を行っている。例えば、第 11 回全人代常務委員会は、「中華人民共和国水土保持法」や「中華人民共和国農業法」などを相次いで改正した。第 12 回全人代常務委員会は、「中華人民共和国草原法」「中華人民共和国環境保護法」「中華人民共和国水汚染防止法」「中華人民共和国大気汚染防止法」「中華人民共和国環境保護税法」「中華人民共和国核安全法」「中華人民共和国野生動物保護法」「中華人民共和国深海海底区域資源探査開発法」「中華人民共和国海洋環境保護法」「中華人民共和国環境影響評価法」「中華人民共和国漁業法」「中華人民共和国水法」「中華人民共和国種子法」などを相次いで制定・改正した。特に 2014 年に再改正された「中華人民共和国環境保護法」では、日毎の継続罰金、封鎖・差押え、生産制限・生産停止、行政拘留、公益訴訟などの措置が導入され、「史上最も厳しい」環境保護法とされている。第 13 回全人代常務委員会は、「中華人民共和国土壌汚染防止法」「中華人民共和国土地管理法」「中華人民共和国森林法」などを改正した。

中国の生物安全が直面する新たな状況・問題・任務に対応し、野生動物の保護や管理に生じた新たな事態、特に新型コロナウイルス感染症の発生で暴露された野生動物の取引や過度な悪食がもたらした公衆衛生上の重大な潜在リスクを解決するため、野生動物保護体系の欠点や弱点は法律法規面で速やかな補完と整備が行われるべきである。2020 年 2 月、第 13 回全人代常務委員会第 16 回会議にて、「違法野生動物取引の全面禁止、野生動物乱食の悪習根絶、人々の生命と健康の安全の適切な保障に関する全人代常務委員会の決定」が可決され、野生動物の食用禁止範囲、不法野生動物取引の取り締まり、執行管理体制の整備などに対してさらなる規定がなされた。

（二）行政法規

　現地保全に関して、国務院は「中華人民共和国自然保護区条例」を公布実施した。この条例は、自然保護区に関する初の特別法であり、生態保護において重要な意義を持っている。このほか、さまざまな分野における自然環境保護に存在する問題に対して、「風致地区管理暫定条例」（1985 年）、「都市緑化条例」（1998 年）、「耕地の森林復元に関する条例」（2002 年）などの関連行政法規も制定され、環境保護部門の総合管理と林業・農業・国土資源・水利・海洋などの産業管理を結びつけた管理体制が構築され、行政レベル別・地域別管理制度も明確化され、植物保護や動物の生息地保護に存在する多くの問題がかなり解決された。

　重点種の保護と管理に関して、国務院および農林部門は「希少野生動物の乱獲・転売・密輸を断固阻止することに関する国務院の緊急通知」「国家重点保護野生動物リスト」「中華人民共和国陸生野生動物保護実施条例」「中華人民共和国水生野生動物保護条例」「中華人民共和国野生植物保護条例」「中華人民共和国絶滅危惧野生動植物輸出入管理条例」などを次々と発表した。これらの法規はすべて、生物多様性および野生種、特に絶滅危惧種の保護を行うことを求めている。

　外来種の侵入を防ぎ、生物および生態系の安全を維持することに関して、国務院や国家科学技術委員会は、「中華人民共和国出入国動植物検疫条例」（1982 年）、「植物検疫条例」（1983 年）、「出入国動植物検疫法実施条例」（1996 年）、「中華人民共和国動物防疫法」「実験動物管理条例」（1988 年）、「農業遺伝子組換え生物安全管理条例」（2011 年）、「病原微生物実験室生物安全管理条例」（2004 年）、「重大な動物疫病緊急措置条例」（2005 年）など、輸出入動植物の検疫と感染症対策に関する一連の政策法規を相次いで公布した。

　生物の遺伝資源へのアクセスと利益配分、伝統的知識の有効な保護に関して、国務院は相次いで一連の行政法規を公布しており、生物多様性の管理と保護措置、生物多様性所有者の権益および遺伝資源の対外交流と協力について比較的明確な規定を行い、種の保護を効果的に強化すると同時に、農業・林業・医薬などの産業の発展を促進している。

　このほか、国務院は環境資源に関する一連の行政法規を通達しており、2019 年には、生態環境保護分野で初めての党内法規である「中央生態環境保護監督検査業務規定」が公布され、環境保護法を中心として、大気・水・土壌・自然生態・核の安全などの生態環境資源分野をカバーする法律法規体系が基本的に整備された。

（三）部門規則
（1）自然生態環境の保護

　各部門は相次いで自然な生態環境の保護と修復を呼びかける一連の部門規則を通達した。その中で、生態環境部は「自然保護区の管理業務の一層の強化に関する国務院弁公庁の通知」「湿地生態保護業務の強化に関する通知」「沿岸海域環境機能区の管理規則」「国家レベル自然保護区監督検査規則」「建設プロジェクト環境保護分類管理リスト（2021 年版）」などの部門規則を相次いで通達し、生物多様性の保全と持続可能な利用プロジェクトを強力に支援し、湿地生態系と種の保護を強化し、沿岸海域の生態環境を保護し整備するよう呼びかけている。林業部門は森林・湿地・荒野の政府主管機関として、「森林と野生動物のタイプに基づく自然保護区管理規則」「森林公園管理規則」「沿海国家特別保護林帯の管理規定」「天然林伐採管理厳格化に関する意見」「自然保護区建設管理業務強化に関する意見」「国家レベル森林公園管理規則」「湿地保護管理規定」を相次いで通達し、森林・湿地・自然保護区の建設などさまざまな側面から種と生態系の多様性を保護することを提案している。機構改革前、農業部門は全国草原監督管理業務を主管し、「草原と家畜のバランス管理規則」「草原監督管理業務のさらなる強化に関する通知」「草原の収用・占用審査承認管理規則」「中華人民共和国水生動植物自然保護区管理規則」などを相次いで発表し、水生野生生物・草原野生動植物・重要農業野生種の保護を十分に考慮している。その他の関連部署も自然保護区の建設について関連規則を制定しており、例えば、旧国家土地管理局は「自然保護区土地管理規則」を発表、旧国家海洋局は「海洋自然保護区管理規則」を制定して、海洋の生態環境の保護と海洋生物の多様性保全の強化を明確に求めている。

（2）種の保護

　国家環境保護総局は 2002 年 10 月に「建設プロジェクト環境保護分類管理リスト」を公布し、建設プロジェクトにおける種の保護を強化する目的を明確にし、生物多様性保全を強化するよう求めた。森林における種の保護に関しては、国家林業局が 1999 年 9 月に「国家重点保護野生植物リスト（第 1 次）」を通達し、同年 11 月に「鳥類管理の強化に関する緊急通知」を発表して、鳥類資源の保護を呼びかけた。1999 年から 2020 年にかけて、国家林業草原局（旧国家林業局）は 7 回にわたり「中華人民共和国林業植物新品種保護リスト（林業部分）」を発表し、林業植物の保護リストを継続的に整備してきた。野生動植物の保護を強化し、生物

多様性を保全するため、農業部は 1999 年 9 月に「中華人民共和国水生野生動物利用特許規則」を発表し、2002 年 10 月には「農業野生植物保護規則」を発表して、農業野生植物の保護を法治化の軌道に乗せた。建設部は 2002 年 11 月に「都市生物多様性保全業務強化に関する通知」を通達し、都市生物多様性保全の強化と居住環境の改善を求めている。

(3) 外来種侵入の防止

旧国家環境保護総局は、関連部門と協力して、「中国第一次外来侵入種リスト」「環境保護用及び環境被害誘発可能な微生物の輸出入における環境安全と衛生検疫管理の強化に関する通知」「環境保護用微生物菌剤の輸出入における環境安全管理規則」を相次いで通達した。国務院弁公庁と国家林業局は、「林業有害生物防除業務のさらなる強化に関する意見」「輸入陸生野生動物外来種の種類および数量の承認管理規則」を発表し、外来種の侵入を防ぎ、生物多様性を保全し、国土の生態の安全を維持することを明確に提起している。旧農業部も、外来種侵入防止の一連の規則を公布した。例えば「中華人民共和国輸入植物検疫における輸入禁止物リスト」「農業遺伝子組換え生物安全管理条例」「動物検疫管理規則」「動物病原微生物分類リスト」などの部門規則を通達し、動植物の検疫と生物安全の保護を継続的に強化している。商務部門は、関連部門と共に「中華人民共和国生物両用品〔民用と軍事用〕及び関連する機器・技術輸出規制条例」附属リストを調整し、規制リストに鳥インフルエンザウイルス、SARS コロナウイルスなどの病原体を追加している。中国は、TRIPs 理事会の一員として、「知的所有権の貿易関連の側面に関する協定」と「生物多様性条約」の関係について積極的に議論を推進し、「生物多様性条約」に基づいて「知的所有権の貿易関連の側面に関する協定」を改正すべきであると主張している。また、出入国動植物の検疫を強化するために、旧国家出入国検疫局は、「輸出入野生動植物種商品リスト」「輸入植物繁殖材料検疫管理規則」「輸入動植物検疫審査管理規則」「輸出入遺伝子組換え製品検査検疫管理規則」などの規則を相次いで発表した。国家品質監督検査検疫総局も、「輸入植物と植物製品のリスク分析管理規定」「輸入動物遺伝物質検疫管理規則」などの規範文書を相次いで発表した。2017 年、国家発展改革委員会・農業部・国家品質監督検査検疫総局・国家林業局は、「全国動植物保護能力向上プロジェクト建設計画（2017-2025 年）」を共同で発表実施し、外来侵入種の防止・抑制能力開発を重点的に強化し、外来種の侵入を積極的に防止している。

（4）遺伝資源の保護

　生物の遺伝資源へのアクセスと利益配分を強化し、伝統的知識を効果的に保護するため、農業部は一連の規則を公布して遺伝資源の保護を強化している。1997年には、「輸出入農作物種子（苗）管理暫定規則」「外商投資農作物種子企業設立の審査・許可及び登記管理に関する規定」を公布、1998年1月には、「繁殖用家畜・家禽管理条例実施細則」を公布し、4月には「農作物種子生産経営管理暫定規則」を通達し、1999年4月には、「植物新品種保護条例実施細則（農業部分）」と「農業植物新品種保護リスト（第一次）」を公布、2001年2月には、「主要全国農作物品種認定規則」を公布した。2001年5月には、新たに出現した遺伝子組換え生物の安全問題に緊急対処するため、国務院が「農業遺伝子組換え生物安全管理条例」を通達した。国家林業局は、「植物新品種保護条例実施細則（林業部分）」や「森林遺伝資源の管理規則」などの部門規則を相次いで公布した。国家中医薬管理局は、国務院所属の10部局と協力して、2007年に「民族医薬事業発展の適切な強化に関する指導意見」を発表し、民族薬材資源の保護に真剣に取り組む必要を強調している。遺伝資源の開発活動を規範化するために、知的所有権部門は「中華人民共和国特許法改正案（草案）」に遺伝資源の出所開示制度を追加したが、これも生物多様性保全の強力な保障となっている。

2.　政策制度

　生物多様性保全は、エコ文明建設の重要な要素であり、中国政府および各部門は近年、行動計画の制定と実施を通じて、生物多様性保全のメカニズムを継続的に整備し、総合政策と特別政策からなる、中国独自の生物多様性保全・管理政策体系を構築しつつある。

（一）生物多様性の持続可能な利用に関する政策

　中国政府は、狩猟特別許可証制度・採集証制度・飼育繁殖許可証制度などを含む重点野生動植物利用管理制度を実施し、優れた生物資源の保護と持続可能な利用を促進する取り組みを持続的に強化している。2005年以降、農業部は家畜や農作物の優良品種に対する補助政策、水生生物の繁殖や放流を重点的に支援する漁業資源保護の補助政策などを実施し、家畜や地域作物の品種改良を推進し、優れた生物資源の生産水準を向上させてきた。2019年、農業部は「長江流域重要水域の漁獲禁止と補償制度確立の実施計画」を発表し、河川や湖沼の休養と再生に向

けた制度の段階的な整備を提案した。

　中国政府は積極的にさまざまな生物多様性保全と持続可能な利用方法を探求し、かつ奨励している。2012年には、国務院が「森林下経済[2]の発展加速に関する意見」を通達し、森林下経済の発展を、森林資源の育成、天然林の保護などの生態建設プロジェクトと密接に結びつけ、森林地域の総合的な生産効率を持続的に向上させる必要があると指摘している。国家中医薬管理局なども、「民族医薬事業の発展の適切な強化に関する指導意見」と「新時代の少数民族医薬活動の強化に関する若干の意見」を発表し、民族医薬資源の保護を真剣に行い、民族薬材の絶滅危惧品種と現地薬材養殖栽培基地を構築し、民族薬材自然保護区を設立し、人工栽培や人工飼育の研究を強化する必要があると強調している。また、2012年には、国家観光局が環境保護部と共同で「国家エコツーリズムモデル地区の管理規程」「国家エコツーリズムモデル地区の建設・運営基準（GB/T 26362-2010〔中国国家標準規格のひとつ〕）評価実施細則」を通達し、国家エコツーリズムモデル地区の建設と運営業務に対し規範化と指導を行っている。

　バイオ産業分野も、すでに国家が積極的に育成する戦略的な新しい発展の方向になっている。2006年以降、国務院および国家発展改革委員会は、「バイオ産業の発展加速を促進する若干の政策」「『第13次5カ年計画』バイオ産業発展計画」「『第13次5カ年計画』国家の戦略的新興産業発展計画」「『第13次5カ年計画』省エネ環境保護産業発展計画」などを相次いで承認・発表したが、そのねらいは、現代的なバイオ産業体系と生物安全保障体系の構築によって、バイオ産業が国民経済と社会の持続可能な発展により大きな貢献をすることである。2006年11月、国家林業局は財政部などの部局と共に、「バイオエネルギー・バイオ化学工業の開発のための財政・税務支援政策実施に関する意見」を配布し、ベンチャーファンドの設立、材料基地への補助金、モデル補助金など多くの財政・税務支援政策の実施を通して、地方のバイオエネルギーと生物化学工学産業の発展を支援している。2019年、国家発展改革委員会を含む10の部局は共同で「バイオ天然ガス産業化発展促進に関する指導意見」を発表し、バイオ天然ガスの専門化・市場化・規模拡大による発展を加速し、グリーンで低炭素、クリーンで再生可能なガス新興産業を形成することを指し示している。

2　中国語原文は「林下经济」。森林の下を利用したキノコなどの栽培・養殖など、立体的な経済活動を指す。

（二）遺伝資源および関連伝統知識の保護に関する政策

　生物多様性の減少をなんとかくい止める手始めとして、中国政府は「生物種資源の保護と管理の強化に関する通知」「中国生物多様性の保全戦略・行動計画（2011-2030年）」などの政策文書を相次いで公布し、遺伝資源および関連する伝統知識の保護、生物資源の取得、出入国管理制度の構築を段階的に強化している。

　農業部は、国家レベル水生動植物自然保護区中心地域での科学的研究観測および調査活動の承認制度、農作物遺伝資源海外提供承認制度、外資系穀物・綿・油糧作物種子企業設立のプロジェクト化審査制度、草類種子輸入（輸出）承認制度、農作物種子事業経営許可証承認制度などを相次いで公布実施した。2002年には商務部が「生物両用品及び関連する機器・技術輸出規制条例」附属リストに対して輸出許可管理制度を実施した。2007年、国家林業局絶滅危惧種輸出入管理弁公室は、「『輸出入許可証明書』の行政許可業務の法的規範化に関する通知」を発表し、行政許可文書制度の実施と国内野生動植物資源輸出入管理業務のさらなる強化を提案した。税関総署は、国家の輸出入監督管理機関として、生物種資源の輸出入管理を非常に重視しており、国家絶滅危惧種輸出入管理弁公室および商務部と協力して、「輸出入野生動植物種商品リスト」や「軍民両用品及び技術輸出入許可証管理リスト」などを含む絶滅危惧野生動植物輸出入関連管理リストを制定し、調整・公布している。中国の生物資源の取得と出入国管理制度は段階的に整備されている。

　生物資源の知的財産権保護はすでに国から極めて重視されており、中国国家知的財産権局は、2007年に「知的財産権保護と行政法執行業務の強化に関する指導意見」を通達し、その後、「知的財産権保護支援業務に関する指導意見」「『雷雨』『天網』〔行動計画の名称〕知的財産権執行特別行動プラン」など一連の政策文書が公布された。これらの政策は、食品・医薬・農業・ハイテクおよび地元優位産業と重要プロジェクトを重点分野として、知的財産権の侵害と偽造行為に厳しく対処している。

（三）生物多様性に関する政績評価制度

　グリーン発展の推進を加速するため、自然環境と生物多様性保全の関連指標が、各地方政府の政績評価制度に徐々に組み込まれつつある。2009年、中国は五大地域の主要産業発展戦略環境影響評価業務を開始し、環境保護部は初めて生物多様性を国家主要産業発展戦略環境影響評価に組み込んだ。2010年、国務院は「2010

年国際生物多様性年中国行動計画」と「中国生物多様性の保全戦略・行動計画（2011-2030 年）」を承認した。2011 年、環境保護部は「地域生物多様性評価基準」（HJ 623-2011）を発表した。2012 年、李克強総理は生物多様性保全をエコ文明建設目標体系の重要な要素とし、地方政府の行政評価に取り入れることを提唱した。近年、重慶市・江西省・海南省などの地域では、いずれも生物多様性を政府の評価に組み込んでおり、湖南省では、交通・衛生・環境保護・水利、および主要管轄区の岳陽市政府など多くの部門で構成される合同会議制度を設立し、スナメリなどの水生野生動物を保護するとともに、保護活動を政府の業績評価内容に組み入れ、人為的な要因によるスナメリの死亡については法的責任を問うと規定している。

（四）生物多様性保全と貧困削減に関する政策

自然保護区とその周辺地域の対立を解消するため、各地方政府は徐々にコミュニティ共同管理・エコツーリズム・人工養殖などのプロジェクトを展開しつつあり、保護区の資源的優位性を利用して、合理的な開発や適度な経営を行い、生態環境保護を現地住民の貧困脱却と結びつけ、地域に適した生物多様性保全と貧困削減の協同推進モデルを研究し、生物多様性の永続的な利用という目的を達成しようとしている。例えば、2012 年に江西省人民政府と湖北省人民政府は「森林下経済発展の強力な推進に関する意見」を打ち出し、林業に従事する農民が森林の生態環境の助けを借り、森林資源と木陰の利点を活用して、林業・農業・牧畜など多様なプロジェクトの複合経営を展開することを奨励し、生態環境の保護と林業に従事する農民の増産増収という一石二鳥を実現した。湖北省五峰土家族自治県は生物多様性の重要地域であり、国家レベルの貧困県でもあるが、蜜蜂飼育や蜜源植物の栽培を生物多様性保全と調和させた貧困削減モデルの構築を通して、県内の貧困世帯のうち 3,500 世帯に貧困脱却の見通しが立ち、世帯平均で 5,000 元以上の増収を達成した。この事例は、2019 年に、世界銀行・FAO などが共同で発起した「グローバル貧困削減事例収集キャンペーン 110 選」のベストケースに選ばれた。2016 年以来、河北省囲場県八頃村は、地域の気候と土壌の優位性に基づいて、生物多様性保全と貧困削減のための産業プロジェクトを積極的に探求した。これには、メイロンメロンの栽培、キンレンカの栽培、セレンが豊富な有機馬鈴薯の栽培、キクイモの栽培などの産業が含まれており、エコ産業による貧困脱却の道を切り開き、率先して村全体の貧困層の収入増加を図り、産業プロジェ

クトの持続的かつ安定的発展という良好な状況を生み出し、2019年末には村全体が貧困を脱却し、貧困総合発生率は0.34％に下がった。

(五) 新たな国際的課題に対する特別政策

　世界経済の発展とグローバル経済の一体化プロセスが加速するのに伴い、外来種の侵入はすでに国家の安全に影響を及ぼす主要な要因のひとつとなっている。外来種の侵入防止に関する中国の政策は、外来種導入の管理に重点を置いている。2002年から、中国は一連の外来侵入種のリストを次々と公布してきた。環境保護部は中国科学院と共同で4回にわたる外来侵入種のリストを発表し、「外来種環境リスク評価技術ガイドライン」などの規範を通達した。農業部は「中華人民共和国輸入植物検疫における危険な病気・虫・雑草リスト」「携帯、郵送による輸入が禁じられている動物・動物製品及びその他の検疫物リスト」「輸入植物検疫禁止品目リスト」「全国植物検疫対象及び検疫が必要な植物、植物製品リスト」を発表し、国家品質監督検査検疫総局は「輸入植物検疫に潜む危険な病気・虫・雑草リスト（試行）」を発表した。国家林業局は「森林植物の検疫対象および検疫の対象となる森林植物とその製品リスト」などを発表した（徐伝秋，2016）。

　遺伝子組換え生物の管理に関して、2006年に農業部は「農業遺伝子組換え生物安全管理条例」を公布実施し、遺伝子組換え生物安全管理承認プロセスについて規定を設けた。2010年には農業部が農業遺伝子組換え生物安全管理承認制度を実施し、遺伝子組換え生物の用途や輸送過程の安全性について評価を行い安全レベルを定めた。環境保護部は、すでに商業化されていたり、商業化の可能性がある遺伝子組換え作物に対して長期的な定点追跡監視を行い、遺伝子組換えによる耐虫性コットン、水稲、大豆、トウモロコシ、パパイヤなどの作物の環境へのリスクに対して評価と監視を行い、「耐虫性遺伝子組換え植物の生態環境安全検測ガイドライン（試行）」（HJ 625-2011）などの技術基準を編制し、バイオテクノロジー環境安全監視ネットワークの構築と遺伝子組換え生物の環境安全監督管理業務の強化に基盤を築いた。

第2節　生物資源の合理的利用によるグリーン発展の推進

　生物多様性保全とグリーン発展は、現在世界が共に関心を持つ焦点のひとつであり、発展途上国の貧困地域における持続可能な発展にとって重要なテーマおよ

び核心的内容である。中国は世界で最も生物多様性に富んだ国のひとつであり、さまざまな生物資源のほとんどは中西部の貧困人口が比較的集中した地域に分布している。これらの地域では、農村住民の日常生活や収入が地域の生物多様性資源に直接依存しており、重要な生物資源に対する一部地域の無秩序な利用や過度な開発が、生物多様性の喪失と資源環境の破壊を悪化させている。同時に、生物多様性の破壊は地域の経済発展の難しさを増大させている。エコ文明を背景とした貧困救済活動を強力に推進し、環境収容力に基づく資源の持続可能な利用を非常に重視し、資源の優位性を経済的優位性に変換することを積極的に推進し、生物多様性保全とグリーン発展の協働推進モデルの構築を探求し、生物多様性保全と貧困削減の一石二鳥を実現し、貧困地域の持続可能な発展の実現を推進する必要がある。

1. 生物資源保全の強化

　2007 年、旧国家環境保護総局は「全国生物種資源の保護・利用計画要綱」を発表し、「生物遺伝資源管理強化国家行動計画（2014-2020 年)」を通達し、生物資源保護に関する一連の国家的計画を確定した。2008 年、旧国家林業局・旧環境保護部・中国科学院は共同で「中国植物保護戦略」を外部に発表した。2016 年、国家発展改革委員会は「『第 13 次 5 カ年計画』生物産業発展計画」を発表し、生物資源サンプルバンク、生物情報データベース、および生物資源情報一体化システムの構築を提起した。2017 年、科学技術部は「『第 13 次 5 カ年計画』バイオテクノロジー・イノベーション特別計画」を通達し、中国の戦略的生物資源の発展目標と開発施策を確定した。環境保護部は教育・科学技術・農業・林業・中国科学院などの部門と共同で、「対外協力と交流における生物遺伝資源へのアクセスと利益分配管理強化に関する通知」を発表し、「生物遺伝資源へのアクセスと利益分配管理条例」を改正整備した。

　長年の開発を経て、中国の生物資源の保存レベルは向上し続けてきた。科学技術の基礎的条件に関する調査データによれば、2016 年末までに、中国では植物保存機関が 316、動物保存機関が 96、微生物保存機関が 90、および国家レベルの人類遺伝資源データセンターが設立され、作物、林木、微生物菌株、ヒトの遺伝、飼養動物、水生生物などの 8 つの生物遺伝資源分野の共有サービスプラットフォームも構築された。これらをもとに、中国は現在、農作物の遺伝資源 2,700 種、林木

の遺伝資源 2,300 種、野生植物遺伝資源 9,500 種、生体家畜家禽動物 700 種余り、水産動物遺伝資源 1,800 種近く、微生物菌株 21 万株近くを保存している。

中国科学院は、国家の戦略的科学技術力の重要な構成要素として、生物資源の保存と利用を非常に重視している。財政部などの国家関連部局の強力な支援を受けて、経済社会の急速な発展という新たなニーズに直面し、中国科学院は「第 11 次 5 カ年計画」期間中に「戦略的生物資源計画」を始動した。この計画は、社会の発展をサポートし、科学研究を支えるという基本的な機能を出発点としており、長期にわたる遺伝資源の収集と保存をベースに、国家の重要なニーズと国民経済の主戦場に向けて、植物園・標本館・実験動物プラットフォーム・生物遺伝資源ライブラリー、および中国科学院生物多様性科学委員会の関連リソースを統合し、植物・動物・微生物・細胞バンクなどを一体とした戦略的生物資源プラットフォームを構築、これにより、中国の戦略的生物資源の収集・保存・評価・転化、および持続可能な利用の総合的な能力を大幅に向上させ、バイオ産業の発展を支援し、中国の経済社会の持続可能な発展に強力な科学技術的支援を提供している。中国科学院の「戦略的生物資源計画」は 5 つのプラットフォームで構成されている。

(1) 植物園プラットフォーム

15 の付属および共同建設植物園が含まれ、2 万 1,000 種以上の植物種を収集保存しており、これは中国の植物種の約 60％、生体保存種の 90％ を占めている。また、445 種の絶滅寸前植物、787 種の絶滅危惧植物、および 1,130 種の危急植物〔野生絶滅の高い危険性がある種〕を域外保全し、数十種の絶滅危惧植物については自然に戻す実験がすでに始まっている。「在来種の完全カバー保護計画」の展開を通じ、15 の代表的な地域（国土面積の約 37.4％ を占める）において、在来植物の評価・精査・保護などの作業を行い、中国の在来植物の精査と保護に重要なデータ的支援を提供している。

(2) 標本館プラットフォーム

19 の付属標本館で構成されたアジア最大の生物標本館システムであり、2,038 万 5,000 点の標本を収蔵し、全国統計標本総数の 60％ 以上を占めている。その中にはデジタル化された標本が 971 万 6,000 点、定名標本〔新しい生物種を正式に命名する際に使用される特定の標本〕が 1,146 万 1,000 点含まれている。そのうち、中国科学院昆明植物研究所の標本館は、国内で初めて第三世代のデジタル植物標本館システムを構築し、標本館の標本デジタル化の効率と管理レベルを大幅に向上

させ、高度に自動化された植物標本のデジタル管理を実現した。中国科学院植物研究所標本館が開発した「花伴侶」という専門用モバイルアプリは、1万5,000種の植物を識別でき、中国の植物のほとんどの科属をカバーしており、標本館の収蔵および一般向け科学普及の重要なツールである。

（3）生物遺伝資源ライブラリー・プラットフォーム

12の付属ユニットが含まれ、現在、生物遺伝資源2万9,900種以上、69万7,379サンプルを保存している。その中の、国家重大科学プロジェクト「中国西南野生生物遺伝資源ライブラリー」は2万1,666種、15万803サンプルの遺伝資源を保存している。このプラットフォームは、アジア最大の微生物資源ライブラリーである中国一般微生物菌株保存管理センターを有し、微生物6万4,830株を保存しており、中国の微生物保存量の50%を占め、種のカバー率は80%に達している。

（4）実験動物プラットフォーム

19の付属ユニットで構成されており、10以上の実験動物種と1,846の系統を持ち、一連の重要な動物モデルと、関連する主要な科学技術の成果を支えており、中国の実験動物モデル、特に大型動物モデルの総合的な研究開発能力を強力に推進している。このプラットフォームは、新しい実験動物モデルの構築と野生動物の実験動物化に重要な貢献をし、国際的な影響力のある重要な科学研究成果が数多く出現した。例えば、体細胞によるクローンサル、世界初のハンチントン病遺伝子を挿入したブタモデル、世界初の長寿遺伝子が欠損したカニクイザルモデルなどの育成の成功である。

（5）生物多様性のモニタリングおよび研究ネットワーク・プラットフォーム

10の特別モニタリング・ネットワークと1つの総合モニタリング管理センターが含まれ、遺伝子・種・個体群・群落・生態系・景観などのレベルから、動物多様性・植物多様性・微生物多様性に対して、多層的かつ包括的なモニタリングと体系的な研究が行われており、これにより、全国の典型的な地域における重要生物群の中長期的変動傾向を追跡分析している。モニタリング結果は、中国オオサンショウウオなどの野生動物の保護、および三峡プロジェクトなどの国家主要プロジェクトの建設に重要な参考情報を提供している。

「戦略的生物資源計画」の五大プラットフォームの情報化データを基盤にして、中国科学院は戦略的生物資源総合情報プラットフォームを構築し、保存・研究・機能評価を含む包括的な情報支援を提供し、完備されたデータ交換とデータ共有

の仕組みを構築して、中国の戦略的生物資源データ集積とデータサービスプラットフォームを創出し、システムの集積を通じて、相互補完や資源共有を実現し、共同で発展スペースを拡大している。中国科学院の「戦略的生物資源計画」は、中国生物資源の保存・保護・発掘・利用のレベル向上に重要な推進的役割を果たし、国の生物多様性の安全を保障し、国際条約を履行する上で重要な支援的役割を果たしている。

2. グリーン発展の推進

(一) 生物多様性保全と貧困削減の支援

貧困地域は発展の遅れにより多くの自然資源が残り、生物多様性が豊かな地域となっており、貧困地域が生態脆弱区や生物多様性の豊かな地域と高度に一致、また重複している。中国の生物多様性保全の優先地域に関わる県（市、区）のうち、国家レベルの貧困県（市・区）が約38％を占め、生態脆弱区の約76％の県（市、区）は貧困県（市・区）である。中国は「全国主体機能区計画」「中国生物多様性の保全戦略・行動計画（2011-2030年）」「中国農村貧困救済開発綱要（2011-2020年）」「貧困救済の課題克服に関する中共中央と国務院の決定」など重要な政策や計画を次々と実施しているが、いずれも貧困地域での重点的な生態修復プロジェクトの実施、貧困地域の生物多様性保全の重視、生態保護と貧困脱却の連携などの必要性を程度の差こそあれ強調し、対応措置を定めている。中国の重点生態機能地域、生物多様性保全優先地域、集中的に広がる特殊困難地域、貧困救済と開発重点県、農村環境総合整備重点地域の「5つの地域」を重ね合わせて、中国の生物多様性保全と貧困救済課題克服活動を共に進める138の重点県（市・区）を形成すれば、それは将来的に貧困地域の生物資源保護と持続可能な利用を推進する主要な地域となる。

生物多様性は、生態系サポート、生物資源の利用、景観、文化など多方面から、人類の衣食住・移動・社会発展・文化の継承を支えており、生物多様性資源の合理的利用は、中国の貧困救済課題克服活動に重要な支援を提供できる。生物多様性保全が貧困削減を助ける主要なモデルは以下の通りである。

(1) 代替生計モデル

伝統的な生計方法を変え、自然資源や環境を保護する。現地の資源や環境が、既存の生産経営活動を支えるのが難しいか、あるいは既存の生産経営活動が資源

や環境に対してすでに、またはまさに破壊をもたらしている時に、制度や政策の許容範囲内で生まれる、資源や環境および技術レベルに適応した生産経営モデルである。代替生計モデルは、資源の利用と保護というシステム戦略をより多く体現しており、現在、中国の生物多様性保全が地域の貧困削減を助ける応用の中で最も広く普及しているモデルで、例えばエネルギー代替、森林下経済、生態学的農業などがある。

（2）特色資源モデル

地域資源の特色を活かし、生物資源を利用して収益を得る。地域の埋蔵量の豊富な、または特色ある生物資源を活かし、独自の生産技術・生産工法・生産ツール・生産プロセス、および組織管理手法を駆使して開発と利用を進めることで、経済的な利益を持続的に生み出すことができる発展モデルである。特色資源モデルは、地域経済に産業的支柱と発展エンジンを提供でき、同時に労働力の開発、雇用、農家の貧困脱却などの問題を解決し、地域には一定の社会経済水準・生産力水準・通信物流などの公共資源のバックグラウンドと製品の市場潜在力を備えていることを求める。

（3）エコツーリズムモデル

景観の生態機能を保護し、地域の文化的なコンテンツも兼ね備えている。エコツーリズムモデルは、景観と文化の受け入れ能力、資源保護と経済発展を統合した形式としてより具現化されており、景観が本来備えている姿の生態効果保全を重要視し、文化的な魅力を兼ね備えていて、その産品は高度な総合性を持っている。エコツーリズムモデルの適用範囲は大きくても小さくてもよく、組織方法は非常に柔軟である。

（4）コミュニティ共同管理モデル

コミュニティが技術的な支援を受けながら自然資源を共同で管理する。コミュニティ共同管理モデルは主に自然保護区とその周辺のコミュニティの管理に適用され、コミュニティの住民と保護区の管理部門がパートナーシップを組んで、保護区の構築と周辺地域の発展に共同で参加する。中国におけるこのモデルの台頭と推進は、国際援助プロジェクトによる自然保護区建設の推進に主に依存している。したがって、コミュニティ共同管理というこのモデルの主な適用領域は、現時点ではなお自然保護区およびその周辺のコミュニティである。

（5）生態移民モデル

地域外への移住と再定住を実施し、生態系への圧力を軽減する。国や特定の機関が生態環境の回復と保護のために対策プロジェクトを実施する場合、これによって生まれる移民集団に対して計画的・組織的かつ資金的・政策的支援を受ける移住を実行する。生態移民モデルは主に政策によって導かれ、農業定住・産業定住・労働力転出・教育訓練など多くの措置を実施し、貧困層を生存と発展に適した地域へ移住するよう誘導する。生態移民モデルは、生態系の退化問題や農牧民の生活困難の解決に最も直接的で効果的な選択肢になっている。

（6）グリーン評価モデル

従来の評価メカニズムを転換し、生態環境保護を重視する。党および政府の指導者や幹部に対する評価指標体系には、生物多様性保全やグリーン経済発展などに関する評価指標が設けられ、それにより GDP を主導とする発展モデルをある程度改変する。グリーン評価モデルは、一方では地方政府に積極的かつ効果的な措置を取って生物多様性と生態環境を保護することを促すだろうし、他方では自然資源をより合理的に開発利用し、グリーン経済を志向する地域経済の発展を強化するだろう。

（二）生態農業モデルの普及

生態学上の組織レベルに基づいて、生態農業モデルは地域型生態循環モデル・対策型生態循環モデル・需要型生態循環モデルの3つに分けられ、さらにさまざまな小規模生態農業モデルへと枝分かれしている。

生態農業モデルは地理的な環境の違いによって、北方生態モデルと南方生態モデルの2つのタイプに分けられる。北方では、「四位一体」生態モデルが重視され、バイオガス発生タンク、トイレ、家畜家禽小屋、日光温室をうまく組み合わせ、相互に依存し、補完し合うようにする。南方では、「豚－バイオガス－果樹」という生態モデルが重視され、それに技術装置を組み合わせ、さらに段階的に水産養殖を組み入れ、独自の栽培・養殖モデルを形成している。さらに、総合的な利用に適した平原では、平原農林牧複合生態モデルが生まれている。北方平原を例にとると、この地域では家畜・わらなどの農業生産廃棄物をもとに、好気性堆肥・バイオガスプロジェクト・資源利用化によって、作物・林業・放牧などの農業活動に配慮を加え、地域的特色を持つ平原の農林牧複合生態モデルを形成している。

対策型生態環境モデルに基づいて、生態環境が破壊されやすい草地や丘陵地域

では、徐々に草地の生態復元と持続的な利用のための生態モデル、および中山間地域の小流域総合対策モデルが形成されている。草地について言えば、放牧地では放牧を減らして草地を回復させ、農牧交錯地帯では農地を放棄して草地に戻し、南部の草が生える山や斜面では草を植えて牧畜を行い、潜在的な砂漠化地域では草を主とする総合対策モデルを実施する。丘陵地域に対しては、農業・林業・牧畜を統合した特色ある生態農業を発展させ、丘陵特有の地形を活用して等高線に沿って果樹や茶樹などを山に植え、野菜・花卉、および作付け面積の大きい畑作物を平坦な土地で集約化して栽培し、同時に牧畜養殖にも配慮し、関連する生産技術を利用して丘陵地域の農業・林業・牧畜の特色ある総合的生態農業を発展させている。農業の非点源汚染〔複数の汚染源が原因で起きる汚染〕区域に対しては、地域の状況に応じて異なるタイプの生態農業園を建設することができる。三峡ダムエリアを例にとると、異なる緯度に応じて、植栽種の選択、園エリアの汚染回避などの観点から生態農業園を建設し、汚染を軽減すると同時に、生態的・経済的・社会的な利益の最大化をめざしている。

　需要型生態循環モデルに基づいて、生態農業モデルを施設型生態農業モデルと観光型生態農業モデルに分ける。施設型生態農業モデルは、生物エネルギー循環・節水灌漑・機械化生産を基盤として、生態農業の植物栽培や養殖を行っており、科学的な農業施設と設備を利用してエネルギー変換率を高めながら、資源バランスを維持している。観光型生態農業モデルは、主に観光漁業・観光農園・観光牧畜・観光園芸から構成され、生態農業の補助として観光業を開発し、生態環境を維持すると同時に経済の発展を促進している。

　2005年から、中国政府は土壌分析に基づく施肥配合補助金プロジェクトを実施し、科学的施肥技術を強力に推進している。2010年までに2,498の県（区）をカバーし、普及面積は11億ムー以上である。2006年から、中国政府は土壌有機物増加プロジェクトを実施し、5年間で累計3,000万ムー以上に普及させ、わらの畑への還元、緑肥栽培、商用有機肥料の施肥追加などの措置を通じて、土壌の有機物含有量を増加させ、耕地の基礎的地力を改善した。中国は国際標準に沿った有機農産物認証体系を確立し、累計で有機農産物認証証明書を6,000枚以上発行した。2010年には、中国グリーン食品生産企業の総数は6,391社、食品総数は1万6,748種になった。農業の食料安全保障、原材料供給、雇用と所得の増加機能は一段と強化され、同時にバイオマスエネルギー、生態保護、観光・レジャー、文化

継承などの分野の機能も次第にはっきりと現れている。2010年のレジャー農業は4億人以上の観光客を受け入れ、営業収入は1,200億元を超え、一部の農村の余剰労働力の非農業部門への移動が実現した。林業の発展も新たな変化を示し、採油樹木・森林下経済・森林観光・バイオマスエネルギーや、野生動植物の家畜化・繁殖・利用など特色ある産業が急速に発展し、木材や花卉などの生産品は生産量が世界のトップレベルに位置している。その中で、2010年には森林公園が延べ3億9,600万人の訪問客を受け入れ、直接観光収入は294億9,400万元、新たに生み出された社会総生産額は2,400億元を超えた。2010年の中国林業総生産額は2兆2,800億元に達し、2000年に比べ6.4倍に増加した。

(三) バイオマスエネルギー利用の拡大

グローバルな視点から見ると、バイオマスエネルギーはすでに世界で重要な新しいエネルギー源となっており、グローバルな気候変動への対応、エネルギーの需給アンバランスの調整、生態環境保全などの面で重要な役割を果たし、石油・石炭・天然ガスに続く第四の主要エネルギー源となり、国際的なエネルギー転換の重要なパワーとなっている。農林業のバイオマス総合利用方法には、主に農林業廃棄物発電、液体バイオマス燃料、バイオディーゼル、燃料用エタノールの4つが含まれている。

(1) 農林業廃棄物発電

燃料利用方法の違いにより、農林業廃棄物発電は燃焼発電とガス化発電に分けられる。燃焼発電はバイオマスを直接利用してボイラーで燃やし熱を放出させ、加熱したバイオマスを通して発電を行う。ガス化発電はバイオマスを酸素が不足する条件下で可燃性ガスに変換し、そのガスをボイラーや原動機で燃焼して発電する。わらのガス化発電、わらの直接燃焼発電、石炭とわらの混合燃焼発電が現在採り得る技術ルートである。重要なのは、技術ルートを選ぶ際に、必ずプロジェクト所在地の実情を十分に考慮し、最適な技術を採用しなければならないことだ。バイオマスの直接燃焼発電が比較的発達している一部の国を見ると、現在採用しているのはいずれも2.5万kWクラスや1.2万kWクラス、あるいはより小さい容量の発電ユニットである。現在、世界で稼働している発電能力最大のバイオマス直接燃焼発電ユニットはイギリスのELY発電所で、装置の容量は3.8万kWである。

農林業廃棄物発電の最大の課題は資源の収集であり、中国の該当する資源は主

に農村地域に集中している。中国で現在、送電網への接続を実現した4件のバイオマス直接燃焼発電プロジェクトでは、いずれも2.5万kWクラスの発電ユニットを採用している。中国のバイオマス直接燃焼発電技術はまだ体系的な研究体制が形成されておらず、多くの問題の速やかな解決が待たれている。たとえば、わらには高濃度の塩素・カリウム・ナトリウムなどの成分が含まれ、その灰の融点が低いため、炉内でスラグやコークスが発生しやすく、あるいは加熱面に堆積し、バイオマスの燃焼ボイラーの熱交換に深刻な影響を及ぼし、腐食を引き起こすことさえある。現在、中国で建設中のバイオマス直接燃焼発電所は主に外国からの技術導入に頼っており、コア設備は基本的に直接輸入か国内での委託生産で、自主的な知的財産権がなく、設備価格も高めである。

(2) 液体バイオマス燃料

バイオマスエネルギーの大きな利用分野のひとつは、ガソリンやディーゼル燃料の代わりに液体燃料を製造することである。バイオマスの液化は直接液化と間接液化に分けられる。バイオマスの直接液化はバイオマス熱分解液化とも呼ばれ、バイオマス熱分解による液状生成物は茶褐色で、粘度が中程度の燃料油に似ており、酸素含有量が高く、熱安定性が良い。バイオマスの間接液化は、まず高温でバイオマスをガス化して合成ガスを得、それをジメチルエーテルあるいはメタノールなどの液体燃料に精製・合成し、あるいはさらに合成ディーゼルを生産する。バイオマスから作られる液体燃料の主な形態には、バイオディーゼル、エタノール、バイオオイルなど数種がある。

(3) バイオディーゼル

バイオディーゼルは、植物の果実・種子、植物の導管乳液、動物の脂肪油、廃棄食用油などを原料とし、アルコール（メタノール、エタノール）とのエステル化反応によって得られる、内燃機関で使用できる燃料である。バイオディーゼルはクリーンな酸素含有燃料であり、再生可能かつ分解が容易で、燃焼による汚染排出が少なく、温室効果ガスの排出が少ないなどの特徴がある。バイオディーゼルが必要とする原料は大きく2つのカテゴリーに分かれ、ひとつは油性植物の果実や種子を原料として製造するもので、もうひとつは動物の脂肪（豚脂、牛脂、魚油など）や飲食業の廃棄食用油を原料とする。バイオディーゼルは、供給源が広範で、汚染が少なく、エネルギー密度が高く、経済的に有望で、使い勝手が良いなどの利点を備えている。バイオディーゼルの主な製造方法には化学法・生物法・

超臨界法などがあり、現在、工業生産では主にエステル交換法が採用されており、これには酸またはアルカリ触媒法・バイオ酵素触媒法・エンジニアリング微細藻類法、超臨界法などを含んでいる。

中でも、藻類の一分野である微細藻類は、二酸化炭素を吸収して光合成を行い、体内で脂肪を生成し、その油分含有率が体重の50％～60％に達する。この「油生成」特性によって、微細藻類を利用して「バイオディーゼル」を生成することができる。周知の通り、二酸化炭素排出は地球温暖化の元凶である。したがって、微細藻類を利用してエネルギーを生産しながら、同時に二酸化炭素排出を削減できるため、一挙両得と言える。

(4) 燃料用エタノール

1970年代半ばの石油危機以来、アメリカやブラジルを中心とした一部の国々でバイオエタノール開発計画が推進され始めたが、バイオエタノールの大規模かつ急速な拡大は2001年から始まった。統計によれば、2006年末までに、世界で17カ国が国家レベルのバイオ液体燃料発展目標を制定した。バイオエタノールの原料選択においては、トウモロコシやサトウキビなど伝統的な農作物が最も主要な原料となっており、糖類やデンプン類の原料からエタノールを生産するプロセスはすでに非常に成熟している。ただし、これらの原料は主に食糧であり、容易に食糧との競合が引き起こされ、長期的なエネルギー需要を満たすことが難しいため、生産は大きな制約を受けている。

近年、非食用のセルロースをエタノールに変換する研究が注目されている。セルロースは資源が豊富な再生可能なエネルギー源で、最も主要なバイオマス資源であり、将来的に燃料用エタノール製造の主要な原料となるであろう。近年、セルロース原料を使用した燃料用エタノールの製造はコストが低く、装置が簡単などの要因から、研究者の強い興味を引いており、セルロース原料を使用したエタノール製造は今後、発酵法によるエタノール製造の重要な発展方向のひとつとなるだろう。セルロース原料でエタノールを製造するプロセスは2つのステップに分けられる。第一段階はセルロースをブドウ糖など発酵可能な糖に加水分解する、すなわち糖化プロセスである。第二段階では、発酵液を発酵させてエタノールを得る。しかしながら、セルロースの組成と構造は非常に複雑であるため、触媒をセルロースと効果的に反応させるのが難しく、これが糖化の加水分解と発酵のプロセスに直接影響を及ぼす。したがって、セルロース原料に対し前処理を行い、リグ

ニンを除去してセルロースの構造を変化させ、有効な比表面積を増加させ効率を向上させなければならないが、同時に多糖類の分解と損失を避け、加水分解および発酵プロセスに抑制効果をもたらす副生成物の生成を回避することができる。

第3節　保全空間の設定による重大生態プロジェクトの配置・実施

　中国の森林資源は2010年から2020年にかけて7,000万ha以上の面積を増加させ、世界第一位となった。中国では陸地の生態系類型の90％と重要な野生動物個体群の85％が有効に保護され、すでに気候変動への対応と自然保護区設立に関する2020年目標を繰り上げて達成した。世界最大の発展途上国である中国は、近年、生物多様性保全とグリーン発展において絶えず素晴らしい成果を上げており、その中には注目される多くの重大な生態保護・修復プロジェクトがある。20年以上にわたる天然林保護プロジェクトから、相次いで展開された3回にわたる山・河・森・農地・湖・草原の生態保護・修復のパイロットプロジェクトに至るまで、中国は発展すると同時に生態保護力を強化し続けている。

1.　保全空間の設定

　中国は継続的に自然保護地システム構築を推進し、自然保護区・風致地区・森林公園・地質公園・自然文化遺産・湿地公園・水産遺伝資源保護区・海洋特別保護区・特別保護海島などからなる保護地システムを形成した。また率先して、国際的に生態保護レッドラインを提唱および実施し、重要な生態機能区・生態脆弱区・生物多様性保全区を主体とする生態保護レッドラインシステムを構築した。生態機能区と主要機能区を編成し、生物多様性保全優先区を明確にし、国家公園制度を立ち上げてパイロットモデルを展開し、重要な自然生態系と自然資源を保護し、重要な種の生息地維持に積極的な役割を果たしている。

（一）自然保護地システム

　長年の建設を経て、中国は自然保護区を中核とし、さまざまなタイプの保護地を含んだ保護ネットワークシステムを構築した。各種の陸上保護地は陸地国土面積の約18％を占め、2020年には17％に達するという「生物多様性条約」の目標を早々に達成した。2016年末までに、中国の自然保護区は合計2,740カ所となり、総面積は147万k㎡、そのうち陸地面積は142万k㎡で、中国の陸地国土面積の

約14.8%を占めている。「中国生物多様性の保全戦略・行動計画（2011-2030）」に基づき、中国はさまざまな海洋保護区を170カ所以上建設し、そのうち国家レベル海洋自然保護区が32カ所、地方レベル海洋自然保護区が110カ所以上である。また、海洋特別保護区が40カ所余りあり、そのうち国家レベルが17カ所である。海洋保護区の面積は合計で中国の海域面積の約1.2%を占めている。

2013年、「改革の全面的深化における若干の重大問題に関する中共中央の決定」において、初めて「国家公園システムの構築」が提案された。2017年と2019年には、中共中央弁公庁および国務院弁公庁が相次いで「国家公園システム構築総合計画」および「国家公園を主体とする自然保護地システム構築に関する指導意見」を通達し、保護地管理モデルの革新と発展のためにガイドラインを提供した。中国は2015年に国家公園システムのモデル構築を始動させ、三江源、東北虎豹〔アムールトラ・ヒョウ〕、ジャイアントパンダ、祁連山、海南熱帯雨林、神農架、武夷山、南山、銭江源、プダッツォ（普達措）という10カ所の国家公園システムモデルを構築した。それらは12省に関わり、自然保護区68カ所と自然保護地157カ所を合わせ、総面積は約22万km²、陸地国土面積の2.3%を占める。中国自然保護地システムのトップデザインは完成しつつあり、世界レベルの先進性を持つ自然保護地システムの建設という壮大な計画が開始され、世界の生態ガバナンスに中国式の解決策を提供している。

生物多様性と生態系保護は顕著な成果を上げている。試行作業による探索の中で、ククシリ〔可可西里：青海省チベット高原の一部〕が「世界遺産リスト」の登録に成功し、中国で面積が最大の世界自然遺産地域となり、名実ともに「エコの名刺」となった。現在、三江源国家公園システムのモデル地域では、生態保護と再生の成果がますます顕著になり、生態機能が継続的に強化され、水源涵養量は平均6%以上増加し、草地被覆率は11%以上上昇し、牧草生産量は30%以上増加した。海南熱帯雨林国家公園システムのモデル地域は海南省中部の山岳地帯に位置し、中国固有種である海南長臂猿の唯一の生息地でもある。そのため熱帯地域の希少絶滅危惧野生動植物資源保護が海南熱帯雨林国家公園システムモデルの重要な任務となっている。2016年から2019年にかけて、海南長臂猿の生息地は2,000ムー以上修復され、海南長臂猿の個体数は徐々に増加している。

（二）生物多様性保全優先区

2010年、国務院の承認を経て、旧環境保護部は「中国生物多様性の保全戦略・

行動計画（2011-2030年）」を発表し、保護優先・持続的利用・大衆参加・利益共有の原則に基づいて、生態系タイプの典型性、生態機能の特殊性、生物多様性の状況、重要な種への脅威要因、生態学的および科学的な研究価値、分布データの入手可能性、管理の実行可能性などの要因を総合的に考慮して、全国を8つの陸地自然地域と3つの海洋自然地域に区分し、35の生物多様性保全優先地域を定めた。そのうち32は内陸の陸地と水域の生物多様性保全優先地域であり、3つは海洋と海岸の生物多様性保全優先地域である。2015年、旧環境保護部は生物多様性保全優先地域の境界確定作業を実施し、中国の生物多様性保全優先地域の範囲を確定し、発表した。この提案は、生物多様性保全優先地域のバックグラウンド調査と評価作業を進め、国家レベル自然保護区の機能をさらに安定させ、重要な生態種やその生息地を効果的に保護するうえで、重要な指導的意義がある。

（三）生態保護レッドライン

中国の生態系は多様であり、種の資源も豊富だが、長期的な人類の活動と合理性を欠いた開発利用のため、生態系は深刻な損傷を受け、一部の地域では生物多様性が減少し続け、いくつかの重要な種が絶滅の危機に瀕している（高吉喜，2015）。生態環境保護を強化し、地域空間の生態安全の枠組を構築するため、2011年に国務院が発表した「環境保護重点業務強化に関する意見」では、生態保護レッドラインの重要戦略課題が初めて提起された。2015年、生態保護レッドラインは「中華人民共和国環境保護法」に記載され、生態保護レッドラインを画定・厳守することが法的責任と義務になった。18期三中・四中・五中全会および「エコ文明建設の加速推進に関する意見」は、生態保護レッドライン設定を加速させる必要性をさらに強調している。

2017年、中共中央弁公庁および国務院弁公庁は、「生態保護レッドラインの画定・厳守に関する若干の意見」を通達し、生態空間とは、自然属性を持ち、エコサービスやエコ産品の提供を主な機能とする土地空間を指すと提起した。この中には、森林・草原・湿地・河川・湖沼・干潟・海岸線・海洋・荒地・砂漠・ゴビ〔もとはモンゴル語で植物が少ない砂や小石の平原地形を指す〕・氷河・高山ツンドラ・無人島などが含まれている。生態保護レッドラインは、生態空間範囲内で特殊かつ重要な生態機能を持ち、強制的に厳しく保護されるべき領域であり、国家の生態安全を保障・維持するためのボトムラインかつ生命線である。通常、水源の涵養、生物多様性の維持、水や土壌の保全、防風固砂、沿岸の生態安定などの機能

を持つ生態機能重要地域、および土壌浸食・土地砂漠化・岩石砂漠化・塩類化などの生態環境敏感脆弱地域を含んでいる。十九全大会の報告では、生態保護レッドライン、恒久的農業用地、都市開発の境界という３つの制御線の画定作業を完了するよう求めている。2018年の「生態環境保護を全面的に強化し、汚染防止攻略戦を断固として戦うことに関する中共中央・国務院の意見」では、2020年までに全国の生態保護レッドラインの画定や土地境界の確定を全面的に完了し、生態保護レッドライン全国図を形成し、一本のレッドラインによる重要生態空間の管理制御を実現し、さらに「生態保護レッドラインの面積比率を約25％にする」という明確な目標を提案している。

　生態保護レッドラインを画定し、厳格に守ることは、主体機能区制度を徹底的に実行し、生態空間の用途規制を実施する重要な措置であり、エコ産品の供給能力と生態系サービス機能を向上させ、国の生態安全構造を構築する効果的手段であり、エコ文明制度体系を整備し、グリーン発展を促進する有力な保障である。2017年、国務院が北京・天津・河北、長江経済ベルト、寧夏の15省（自治区、直轄市）を含む生態保護レッドラインの画定プランを承認し、総面積約61万km²の生態保護レッドラインが画定された。それらは15省（自治区、直轄市）総面積の約４分の１に相当し、主に生態機能が極めて重要かつ生態環境が非常に敏感脆弱な地域であり、国および省レベルの自然保護区・風致地区・森林公園・地質公園・世界文化自然遺産・湿地公園などさまざまな保護地域が含まれ、画定すべきはすべて画定し、他の地域でも、次々と生態保護レッドラインの画定作業を進行中であり、初期の計画はすでに策定されている。

（四）生態機能区

　2010年、国務院が通達した「全国主体機能区計画」では、25の重点生態機能区を含む国の重点生態機能区リストが提案され、総面積は386万km²で、国土空間の40.2％に相当する。国の重点生態機能区は主に水源涵養型・水土保全型・防風固砂型・生物多様性維持型の４つのカテゴリーに分かれている。その中で、生物多様性維持に関する重点生態機能区は合計で７つあり、それぞれ四川・雲南森林および生物多様性生態機能区、秦巴生物多様性生態機能区、東南チベット高原縁辺森林生態機能区、北西チベットチャンタン（羌塘）高原荒漠生態機能区、三江平原湿地生態機能区、武陵山地生物多様性と水土保持生態機能区、海南島中部山地熱帯雨林生態機能区である。以上の機能区は、生物多様性保全措置を実施して

おり、主な措置は以下の通りである。保護区域の範囲を明確にし、生物多様性と多様な希少動植物遺伝子バンクを保護すること、伐採活動を減少・禁止し、山地の植生を再生して野生生物の生息地を保護すること、草原巡回パトロールを強化し、野生動物の違法狩猟行為を防ぐこと、保護範囲を拡大し、関連する開発・建設プロジェクトの強度を制御し、野生動物がいる生態環境を改善すること、天然林保護範囲を拡大し、「退耕還林」〔耕地を森林に戻すこと〕の成果を確固たるものにし、森林植生と生物多様性を再生させること、熱帯雨林保護を強化し、山地の生態環境悪化を食い止めることである。主体機能区戦略は、資源要素の最適配置を導き、エコ産品提供能力の強化を生態機能区の主な任務とし、生態環境を保護・修復し、エコサービス機能を向上させ、国の生態安全を確保することを目的としている。同時に、地域に適した産業やグリーン経済を発展させ、過度な人口の適切な移動を導いている。

　2008 年、環境保護部と中国科学院は共同で「全国生態機能区画」を編成し、その後も修正作業を共同で行い、「全国生態機能区画（修正版）」を作成し、2015 年に発表した。「全国生態機能区画（修正版）」は、生態系サービス機能に基づいて、生態機能区を 9 つのタイプに分類しており、その中には 43 の生物多様性保全生態機能区が含まれ、その総面積は 220 万 8,400㎢に達し、国土面積の 23.09％を占めている。その中の国および地域の生態安全に重要な役割を果たす生物多様性保全生態機能区には、主に秦嶺 - 大巴山脈・浙江福建山脈・武陵山脈・南嶺地区・海南中部・雲南南部山脈・東南チベット・岷山 - 邛崍山脈・雲南西北・チャンタン高原・三江平原湿地・黄河デルタ湿地・江蘇北部沿海湿地・長江中下流湖沼湿地・南東部沿岸マングローブなどが含まれている。生物多様性保全生態機能区の主要な指針は次の通りである。生物多様性の資源調査とモニタリングを実施し、生物多様性の保護状況と脅威の要因の評価を行うこと、野生動植物に対する乱獲・乱伐・乱猟を禁止すること、自然生態系と重要な種の生息地を保護し、生息地に損害を加えるさまざまな経済社会活動や生産方式を制限したり禁止する。例えば、無秩序な採掘、森林の耕地化、湿地や草地の開墾、道路建設などを制限または禁止し、生態建設による生息地環境変化の発生を防止すること、外来種侵入の制御を強化し、生物多様性保全機能区への外来種導入を禁止すること、国の生物多様性保全重要プロジェクトを実施し、生物多様性重要機能区を基盤として、自然保護区システムと保護区群の構築を整備することである。生物多様性重点生態機能区は、通常、

生物資源が豊富でありながら経済的に貧困な地域であり、保護と開発の矛盾がますます顕著になっている。これに従い、生物多様性重点生態機能区はグリーン発展を理念とし、生態保護と修復を強化し、工業化や都市化の開発内容と境界を適切に調整し、エコ産品供給能力を維持し向上させることが求められている。したがって、財政や投資などの政策支援を強化し、横断的な生態補償と移転支払制度の整備を加速し、生態環境の質の評価と資金の成果管理を強化すべきである。

(五) 生物多様性保全小区

自然保護小区は生物多様性保全の重要な地域であり、生きた遺伝資源の遺伝子バンクであり、自然博物館でもある。自然保護小区の構築は自然保護区の間の遺伝子生態の孤立化という傾向を回避または緩和することが可能であり、さまざまな希少野生動植物の遺伝資源および特定の歴史的価値や特殊な用途を持つ生態地域を効果的に保護するための必要な追加的保護手段であり、地域の水源涵養・水土保全・気候調整・生物多様性保全、およびエコ文明建設の推進や生態安全面の維持に重要な役割を果たしている。

自然保護小区は、1990年代以来、一貫して中国、特に生態環境が良好な安徽・浙江・江西・福建・湖北・湖南・広東・海南・貴州などの南方地域で徐々に拡大してきたが、その中では広東が最も多く、3万8,800カ所に達している（張国鋒, 2018）。自然保護小区は、小規模な自然保護区ではなく、生物多様性保全において、自然保護区ができない役割を果たすことができる。重要な種や生態系のカバーが不十分なことは、現行の自然保護区システムに存在する主要な問題のひとつであり、自然保護小区は、現行の自然保護区の配置や機能を補完し整備するものであり、野生動植物保護と自然保護区の建設システムの重要な構成要素である。自然保護小区の、あらゆるところで発展し、いつでもどこでも設置されるという特性は、生物多様性保全において重要な意義を持っている。

自然保護小区の設立は、生物多様性保全を強力に促進している。自然保護小区は、自然保護区にはない強みや特徴を持っており、それには、面積が小さい、設置手続きが簡単、建設が迅速で簡潔、管理が柔軟で便利、保護対象が特定されている、地域コミュニティが自己管理を行える、公衆の知識と意識を向上させることができるなどの利点が含まれている。これらの優位性と特徴により、自然保護小区は自然保護区の不足を補うための効果的手段となり、中国の生物多様性保全の重要な補助ともなっている。

2. 山・河・森・農地・湖・草原システムの保全・修復

　18期五中全会では、山・河・森・農地・湖の生態保護・修復プロジェクトの実施、生態安全バリアの構築が提案された。中共中央および国務院が通達した「エコ文明体制改革全体計画」は、財政資金を統合し、山・河・森・農地・湖の生態修復プロジェクトを推進することを要求している。全国各地で、「山・河・森・農地・湖はひとつの生命共同体である」という重要な理念に基づき行動を展開し、山岳から平地、地上から地下、陸地から海洋、および流域の上流から下流まで、包括的な保護、体系的な修復、総合的な対策が行われている。

　2016年から、財政部・自然資源部・生態環境部は、「2つのバリアと3つのベルト[3]」生態安全バリア区や、京津冀などの国家戦略地域を重点に、生態環境保護プロジェクトの備蓄制度構築をさらに探求し、三度にわたる25カ所の山・河・森・農地・湖・草原生態保護・修復モデルプロジェクトが推進された。これには24の省（自治区、直轄市）に及ぶ約111万km²の国土面積が含まれ、中央政府の建設支援資金総額360億元が投入され、システマティックな対策を通じて、モデル区域の生態環境は明らかに改善された。

　プロジェクトの建設以来、生物多様性および重要な種の生息地は効果的に保護された。2019年までに、プロジェクト建設は5,800km²に達し、生物多様性保全の展開を山・河・森・農地・湖の生態保護・修復の重要要素とし、希少絶滅危惧動物の生息地や生態系の保護・修復を加速させた。また、すでに破壊された地域をまたぐ生態回廊を修復し、連結性と完全性を強化し、同時に生物多様性保全ネットワークを構築し、生態空間全体の修復を推進し、生態システムの機能向上を促進した。

3. 天然林の保全

　中国の天然林保護プロジェクトは、1998年の試行から今日まで20年以上にわたり、大きな生態的・経済的・社会的な利益をもたらし、改革開放の重要な成果のひとつとなっている。現在までに、中央政府の財政による天然林保護プロジェクトへの総投資額はすでに4,000億元を超え、天然林保護プロジェクトは累計2

---

[3]　中国語原文は「両屏三帯」。国家主要機能地域計画で指定された生態学的安全保障戦略パターンであり、「青海‐チベット高原の生態学的障壁」「黄土高原‐四川省‐雲南省の生態学的障壁」「北東森林帯」「北部砂防帯」「南部の丘陵地帯と山岳地帯」を指す。

億 7,500 万ムーの公益林建設事業、1,220 万ムーの予備森林資源の育成、2 億 1,900 万ムーの幼林および中林の育成を完了している。

　天然林保護プロジェクトの実施は、中国の天然林資源の持続的かつ復元的増加を促進し、現在、国内にある 19 億 4,400 万ムーの天然喬木林が休養・再生でき、天然林蓄積量は 20 年以上前の 90 億 7,300 万㎡から 2020 年には 136 億 7,100 万㎡に増加し、中国の森林資源面積と蓄積量の「ダブル増加」に重要な貢献をした。この天然林保護プロジェクトの実施は、中国の生態安全維持と生物多様性保全の基礎を固める役割も果たした。天然林保護プロジェクト効果モニタリング報告によれば、2012 年から 2016 年にかけて、東北および内モンゴルの重点国有林区では、生態効果の総合価値が 6,366 億 5,000 万元増加し、2006 年から 2016 年にかけて、青海三江源区水資源総量は 80 億㎡増加し、これは西湖 560 個の貯水量に相当する。河南花園口水文観測所によれば、2016 年には黄河の含泥量が 2000 年比で 90% 減少した。天然林保護プロジェクトの実施に伴い、退化した森林植生が徐々に再生・再建され、野生動植物の生存に良好な環境を提供しており、多くの地域で長らく姿を消していた狼、キツネ、ヒョウなどが再び姿を現し、国家公園を中心とする自然保護地域体系の確立に堅固な基盤を築いた。

　同時に、天然林保護はグリーン発展をも実現している。天然林保護プロジェクトエリア内の国有林区の国有労働者については、基本年金保険および基本医療保険が完全にカバーされ、100 万人近くの余剰労働者が適切に配置され、65 万人が長期的に安定した雇用を得ており、一部の労働者は地域の需要に応じて季節労働や出来高ベースの雇用を実現している。貧民街改造プロジェクトは森林地域の労働者 104 万 1,000 世帯に恩恵をもたらし、安全な飲料水プロジェクトは森林地域の 68 万 1,000 人の飲料水安全問題を解決した。国有林区の国有労働者の平均年収は、2012 年の 2 万 5,000 元から 2015 年の 3 万 5,000 元へと上昇した。2017 年末時点で、天然林保護プロジェクトは生態公益的な保護管理職ポジションを 6,557 設置し、その 1 人当たりの年収は 1 万 5,000 元である。各地は、それぞれの資源と地域の優位性に基づいて、森林地域のモデルチェンジを積極的に探求し、観光・療養・栽培・養殖・加工といった機能を一体化した産業発展モデルを形成している。生態優先とグリーン発展の自覚は、企業や労働者の心の中に深く根付いた価値観となっている。

4. 湿地の保全・修復

　2017 年、旧国家林業局・国家発展改革委員会・財政部は共同で「全国湿地保護『第 13 次 5 カ年計画』実施計画」を通達した。これは、中国の湿地が「緊急保護」から「総合保護」という新たな段階に進む初めての全国的な特別計画であり、その目標は、2020 年までに全国の湿地面積が 8 億ムーを下回らず、湿地保護率が 50％を超え、退化した湿地を 14 万 ha 再生し、新たな湿地面積を 20 万 ha（農地を湿地へ戻すことを含む）増加させ、比較的整備された湿地保護システム・科学普及教育システム・モニタリング評価システムを確立し、湿地の保護管理能力を顕著に向上させ、湿地生態系の自然性・完全性・安定性を強化するというものである。

　重大プロジェクトは、168 カ所の湿地エリアで湿地の保護と再生を推進しており、30 カ所の国際的重要湿地、51 カ所の国家レベル湿地自然保護区、22 カ所の省レベル自然保護区、および 65 カ所の国家湿地公園を含んでいる。このプロジェクトの建設により、湿地 14 万 ha が修復され、新たに湿地面積 4 万 3,200ha が増加し、中国の湿地保護と管理能力が向上し、湿地エコ産品供給能力が拡大し、湿地のエコサービス機能が強化される。

　重大プロジェクトの建設内容は、主に湿地保護プロジェクト・湿地再生プロジェクト・湿地面積拡大プロジェクトを含んでいる。そのうち、湿地再生プロジェクトは、退化した湿地の再生、湿地生態系の修復、野生動植物生息環境の回復などを含んでいる。退化した湿地の再生プロジェクトは、主に養殖禁止による水辺の再生、放牧禁止による草地の再生、マングローブ林の再生、泥炭地の再生、排水による退化湿地の再生、侵略的外来種対策などを含んでいる。湿地生態系修復プロジェクトは、主に水系の連結、水位の制御、岸壁の改造、生態系への水供給、水路の浚渫（しゅんせつ）、河川の整備、水質改善、水の富栄養化対策などを含んでいる。野生動植物生息環境再生プロジェクトは、主に植生の回復、生息環境の改善、生態回廊・生息地島・避難地の建設などを含んでいる。

第 4 節　目標責任制の実行による法執行・監督の厳格化

　生物多様性保全の主流化とは、生物多様性を各行政レベルの政治・経済・社会・軍事・文化、および生態環境保護や自然資源管理などの発展・建設における主な

プロセスに組み込むことである。現在、中国では、事前の計画承認、進行中のモニタリングと法の執行、事後の考課評価といった全プロセスチェック方式を通して、生物多様性保全を、エコ文明体制改革や政府の日常業務、関連法律法規の改正、重要計画と特別行動の実施、NGOや国民行動の奨励などさまざまな側面に取り込み、各プロジェクトの目標・責任を明確にし、自然生態の保護と経済のグリーン発展を促進し、生物多様性保全と資源の持続可能な利用という問題を解決する新たなアプローチを探求している。

1. 目標責任制の実行による生物多様性保全主流化の実現
（一）党大会および各行政レベルの行動スケジュールへの取り込み

　中国は、一連の法規・政策・計画を制定することにより、生物多様性保全を中央政府の政策や各行政レベルの行動スケジュールに組み込んでいる。2010年、国は「2010年国際生物多様性年中国行動計画」を制定し、生物多様性保全の戦略・行動計画の実施を開始し、生物多様性保全関連の政策・法規・制度の継続的整備、生物多様性保全の国や地方計画への組み込み推進、生物多様性保全能力構築の強化、生物多様性現地保護の強化、域外保全の適切な実施、生物資源の持続可能な開発利用の推進、生物遺伝資源および関連する伝統的知識の利益共有の促進、国際協力と交流の強化、十大生物多様性保全優先分野の活動指導を進めている。生物多様性保全を国家戦略に直接組み込むこのような行動が、最も基本的で直接的な生物多様性保全の主流化策である。

　「『第13次5カ年計画』生態環境保護計画」は、中国の生物多様性保全の段階的成果を総括した。すなわち河川・湖沼や湿地の保護と修復、砂防・治砂、水土保全、石漠化対策、野生動植物保護、自然保護区建設など、一連の重大な生態保護・修復プロジェクトが順調に進行中であることや「中国生物多様性レッドリスト」の発表などである。同時に、「『第13次5カ年計画』の生態環境保護計画」は、「保護優先と自然回復を主とすることを堅持し、自然生態系の保護と修復を推進し、生態回廊と生物多様性保全ネットワークを構築し、さまざまな自然生態系の安定性とエコサービス機能を全面的に向上させ、生態安全障壁を築く」という保護に関する要求を提出した。国は、生物多様性保全に対する重視度や保護力をさらに高め、「第14次5カ年計画」期間に「2020-2030年生物多様性保全行動計画」を策定・実施し、国家の生物多様性保全法の立法推進を加速し、定期的に生物多

様性の調査評価を実施し、引き続き「山・河・森・農地・湖・草原は生命共同体」という理念に基づいて生態系の保護と修復を実施する。

中国政府はさらに、以下のような文書を発表した。「中国自然保護区発展計画要綱（1996-2010 年）」「全国野生動植物保護および自然保護区建設プロジェクト全体計画」「全国家畜家禽遺伝資源保護と利用計画（2006-2010 年）」「中国水生生物資源保全行動要綱」「中国湿地保護行動計画」「全国湿地保護プロジェクト計画（2003-2030 年）」「中国植物保護戦略」などである。中国の「生物多様性条約」履行主導部門は、生態系と生物多様性の経済学（the economics of ecosystems and biodiversity、TEEB）に基づく国家活動を実施しており、生物多様性保全主流化を推進することがその重要内容である。

このほか、生物多様性保全は、全国土地計画要綱や長江経済ベルト計画要綱などにも組み込まれている。中国は、生物多様性保全の具体的な対象に直接フォーカスした特別計画を策定しており、種の遺伝資源から保護措置まで非常に具体的である。地域から領域に至るまで、システム的な保護を主とし、それは気候変動への対応、耕地・草原・河川・湖沼の休養と回復、国土資源、森林保護、草原保護、湿地保護、西部地域重点生態区、カルスト地域の礫砂漠化、水質良好湖沼の生態環境保護に及び、生物多様性保全の全てをその中に取り込んでいる。

十八全大会の報告書では、重大生態修復プロジェクトを実施し、生物多様性を保護するためには、必ず自然を保護するエコ文明の理念を確立し、自然生態系と環境の保護を強化しなければならないと明確に述べている。生物多様性と生態系の保護は、概念か、関連戦略的任務かに関わらず、党の代表大会報告に初めて登場した。18 期三中全会の報告では、「エコ文明制度の建設を加速する」章で、国家公園制度の確立が今後の戦略的任務のひとつとして位置づけられた。党と国のトップデザインに生物多様性保全が組み込まれたことは、中国の生物多様性保全と持続可能な利用の取り組みに未曾有のチャンスを提供した。

(二) グリーンシールド特別行動の実施

それぞれの自然保護地は、自然生態系の最も重要で最も際立った、そして最も基本的な部分であり、自然保護地の監督管理を強化することは、自然本来の姿を保持し、絶滅危惧種を保護し、国の生態バリアを構築する重要な手段である。それぞれの自然保護地の監督管理を強化するために、旧環境保護部・旧国土資源部・水利部・農業部・旧国家林業局・中国科学院・国家海洋局の 7 部門（以下「7 部

門」)は、「グリーンシールド 2017」という国家レベル自然保護区監督検査特別行動を共同で実施し、問題の解決を方向とすることを強調し、幾重にもプレッシャーを与え、各関連部門の生態保護責任意識を効果的に強化することで、長期間解決したくとも解決されなかった多くの難題を解決した。成果をさらに確固たるものにするため、2018 年に 7 部門は再び共同で「グリーンシールド 2018」特別行動を展開し、自然保護区内での違法問題の是正に継続的に力を入れ、監督責任の追及を強化し、生態環境を損なう行為を断固として阻止し処罰した。2018 年 6 月の「生態環境保護を全面的に強化し、汚染防止攻略戦を断固として戦うことに関する中共中央・国務院の意見」では、生態保護と修復の加速が提起され、「『グリーンシールド』国家レベル自然保護区監督検査特別行動を持続的に展開し、さまざまな違法行為を厳しく取り締まり、期限を切って是正と修復を行うこと」を明確に要求している。2019 年、生態環境部はさまざまな監査や検査を統合し、「グリーンシールド」特別行動を「生態環境保全強化監督」に組み込み、一括して手配し、自然保護地での顕著な生態破壊問題から引き続き目を離さず、監督・是正を強調している。

「グリーンシールド 2017」特別行動の検査対象は、446 の国家レベル自然保護区であり、「グリーンシールド 2018」特別行動は、469 の国家レベル自然保護区と 847 の省レベル自然保護区に拡大され、さらに長江経済ベルト 11 省(市)の各行政レベルの自然保護地も重点巡視の対象に組み入れている。「グリーンシールド 2019」特別行動は、474 の国家レベル自然保護区を基盤として、長江経済ベルトの 11 省(市)の本流、主要な支流、および五大湖地域の 5km 以内の一部の自然保護地に拡大された。検査過程で発見された問題に対しては、カテゴリーごとに「グリーンシールド」特別行動の問題リストを設けた。その中には、石や砂の採取、工業・鉱業用地、核心地域や緩衝地域における観光施設、水力発電施設など 4 つのカテゴリーの注目すべき問題のリスト、および現地調査の問題リスト 3 冊が含まれている。「グリーンシールド 2018」行動では、合計 3 万 900 件の問題の手がかりを調査・処理し、各カテゴリーの問題 2 万 600 件が究明され、そのうち、上記の 4 つのカテゴリーに関連する問題は 2,518 件である。2 年間で整理改善が必要であるとされる 4 カテゴリーに関わる問題は累計 8,001 件が究明された。2018 年末までに「グリーンシールド 2018」行動を通じて、3,100 社以上の企業が摘発され、1,900 以上の法律・規則違反企業が閉鎖され、1,697 万㎡以上の違法建

築物が撤去された。上記の4つのカテゴリーに関わる問題2,518件に関連する整理改善達成率は60.4％である。「グリーンシールド2017」で発見された問題の整理改善率は、2017年末の63％から2018年末には81％に上昇した。

継続的に「グリーンシールド」自然保護地強化監督特別行動を展開し、自然保護地の違法問題是正を強化し、生態環境を損なう行為を断固として防ぎ、処罰したことは、絶滅危惧種の保護や国の生態バリアの構築に一定の役割を果たした。自然保護地監督管理と生物多様性監督管理の基盤能力構築を強化することは、生物の生息地保護を効果的に促進し、生物多様性保全と監督管理モデルの探索、および保護戦略や政策的提案の策定に積極的な役割を果たしている。近年、国家レベル自然保護区内における人間活動に関連する新たな問題の総数と面積が減少を続けている。遠隔感知モニタリングデータによると、2015年と2016年の2年間、国家レベル自然保護区内の新たな人間活動問題は7,622カ所、面積は129km²に関わっていたが、2018年上半期には、それが2,304カ所、13.97km²に減少し、新たな人間活動問題の箇所と面積の「双方の減少」が実現した。

(三) 自然資源資産所有権制度の整備

中国は継続的に自然資源資産の管理体制を整備しており、国民が所有する鉱物資源・水流・森林・山地・草原・荒地・海域・干潟などあらゆる種類の自然資源の所有権を統一的に行使する機関を設立して、国民が所有する自然資源の譲渡などに責任を負っている。レベル別の所有権行使体制の構築にも取り組んでおり、中央政府は主に重点国有林区、大江大河大湖および国境をまたぐ河川、生態機能が重要な湿地草原、海域の干潟、希少野生動植物種、一部の国家公園などにおいて直接的に所有権を行使している。自然資源資産所有権制度を整備することにより、自然生態空間という資源を資産に変え、資源の有償利用や生態補償制度を推進することで、保護と発展の利益バランスを擁護し、より広範な範囲に、より深いレベルで生物多様性保全に貢献している。

中国は国家重点生態機能区の移転支払制度を実施し、800以上の県レベルの地域が恩恵を受けている。また、森林伐採の数量制限制度なども実施しており、10億5,800万ムーの国有天然林のすべての伐採を停止し、1億2,400万haの国家レベルの公益林を中央財政の補償対象に組み入れている。国内の40％の草原には禁牧・休牧制度が実施され、64％の草原が基本草原に指定されており、長江・黄河・珠江・淮河の4つの内陸水域では禁漁制度が全面的に実施され、70％以上の海域

に夏季休漁制度が適用されている。農地から湿地への復元は20万ムー実施され、湿地補助政策が整備され、半数以上の湿地が効果的な保護を受けている。

2. 法執行・監督の厳格化による野生動物狩猟の根絶
（一）全人代による特別検査の実施

2020年2月、全人代常務委員会は、「違法野生動物取引の全面的禁止、野生動物乱食の悪習根絶、人々の生命・健康の安全の適切な保障に関する決定」（以下「決定」）を可決し、この「決定」および「中華人民共和国野生動物保護法」に基づき、一括して法執行検査を行ったが、検査の重点は、主に以下の5つの内容を含んでいる。第一は、野生動物乱食悪習根絶の実施状況であり、野生動物食用禁止のレッドラインを着実に実行し、人々の意識へ浸透させること、第二は、違法な野生動物市場と取引の法的取り締まり状況であり、関連部門が監督検査と責任追及を強化し、違法な収益チェーンを断つよう推進すること、第三は、非食用途での野生動物利用の管理状況であり、法治の軌道上での秩序立った発展を確保すること、第四は、野生動物生息地の保護状況であり、野生動物の生存と繁殖に適した自然環境を創造すること、第五は、法制度構築の強化と法治意識の向上の状況であり、政府・組織・一般市民の共同行動を推進し、文化的かつ健康的な生活様式を育成することである。この法執行検査は、全人代常務委員会委員長がチームリーダーとなり、4つの検査チームに分かれて8つの省に赴き現地検査を行い、同時に他の省レベルの人民代表大会常務委員会に委託して検査を実施し、31の省（自治区、直轄市）を全てカバーする。

検査報告によると、各地域および各部門は、公共衛生の法的保障を強化する習近平総書記の重要な指示と要求および党中央の決定と計画を徹底的に実施し、政治的な立場を高め、責任を強化し、「決定」と「中華人民共和国野生動物保護法」を徹底的に実行する態度を明確にし、その行動は迅速で、成果は明らかだった。同時に、法執行検査チームは、現在、食用として野生動物を人工繁殖する産業のモデルチェンジや転業の問題が依然として突出していること、法律で規定された関連リストの調整と整備が急務であること、野生動物の法執行監督管理メカニズムには欠陥があること、野生動物生息地保護管理の強化が必要であること、野生動物による人の身体や財産の安全への損害問題がしばしば発生すること、関連する法律・制度の修正と整備が急務であることなどの問題を指摘している。

（二）中央の生態環境保護監督検査

　中央政府は生態環境保護監督検査制度を実行し、専門の監督検査機関を設置して、各省（自治区・直轄市）の党委員会および政府、国務院の関連部門、関連中央企業などの組織に対して生態環境保護監督検査を実施している。中央の生態環境保護監督検査には、定例監督検査・特別監督検査・「見返し」などが含まれる。2019年、中共中央弁公庁と国務院弁公庁は、「中央生態環境保護監督検査業務規定」を通達し、その中の第15条で、中央の生態環境保護の定例監督検査に関する内容を規定しており、それには以下の内容が含まれている。習近平エコ文明思想の学習と実践、新しい発展理念の実践と質の高い発展の推進状況、党中央と国務院のエコ文明建設と生態環境保護に関する決定および計画の実践状況、国の生態環境保護に関する法律法規・政策制度・基準規範・計画の実践状況、生態環境保護の「党と政府の共同責任」「同一ポスト二重責任」の推進実施状況と長期的なメカニズムの構築状況、顕著な生態環境問題とその処理状況、生態環境の質が悪化している地域流域およびその改善状況、人々が訴える生態環境問題への即時対応および改革状況、生態環境問題に関する立案・対処・移譲・審判・執行などのプロセスにおける違法な関与と非協力などの状況、その他監督検査が必要な生態環境保護に関する事項である。

　監督検査中に明らかになった大多数の問題は生物多様性保全に関連しており、三亜サンゴ礁国家レベル自然保護区と海岸ベルト200メートル以内違法建築に関して19人が問責された。四川省自然保護区内では規則に違反して承認されたり、期限が延長された大量の探鉱・探鉱権が、省全体の自然保護区の40％以上に関係し、22人が問責された。中央の生態環境保護監督検査制度は、各行政レベルや部門が生態環境を保護する責任を担うよう極力促し、生物多様性保全に強力な制度的保障を提供している。

（三）野生動物保護特別対策キャンペーンの実施

　2019年6月、国家林業草原局は、「野生動物保護特別対策キャンペーンの共同実施に関する通知」を出した。その趣旨は、全国規模で野生動物保護特別対策キャンペーンを共同で展開することで、野生動物保護に関連する法律法規の規定に照らして、「2つの無作為と1つの公開」[4]という監督管理の日常的かつ基本的な役割を発揮すると同時に、監督検査、苦情申し立て・告発、転送や引き渡し、メディア露出などのルートで発見された違法問題を手がかりにし、ひとつのことから多く

4　中国語原文は「双随机，一公開」。監督・管理業務において、検査要員を無作為に派遣し、検査対象を無作為抽出し、検査および処置の結果を速やかに公開すること。

の問題を類推し、野生動物の違法な捕獲や営業活動が容易かつ頻発する地域、都市と農村の接合部や農村などの地域、自由市場・卸売市場・農産物市場・花鳥市場・骨董市場などの場所、野生動物およびその製品を違法に販売するウェブサイトに重点をおき、野生動物あるいは使用が禁止されている狩猟用具の販売・購入・使用に関する広告掲載、および野生動物製品の販売・購入・使用に関する広告掲載行為は法律に従って厳しく調査処罰し、また、オンライン取引プラットフォームや商品取引市場などの取引場所が、野生動物およびその製品、あるいは禁止されている狩猟用具を違法に販売・購入・使用するために取引サービスを提供する行為も、法律に従って厳しく調査処罰する。

　2020年、国家林業草原局は、公安部と共同で法律に基づいた野生動物資源を破壊する違法犯罪の取り締まり特別行動を実施し、国家市場監督管理総局と共同で野生動物保護の特別対策キャンペーンを実施した。それら2つの行動は、絶滅危惧野生動物生息地の破壊、違法な狩猟や取引、絶滅危惧野生動物およびその製品の違法な輸送などの違法犯罪活動に対して全国規模で重点的な取り締まりと是正を行った。2つの行動は、野生動物資源を破壊する違法犯罪の重大・重要事案を集中的に解決し、破壊が深刻かつ管理が混乱している重点地域や場所を立て直し、取り締まりや是正の幅広さ・深さ・力強さは前例のないものであり、野生動物資源を破壊する違法犯罪の拡大を効果的に抑制した。さらに、森林に生息する野生動植物資源を対象とした「颶風1号」など特別キャンペーンも行われた。2018年には、林業の行政事案が17万6,000件解決され、延べ18万人が処罰され、1万5,000haの森林、863.4haの自然保護区や生息地が再生された。

　生態環境部は、生物多様性保全の全体的な調整と野生動物保護を監視する職務を履行し、中国科学院と協力して「中国生物多様性レッドリスト」を発表し、国家レベル自然保護区での外来侵入種の調査を実施し、外来侵入種データベースをほぼ構築し、非合法な野生動物取引を取り締まる関連部門の特別法執行キャンペーンに大いに協力し、これを支援した。

第 5 節　能力開発強化によるグリーン宣伝の展開

1. 組織作り

　中国の生物多様性保全は政府主導で行われており、生物多様性保全のさまざまなプロジェクト活動の展開において、メカニズムと機関の組織能力が最も重要な要素である。中国が「生物多様性条約」に署名して以来、各行政レベルの生物多様性保全機関がトップダウンで設立され、保護能力は段階的に向上している。

(一) 国の組織作り

　国家レベルでは、中国は生物種資源の保護に関する部局間合同会議制度と中国生物多様性保全国家委員会の意思決定メカニズムを確立した。2003 年、国務院は、国家環境保護総局が主導し、17 の部局が参加して、国の生物種資源の保護と管理を統一的に組織・調整する、生物種資源の保護に関する部局間合同会議制度を承認した。2010 年、中国は、2010 年国際生物多様性年中国国家委員会を設立し、「2010 年国際生物多様性年の中国行動計画」と「中国生物多様性の保全戦略・行動計画 (2011-2030 年)」を審議し承認した。国連総会の決定に応えて、2011 年 6 月に国務院は「2010 年国際生物多様性年中国国家委員会」を「中国生物多様性保全国家委員会」に改名し、全国の生物多様性保全活動を責任を持って統括・調整し、「国連生物多様性 10 年の中国活動」を指導することとした。当時の中共中央政治局常務委員、李克強国務院副総理が中国生物多様性保全国家委員会の議長を務め、26 の部門が委員会のメンバーとして参加し、事務局は環境保護部の自然生態保護司に設置された。

(二) 各部門の組織と職務

　国務院の「三定〔職責・機構・人員を確定すること〕」プランによれば、各部門は職務範囲内で生物多様性保全活動を展開する。生態環境部自然生態保護司は野生動物保護活動を監督する責任を負い、生物多様性保全、生物種資源（生物遺伝資源を含む）保護、生物安全管理業務を組織・実施し、中国生物多様性保全国家委員会の事務局および国家生物安全管理弁公室の業務を担当し、関連する国際協定の国内履行業務に責任を負う。

　国家林業草原局野生動植物保護司は、全国の陸上野生動物の捕獲・繁殖・経営利用を責任を持って監督・管理し、陸上野生動物の救護活動を指導する。また、全

国の陸上野生動物資源調査と資源状況評価を実施し、国家重点保護陸上野生動物リストと、人工繁殖の国家重点保護陸上野生動物リストを研究し提出する。全国の陸上野生植物の収集・育成・経営利用を監督管理し、陸上野生植物の救護活動を指導する。陸上野生動物の感染源・感染症の監視と予防業務を責任を持って実施する。野生動物およびその製品の輸出入を監督管理し、国際条約で貿易が禁止または制限されている野生動物リストを責任を持って策定・調整・公表する。さらに、絶滅危惧野生動植物の国際的な貿易協定履行の具体的業務を担当する。非貿易系野生動植物保護の条約履行業務も行う。国家林業草原局自然保護地管理司は、生物多様性保全に関連する業務に責任を負い、「生物多様性条約」履行に関連する事務を担当する。国家林業草原局生態保護修復司は、全国の林業と草原における有害生物の防除・検疫管理業務に責任を負う。

　農業農村部畜産獣医局は、家畜用生物製品の安全管理と出入国動物検疫関連業務を担当する。農業農村部種業管理司は、農作物の遺伝資源、家畜・家禽の遺伝資源の保護と管理業務を責任を持って実施する。農業農村部科学技術教育司（農村での遺伝子組換え生物の安全管理事務所）は、農業における遺伝子組換え生物の安全と外来種の管理などの関連する業務を責任を持って監督管理し、農地・農業生物種資源・農産物産地環境の保護と管理を指導する。農業農村部栽培業管理司は、国内および出入国植物の検疫、農作物の重大な病害虫の防除に関連する業務を担当する。

　科学技術部は、実験用動物の輸入を責任を持って管理する。国家衛生と計画生育委員会は、医学的微生物の輸入を責任を持って管理する。国家中医薬管理局計画財務司は、漢方薬資源の全面調査を実施し、漢方薬資源の保護・開発・合理的利用を促進し、漢方薬産業の発展計画・産業政策・中医薬支援政策・国家基本薬物制度構築に参加する。税関総署は、手続きが整った動植物製品の通過を認め、違法輸送や不注意な持ち込みによる外来種に対しては差し止め措置を実施する。

（三）条約履行の組織作り

　「生物多様性条約（CBD）」「絶滅のおそれのある野生動植物の種の国際取引に関する条約〔ワシントン条約〕（CITES）」「ラムサール条約」「国連砂漠化対処条約（UNCCD）」を適切に履行し、国レベルで履行活動を統一・調整するため、関連履行機関を設立した。

(1)「生物多様性条約」履行業務グループ

1992年末、国務院は国家環境保護総局を、生物多様性の管理と「生物多様性条約」の履行に責任を負う主要機関として承認した。1993年、国務院の同意により、国家環境保護総局は、「中国『生物多様性条約』履行業務調整グループ」を、外交部・国家計画委員会・国家科学技術委員会・財政部などの13の部門と共同で組織した。現在、この履行調整グループは、生態環境部・外交部・教育部・国家発展改革委員会・科学技術部・財政部など24のメンバー機関から成り立っており、これらの部門はその職務と分担に応じて、生物多様性保全管理事務において各自が重要な役割を果たしている。

(2)絶滅危惧種輸出入管理弁公室

中国は1981年に正式に「絶滅のおそれのある野生動植物の種の国際取引に関する条約」に加盟した。1982年に、国家林業局が絶滅危惧種輸出入管理弁公室を履行管理機関として設立し、中国科学院に絶滅危惧種科学委員会を履行科学諮問機関として設立した。2006年4月29日、中国は「中華人民共和国絶滅危惧野生動植物輸出入管理規則」を公布し、前述の条約が中国で効果的に実施されるのに重要な役割を果たした。

(3)中国「ラムサール条約」履行国家委員会

中国は1992年3月に「ラムサール条約」に加盟した。2007年、国務院の承認を受けて、「中国『ラムサール条約』履行国家委員会」が設立され、同委員会は、国家林業局・外交部・国家発展改革委員会・教育部・科学技術部・財政部・国土資源部など16の部門から構成された。その中の国家林業局が委員会の主任組織で、外交部・水利部・農業部・環境保護部・国家海洋局が副主任組織である。

(4)「国連砂漠化対処条約」中国執行委員会

中国は1996年12月30日に「国連砂漠化対処条約」に加盟した。1991年には、国務院の承認を受けて、「中国砂漠化対処調整グループ」を設立した。その前身は「全国治砂活動調整グループ」である。1994年8月、国務院の承認により、「中国砂漠化対処調整グループ」はその名称を対外的に「国連砂漠化対処条約中国執行委員会」と改称し、国務院に関連する19の部門で構成した。「国連砂漠化対処条約」を履行するために、中国政府は「『国連砂漠化対処条約』履行事務局」、すなわち砂漠化防止調整グループ弁公室を設立した。さらに、中国は部局間調整機関である「『国連砂漠化対処条約』中国執行委員会」も設立し、林業行政主管部門

が、砂漠化防止業務を責任を持って組織・調整・指導し、農業・水利・土地・環境保護などの行政主管部門や気象の主管機関が、それぞれの職責と分担に従って砂漠化防止業務を行うようにした。2019年9月2日から13日まで、「国連砂漠化対処条約」第14回締約国会議がインドの首都、ニューデリーで開催され、席上、中国政府は各国に砂漠化や土地退化の対策における協力強化を呼びかけ、中国の砂漠化対策の経験に基づいて、世界の生態系ガバナンスのために「中国式解決策」を示した。

(四) 地方の組織作り

生物多様性保全の取り組みが深まるに従い、特に「中国生物多様性の保全戦略・行動計画（2011-2030年）」が公布された後、地方の管理および調整システムは明らかに強化された。各省（自治区・直轄市）では、省レベルの生物多様性の調整・管理・助言の制度あるいは組織が相次いで設立され、山西・江蘇・貴州の各省は省レベルの生物多様性保全委員会を設立し、黒龍江・浙江・安徽・広東・海南・重慶・吉林の各省（直轄市）は省レベルの生物多様性保全部門の連絡会議制度を導入し、河南省は生物多様性保全専門家委員会を設立し、湖南・チベット・寧夏の各省（自治区）は生物多様性保全戦略と行動計画の策定指導チームを設立し、福建省・新疆ウイグル自治区・遼河保護区は生物多様性保全指導チームを設立した。野生動植物の保護管理に関して、地方政府は現地の保護機関の整備を強化しており、市や県レベルの行政府では野生動植物保護管理機関を設立し、行政管理および法執行体制をほぼ構築した。

(五) NGOの組織作り

生物多様性保全のNGOは、10年以上にわたり盛んに発展し、中国の生物多様性保全機関の重要な一部となり、中国と世界の環境保護事業の発展と進歩を推進する重要なパワーとなっている。2008年10月、中華環境保護連合会が発表した「2008年中国環境保護民間組織発展状況報告」によれば、現在、中国には各種の環境保護民間組織が3,539団体存在し、そのうち政府部門が設立した環境保護民間組織が1,309団体、草の根環境保護民間組織が508団体、学生環境保護団体とその連合体が合計1,382団体、中国本土駐在国際環境保護民間組織が90団体である。現在、環境保護NGOの活動と発言は、ほぼすべての生態環境保護と発展の隅々に広がり、環境保護および生物多様性保全分野での役割と影響力はますます大きくなり、一国の環境保護事業の発展具合を評価する指標となっている。たと

えば、「緑色江河」や「自然之友」といった団体によるチベットガゼルの保護活動、「自然之友」が始めた雲南省金絲猴の保護活動、南京の学生環境保護団体「緑石」によるシナギフチョウの保護活動などがある。これらの国際 NGO は、さまざまな形で中国において相応の活動を展開し、中国の生物多様性保全に重要な貢献をしている。

2. 人材育成

　中国政府は、科学技術イノベーション人材の育成をあくまで重視し、生物多様性に関連する基礎科学研究と実践を重点的に展開しており、国家重点研究開発計画、中国科学院戦略的先導科学技術特別プロジェクト、973 計画、863 計画[5]、国家自然科学基金などを含む、多くの生物多様性保全に関連する科学研究プロジェクトを特別に設立した。

　プロジェクトへの支援と持続的な投資は、影響力のある一群の研究チームと専門家や学者を育成し、中国生物多様性研究を世界のトップレベルへ大きく押し上げた。基本理論と新たな知見では、Wang ほか（2009）が著名な「PNAS」に論文を載せ、東アジアと北アメリカの生物多様性の分布パターンを説明し、「代謝理論」を展開した。これは種の多様性のメカニズム的説明に重要な一歩を踏み出したと考えられる。Dai ほか（2012）は「PNAS」に、大麦栽培発祥の地に関する論文を発表した。この研究は、多様性配列技術と一塩基多型研究を通して、チベットが大麦栽培の発祥地のひとつであることを証明し、大麦栽培多重起源理論を裏付けた。Chen ほか（2018）は「PNAS」に、国家規模で、自然生態系において生物多様性が生産性の向上だけでなく、土壌炭素貯蔵量を増加させ、カーボンシンク増加の役割を果たすことを初めて証明した論文を発表した。Xu（2019）ほかは「PNAS」で論文を発表し、人間の活動が植物の大規模な分布に及ぼす影響の法則を明らかにした。Liu ほか（2020）は「Nature Communication」で、有害な侵入植物である薇甘菊の、グローバルな侵入プロセスにおける環境適応進化と急速な成長の分子メカニズムを明らかにした。これは、次なる分子レベルでの精密な予防と制御を展開するための理論的根拠を提供し、遺伝子組換え技術を利用した侵入生物の防除に参考となり、生態環境の持続可能な発展を支えるための政策決定

5　973 計画は 1997 年 3 月に実施された国家重点基礎研究開発計画、863 計画は 1986 年 3 月に実施された国家ハイテク研究開発計画である。

根拠と技術支援も提供した。Fanほか（2020）は「Science」の論文で、古生物学のビッグデータ、スーパーコンピューティング、疑似焼きなまし法、遺伝アルゴリズムなどの新しい方法や手段を利用し、化石データに基づいて生命の進化の歴史を再現し、古生代海洋生物の多様性の進化に対する現在の認識を変えた。Songほか（2020）の研究は、史上最大規模の絶滅事象が生物多様性の急激な低下だけでなく、生物の古地理学的パターンの大変革を引き起こしたことを発見した。

3. 協力・交流

現在、世界中で種の絶滅速度が加速し続けており、生物多様性の喪失と生態系の退化は人類の生存と発展に非常に大きな脅威となっており、百年に一度の新型コロナウイルス感染症（COVID-19）の流行は、人と自然は運命共同体であることを人々にいっそう認識させ、経済発展と生態保護の調和と統一の促進が急務となっている。2020年9月30日、習近平国家主席は国連生物多様性サミットで重要な演説を行い、各国に、エコ文明を堅持し、美しい世界を築く原動力を強化すること、多国間主義を堅持し、全世界の環境ガバナンスの力を結集すること、グリーン発展を維持し、ポストコロナ経済の質の高い回復活力を育成すること、責任感を強化し、環境課題に対処する行動力を向上させるよう呼びかけた。習近平総書記は、「エコ文明の理念に基づいて発展を指導する」「強力な政策行動を取る」「グローバルな環境ガバナンスに積極的に参加する」という3つの側面から、中国の経験と実践を整理共有し、世界的な環境ガバナンスを強化するために有益な参考となった。計画に従い、2021年10月に中国は昆明で「生物多様性条約」第15回締約国会議（COP15）を開催し、全面的にバランスの取れた、力強い、実行可能な行動フレームワークの達成を目指す。グリーン発展とエコ文明の構築に尽力する中国は、引き続き多国間主義を維持し、発展レベルに見合った国際的な責任を担い、地球というふるさとを守って、人類の持続可能な発展を促進するために力の及ぶ限り貢献する。

（一）中国「生物多様性条約」履行メカニズム

中国は生物多様性保全において条約義務を積極的に履行し、国際的に率先して中国生物多様性保全国家委員会を設立し、全国の生物多様性保全活動を調整し、「中国生物多様性の保全戦略・行動計画（2011-2030）」および「国連生物多様性10年の中国行動計画」を発表し、実施している。中国は「生物多様性条約」および

「カルタヘナ議定書」「名古屋議定書」に加盟し、中国の履行報告書を提出し、交渉に積極的に参加し、多国間および両国間の国際的な協力を深化させている。さらに、中国は世界野生生物基金、FAO、IUCN などの NGO とも、生物多様性保全において積極的で多様な協力関係を築いており、その行動は、自然保護政策の策定、一連の生物多様性保全計画の実施、絶滅危惧種の救済、生物資源の研究や関連人員の育成の実施などを含んでおり、豊富な成果を上げている。

(二) 中国と欧州連合 (EU) の生物多様性保全協力

「中国の土地利用計画と土地整理における生物多様性保全」プロジェクトは、中国と EU の生物多様性プロジェクトのモデルのひとつであり、旧国土資源部が生物多様性保全分野で初めて行った国際協力プロジェクトである。2 年間の努力の結果、このプロジェクトは豊かな成果を上げた。その中でも最も重要なのは、生物多様性保全が土地利用総合計画や土地整理に画期的に結びついた点である。各行政レベルの土地利用計画に生物多様性保全理念を組み込み、現在と将来の土地利用が生態系の機能と価値を十分に考慮できることをある程度確実にして、経済発展を保障すると同時に、生態系に不可逆的な破壊をもたらすことを防止する。

中欧生物多様性プロジェクトは、EU と UNDP が中国で資金援助を提供した 18 の生物多様性保全モデルプロジェクトの中で、最も豊かな成果と深い影響を持つプロジェクトであり、「科学・政策・実践の完璧な結合」を実現し、「生物多様性保全を国の経済発展計画に組み込む」という目標を体系的に実現した。

(三) 中国と「ワシントン条約」の締約協力

2019 年、国連総会は「絶滅のおそれのある野生動植物の種の国際取引に関する条約〔ワシントン条約〕(CITES)」の署名日 3 月 3 日を、「世界野生動植物の日」とした。CITES は、強力な拘束力を持つ国際条約であり、その附属書に記載された種が国際的な商業取引によって絶滅の危険にさらされないように保護することを目的としている。この条約義務を履行するため、中国政府は 2006 年 4 月 29 日に「中華人民共和国絶滅危惧野生動植物の輸出入管理規則」を公布し、その第 1 条には「絶滅のおそれのある野生動植物およびその製品の輸出入管理を強化し、野生動植物資源を保護し、合理的に利用し、『絶滅のおそれのある野生動植物の種の国際取引に関する条約』(以下「条約」)を履行するために、本規則を制定する」と規定されている。さらに、「中華人民共和国刑法」第 151 条第 2 項でも、貴重な動物やその製品を密輸する犯罪を規定し、条約義務を履行している。CITES の締約国

として、中国は立法の強化、海洋漁業者の船舶削減と転業の実施、さまざまな水生生物保護地の設立、希少絶滅危惧動植物の保護の強化など、一連の取り組みを通じて、希少絶滅危惧野生動植物の保護と持続可能な利用を力を入れて推進している。

（四）中国生物多様性保全国際協力プロジェクト

（１）中国・ラオス国境共同保護区プロジェクト

2009年、コンサベーション・インターナショナルの推進により、国境共同保護区内のアジアゾウなど希少絶滅危惧種とその生息地を保護するために、中国・ラオス両国は「中国・ラオス国境共同保護区プロジェクト協力協定」に署名し、中国・ラオス国境にある5万4,700haの共同保護区を設定し、国をまたいだ生物多様性保全活動を協力して展開するようにした。中国とラオスの両国の保護区に関連する管理部門が協力して、「共同保護区」を設立し、国をまたいだ共同保護新モデルを模索し、共同保護区内での生物多様性保全を促進するという目標を達成する。

中国・ラオス国境共同保護区プロジェクトは、以下の措置を主に採用した。第一は、「中国・ラオス国境共同保護区」の協力モデルを探求し、両国の保護区管理部門が交流活動を行い、協力推進会議を開催することで、共同保護活動を推進する。第二は、一般向けの宣伝を強化し、両国の国境地域の住民を対象に多様な形式の保護宣伝活動を実施することで、自然資源に対する人々の保護意識を向上させる。第三は、能力開発の向上で、中国雲南省の西双版納国立自然保護区とラオスのナムハ国立自然保護区のスタッフに対して、自然保護区管理・野外監視パトロール・地理情報システム・赤外線カメラ監視・データ収集などの能力開発訓練を実施し、保護区スタッフの専門知識とスキルを向上させる。第四は、監視パトロールで、通常の監視パトロール、赤外線カメラ監視、および中国・ラオス国境での共同監視パトロールを実施し、地域内のインドシナトラ、アジアゾウ、およびそれらの共生生物の監視を行い、保護区周辺のコミュニティと協力してコミュニティ監視ネットワークを設立する。第五は、共同保護区の生物多様性調査を実施し、両国が共同保護区内で生物多様性調査と映像による迅速な評価を共同で実施し、共同保護区内の生物多様性の現状を把握し、アジアゾウ、インドシナトラなど希少種の個体数と分布状況を理解し、それらの生存状況を把握する。

中国・ラオス国境共同保護区プロジェクトは、以下の成果を達成した。第一は、

中国とラオス双方の関連スタッフがタイの HKK（トゥンヤイ・ファイカケン）野生生物保護区に行き、「MIST（Management Information System Technology）自然保護区管理情報システムおよび野外パトロール技術訓練」に参加し、保護区が情報システムを構築する基礎を築いた。第二は、中国の西双版納国家自然保護区の尚勇子保護区を支援し、パトロール管理データベースと地理情報プラットフォームの構築を完成させた。第三は、中国の西双版納州勐満鎮河図村と上中良村、ラオスのナムター県メンシン郡マンブー村で3度にわたり保護区周辺住民との交流会を開催し、このプロジェクトの保護活動への住民の積極的な参加が効果的に確保された。第四は、保護をテーマにした宣伝用カレンダー 5,000 部を制作し、保護区周辺のコミュニティや中国・ラオスの国境ゲートなどで無料配布し、地元住民へのヒアリング調査を通じて、広報資料や広報活動によって保護の必要性と重要性が新たに認識されたことを証明した。第五は、2回にわたる中国・ラオス共同監視パトロールを実施し、両国が監視技術に関して効果的な交流を行い、お互いの長所を学び短所を補った。地域のコミュニティから 12 人の住民を長期間雇用して、保護区の監視パトロール業務に直接参加してもらい、保護区と周辺コミュニティの緊密な協力を促進したうえに、地域内での長期的な有人監視パトロールを確実にした。第六は、監視や取り締まりを強化し、赤外線カメラなどの観察機器を配置することで、不法な狩猟者を速やかに発見し、多くの映像データを収集することで、野生動物の分布状況、数量、および活動パターンを動的に把握し、次のステップで中国・ラオス共同保護区がアジアゾウの保護と人獣衝突を解決するためにデータ支援を提供した。第七は、交流と協力のメカニズムを引き続き深化させ、自然保護管理技術と野外監視パトロールの交流プラットフォームを構築した。

（2）東南アジア中国白イルカ保護プロジェクト

中国白イルカは、中国のイルカ科で唯一の国家一級重点保護動物であり、主に太平洋とインド洋に分布し、中国では主に台湾海峡と南海に集中している。近年、中国の経済が急速に成長する中で、海洋生物多様性保全活動は重大な課題に直面している。過度な漁労、海洋汚染、船舶の衝突、沿海プロジェクトなどが原因で、海洋の希少動物の生息地が継続的に破壊され、個体数が日に日に減少している。中国白イルカの個体群をより良く保護し、回復させ、中国白イルカ保護が直面している新たな問題や課題に効果的に対処し、全国的に中国白イルカの保護・管理活

動を統一的に進めるために、旧農業部は「中国白イルカ保護行動計画（2017-2026年）」（以下「行動計画」）を策定した。行動計画は、2017年から2026年までの中国白イルカの保護に関する指針・基本原則・行動目標に対し見解を示し、具体的な保護行動を策定している。中国白イルカ保護プロジェクトは、「行動計画」の関連要請を積極的に実行し、中国白イルカとその生息地の保護に努めている。

東南アジアの中国白イルカ保護プロジェクトは、中国と関連東南アジア諸国との政府機関・研究機関・保護区管理機関での協力を促進し、東南アジア海域における中国白イルカの生存状況を研究し、東南アジアにおける中国白イルカ保護のための協力・交流プラットフォームを構築し、保護区ネットワークの構築と効果的な管理を促進し、中国白イルカの生存環境を整備することを目的としている。

東南アジアの中国白イルカ保護プロジェクトは、主に以下のような措置を採用した。第一は、科学調査で、中国白イルカの交配地、餌場など重要な生息地と回遊路に対する基本調査を実施し、東南アジア海域における現在の中国白イルカの分布状況・個体数、および東南アジア各国の保護状況を把握し、保護行動に基礎データを提供する。第二は、保護区ネットワークの構築で、東南アジアの中国白イルカ保護区ネットワークを形成し、中国白イルカ保護に関わるスタッフの協力・交流プラットフォームを構築し、定期的なコミュニケーションと交流という協力メカニズムの形成を推進する。第三は、能力開発と訓練の強化で、中国白イルカ保護に関連する東南アジア諸国の保護区管理者と研究者に対し、多様な形式で海洋保護区ネットワークに関する理解の向上や保護区の管理などの知識の向上を含む能力開発と訓練活動を実施する。第四は、モデル的試行の実施で、中国広東省江門市ではプロジェクトのモデル区域を選定して、ドルフィンウォッチングツアーを試み、中国白イルカの餌資源と漁師の過剰操業の矛盾を緩和し、持続可能な生計を実現しながら、中国白イルカを保護する新たなアイデアを常に提供している。第五は、広報・教育の拡充で、交流プラットフォーム内の協力パートナーが定期的に交流会議を開催し、各自の研究や保護成果を共有する。

プロジェクトの実施により、政府関連部門、クジラおよびイルカの各保護区、関連する研究機関、NGOなどが定期的に訓練や宣伝活動を実施し、一般市民の保護意識を高め、中国白イルカの保護と救助に参加する人数が大幅に増加した。ビッグデータ検索の結果によれば、中国白イルカの座礁と救助に対するメディアの関心も大幅に高まったことが示されている。

4. 生物多様性保全とグリーン発展の宣伝

（一）政府の主導

　中国は積極的に「国連生物多様性10年の中国の活動」に関わる一連の活動を実施し、生物多様性保全の理念と法規制措置を強力に宣伝し、生物多様性保全の主流化に大きな成果を上げている。国家ラジオテレビ総局はこの活動を積極的に推進し、中央電視台・人民日報社・新華社など200以上のメディア機関と「生物多様性条約」の事務局は、生物多様性の宣伝を継続的に行い、一般市民の生物多様性保全参加ブームを巻き起こしている。

　世界環境デー・世界地球デー・国際生物多様性デー・世界野生動植物デー・世界湿地デー・世界荒漠化干ばつ防止デー・世界森林デー・国民国家安全教育デーなどの重要なタイミングで、自然資源部・生態環境部・国家林業草原局などの部門は一連の宣伝活動を開催し、生物多様性保全、野生動物の全面的な食用禁止、生物種資源の保護、外来侵入種の防除などの強化に関する宣伝を行い、地方の一連の宣伝教育と普及活動を指導し、社会全体の広範な参加を呼びかけ、人々の保護意識をさらに高めている。2012年6月26日、環境保護部の国際協力センターは北京郊外で「生物多様性広報メディアと民間環境保護団体の研修交流会」を開催し、主要なメディアと民間環境保護団体に中国の生物多様性パートナーシップと行動枠組理念を広く宣伝した。2018年、自然資源部によりグリーン鉱山建設に関する9つの業界標準が打ち出されたことは、中国のグリーン鉱山建設が全国レベルで標準化の段階に踏み出したことを示しており、中国の採掘企業による生物多様性情報の主動的かつ積極的な開示をさらに高めるだろう。2019年には、「5・22国際生物多様性デー」の一連の科学普及宣伝活動を展開するために、中国生態学学会と広西チワン族自治区生態環境庁の指導の下、南寧市図書館・北海市図書館・欽州市図書館など12の機関が「興味深い生き物——広西チワン族自治区生物多様性写真展」および「広西チワン族自治区自然科学普及講座」を開催し、読者に生物多様性の概念を大まかに理解させ、生物多様性が人類にとって重要な意義を持つことを理解させた。2019年5月には、自然資源部が三亜で「2019年世界海洋デーおよび全国海洋普及デー」のメイン活動を開催し、海洋資源の節約利用と海洋生物多様性保全に対する一般の人々の認識をいっそう高め、青い故郷の保護に貢献することをめざした。

　また、新しいメディアを活用して宣伝プラットフォームを拡大し、宣伝方法を刷

新した。例えば、全国においてバイオセキュリティの知識を学校、コミュニティ、機関、携帯電話、客室・船室、展示会場に広める「6つの普及」キャンペーンを展開している。2017年4月には、広州市出入国検査検疫局が広州市西関外国語学校を訪れ、「国境バイオセキュリティの未来を共に築き、美しい自然豊かな故郷の設計図を一緒に描く」というテーマで国境バイオセキュリティの宣伝教育活動を開催した。ビデオや展示パネルによる宣伝、標本の展示、検疫探知犬のパフォーマンス、対話型ゲームなど、多様で立体的な宣伝手法を通して、生徒たちに国境バイオセキュリティの重要性を伝えた。2019年11月には、湛江税関が湛江市第二十五小学校の200人以上の教師と生徒に向けて、活気あふれる「国境バイオセキュリティ知識ミニ講座」を開催した。2020年5月には、山東省生態環境庁、安徽省宿州市生態環境局、湖南省湘西土家族ミャオ族自治州生態環境局などが、生物多様性保全の宣伝をテーマとした党活動日、学校・コミュニティ・展示館などでの宣伝活動を次々と展開した。

(二)企業の参加

　企業は生物多様性資源の開発と利用の主体であり、また、世界的な生物多様性の持続可能な発展を実現するための重要な推進力である。2015年、中国は「生物多様性条約」事務局が主導する「企業と生物多様性のグローバルパートナーシップ（GPBB）」のイニシアチブに参加し、企業が生物多様性分野での取り組みに参加することを奨励した。生物多様性保全に注力し始める中国企業はますます増え、伊利・百度・金蜜蜂などの企業が、最も早く「生物多様性条約企業と生物多様性の公約書」に署名した企業となり、生物多様性保全の取り組みと約束履行の進捗情報開示を積極的に強化している。2011年12月、多くの企業が世界森林貿易ネットワーク（GFTN）へ加入する協定に共に署名し、持続可能な森林経営と責任ある林産品取引への支援、違法な森林伐採の阻止、信頼性のある木材取引認証の推進を約束した。2015年、中国企業9社と6つのNGO・業界団体は共同で「森林宣言」を発表し、中国の関連企業に対し、2030年までに木材製品のサプライチェーン調達における100%「森林破壊ゼロ」の実現を達成するよう呼びかけた。さらに、中国企業はクブチ砂漠での砂漠化防止および抑制活動を継続し、不断の努力により、クブチ砂漠の森林被覆率と植生被覆率は大幅に向上し、生物種数が10種未満から530種以上に増加し、多年にわたり姿を消していた100種以上の野生動植物が再び姿を現した。中国アルミニウムグループ有限公司は、全プロセスの生

物多様性保全制度を構築し、資源開発と建設プロジェクトの生態管理を強化している。「国際船舶のバラスト水および沈殿物の制御と管理に関する条約」履行のため、中海集装箱運輸股份有限公司は「船舶バラスト水管理ガイドライン」「バラスト水管理計画」などの制度文書を出し、バラスト水の操作・交換・安全検査・記録という4つのプロセスを通じてバラスト水を総合的に管理し、外来種の侵入を防ぎ、海洋の生物多様性を保全している（譚幸欣ほか，2019）。

さらに関連企業はインフラ建設において積極的に環境保護の社会的責任を果たしている。ウトンデ（烏東徳）水力発電所の開発と建設を担当する企業は、金沙江左岸の一級支流である黒水河を魚類の生息地として保護し、同時に生態保護基金を設立し、流域の生態環境保護と研究に利用している。イェバタン（葉巴灘）水力発電所の開発と建設を担当する企業は、チベット地域の支流の下流53kmの河川区域を生息地として保護し、工事の実施が水生生態環境に与える不利な影響を軽減している。

（三）国民の参加

中国は生物多様性に関連する知識を小中高等学校の教育カリキュラムに取り入れ、全国の普通大学で生物多様性に関連する学位教育を実施している。2012年までに、中国は関連する専門家を55万6,000人以上育成した。各関連部門と各地域は、生物多様性保全の宣伝に力を入れており、特に2010年国際生物多様性年の中国行動宣伝キャンペーン以来、さまざまな宣伝活動が延べ9億人以上の人々に影響を与えている。その後も毎年、メディアによるトレーニングや宣伝と、企業の生物多様性保護への参加を促進する大規模な宣伝活動が行われ、社会の一般市民の参加意欲を高め、生物多様性保全意識が明らかに向上している。

近年、中国の民間環境保護団体が勢いよく発展し、国民の環境保護意識も著しく向上し、生物多様性保全に大きな貢献をしている。2017年には、23の中国民間団体が協力して「社会福祉自然保護地連盟」を設立し、民間パワーを活用するよう努力し、協定保護・コミュニティ共同管理・委託保護・保護小区などの新しいモデルを通じて、コミュニティガバナンス・公益ガバナンス・共同ガバナンスなどまったく新しいガバナンスモデルを探求し、2030年までに国を支援して国土面積の少なくとも1％を保護する計画である。同時に、民間環境保護団体は、生物多様性政策の策定、情報公開、公益訴訟などでますます大きな役割を果たしている。「国家公園法」と「中華人民共和国野生動物保護法」の制定と改定のプロセス

において、政府関連部門は公益団体と国民がそこに参加して法律の改定に関して提案するよう特に組織し、多くの貴重な提案がなされ、法律のよりいっそうの整備を推進した。2017年から2020年にかけて、中国企業と民間団体は内モンゴルのアラシャン（阿拉善）、オルドス（鄂爾多斯）、バヤンヌール（巴彦淖爾）、通遼、甘粛省の武威、敦煌などの地域で1億2,000万本を植樹・育成し、総面積は140万ムーを超え、砂漠化の防止面積は100万ムーを超える見込みである。2020年4月、三江源称多嘉塘保護地が「螞蟻森林」プラットフォーム〔262頁参照〕に正式に登場し、現在までに1億㎡以上が寄付され保護されている。

第6章　都市の生物多様性保全と調和のとれた住環境づくり

　自然と調和した生活様式を見つけることが、ほとんどすべての都市住民の夢となっている。世界の60％以上の人々が都市で生活しており、都市での鳥のさえずりや花の香りは人と自然の調和を表現しており、都市の生物多様性保全は、住民の美しい生態環境へのニーズや、自然との親密なふれあいへの渇望を満たし、都市の活力を高める重要な手段である。生物多様性保全を都市の計画・建設・管理の全過程に適切に組み込み、生物多様性を調整・整備・再建することで、都市の生態系を安定的、協調的に発展させ、人と自然が調和して共存する新しいタイプの都市を構築し、これにより、都市の住民のエコ福祉を向上させ、都市建設にも新しい機会を提供することができる。

第1節　生物多様性保全の都市建設計画への組み込み

　グローバル化と都市化の急速な進展に伴い、都市建設の多くは経済建設を主導にし、しばしば都市の生態環境保護を軽視し、都市の生物多様性を破壊し、都市の生態系の保護と発展に大きなプレッシャーとなっている。同時に、経済建設に奉仕する都市計画は単一化しすぎ、スタイルが似た建築設計パターンや同じ景観設計と植生を長い間見続けることから、しばしば人々に視覚的な疲労感を引き起こす。このような都市建設計画は、すでに人々の豊富多彩な生活環境ニーズと美的要求を満たすことができなくなっている。そのため、現在の都市建設計画の過程では、生物多様性という要素が、設計者がますます重要視する重要な内容となっている。設計者は生物多様性と都市建設計画を統合し、都市の生物多様性の多くの価値を十分適切に活用し、これを、都市住民の美的要求を満たし、都市のより良くより早いグリーン開発を推進する手段としている。

1. 生物多様性保全の都市建設計画への組み込みに関する発展過程

　1987年、国務院は、中国で初めての自然保護に関する綱領的な文書「中国自然保護要綱」を公布し、生物多様性保全の問題をその中に組み込み、中国生物多様性保全の総合戦略と基本原則を規定するとともに保護対策を提案し、その後数十年にわたる中国の生物多様性保全計画策定の基盤を築いた。

　1990年から2000年までは、中国の生物多様性保全が急速に発展した時期であり、一連の関連法規と都市建設計画が次々に発表され、実施された。1993年に中国は「生物多様性条約」に加盟し、比較的早く承認され、この条約の締約国のひとつになり、それ以降、生物多様性保全活動が本格化した。「生物多様性条約」をより効果的に履行するため、中国政府は1994年6月、正式に「中国生物多様性保全行動計画」を発表し、中国の生物多様性保全事業が新たなページをめくったことを示した。「生物多様性条約」の署名以来、中国は自然生態系内での生物多様性保全を強化するだけでなく、都市の生物多様性の保全と建設にも注力し始め、1993年に都市建設計画と風致地区内の生物多様性保全活動を「中国生物多様性保全行動計画」の範囲に正式に組み入れた。国務院が1996年に発表した「環境保護に関する若干の問題についての国務院の決定」も、積極的な生物多様性保全と自然保護区の発展に関する要請を明確に指摘した。その後、中国政府はまた「中国自然保護区発展計画要綱（1996-2010年）」「全国生態環境建設計画」「全国生態環境保護要綱」を相次いで発表した。

　21世紀に入ると、中国は、生物多様性保全と都市建設が相互に結びつき、補完的であることに気づき始め、都市建設計画の策定時に生物多様性保全をその中に組み入れることにますます注意を払った。2002年、旧建設部は「都市緑地システム計画編制要綱（試行）」を通達し、その中で生物多様性計画の内容を要約し、中国が生物多様性保全を都市建設の範疇に取り入れたことを示した。同年、建設部は「都市生物多様性保全活動の強化に関する通知」を公布し、各地の建設（造園）部門に対し、関連部門と協力して都市の生物多様性保全活動を適切に強化するよう求めた。2005年に改訂された「国家庭園都市基準（国家標準）」は、「都市計画区での生物（植物）多様性保全計画の策定と実施」を国家庭園都市選定の重要な基準とし、政策の方向づけにより、このプロジェクト活動の実効性を大幅に向上させた。生物多様性の履行と管理能力を向上させ、生物多様性保全活動の責任感・使命感・緊迫感を強化するため、「第11次5カ年計画」期間中に中国が公布した

「全国生態保護『第 11 次 5 カ年計画』計画」は、生物多様性保全に対し明確な要求を提出し、生物多様性保全活動を適切に実施する必要性を強調した。同時に、中国は「全国生物種資源の保護・利用計画要綱」「中国植物保護戦略」「全国生物種資源の保護・利用計画要綱（2006-2020 年）」など、生物多様性保全に関する一連の政策計画を相次いで策定した。

エコ文明建設を強力に推進するとの要請のもと、各地域は地域の開発計画を策定する際に、いずれも生物多様性保全と都市のグリーン発展を重要な要素として位置づけ、都市のグリーン発展における生物多様性保全の重要な地位を明らかにしている。例えば、南京市政府は南京市のエコ文明建設計画を策定する際、生物多様性保全を都市の生態建設に組み込んでいる。「南京市エコ文明建設計画（2018-2020）」（修正版）では、市全体の 50％の土地を開発制限地域に、23.5％の土地を開発禁止地域とし、生態系の保護・修復、南京市の動植物種多様性の保全、都市の生態構造最適化に適用している。また、2019 年 1 月 1 日からは「雲南省生物多様性保全条例」が正式に施行された。これは生物多様性保全に関する中国初の地方法規であり、中国の生物多様性保全システム構築がますます整備されていることを示している。2020 年 5 月 22 日、雲南省は中国初の生物多様性白書『雲南の生物多様性』を発表した。同時に、「生物多様性保全イニシアチブ」も発表し、土地利用の変更、生物資源の過剰な開発・利用、気候変動、環境汚染、外来種の侵入などの干渉と脅威に対処するため、生物多様性保全が社会全体の共同責任であり、私たち一人ひとりが行動に移し、自分から、今から、身の回りの小さなことから始める必要があると呼びかけている。

2. 生物多様性保全の都市建設計画への組み込み事例

（一）中国雄安新区開発計画：都市の持続可能な開発の実現

都市化プロセスにおける計画・建設・管理という 3 つの段階において、計画段階での生物多様性保全を柱に据えることが最も重要である。なぜなら、都市建設の過程において、都市の生物多様性が、「破壊してから保護する」という従来のアプローチを回避できるだけでなく、その後の 2 つの段階の実施措置と実施効果にも直接影響を与え、あるいは決定を下すからである。しかし、現在の都市建設計画は、一般に、計画段階で生物多様性をいかに効果的に考慮するかという技術的課題に直面している。2018 年 4 月、中共中央と国務院は「河北雄安新区計画要

綱」（以下、「計画要綱」）について回答した。「計画要綱」は何度も「生物多様性」に直接言及し、指導理念・戦略的配置・土地利用・機能設定・インフラなど、さまざまな側面で、生物多様性保全と持続可能な利用という理念を終始貫いている。

　「計画要綱」に示された「資源と環境の収容力を絶対的な制約条件とする」という理念は、将来の都市生態系サービスの持続可能性と都市の健全な発展を保証している。この「計画要綱」では、白洋淀や水系・森林・農地・草原をひとつの生命共同体として統一的に保護・修復し、新区の生態系の完全性を保証する必要があると述べている。周知のごとく、生息地の分断化は、生物多様性の喪失と生態系サービス機能の低下の主要な原因のひとつである。この「計画要綱」に示された「完全性」という理念は、過去の「破壊してから保護する」という都市建設モデルを完全に回避した。「計画要綱」はまた、生態保護レッドラインを厳守する必要があり、生態保護レッドラインの主な機能には重要な生態系サービスの維持と生物多様性保全などが含まれていると述べている。この空間配置の原則は、将来の都市建設において、白洋淀を中心とする湿地とそれに関連する生物多様性保全を強化することを保証している。

　生物多様性の経済的価値は、それが人類の生存と発展に非常に豊かな自然資源を提供していることに表れているが、現在、人類は自然が提供する生物的価値の一部しか発見・活用しておらず、まだ相当多くの生物的価値を人類は発見・利用していない。科学技術の進歩と時間の経過に伴い、人類はこれらの発見されていない生物的価値を継続的に発見し活用していくだろう。これら未知の価値を保護することは、子孫に対してより多くの可能性を提供し、それによって彼らは自然環境資源をよりうまく活用し、より多くの価値を生み出すことができ、最終的には子孫が地球上においてより良く生存し発展できるようになるだろう。同時に、豊富な生物種とシステムは新しい種の誕生に役立ち、膨大な遺伝子プールは生物の進化および生物の品種改良を進めるのに役立ち、したがってより高い価値を生み出す。これらはみな持続可能な発展に積極的な促進作用を果たす。豊かな生物多様性は生態系の安定性と構造の合理性を高めるのに役立っている。それと対照的に、生物多様性の減少は生態系の機能を弱体化させることで、生産力を低下させ、外部要因からの干渉に抵抗する能力を弱め、結果として生態系全体の安定性を低下させる。したがって、人類の持続可能な発展を実現するためには、生物多様性保全が不可欠であり、生物多様性を都市建設に結びつけることも社会の発展

と進歩にとって必須の道である。

（二）成都は野生動物を科学的に解き放ち、都市の生態学的背景を豊かに

　都市とは有機的生命体であるべきであり、人間のものだけではなく野生動物のものでもある。しかし、経済社会の急速な発展に伴い、都市人口が急増し、用地規模が拡大を続け、さらに、さまざまな交通ネットワークが構築される中で、野生動物生息地の減少や生存環境の断片化が進み、都市の持続可能な発展に深刻な影響を及ぼしている。

　成都の地形や地勢は多様で、市内には山地・丘陵・平原・河川・湖・貯水池などが広がっており、最も低い海抜339mの簡陽市界牌村沱江あたりから、最も高い海抜5,364mの大邑県大雪塘（苗基嶺）まで、5,000m以上の高度差があり、立体的な自然地理垂直分布帯が形成されている。これは全国、さらには世界の大都市の中で類を見ないもので、ジャイアントパンダ国家公園（試験区）や自然保護区を擁し、並びに森林公園・地質公園・風致地区・湿地公園などを含む自然公園と、県レベル以上の27の飲用水水源保護区は、豊富な野生動物資源を育むために優れた自然条件を提供している。

　都市化の進行、交通ネットワークの構築、人間活動の干渉などにより、成都の野生動物生態回廊は破壊されており、特に哺乳類・両生類・爬虫類などは市内の公園や緑道などの生息地に移動や拡散ができず、地域での数が限られて近親交配が増加し、遺伝的多様性が持続的に低下し、種の有機体数値が下降し、遺伝性疾患が増加し、最終的に生物種の数が減少し続け、個体群の規模がさらに縮小し、生物学的連鎖の欠如が非常に起きやすくなり、都市の持続可能な発展に影響を及ぼしている。

　近年、市の生態環境の質は全体的に向上しており、鳥類や魚類はつながっている空間や水域を通じて絶えず入り込み増殖し、種類や数量は年々増加しているが、哺乳類・爬虫類・両生類は人間の活動に明らかに妨害され、分布範囲が狭くバラバラになるなどの影響で、個体群の再生速度が緩慢である。市全体の哺乳類の種の数は2006年の114種から2020年には125種に増加したが、全国673種の哺乳類総数のうち18.57％に過ぎない。両生類の種の数は2006年の24種から2020年には27種に増加したが、この13年間でわずか3種しか増えていない。爬虫類の種の数は変化せず、29種を維持している。生物多様性をより速く、より良く向上させるために、成都市は「地元を優先し、個体群を豊かにする」という原則を堅

持し、さまざまな方法で取り組んでいる。一つ目は、事前に科学的に種の選定を行い、生物多様性調査を通じて保護と管理に基本的資料を提供し、市内での種の数が少なく、市民の生産や生活に影響が少なく、生態系の物質循環とバランスを促進する身体健全な野生動物を選択すること。二つ目は、野生動物を放った後、分類に基づいた保護計画や措置の策定、それに合わせた野生動物の生存空間の建設、野生動物の疫病防止・制御の強化、野生動物保全特別活動の展開といった措置を通して、野生動物の生存を確保すること。三つ目は、宣伝活動を強化し、より多くの人々が生物多様性保全活動に参加するよう呼びかけることである。不断の努力を経て、成都市の生物多様性は大幅に向上するだろう。

(三) バルセロナの「2020年グリーンインフラと生物多様性計画」: 国外事例

都市では、生物多様性は、都市建設（建物や道路など）と同様の方法で都市ネットワークに統合されているが、緑地に加えて都市の生物多様性を構成するもうひとつの重要な要素である植物、多種多様な鳥類・小型哺乳動物・両生類・昆虫、その他の生物などがしばしば軽視されている。グリーンインフラは都市生態系の重要なサポートシステムであり、都市建設やその他のインフラの効率的な運営を保障するために利用される。緑地の連続性が実現すると、生態系の流動性と完全性が向上する。都市内の動植物は市民に多くの利益をもたらすが、それらは多くの負の影響や重度の生存圧力にさらされている。土壌や空気の質、および水環境について言えば、都市内の開発活動は生物多様性に非常に大きな影響を及ぼす。しかし、一部のより深刻な生態的損害は、私たち自身の不適切な行動からも生じている。例えば、緑地における不適切な植栽と処理、殺虫剤の濫用、生物外来種の引き入れ（例えば、亀や魚などの小動物を勝手に放す）などである。同時に、気候変動の影響で、都市は高温や豪雨など多くの不利な自然の影響にも直面している。

2013年5月、グリーンインフラ戦略がEUに採択され、「公共または個人の農業や景観の自然植生を備えた空間ネットワーク」と定義された。この概念はすでにEUの生物多様性戦略に根づいており、スペインのバルセロナはヨーロッパの戦略的リーディングシティとして積極的にこれに応じ、「2020年グリーンインフラと生物多様性計画」を策定し、70以上のプロジェクトや活動を列挙したが、その目標は以下の通りである。環境と社会的サービスを提供し、自然を都市に取り入れ、生物多様性を増加させ、グリーンインフラ間の連結性を高め、都市にさらなる活力をもたらすことである。緑の回廊によって、森林・公園・野菜園といっ

た都市の緑地をつなぐことで、緑地および戦略的に配置された都市の街路樹が気温を8℃低下させることができ、これによりエアコンの使用需要は30%減少する。これは都市のグリーン生態建設に参考とするべき経験を提供している。

　第一に、規則を先に立て、生物多様性保全に強力なサポートを提供することである。有害な土地活動（例えば過剰なまたは侵略的な動植物群）を是正・予防し、生物多様性を保全するために脊椎動物の保護計画を強化する。最も重要なのは、公共空間と私有緑地の主な種に対して、生物多様性を保全する協定を個別に策定することである。第二に、自然界に新たな要素を生み出し、グリーンインフラと生物多様性を増やすことである。公共空間では公園・庭園および公共の場所の樹木灌木を増やすことで都市の生物種を増加させる。緑地の距離と低速交通道路を配置する計画を通して、公園外での自動車騒音を減少させ、人々が、グリーン生態系が奏でる音を楽しむことができるようにする。さらに、当座は利用されない計画用地にグリーンスペースを建設する。第三に、科学的な管理と文化の普及機能を活用し、生物多様性と共に発展する価値観を根付かせることである。グリーンインフラおよび生物多様性に関する指標データベースとシステムを構築し、自然遺産の状況と発展をモニタリングする。グリーンインフラと生物多様性に関連した環境利益という課題に関する研究を引き続き強化し、環境保護部門は研究機関との協力を強化し、新しい植物種を探して検査する。自然に関する知識・概念・テーマは一般的に人々の関心を引き起こすことが多く、この面で学校は必ずきわめて重要な役割を果たすであろう。訓練センターの設置や特別な記念日の設定により、動物との共存における衝突を保護基準に基づいて対処する方法を市民に教育することができる。生態保護のボランティアプログラムを制定することで、生物多様性に関する知識を保護・宣伝し、普及させ、グリーンインフラを推進する。バリアフリーコミュニティプログラムを設計・実施し、庭園や菜園を運営する。さまざまなグループに対して、グリーンインフラと生物多様性に関するコンテストを開催するよう奨励する。

　成功事例の学習を通じて、実際の環境状況と結びつけ、改善を進めることで、近い将来、中国の都市の生態系は大幅に改善され、都市の生態は人類により多くの幸福をもたらし、都市建設はより活力に満ち、グリーン経済は大いに繁栄し、都市生活の幸福感は大幅に向上するであろう。

3. 生物多様性保全を都市開発計画へ組み込む意義

経済の発展に伴い、都市の規模は拡大を続け、自然環境はさまざまな破壊に遭遇しており、一方、都市における生物多様性の保全と発展は、グリーンシティの建設に重要な意義を持っている。都市空間の計画システムに生物多様性の視点を導入し、都市建設計画に生物多様性保全に関連する要素を増加させることは、生物の生存と繁殖に役立つだけでなく、人類にとってより住みやすい居住環境を創出し、都市の複雑な生態系の安定性や外部からの悪影響に対する耐性を強化することができる。

(一) 生態環境の改善

社会経済の急速な発展に伴い、人々の質の高い物質生活への需要もますます高まっているが、それに伴って都市の人口が大幅に増加している。同時に、都市は多くの高消費・高汚染産業の集積地になっており、自然資源や生態環境は急速に発展する都市建設において巨大な圧力に直面している。そのため、環境問題は、中国が現在および将来の長い期間にわたって直面しなければならない深刻な問題となっている。このような発展環境のもとで、人々は経済社会を発展させるとともに、生存環境により関心を寄せ、より美しく快適な居住都市を築くことを志向し始めており、したがって、都市の生態環境改善が非常に重要になっている。都市の生物多様性が保証されてはじめて、都市の発展は調和し安定する。したがって、都市の生物多様性保全が急務となっている。

(二) 生態都市の建設

人類社会の発展に伴い、森林都市や生態都市の建設は必然的趨勢となっている。生態都市の建設水準は、都市の総合力の象徴であるだけでなく、都市の発展に影響を与える重要な要因でもある。生態都市建設は、都市の持続可能な発展の促進において深い歴史的意義と重要な現実的意義を持っており、良好な生態系は生態都市建設の基礎であり、一方、生物多様性保全は生態都市建設の重要な基礎である。都市の生物多様性は豊かな自然資源と優れた生態環境の強力な保障である。生物多様性の保全に基づいて都市を建設することによってのみ、都市環境の質の改善、都市文明度の向上、都市住民の幸福感の向上により資することができ、都市を調和のとれた安定した生態系に作り上げることができる。

(三) 都市の持続可能な発展の実現

生物多様性の最大の経済的価値は、それが人類の生存と発展に非常に豊かな自

然資源を提供することに表れている。しかし現在、人類は大自然が提供する一部の生物的価値しか活用しておらず、まだかなり多くの生物的価値が人類に発見されておらず、人類は今後もこれらの未知の使用価値を発見し活用し続けるだろう。豊富な生物種とエコシステムは新しい種の誕生に役立ち、膨大な遺伝子プールは生物の進化および生物品種の改良を進めるのに有利であり、より高い価値を創出する。これは持続可能な発展を積極的に進める役割を果たしている。豊かな生物多様性は生態系の安定性と構造の合理性を高めるのに役立っている。それと対照的に、生物多様性の減少は生態系の機能を弱体化させることによって生産力を低下させ、外部要因からの干渉に抵抗する能力を弱め、結果として生態系全体の安定性を低下させる。したがって、人類の持続可能な発展を実現するために、生物多様性の保全は不可欠である。

　都市の生物多様性をしっかり保全することは、ほかでもない、都市の生態系を保護することである。都市の生物多様性をしっかり保全することは、都市の生態系の安定的発展に寄与し、都市の文化環境の向上に寄与し、ひいては都市の持続可能な発展に貢献する。

第2節　調和のとれた住環境と都市景観設計

　古代から、中国歴代の優れた建築家たちは常に「自然に学ぶ」「人が作れども天の開くが如し」「天人合一」という計画・設計の理念を受け継いできており、過去・現在・未来を問わず、人々は常に環境を改善し、実用的で美しく、快適な住環境の創造を意図している（王黎娜，2014）。時代の発展および人々の生活水準の向上に伴い、自然的要素が都市建設計画に頻繁に適用されるようになった。自然的要素は生態環境が人類に与えた貴重な財産であり、人間性という観点から生活環境を改善し、生態バランスを維持する設計理念に従って自然的要素を都市建設計画に活用することは、調和のとれた住環境を創造する重要な方策である。

1. 自然景観要素と都市景観設計

　自然景観要素は、天然景観要素と人文景観要素の自然面での総和である。自然とは相対的な概念であり、通常、人間活動の対立面を自然要素と非自然要素に分ける根拠になっており、人間の生存と活動は必ず自然に影響を与える。森林公園

の如きは自然景観に属してはいるが、人為的要因の影響も受けている。天然の景観とは、極地や広大な砂漠および一部の自然保護区などのように、人間の比較的軽微な影響の下に自身の本来の姿を変えていない一部の景観を指している。人文景観とは、町や農村などのような、長期間にわたり人々の影響を受けて外観に変化が生じている一部の景観を指している。これらの景観は長い間人々の影響を受けているものの、実質的には依然として自然の中で発展し、自然界の法則に従っている。景観は人間生活のさまざまな側面を含んでおり、そのため、自然景観は都市空間デザインにおいて無視できない価値を持っている（王玥，2018）。

　空間設計とは建築上の用語で、すべての内装が完了した後、移動可能で固定されていないアイテムを使用して二次設計を行うことを指す。通常、このような二次設計は元の内装をより高いレベルに引き上げ、デザイン性と美しさを向上させる。都市建設設計に先進的なデザインコンセプトを適用し、空間設計を通じて、平面および立体的都市空間、都市環境、および建物の配置や建物群の外観デザインを高水準で実現することで、人々に、豊かな創造性を持った、人々があこがれる青写真を提供できる（王玥，2018）。

2. 都市景観設計における自然的要素

（一）上海辰山植物園鉱坑花園の建設

　都市生態公園は都市生態システムの重要な構成要素であり、また都市における人間と大自然との最も密接なつながりでもある（孫莎，2016）。都市生態公園の自然に近いデザインでは、中国古代の自然庭園の精髄を活かして、景観の芸術的表現を重視した「人が作れども、天の開くが如し」といった効果を作り出すことができ、また、科学的な設計方法を採用し、生態システムの自然力を活用し、人為的な影響を低減することで、過去の都市公園の設計・建設過程における過剰投資の管理・制御や人為的な痕跡が大きい不備を補完できる。また、自然生態システムを再生し自ずと更新することで、都市生態公園の一部の物質・エネルギー・情報という要素が自然を模倣し、循環的に更新されるため、最良の生態効果を発揮することができる。したがって、都市生態公園の自然に近い設計においては、自然保護の優先、地域に合わせた適切な対策の採用、節約と持続可能な発展、人為的介入の削減、生物多様性と開放性の保全の原則を堅持しなければならない。辰山は上海市松江区松江鎮の西北に位置し、1905 年年初から 2000 年までずっと採

鉱採石に使用され、ほぼ1世紀にわたる採掘の結果、辰山の山体は大きく破壊され、東西の2つの鉱山坑が形成され、そのうちの西側の採石場は山体の採掘終了後、さらに地下深く掘り下げられた結果、大きな鉱坑が残り、面積は1haに達した。これが後の上海辰山植物園鉱坑花園の「前身」である。採石工業は地表の植生をはぎ取り、地形を激変させ、土壌の流失や景観の破壊および生息地の分断を引き起こしており、これが鉱坑改造の直面する最大の問題であった。

　2004年、上海市は鉱山遺跡を保護し、エコ鉱山と美しい環境の建設を促進するために、上海辰山植物園の建設と組み合わせて、辰山鉱坑を巧みに設計された特色ある修復型公園に建設することを承認し、プロジェクトは2010年に完成した。鉱坑花園の設計・建設の過程で、自然に近いデザインを十分に取り入れ、最小の介入という原則に従って脱工業風スタイルの景観を造り上げ、景観の質感と多層性を向上させた。つまり、できるだけ天然石の景観風貌を維持し、人工的な痕跡が過度な視覚効果を持たないようにした。同時に、古代中国の「桃花源」という隠遁思想をデザインコンセプトにし、地域に合わせるという原則を用い、既存の自然な山水環境を活用して、深い淵・坑道・平地・切り立った崖の改造を通して、滝・渓谷・桟道など、自然に近い要素を持った景観を造営し、地質と自然環境を徹底的に修復し、自然に対する人の理解を深めた。植物の植栽においては、空間構造を基に、生物多様性保全の原則を採用し、多層的で、生物多様性が高く、構造は合理的である。現在の辰山植物園鉱坑花園は、都市建設における不可欠な要素となっており、人類が発展の過程で自然環境を保護するという客観的なニーズを体現している。

（二）呉淞砲台湾国家湿地森林公園の建設

　都市緑地分離帯は都市の生態機能を保障する重要な施設であり、都市にとって生命力を持つ重要なインフラであり、都市の生態系の持続可能な発展にますます重要な役割を果たしている（王黎娜，2014）。中国の都市化プロセスの急速な進展に伴い、都市の面積と影響範囲が日増しに拡大しており、都市生態環境建設の強化に対する市民の渇望と要望もますます高まっている。都市の緑地分離帯の自然に近いデザインでは、合理的な機能配置の導入、異質な景観の創造、人間らしい空間の創造といった理念を通して、都市の持続可能な発展と居住環境の快適さへの要求を達成する。同時に、都市緑地分離帯は、生物多様性と調和するようにデザインされ、喬木・灌木・草本植物の配置は生態学原理に準拠し、特定の地域や

範囲における優勢な種による絶対的な制御を避けるべきである。

　呉淞砲台湾国家湿地森林公園の所在地、宝山はもともと長江の干潟型湿地だった。新中国の成立初期、宝山は重工業基地であり、上海鉄鋼総廠第一工場や第五工場が存在し、鉄鋼製造によって多くの鉄鋼スクラップが発生した。地域環境への汚染を減らすために、これらのスラグの大部分は長江の岸辺に積み重ねられ、長い年月をかけて埋め戻され、公園の陸地部分となった。

　21世紀初頭から、宝山区政府は地域の生態環境を改善するために、呉淞口砲台湾に森林湿地公園を計画・建設し、多年にわたる建設の後、公園は2007年に正式に竣工した。公園は設計建設当初から、「環境の更新、生態の回復、文化の再構築」という理念を建設にしっかりと取り入れ、元の干潟型湿地を効果的に保護するだけでなく、特色ある都市緑地分離帯を形成し、また、長江沿岸の片側にそって大小の生態島を組み合わせて、潮の満ち引きによる水位変化を利用し、11haに及ぶ魅力的な湿地景観を造成し、文化的景観と自然の魅力をしっかりと結びつけ、最終的には上海にとって特色が豊かな美しい景観となった。2013年3月、宝山区政府は科学的な論証を経て、従来の基礎の上に上海呉淞砲台湾国家湿地公園を建設することを決定した。建設後に公開されて以来、公園は市民に深く愛され、「国家4A級観光地」「全国科学普及教育基地」「上海市五つ星公園」と評価され、さらに「中国居住環境モデル賞」「2010年IFLAアジア太平洋地域第7回景観庭園管理部門優秀賞」などの賞を相次いで受賞した。公園内は動植物の種類が豊富で、各種植物が359種、鳥類が60種以上おり、よくみかける鳥類には、シラサギ・カルガモ・シルバーカモメ・ツバメ・クロウタドリ・シロガシラなどが含まれる。都市緑地分離帯は都市の生態的な利益を全面的に向上させ、都市のバイオセキュリティを維持できるだけでなく、市民に休息やリクリエーション、情操の陶冶、リラクゼーションの場を提供している。

3. 都市景観設計に自然的要素を取り入れる意義

　近年、経済の急速な発展に伴い、人々の関心はもはや自らの物質的なニーズを満たすことや経済の発展を促進することに限定されず、自身の生活の質を重視し、自然との調和のある共存を追求し始めている。ここに至って初めて人々は、初期経済の急速かつコストを考慮しない発展により、都市環境が深刻に破壊されたことに気づいたが、それは人々が望んでいたものではなかった。都市建設の過程で、

人間と自然の間の関係を適切に扱い、自然資源を科学的かつ合理的に開発・利用してこそ、真に人と自然が調和した共存を実現することができる。都市設計プロセスに自然景観を応用することは、人類の都市の発展と資源の開発・利用に新たな方向性を提供している。

(一) 環境緑化

いつからか、耳障りなサイレンの音が都市の隅々に充満し、鼻をつく排気ガスが都市の通りや路地を満たした。都市全体が完全に工業化の空気に包まれ、経済は目に見える速さで急速に発展しているが、人々は周囲に何かが欠けているように感じ始めた。過酷な仕事、圧迫感のある雰囲気、身辺の単調かつ重複する建築デザインと色合いは、人々の心を落ち着かなくさせたが、景観的要素は一面の灰色の中で目を引く緑となった。緑色は活力に満ちた、人の気分を高める色であり、グリーンが増えた都市は再び活気を示した。

(二) ストレスからの解放、心のリラックス

テンポが早い都市で生活していると、四六時中、日常生活や社会のあらゆる面からのさまざまなプレッシャーに直面し、これらのストレスはしばしば人々に息つくひまも与えない。人々には、ストレスから解放され、自分自身をリラックスできる場所が差し迫って必要であり、そのようなときに、緑にあふれ、新鮮な空気に包まれ、静かな環境の都市公園は特に重要であり、それは自然に人々のストレスを軽減するだろう。

(三) 都市の多層性を豊かにする

想像してみよう。もし都市に自然景観がなく、見渡す限り変わり映えしない高層ビルや黒煙を吹き出す化学工場ばかりであったら、その都市はどれほど陰陰滅滅としていることか。自然景観があるからこそ、都市に多層性が生まれる。それゆえ都市空間のデザインには、必ず自然景観の要素をその中に取り入れ、都市に多様な彩りを加える必要がある。

都市の自然景観要素の研究を通して、人々は今まで気づかなかった身の回りの緑をより深く認識するだろう。世界的に環境保護が叫ばれるトレンドの中で、人間の居住環境を作り上げる際には、なおのこと、人類の行動と自然環境の統合を重視し、自然環境の保護を基盤とした景観空間の造成を探求するべきである。それは同時に、都市イメージの向上と都市の特色の創出を積極的に推進する役割も果たしているのである。

第3節　都市の生態回廊建設

　都市の生物多様性には非常に高い価値があり、持続可能な発展に非常に重要であるが、従来の都市化モデルではしばしば見落とされがちであった。1994年にドイツのベルリンは「生物生息区立地因子」プログラムを導入し、密度を維持しながら都市のグリーンインフラを建設し、生物の生息地ネットワークを構築した。これは都市全体をカバーし、中心市街地ではグリーンな生息地面積を適切に増やし、再開発エリアでは連結型の生息地を建設し、都市の周縁地域では大規模なグリーン生息地を「指状」に地域に確実に組み込んでいる（Berlin Department of Urban Development, 1995年）。現在、中国や他の国々は都市化に伴う生態的な課題に直面しており、土地利用方式の変化、自然資源の開発、外来種の導入、社会経済活動の干渉、汚染物質の排出が、都市の自然生態の枠組を明らかに変え、地元の生物多様性資源を脅かしている。生態回廊は重要な生態インフラであり、計画区域内の生態安全の枠組を最適化するために重要な要素である。回廊を接続することにより、生態パッチが島状からネットワーク状に進化し、植物・昆虫・鳥類・小動物の拡散と移動を助け、森林・湿地・公園・保護区を結びつけ、生態プロセスの連続性を高め、自然環境と人工環境の融合を促進し、都市の生態安全パターンを効果的に維持し、都市の生物多様性を保全する。生態回廊建設は、都市の生物多様性を維持し、中国の自然資源保護システムを豊かにするために重要な意義を持っている。

1. 生態回廊の概念とタイプ
（一）生態回廊の概念

　米国の保護管理協会（Conservation Management Institute）は、生物保護の観点から、生態回廊を「植生や水などの生態的な構造要素から成る、野生動物が利用するための細長い帯状の回廊」と定義している。生態回廊は、生物多様性の保全、汚染物質のろ過、水や土壌の流失の減少、防風や砂の固定、洪水の調節など、さまざまな生態系サービス機能を持っている。「生態回廊」が、景観生態学と都市・農村計画の領域に導入され（斉欣・楊威, 2013）、「都市生態回廊」という概念が生まれた。都市生態回廊とは、都市の生態環境において、植物の緑化を中心とし、

自然あるいは人工の通路に基づいて形成された線状または帯状の景観を指し、生態機能を持つ都市の緑の景観空間である（王琛ほか，2010）。都市生態回廊は、都市内での物質とエネルギーの流通や生物の拡散と移動の通路であるだけでなく、都市の空間構造を維持し、都市の無秩序な拡大を防ぐための緑の隔離帯でもある（韓西麗，2004）。

(二) 生態回廊のタイプ

生態回廊のタイプに関する研究は一貫して中国の学者にとって注目の的であった。なぜなら、回廊の「構造・タイプ・機能」は相互に影響し合うからであり、回廊のタイプを分析することで、その内部構成の内容や空間の構造形態、および機能を反映することができるからである。例えば、線状の回廊と帯状の回廊は、構造形態に違いがあるだけでなく、内部構成にも違いがあり、線状の回廊は、多くの周縁種を含む細長い地帯だが、帯状の回廊には豊富な内部種が含まれ、線状の回廊と帯状の回廊は生物種の保護度に大きな違いがある。また、一般的な分類として、構成要素に基づいて区分けすると、森林回廊・河川回廊・道路回廊に分けられる（蔡嬋静，2005）。これら3つの回廊は異なる内部主体を示し、前者2つはしばしば自然回廊と呼ばれ、後者は人工回廊である。都市環境では、これら2つのタイプの回廊には大きな機能の違いがあり、自然回廊は都市の自然環境の効果を維持する機能を持ち、一方、人工回廊は主に都市空間のためのサービスである。回廊研究分野の継続的な拡大につれて、回廊の機能も拡張を続け、遺産回廊、レクリエーション・観光型回廊、環境保護回廊など、新しいタイプが次々と登場している。

しかし、どのように回廊を分類するかにかかわらず、いずれも「構造・機能・タイプ」の調和した関係が示されている。各回廊の機能から考えると、大まかに生態・レクリエーション・社会的機能という3つのカテゴリーがある。また、構成要素から分類すると、陸地の植生帯と水域の河川回廊に大別される。

2. 都市生態回廊の機能

都市生態回廊は、都市内での物質とエネルギーの流れや生物の拡散・移動通路であるだけでなく、都市の空間構造を維持し、都市の無秩序な拡大を防ぐための緑の隔離帯でもあり、その機能は主に、生態機能・空間機能・レクリエーション機能・文化教育機能・経済機能・防災機能などである（蒙倩彬，2016）。

(一) 生態機能

　Forman (1995) は、生態回廊の機能を生息地・経路・フィルタリングまたは隔離・発生源・吸収源の5つにまとめた。生息地機能は、都市生態回廊の確立が生物に適した生息地環境を提供し、外部の干渉や人間による偶発的な傷害を避けることを主に示している。経路機能は、都市の生態回廊が都市内の物質とエネルギーの流れや生物の拡散・移動の通路であることを主に指し、パッチ間の種・物質・エネルギーの交換に伝送経路を提供し、さまざまな生息環境パッチを結びつけ、生息地の断片化が生物多様性に与える不利な影響を減少または消失させることができる。フィルタリングまたは隔離の機能は、生態回廊がその両側のパッチや地域を分離できることを主に示し、動植物によって浸透率は異なるために、回廊は種を選択的に通過させることで、一部の種が通過できないようにし、その結果、フィルタリングの効果をもたらしている。「発生源」の機能は、都市の生態回廊がさまざまな種に生息地を提供し、地元の生物種や遺伝資源を保存できることを示しており、都市生態系の基盤や供給源として、生物であれ非生物であれ回廊内を移動する物質が、いずれも縁を通って周囲の基質環境に拡散することができ、回廊がより大きく、広いほど、その発生源の機能が強化される。「吸収源」の機能とは、都市の生態回廊が周囲の基質から物質を吸収し、回廊内に貯蔵し、集積させる機能であるが、この機能は通常一時的である。

　都市生態回廊は、都市の外部と内部のグリーンバリアとして、大気浄化、騒音低減、水や土壌の流失防止、水源の浄化など、さまざまな生態系サービスの機能を持ち、都市の生態環境の改善を促進することができる。都市生態回廊の多くの植物は汚染物質を吸収する能力を持ち、その中の森林帯や水生植物群落は、一定程度、大気・地下水・河川水の浄化に寄与しており、河川の両側にある植生緩衝帯は農薬や汚染物質などを効果的にろ過することができ、植物の浄化・殺菌機能は土壌の浄化と大気中の細菌の抑制に重要な役割を果たしている。Lena ほか (1995) は、10m幅の草地緩衝帯が、堆積物とともに移動するリン元素の95%を減少させることができ、同時に環境温度を5〜10℃効果的に低下させることができることを発見した。

　さらに、都市回廊は、都市内の断片化された生息地をつなぎ、動植物に十分な生存空間と移動経路を提供し、種の遺伝子交流を増加させ、個体群の隔離を防ぐことで、地球規模の気候変動に適応し、都市の生物多様性保全に対して重要な役

割を果たしている。
　（二）空間機能
　空間機能とは、都市空間の無制限な拡張に対する都市生態回廊の制限・誘導機能を指し、緑地パッチが引き起こす生物学的要因である「孤島効果」を解決し、都市内の生物多様性を保全する手段を効果的に提供する。早くも 1919 年には、Ebenezer Howard（2010）が、都市のさまざまな機能グループを分けるために、グリーンベルトというアイデアを提案した。都市生態回廊には、自然群落・半人工群落・湿地・農地などの重要な生態系が含まれており、それらが提供する生態的な生息地と生態的なパイプ機能は、都市内の異なる生息環境エリアの相互関係を強化し、種の交流や移動の促進作用を引き起こし、個体群間の遺伝子交換の可能性を高めた。これにより、緑地間のつながりの欠如による地域的な個体群の孤立から生じる個体群の衰退を大幅に防ぎ、都市の生息環境と生物多様性に対し適切な保護と活用を行った。
　都市生態回廊が相互に交差して構成される生態回廊ネットワークは、都市緑地システムの重要な構成要素であり、整備された都市生態回廊ネットワークは、都市空間を効果的に分離し、無制限な都市拡張を制止できるだけでなく、都市と農村との生態系のつながりを強化し、種の交流と物質やエネルギーの流れを増加させることができる。
　（三）レクリエーション機能
　都市生態回廊は、都市緑地ネットワークの重要な構成要素であり、都市環境を改善するだけでなく、生態系と都市を結びつけ、市民がレジャーや憩い、ゆったりとした生活を楽しむための幸福な回廊となることができる。都市住民の都市グリーン生活の軸として、都市生態回廊内部の生態環境は、市民に都市を離れることなく自然に触れる機会を提供している。一部の都市生態回廊は、都市内のさまざまな機能を持つ地域を結びつけ、都市の交通騒音を減少させ、住民の日常生活と仕事に安全で便利な通路を提供することもできる。
　（四）文化教育機能
　都市生態回廊は、既存の都市の自然背景を基に構築され、そこに含まれる古樹名木、都市のテクスチャー、文化遺産などは、都市固有の文化を反映し、地元文化を展示する役割を果たしている。さらに重要なのは、都市生態回廊は都市の生物多様性を展示する空間であり、宣伝や教育の機能を持ち、人々が都市の生物多

様性を直感的に理解し、精神面から市民の自然保護意識を高めるのに役立ち、生態教育や科学研究に適切な場所を提供している。

　（五）経済機能

　都市生態回廊の建設は、建設地域の環境の質を向上させ、周辺の土地の価値上昇をもたらした。同時に、生態回廊自体の景観とレクリエーション機能も地元の商業やサービス業の発展を促進し、莫大な経済的利益をもたらした。

　（六）防災機能

　都市生態回廊は災害の予防と回避の機能を持っており、現在の都市用地が逼迫している状況下では、都市生態回廊の災害時避難ルートと一時的な避難スペースを適切に活用することで、住民の生命と財産を最大限に確保できる。ただし、生態回廊も天敵や病害虫の侵入を招き、火災などの非生物的な干渉の拡散機会を増加させ、地元の生物の生存を脅かすかもしれないことに注意すべきである（兪孔堅ほか，1998）。

3. 都市生態回廊の実践

　生態回廊の建設は、生態環境の改善と美しいふるさとの構築に重要な意義を持つ。1998年1月、全国緑化委員会・国家林業局・交通運輸部・鉄道部は共同で「全国グリーンロードプロジェクト建設の強力な実施に関する通知」(全緑字［1998］1号）を配布し、道路・鉄道・河川沿いの緑化を主要な内容とするグリーンロードプロジェクト建設の実施を求めた。「全国グリーンロード建設のさらなる推進に関する国務院の通知」（国発［2000］31号）では、グリーンロード建設は中国の国土緑化の重要な構成部分であり、全国生態環境建設計画・全国造林緑化計画・都市総合計画に組み込まれるべきだと指摘している。「全国生態保護『第12次5カ年計画』」（環発［2013］13号）でも、「自然保護区の空間統合プランと生態回廊建設プランの提起、国境を越えた1つか2つの自然保護区の構築」を「第12次5カ年計画」の生態保護重点プロジェクトとして挙げている。「国民経済と社会発展第13次5カ年計画要綱（2016-2020年）」でも、「あくまで保護優先と自然回復を主体とし、自然生態系の保護と修復を推進し、生態回廊と生物多様性保全ネットワークを構築し、各種の自然生態系の安定性と生態系サービス機能を包括的に向上させ、生態的安全バリアを構築する」と明確に指摘している。習近平総書記は党の十九全大会報告で、「生態的安全バリアシステムを最適化し、生態回廊と生物多様

性保全ネットワークを構築する」と述べた。

(一) 珠江デルタのグリーンロードネットワーク建設

　近年、中国各地では生態回廊の建設を非常に重視しており、豊富な成果を得ている。2010 年以降、中国の一部地域は都市という側面を超えて、地域規模のグリーンロードネットワークの計画と建設を開始し、珠江デルタでは全国に先駆けて生態回廊の建設を実施した。2010 年 2 月、広東省は「珠江デルタ地区グリーンロードネットワーク総合計画要綱」を発表し、まず 3 年で珠江デルタ地域の 9 つの都市で 6 つの地域グリーンロードを建設する計画を立てた。このグリーンロードネットワークは、省レベルグリーンロード・都市グリーンロード・地域コミュニティグリーンロードの 3 つのレベルからなり、省と都市の 2 つのレベルのグリーンロードが有機的に結合したネットワークシステムをほぼ構築した。計画は、6 本の幹線、4 本の接続線、22 本の支線、18 の都市間接合部、4,410 km²の緑化緩衝地域で構成されるグリーンロードネットワークの全体的レイアウトである。そのうち、6 本の幹線が広州・佛山・肇慶、深圳・東莞・恵州、珠海・中山・江門の三大都市エリアをつなぎ、200 以上の森林公園・自然保護区・風致地区・郊外公園・沿岸公園・歴史的文化遺跡などの開発結節点を結びつけており、全長約 1,690 km、直接カバー人口約 2,565 万人で、珠江デルタの都市と都市、都市と郊外、郊外と農村、山林・沿岸などの生態資源と歴史文化資源の連結を実現し、沿線の居住環境の質の向上に重要な役割を果たしている。2013 年には、珠江デルタ全体でグリーンロード 7,350 km が建設され、その中には省レベルグリーンロード 2,372 km と都市グリーンロード 4,978 km が含まれ、徐々に広東省の東・西・北部地域に拡張された。珠江デルタグリーンロードネットワークの建設は都市の境界を超え、多くの都市が協力して、大規模なエリアで、生態型の、ネットワーク化された、かつ多機能なグリーン回廊プロジェクトを構築する国内初の試みである。

(二) 成都天府のグリーンロード建設

　天府〔四川省の美称〕グリーンロードの建設は、四川省全域の緑化における成都市の実践であり、成都の受け入れ環境を整えるための重要な支援プロジェクト、都市のグリーン発展の美しいシンボル、市民生活を潤す重大プロジェクトであり、生態建設、環境保護、形態の最適化、産業発展、都市の交通渋滞解決などの面で枢要となる牽引作用を備えている。成都市は、大規模な生態系の構築と新しいパターンの構築という考えに従って、市内 1 万 4,334 km²のうち 1 万 1,534 km²の生態基

盤と 2,800 km² の都市と農村の建設用地を見直し、「進出可能・参加可能・景観化・観光化」という計画理念に基づいて、市民を中心に、グリーンロードを幹線に、生態を基盤に、田園を基調に、文化を特色として、全域で、地域・都市部・地域コミュニティという 3 つのレベルの低速交通システムを計画・構築し、都市部レベルのグリーンロードは、都市の各特色地域内部でネットワークを構築し、地域レベルのグリーンロードと接続する。地域コミュニティレベルのグリーンロードと都市部レベルのグリーンロードは互いに接続され、地域コミュニティ内の幼稚園・衛生サービスセンター・文化活動センター・フィットネスセンター・地域の高齢者ケアセンターなどの施設をつなぎ、「緑の豊かな蓉城〔成都の別称〕」の住みやすさを体現し、都市の自然環境と文化環境を豊かにし、市民の居住生活の質を向上させている。

　2017 年、成都市は「成都市天府グリーンロード計画建設プラン」を発表し、今後の成都は、成都市全域をカバーする地域・都市部・地域コミュニティという 3 つのレベルのグリーンロードシステムを構築し、全域にわたって「一軸・二山・三環・七道」を主要な骨格とするグリーンネットワークを形成し、「環状グリーンロード」の構築、「公園チェーン」の貫通、「河川湖沼ネットワーク」の連結により、断片化・孤立化・散在化する生態ブロックを比較的整ったグリーン空間システムに統合し、生態区、公園、小さな遊び場、小さな緑地を結びつけ、全域の緑化体系を構築し、1,920 km 以上の地域グリーンロード、5,000 km 以上の都市グリーンロード、1 万 km 以上の地域コミュニティグリーンロードを作り上げるという計画を打ち立てた。その中の「一軸」は、都江堰市紫坪鋪から双流黄龍渓まで錦江沿いに延びる全長 200km の錦江グリーンロードを指す。「二山」とは、それぞれ龍門山の東側に沿った長さ約 350 km の龍門山森林グリーンロードと、龍泉山の西側に沿った長さ約 200 km の龍泉山森林グリーンロードを指す。「三環」とは、それぞれ三環路沿いの全長約 100 km のパンダグリーンロード、都市環状生態ベルトに基づく、幹線が全長約 200 km の錦城グリーンロード、第二バイパス高速道路に沿った全長約 300 km の田園グリーンロードを指す。また、走馬河・江安河・金馬河・楊柳河 - 斜江河 - 出江河・臨渓河・東風渠・沱江 - 絳渓河・毗河などの河川区間を含む、全長が約 570 km の 7 つのリバーサイドグリーンロードからなるのが「七道」である。

　そのうち、錦江グリーンロードは、都江堰市紫坪鋪から双流黄龍渓までの錦江

沿い全長約200kmで、10の区（市）・県をつなぎ、龍門山森林グリーンロードは龍門山東側に沿って約350 kmで、6つの区（市）・県をつなぎ、龍泉山森林グリーンロードは龍泉山西側に沿って約200 kmで、5つの区（市）・県をつなぎ、パンダグリーンロードは三環路に沿って全長約100 kmで、低速交通を主とし、生態・レジャー・スポーツ・文化などの機能を兼ね備えている。錦城グリーンロードは環状生態ベルトに基づき、幹線の長さは約200 km（支線は約300 km）、11の中心都市部を連結している。田園グリーンロードは第二バイパス高速道路に沿って全長約300 kmあり、10の区（市）・県と連結している。リバーサイドグリーンロードには走馬河・江安河・金馬河・楊柳河－斜江河－出江河－臨渓河・東風渠・沱江‐絳渓河・毗河などの河川区間が含まれ、全長は約570 kmで、15の区（市）・県と連結している。

　2018年末までに、成都市は累計で2,607 kmの天府グリーンロードを建設し、そのうち、2018年に新たに建設された各レベルのグリーンロードは1,914 kmである。錦江グリーンロードは累計で63 km建設され、パンダグリーンロードは基本的に完成し、錦城グリーンロードは180 km建設され、錦城湖から青龍湖までの24 kmの都市サイクリング専用ロードが貫通した。「一軸・二山・三環・七道」計画の全長約1万7,000 kmの天府グリーンロードが徐々に整備されつつある。段階別・類別による推進実施の手順に従って、2020年までに「二環一軸」グリーンロード（錦江グリーンロード・錦城グリーンロード・パンダグリーンロード）が基本的に完成し、合計約750 kmに達し、2025年までに1,920kmの市域の主要なグリーンロードシステムがほぼ建設され、2040年には市域のグリーンロードシステムが完全にネットワーク化される予定である。

　天府グリーンロードの建設は、周辺のグリーンロードと周辺地域の観光発展を促進し、天府文化の普及を推進し、成都市のソフトパワーを向上させた。現在、成都市の中心都市部のグリーン回廊密度は0.41であり、計画された回廊密度は1.18に達しており、北京や上海をはるかに上回っている。同時に、グリーンロードの建設により、空間のアクセス性や景観条件が向上し、周辺の居住環境が改善され、動植物の種類と数は幾分増加し、生態景観がより豊かになり、生態保護機能が際立っている。

第4節　グリーン都市化の提案と内容

1. グリーン都市化の提案

　改革開放以来、中国の経済社会は急速に発展し、世界史上最大かつ最速の都市化プロセスを経験した。都市化率は1978年の17.9％から、2018年には59.82％に上昇し、「農村中国」から「都市化中国」へと急速に邁進し、世界の注目を浴びる成果を達成した。しかし、都市化の過程で、都市化率、都市の規模、都市化の速度を一方的に追求し、都市化における空間配置や生態環境の質を軽視したため、都市化建設の質が低く、人口過多、資源不足、生態環境の脆弱性、都市と農村の不均衡な発展が生じ、それが都市化の持続可能な発展を阻害してきた（Yuanほか，2013）。都市化プロセスで発生する深刻な生態環境問題を防ぐために、中国はグリーン都市化建設を積極的に推進することを提唱している。

　2012年11月、十八全大会の報告では、「中国の特色ある新型都市化路線を堅持する必要がある」と明確に述べられ、「新型」都市化路線の本質はグリーン都市化であり、それは、エコ文明建設がすでに新時代の国家の奮闘目標となっていることによって決定されたことによる。その「新しさ」は、過去の都市化の発展に対してであり、構想・観念・モデル・行動であろうと、体制・技術・産業面であろうと、いずれもエコ文明の「グリーン」アプローチに基づいて革新・変革・転換を進める必要がある。

　2012年12月、十八全大会が閉幕した直後、党中央委員会は経済工作会議を開催し、積極的かつ慎重に都市化を推進し、「都市化発展の質向上に注力し」、状況に応じて有利に導き、危険を避け、都市化の健全な発展を積極的にリードすることを提案した。「エコ文明の理念と原則を都市化のプロセス全体に全面的に組み込み、集約・スマート・グリーン・低炭素という新型都市化の道を歩むべきである」とし、開発の過程では、「量」の拡大に焦点を当てるだけでなく、「質」の向上をも重視し、量重視の外延式拡大から、質重視の内包式な発展への転換を実現し、「幸福な都市」「スマートシティ」「調和のとれた都市」を建設するべきである、とした。

　2013年11月、18期三中全会では、中国特有の新型都市化路線を堅持し、人を中心に据えた都市化を推進することが強調された。新型都市化戦略の実施では、

エコシティの構築を突破口にする必要があり、「エコシティ」とは主に、システム科学の視角から生態学の基本的な観点を用いて都市の設計を行い、秩序正しく、効率的かつ調和のとれた、健全な市民の住環境構築を追求するものである。もちろん、エコシティの「生態」とは、従来の自然生態だけでなく、経済・社会・文化・自然など多くの要素を包括的に考慮した総合的な概念を指している。そのため、新型都市化戦略実施の過程においては、エコシティの構築を取っかかりとし、都市化と生態環境の矛盾を解決する突破口とするべきである。

2013年12月、習近平総書記が中央都市化工作会議を主催した。これは改革開放以来、中央が開催した初めての都市化工作会議であり、都市化の進め方が話し合われた。会議は、「人民を本とし、人を中心にした都市化を推進し、都市化の発展の質を向上させる」必要があり、新型都市化建設では生態の安全をとりわけ重視し、森林・湖沼・湿地などのグリーン生態空間の比率を拡大し、エコ文明を堅持し、グリーン発展や循環的発展の推進に力を入れるべきであると提起している。これにより、中国の都市化発展モデルが過去と異なる積極的な変化を示し始めたことが分かる。具体的には、第一に、都市化発展の質に注力することが強調され、第二に、「人を本とし」「あくまで人の都市化を中心とすること」が強調され、第三に、配置の最適化とエコ文明建設が強調されている。これは、中国の都市化建設の方針と推進モデルが、人民本位とグリーン発展建設モデルに全面的に注力し始めたしるしと言える。

2014年3月、中共中央と国務院は「国家新型都市化計画（2014-2020年）」を通達し、グリーンシティ建設の加速を強調し、正式に「人民本位、4つの近代化の同時進行、配置の最適化、エコ文明、文化の伝承という中国特有の新型都市化路線を進むこと」を提案し、今後の都市化の発展路線、主要な目標と戦略的任務について具体的な配置を行った。この計画の最も注目すべき点は、従来の都市化路線の不足を直視し、「人の都市化」を発展させることに努力していることで、その建設目標のひとつは、「都市生活が人にやさしく、自然景観と文化的特色が効果的に保護されている」ことである。このことから、国家の都市開発戦略が、すでに過去の経済型都市から現在の生態型都市へと転換していることが分かる。

2014年3月、李克強総理も「政府活動報告」で、人を中心に置いた新型都市化を推進し、人民本位、4つの近代化の同時進行、配置の最適化、エコ文明、文化の伝承という新型都市化路線の堅持を提案した。これにより、新型都市化が国家

の発展にとって重要な意義を持つことが分かる。

　2014年12月の、中央経済工作会議で、習近平同志は「現在、中国の環境収容力はすでに限界に達したか、あるいは近づいており、良好な生態環境に対する人々の期待に応えて、グリーンな低炭素循環型の新しい発展方法を推進しなければならない」と述べた。

　2015年4月、中共中央と国務院は、「エコ文明建設の加速推進に関する意見」を発表した。この意見では、第2章第5節で初めて「グリーン都市化を全力で推進する」と提唱している。すなわち、「自然景観を保護し、歴史文化を伝承し、都市形態の多様性を提唱し、特徴的な都市景観を維持し、『千篇一律』を防ぐ」「都市化プロセスにおける省エネの理念を強化し、グリーン建設および低炭素で便利な交通システムを強力に開発し、グリーン生態都市地域の建設を推進し、都市の供水・排水、洪水対策、雨水の収集と利用、暖房供給、ガス供給、環境などのインフラ建設水準を向上させる。すべての県都と重要な鎮が下水処理とごみ処理の能力を持ち、建設・運営・管理の水準を向上させる。都市農村計画の『三区四線』（建設禁止区域・制限区域・適地区域と緑線・青線・紫線・黄線[1]）の管理を強化し、都市農村計画の権威と厳格さを保ち、大規模な解体と建設に終止符を打つ」。

　2015年10月の18期五中全会では、グリーン発展の理念の確立と実施、都市のグリーン発展水準の向上を正式に提案したが、そこで示されたのは発展理念の新しい位置づけと新しい高みだけでなく、きちんとねらいを定めた実行可能な開発手段とツールであり、一枚の青写真から、人と自然が調和した発展の計画化、プロジェクト化、具体化に至るものでもある。グリーン発展の堅持は、中国において人と自然の調和した発展における問題を解決し、グリーン発展をより際立たせるよう求める生態革命の始まりである。

　2015年12月の中央都市工作会議で、習近平同志はさらに「都市の発展は、生産空間・生活空間・生態空間の内在的関係をしっかり把握し、集約的で効率的な生産空間、快適で住みよい生活空間、美しく保たれた生態空間を実現する必要がある。都市建設は、優れた居住環境の創造を中心目標とし、都市を、人と人、人

1　中国語原文は「绿线、蓝线、紫线和黄线」。緑線は、自然環境や生態系を保護し、緑の空間を確保するために指定された地域。青線は、水域や水辺の保護と管理を重視する地域。紫線は、歴史的・文化的な景観や遺産の保護と強化が重要視される地域。黄線は、基本的な都市開発が進行し、工業地域や市街地などの建設が行われる地域。

と自然が調和し共存する美しい故郷に構築するよう努めることである」「集約的な発展を堅持し、『スマートな成長』『コンパクトシティ』といった理念を確立し、科学的に都市開発の境界を定め、都市の発展が外部への拡張から内部に向けた向上へ転換するよう推進する必要がある。都市の交通、エネルギー、水の供給と排水、暖房供給、汚水処理、ごみ処理などのインフラは、グリーン循環と低炭素という理念に従って計画および構築する必要がある」と述べた。

2017年8月、上海協力機構環境保護協力センターと中国環境開発国際協力委員会が共同で主催したグリーン都市化国際シンポジウムおよび中国環境開発国際協力委員会2017年円卓会議は、世界に向けてグリーン発展の理念を伝え、グリーン発展の技術を提供し、グリーン発展の力を示し、さらにグリーン都市化の重要性と実現可能性を強調し、都市化建設のプロセス全体にグリーン化を貫く必要性を強調した。

2017年10月、十九全大会の報告書は、中国経済がすでに高速成長段階から質の高い発展段階に移行しており、都市化が質の高い発展への必然の道であることを指摘した。都市化におけるグリーンで質の高い発展を推進し、都市化の発展レベルを向上させ、都市化の発展モデルを革新し、グリーン、人間中心、スマートという都市の発展ルートを進むことは、中国の都市化が積極的にニューノーマルに適応し、新しい時代に順応するための必然的な選択肢となっている。都市化は、質・効率・原動力という3つの大きな革新を推進するための重要な足がかりであり、質の高い発展の実現は、都市化に対し新たなより高い要求を打ち出しており、その中のひとつは、スマートで、人間中心の、環境にやさしい、快適な都市を建設することである。

2019年、全人代および中国人民政治協商会議は、都市化の難題を改革によって解決する方法を提起した。その中で、エコ文明の理念を新型都市化プロセスに組み込み、新型都市化プロセスでは生態保護に留意し、グリーン発展・循環型発展・低炭素型発展の推進に注力し、土地・水・エネルギーなどの資源を節約して集約的に利用し、環境保護と生態修復を強化し、自然への干渉と損害を減少させ、グリーンで低炭素な生産・生活スタイルと、都市の建設運営管理モデルの形成を推進すべきことを強調している。

2020年4月、国家発展改革委員会は、「2020年新型都市化建設と都市・農村融合発展の重要な任務」を通達し、「人の都市化促進を中心に置き、質の向上を目指

す新型都市化戦略をより速く実施し、中心都市および都市クラスターの包括的な収容能力と資源最適配置能力を強化し、都市のガバナンスレベルを向上させ、都市と農村の融合発展を促進する」必要があることを明確に指摘した。グリーン都市化は、中国における最新の都市化発展モデルであり、都市化プロセスにおいてグリーンが主導的な役割を果たすであろう。

　社会主義現代化の実践と都市化の急速な発展とともに、中国の都市化発展法則に対する党と国の認識は徐々に全面化かつ本格化し、都市化の発展は、科学的で秩序ある、健全な発展という質の高いグリーン軌道に次第に乗り始めつつあり、新型都市化はエコ文明を目指す新しい時代に突入している。都市の持続可能な発展には、生態学的な理念を生産・経済運営・文化的行動に取り込み、グリーン発展を通じて新型都市化建設を促進することが求められている。都市開発の観点からは、都市開発モデルを革新し、都市の計画・建設・管理・運営などの各分野を統一的に計画し、生態建設と産業建設の積極的な融合を推進し、都市の持続可能な発展を真に実現する必要がある。

2．グリーン都市化の内容

　グリーン都市化は新型都市化建設の重要な要素のひとつであり、また、中国現代化建設における必然の道である。全体構想に関して習近平総書記は、都市化の推進は、必ず中国の社会主義初級段階という基本的な国情から出発し、規則に従い、状況に応じて有利に導き、都市化を、トレンドに沿った自然な発展過程にしなければならないと指摘した。発展の主要な方向に関して、習近平総書記は、人民を本とし、人を中心に据えた都市化を推進し、都市人口の質と住民の生活の質を向上させる必要があると提唱した。都市の建設に関して習近平総書記は、既存の山水などの独特な景観を活用して都市を大自然に溶け込ませ、市民が山や水を見たり、故郷のことを思い出したりできるようにするべきであり、現代的な要素を取り入れ、さらに伝統的な優れた文化を保護・発揚し、都市の歴史的記憶を継続させるべきであり、人々の生活をより快適にするという理念を取り入れ、それぞれの細部にまで体現するべきだとも説いた。

（一）人々のニーズを中心としたグリーン都市化

　より良い生活に対する人々のあこがれは、中国共産党が忘れることがない政治目標かつ努力の方向であり、生態の美しさは人々にとって「より良い生活」の重

要な要素である。人を中心に据えた新型都市化は、十八全大会以降党中央が提唱した都市化戦略の新たな理念であり、新型都市化の根本的な目的は、人々のより良い生活へのニーズを満たすことであると強調している。この新しい理念は、国内外の都市化の成功体験や課題の総括および反省に基づいて形成されたもので、高い理論的レベルを備えているだけでなく、中国の経済発展がニューノーマルに入った現実的な国情に適応するものである。グリーン都市化路線を進むことは、持続可能な発展戦略と「美しい中国」の実現に向けた重要なポイントであり、新しい時代におけるグリーン発展実現の重要な足がかりであり、人類が生態環境の危機に緊急に対処しなければならない時代のニーズに適っている。

新型都市化は必ず人の都市化であるべきであり、これは都市発展の理念であり、人々の宿願でもある。習近平同志は、「人民を中心に置いた発展思想は、抽象的で深奥な概念ではなく、ただ口先にとどまったり、イデオロギーの段階に立ち止まってはならず、経済社会発展のあらゆる段階で具体化されなければならない」と指摘した。都市化は、中国の経済社会の長期的で持続可能な発展を推進するための重要な段階であり、重要な足がかりである。したがって、新型都市化は人の都市化を中心に置くことをいっそう強調し、都市と農村の基本的な公共サービスの均等化にさらに注意を払い、住みやすい環境と歴史的背景の継承にいっそう重点を置き、人々の満足感と幸福感を向上させることをさらに重視している。人民本位を堅持するとは、すなわち、物質的な生産により多く注意を払うことから、人自身のニーズにより多く注意を払うことに移行し、住民の生活の質の向上を核心とすることである。目標指向と問題指向の組み合わせを堅持し、人を中心に据えた新型都市化を推進することは、革新・調和・グリーン・開放・共有という発展理念を実践するための重要な一環である。人々を中心に置いた、発展の法則に準拠した都市化のみが、発展の共有と持続可能性を向上させることができる。

人は新型都市化建設の核心であり、根本である。人民を中心に据えることは新型都市化の根本的な理念であり、人を基本とする新型都市化が、人と都市の調和、人と自然の調和共存を実現できる。グリーン都市化建設を推進するため、国および各地方政府は積極的にグリーン発展の理念を実施し、エコ文明理念を導きとし、人民を中心とする発展思想に基づいて、人を中心に置く都市化を推進し、環境保護を基本的な国策とし、「生態保護と生態建設の同時進行」「汚染防止と生態保護双方の重視」という方針を実行し、都市の持続可能な発展に尽力し、グリーン都

市化建設を大々的に推進し、生態環境の改善に努め、生物多様性保全と持続的な利用活動を積極的に進め、都市住民の美しい生態環境へのニーズを継続的に満たしていく。

(二) グリーン発展理念を支えにするグリーン都市化

新型都市化建設は人類社会発展の客観的な傾向であり、国家の現代化の重要な象徴である。グリーン都市化の推進は、新しい時代におけるグリーン発展実現の重要な足がかりであり、また現代の新型都市化の新しい流れでもあり、人類が生態環境の危機に緊急に対処しなければならない時代のニーズに応え、グリーン発展理念に関する党と国家の重要な指示を実行している。都市を大自然に溶け込ませる最も基本的な方法は、グリーン技術の革新を都市化建設に取り入れることであり、グリーン技術革新を通じて、集約的で効率的な、資源を節約した、低炭素で環境に配慮した都市化の道を探りだすことである。グリーン都市化は新しい時代におけるグリーン発展実現のための重要な足がかりであり、グリーン産業・グリーン技術・都市空間配置の最適化などの側面からグリーン都市化建設を推進する必要がある。

グリーン産業は、都市化がグリーン転換型発展を進める上で重要な基盤である。グリーン産業の発展は、経済発展方法の変革や産業構造の調整、産業配置の最適化、雇用圧力の緩和に役立つだけでなく、経済成長を促進し、貧困脱出戦略の支援にも役立っている。新型都市化はグリーン経済発展のサポートと切り離すことはできず、グリーン都市化発展の内在的なエネルギーであり、産業と都市の統合を実現する基本的な経路と手段でもある。グリーン産業によって新型都市化建設を効果的に推進し、持続可能な発展を実現するためには、「グリーン」を従来型の産業に十分に溶け込ませ、グリーン新興産業を盛んにし、グリーン発展理念を確立するべきである。グリーン都市化の発展理念を、都市産業の計画・建設・管理の全プロセス、および都市発展の各分野や各レベルに徹底的に浸透させ、グリーンな生産と生活スタイルを強力に推進する。例えば、産業発展の空間配置およびグリーンな低炭素循環の位置づけに応じて、生態工業団地とハイテク産業団地のグリーン発展を標準化し、グリーンで低炭素な発展モデルの模範的けん引効果を真に果たす。グリーン消費を提唱し、関連する体制とメカニズムを革新し、グリーン政策の成果を評価の重要なポイントとする。

グリーン技術革新は、都市化プロセスにおける環境問題を最小限に抑えるため

の最良の選択肢である。グリーン技術革新は、グリーンな生産方法、グリーンな生活様式、およびますます強化されるグリーン価値観が一緒に作用した結果である。過去の粗放な生産方法から、「高い科学技術レベル、低い資源消費、少ない環境汚染」を特徴とする集約的かつ効率的な生産方法へ転換し、グリーン技術革新を促進し、グリーン技術革新システムを構築し、技術革新・循環経済・低炭素経済を通じて資源の利用効率を向上させることで、限られた資源とエネルギーに産業効果を倍増して発揮させ、社会全体に、比較的成熟した、明らかに経済社会に利益をもたらすことができる重要なグリーン技術を普及させ、これらの技術をグリーン開発の手段として取り入れなければならない。汚染防止・生態環境保全などの分野で修復技術を開発し、汚染を防止・管理し、生態環境を改善し、動物および人間に良好な生息地を提供し、人と自然の調和を実現する。

グリーン発展理念を新型都市化建設に溶け込ませることは長期的な発展プロセスであり、一気に達成できるものではないし、各方面を単純に組み合わせたものでもない。むしろ、グリーン都市化建設の大きなトレンドに順応し、機会を捉え、課題に立ち向かい、全体の視点から人と自然の調和共生を促進し、中国独自のグリーン都市化の質の高い発展の道を探求するべきである。

(三) エコ文明思想を指針とするグリーン都市化

「自然景観を保護し、歴史文化を伝承し、都市形態の多様性を奨励し、特色ある風景を維持する」ことは、グリーン都市化路線を進むための前提条件であり、制約条件である。ここでの「自然景観」には、都市建設がそれ自身および周辺の本来の生態環境構成に負の影響を与えるべきでないということだけでなく、エネルギー資源の効率的でクリーンな循環的活用、および地域の生物多様性保全なども含まれている。

エコ文明建設は自然環境と経済の持続可能な発展を基盤とし、前提として人と自然の調和と共存を強調している。新型都市化とは、エコ文明の理念を実践することで、資源や環境を犠牲にして高い成長率を得るという従来の発展モデルを変え、人と自然が協調して発展する道を進むべきである。住民の生活の質と幸福指数を向上させることを重視するだけでなく、都市の資源収容力や生態環境の圧力を考慮し、人口・資源・環境・経済発展の関係を調和させ、都市の持続可能な発展を実現する必要がある。

新型都市化建設は、既存の山水などの独特な風景を利用し、都市を大自然に融

合させ、住民に山や水が見え、郷愁を感じさせるようにしなければならない。新型エコ文明都市を建設し、持続可能な発展を実現するためには、革新・調和・グリーン・開放・共有という発展理念を指針として堅持し、生態空間を効果的に配置し、生態保護のレッドラインを設定する必要がある。森林・湖沼・湿地の面積を増やし、都市内の自然保護区・風致地区・森林公園など重要な生態機能エリアおよび湿地や重要な水源地が損なわれないようにし、生物多様性保全レベルを効率的に向上させる。自然な山水、交通の幹線、都市建設を統合し、既存の山水資源や景観を活用して、生態的に快適な都市を作り出す。エコ文明理念を新型都市化の発展に完全に溶け込ませ、グリーンな生産方法・生活様式・消費モデルを構築する。環境資源を発展の資源に変換し、生態的優位性を経済的優位性に転換し、科学技術レベルが高く、資源消費が少なく、環境汚染が少ない新しい道を進むことで、新しい工業化・都市化・情報化・農業現代化・グリーン化を協調的に推進する発展の新ルートを形成する。

　エコ文明理念によって新型都市化建設をリードし、新しい時代のエコ文明建設を実践するプロセスにおいて、あくまでエコ文明理念で都市の持続可能な発展を指導し、生態建設を通じて新型都市化建設をリードすることは、人と自然の調和共生という客観的な法則に従った、新しい時代の発展要求に合致する積極的な試みである。

第5節　都市におけるグリーン発展の推進と生物多様性保全活動の事例

　都市化プロセスの加速と人類のやみくもな建設に伴い、都市の生物多様性は急激に減少しつつあり、都市の持続可能な発展に影響を与えている。生物多様性が直面する厳しい状況を考慮し、各地域が生物多様性保全と持続可能な利用に継続的に取り組み、生物多様性の保全と持続可能な利用に関する一連の政策・法律・規制・計画・措置を策定している。

1．京津冀協同発展の堅持するテーマカラーは「グリーン」

　2014年、国家新型都市化計画は、京津冀の都市群は「世界レベルの都市群構築を目標とするべきである」と提起した。2018年11月、中共中央と国務院は、京津冀地域の協同発展と「大都市病」を効果的に管理する最適化開発モデルの推進

を明確に要求した。京津冀地域の協同発展は、すでに国の重要な発展戦略に昇格した。京津冀地域は、五大発展理念とエコ文明建設の要求を包括的に実施し、生態環境の共同建設と共同管理を中心に、生態環境空間を足がかりにし、生態保護のレッドラインを縛りに、最も厳格な生態環境保護制度で保障し、地域全体、河川流域、陸と海、都市と農村、環境と発展の統一的計画を堅持し、あくまで「グリーン」を発展の基調とし、「3つの花がそれぞれの枝に」から「花びらは異なっても1つの花」とし、協同発展は実質的な一歩を踏みだした。

(一) 生態環境の共同建設と共同管理の促進、人間と自然の調和共生の促進

習近平総書記は、京津冀協同発展について7つの要求を提出した。そのうちの1つは、環境容量と生態空間の拡大に力を入れ、生態環境保全の協力を強化しなければならないというものだ。習近平総書記は、京津冀協同発展フォーラムを主催した際に、新たな要求として「『緑の山河は金山銀山』という理念を堅持し、生態環境の共同建設、共同予防、共同管理を強化する」ことを示した。生態環境保護は、京津冀協同発展戦略において最初に突破しなければならない重要な分野のひとつであり、京津冀は次第に自身の「猫の額」から飛び出し、汚染防止協力メカニズムを絶えず深化させ、生態ガバナンスの力の結集を継続的に推進し、地域生態環境の持続的改善を推進する努力をしている。

トップデザインによって生態環境の協同ガバナンスをリードする。2015年4月、中共中央政治局は「京津冀協同発展計画要綱」(以下「要綱」) を審議・承認し、地域協同発展のトップデザインを明確にし、水環境を含む生態環境保護と協同ガバナンスに関する明確な要求を示した。具体的には、「行政区域の制約を打破する」「生態環境保護とガバナンスを強化する」「環境汚染の管理を強化し、クリーンな水活動を実施する」であり、「六河五湖」(すなわち、灤河・潮白河・北運河・永定河・大清河・南運河・白洋淀・衡水湖・七里海・北大港・南大港) の総合管理と生態修復を推進する。2015年12月、国家発展改革委員会は、中国初の地域をまたいだ包括的な環境保護特別計画である「京津冀協同発展生態環境保護計画」(以下「計画」) を発表し、地域の環境の質の総合的な目標を明確にした。

「要綱」と「計画」の実施を推進するため、2015年12月に、京津冀三地域の環境保護部門は正式に「京津冀地域環境保護率先突破協力枠組協定」(以下「協定」) に署名し、大気・水・土壌汚染の予防と管理に重点を置き、地域の生態環境の質を共同で改善することを明確にした。「協定」は3つの側面を強調している。第一

は、「京津冀地域環境汚染予防管理条例」の共同策定を通じて立法への突破口を開くこと、第二は、「計画」を指針とし、大気・水・土壌・固体廃棄物分野の特別計画を共同で策定し、汚染の総合的な管理を行うこと、第三は、環境分野へのアクセス条件を統一し、地域協同の汚染物質排出規制システムを共同で構築し、永定河・北運河・潮白河など重要な河川の水質汚染問題に対処するため、「京津冀協同発展六河五湖総合管理と生態修復の全体プラン」を策定し、流域の生態環境を共同で改善することを目指している。「綱要」「計画」「協定」の発表は、京津冀の生態環境協同管理の方向を明確にし、京津冀生態環境協同管理活動を導く指針となっている。

近年の総合的な生態環境ガバナンスにより、京津冀地域の生態環境の質は持続的に改善されている。「2019年中国生態環境状況公報」によれば、海河流域の水質は、2018年には中度汚染だったが、2019年には軽程度となり、水質はレベル1類から3類が51.9%を占め、2018年に比べて5.6ポイント上昇し、劣5類は7.5%で、2018年に比べて12.5ポイント減少している。「大気環境気象公報（2019年）」によると、京津冀などの地域では2019年のスモッグ日数が減少し続け、微小粒子（PM2.5）濃度も持続的に低下しており、2019年の京津冀地域PM2.5平均濃度は50μg/m^{3}で、2018年に比べて5.7%低下している。良好な生態環境は、人々にとって最も普遍的な福祉であり、京津冀地域の生態環境の質の持続的な改善は、快適な居住環境を創出し、人と自然の調和した共生を実現するために堅固な基盤を築いている。

（二）生態空間の管理・制御の強化、地域の生物多様性保全の促進

習近平総書記は、生態保護のレッドラインを画定し、持続可能な発展のためのスペースを十分に確保し、子孫に青い空、緑の大地、清らかな水のある故郷を残すことを強調した。中共中央弁公庁と国務院弁公庁は、2017年2月に「生態保護レッドラインの画定・厳守に関する若干の意見」を発表し、2020年までに、全国の生態保護レッドラインの画定、境界の設定を全面的に完了し、生態保護レッドライン制度を基本的に確立すると明確に示した。

京津冀地域の生態保護レッドラインを画定することは、地域の協同発展を促進する重要な道筋であり、地域レベルで京津冀生態空間を統一的に管理・制御するのに役立つ。2017年、京津冀地域は「生態保護レッドライン画定ガイドライン」に基づいて、生態保護レッドラインを真っ先に画定し、生態保護レッドラインの

総面積は合計4万6,300km²と、国土面積の20.48％を占め、そのうち、北京市生態保護レッドラインは市内国土面積の40.6％、天津市の生態保護レッドラインは市内国土面積の20.9％、河北省の生態保護レッドラインは省内国土面積の31.4％を占めている。陸地の生態保護レッドラインの面積は4万4,200km²で、京津冀地域の国土陸地面積の20.39％を占め、海域の生態保護レッドライン面積は2,100km²で、管轄海域面積の22.58％を占めている。京津冀地域の生態保護レッドラインには、水源の涵養、生物多様性の維持、水や土壌の保全、「防風固砂」、水や土壌流失の制御、土地砂漠化の制御、海岸の生態安定といった7つの大きなカテゴリーと、それに属する37の地域が含まれており、燕山生態バリア、太行山生態バリア、バシャン（壩上）高原の防風固砂ベルト、沿海生態防護ベルトを中心とする「2つのバリアと2つのベルト」生態保護レッドライン空間分布パターンを構築している。現在、京津冀地域の生態保護レッドラインには雄安新区は含まれていない。生態保護レッドラインの画定は、地域内の森林生態システム、希少野生動植物生息地と集中分布地、流域内希少絶滅危惧野生動植物生息地、および海岸海域地域内水産遺伝資源生息地の保護と回復に重要な生態空間を提供し、国および地域の生態安全を維持するために重要な役割を果たしている。

　2017年12月現在、京津冀地域には、自然保護区が合計59カ所あり、総面積は8,594.03km²で、そのうち国レベルの自然保護区が18カ所、省（市）レベルの自然保護区が41カ所である。風致地区は合計59カ所、総面積は9,359.33km²で、国レベルの風致地区が13カ所、省（市）レベルの風致地区が46カ所存在する。森林公園は合計118カ所、総面積は5,886.95km²で、国レベルの森林公園が43カ所、省（市）レベルの森林公園が75カ所ある。地質公園は合計21カ所、総面積は4,604.1km²で、世界レベルの地質公園が2カ所、国レベルの地質公園が15カ所、省（市）レベルの地質公園が4カ所存在する。湿地公園は合計20カ所、総面積は511.79km²で、国レベルの湿地公園が9カ所、省（市）レベルの湿地公園が11カ所ある。自然文化遺産は合計500カ所あり、その中には世界レベルの自然文化遺産が7カ所、国レベルの自然遺産が134カ所、省（市）レベルの自然遺産が359カ所含まれている。国レベルの水産遺伝資源保護区は合計17カ所で、すべて河北省にあり、総面積は712.22km²である。

　生態保護レッドラインを画定することにより、地域の生態系サービス機能を向上させ、生態環境を継続的に改善することができ、野生動植物により良い生息地

を作り出した。2018年現在、河北省全域には204科940属2,800種以上の植物が存在し、陸生脊椎動物は530種以上おり、国全体の約4分の1を占め、その中には国および省の重点保護陸生野生動物が216種含まれている。北京市には600種以上の野生動物が存在し、「鳥類のジャイアントパンダ」と呼ばれるカオジロダルマエナガなど希少野生動物の種が続々と発見されている。2020年現在、天津市では485種の陸生野生動物が記録されており、その中には、国家一級重点保護対象鳥類であるゴビズキンカモメ、コウノトリ、ノガン、コウライアイサなど11種、国家二級重点保護鳥類であるシロヘラサギ、クロツラヘラサギ、コブハクチョウ、オオハクチョウ、コハクチョウなど59種、国家一級重点保護動物のヒョウ、国家二級重点保護動物のノドテン、ゴーラルが含まれる。植物では、キク科・イネ科・マメ科・バラ科の種類が最も多く、維管束植物が約1,049種存在しており、その中には国家二級保護植物であるオニグルミ、ムラサキシナノキ、中国固有の絶滅危惧種であるキハダも含まれている。したがって、生態保護レッドラインの画定は、種の遺伝子保護と生態バランスの維持などで重要な役割を果たしている。

(三) 京津冀の生態環境保全連携立法メカニズムの探索と形成、協同ガバナンス効果の保証

京津冀地域は、属地管理責任の明確化に基づき、共同防護検査、共同法執行などの活動を展開し、生物多様性保全に関連する法律・規則・決定などを制定して、地域生態環境協同ガバナンスの効果を保証し、生物多様性保全を促進している。

(1) 連携メカニズムによる協同ガバナンス効果の保証

水質汚染の協同ガバナンスメカニズム構築について、国の関連部局は、京津冀および周辺地域の水質汚染防止・管理協力チームを率先して設立し、三地域が「京津冀水質汚染緊急事案共同防止・共同制御メカニズムに関する協力協定」に署名、環境関連法執行連携業務メカニズムを構築し、「京津冀主要流域突発性水環境汚染事案に関する緊急事前対策」を発表し、水質汚染防止・管理の共同監督・指導・検査および漁業法の共同執行活動を実施している。共同法執行メカニズム・共同法執行検査を強力に推進することは、常に京津冀の水環境協同ガバナンス実践における「最も重要な部分」である。2015年11月、三地域は正式に「京津冀生態環境法執行連携業務メカニズム」を開始し、2019年7月には三地域の生態環境部門が「2019-2020年の京津冀生態環境法執行連携重点業務に関する通知」を共同で通達、京津冀三地域が、隣接する地域・市・県の生態環境法執行連携業務メカ

ニズムを構築し、共同法執行内容を充実させ、全要素および多分野の共同法執行の実現を提案した。緊急連携メカニズムの構築については、「2018 年京津冀水質汚染突発性事案に関する共同防止・共同制御作業プラン」で、連絡員制度を整備し、情報化の構築を本格化させることを提案し、三省（直轄市）が京津冀の突発性環境事案緊急連携指揮協議プラットフォームを設立することに合意し、「京津冀突発性環境事案緊急連携指揮プラットフォームデータ共有協定」に署名した。一連の協定および共同法執行メカニズムの制定は、地域環境の質の持続的な改善に強力な法執行の保証を提供している。

（2）多くの環境法・条例・決定実施で地域の生物多様性保全を強化

京津冀の三地域で林業有害生物の共同予防・管理を強化するため、2015 年に三地域の林業庁（局）は、「京津冀協同発展のための林業有害生物予防・管理フレームワーク協定」に署名し、「京津冀協同発展のための林業有害生物予防・管理総合プラン」を策定した。近年、三地域の林業部門は森林病害虫の予防・管理において共同予防・共同管理を積極的に展開し、特にアメリカシロヒトリなどの重大な森林病害虫の予防・管理において成果が顕著である。2016 年、京津冀地域は「京津冀周辺地域野生動物保護合同会議制度」を構築し、三地域の関連部門は野生動物保護に関する情報資源を共有し、情報伝達プラットフォームを構築し、渡り鳥の移動期間中に情報伝達の力や頻度を拡大し、野生動物保護の長期的メカニズム構築の基盤を築いた。2019 年 4 月、北京市庭園緑化局は「2019 年北京市野生動植物・湿地保護業務の要点」を伝達し、野生動植物とその生息地の保護強化を中心に、保護管理能力と管理保護レベルの向上を目標とし、湿地の保護と修復を継続的に強化し、湿地および野生動植物保護に関連する各種業務を着実に推進した。天津市は、「天津市湿地保護条例」「天津市生態環境保護条例」を相次いで公布し、「天津市野生動物保護条例」「天津市海洋環境保護条例」を改正した。河北省も「河北省緑化条例」「河北省『中華人民共和国森林法』施行規則」などを相次いで公布し、「河北省生態環境保護条例」「河北省陸生野生動物保護条例」などを改正した。2020 年 2 月 14 日、天津市人民代表大会は全国の各省（自治区、直轄市）に先駆けて「野生動物の食用を禁止する天津市人民代表大会常務委員会の決定」を制定・公布し、地方立法の形で野生動物の食用を禁止し、感染症の拡散を防ぐ規定を設けた。2 月 19 日、天津市政府は「野生動物管理強化に関する若干の規定」を公布し、政府規制の形で 16 の区政府の属地責任と関連する市レベル部門

の監督管理責任を明確にした。

(四) 首都周辺国家公園システムの積極的な構築と京津冀地域生態バリアの共同構築

京津冀地域は、三地域の接続部分にある関連国家自然保護区をパイロット地区とし、国家公園と湿地帯をつくり、首都周辺国家公園システムを形成し、同時に、三地域はグリーン生態回廊を構築し、世界レベルの都市群生態システムを形成する。

(1) 環状国家公園の構築

京津冀地域の既存の自然保護区・風致地区・森林公園などのさまざまな自然保護地を整理統合して、首都周辺国家公園システムを構築する。例えば、ウーリン（霧霊）山地域は、河北霧霊山国家自然保護区と北京霧霊山市立自然保護区をもとに国家公園を設立、海坨山地域は、河北大海坨国家自然保護区と北京松山国家自然保護区をもとに国家公園を設立、百花山地域は、河北野三坡と北京百花山国家自然保護区をもとに国家公園を設立し、首都周辺国家公園を形成する。

(2) 京津冀湿地帯の構築

「京津冀協同発展計画綱要」に基づき、北京市は大興空港や 2022 年冬季オリンピック開催地などの重要な地域を重点に、燕郊・香河・廊坊・固安・涿州と境を接する通州・大興・房山などの関連地域において、植林活動をさらに強化し、京津冀地域の大規模な生態学的移行ゾーンを形成する。2020 年までに、北京平原地域の森林湿地と天津・廊坊・保定の三市が計画・建設する森林湿地を有機的に結びつけ、北京・天津・保定地域に大規模なグリーンプレートと森林湿地群を形成する。また、永定河・北運河・大清河・潮白河沿いの湿地保護と回復プロジェクトを実施する。2020 年までに、張承生態機能区内の永定河・潮白河・官庁貯水池区域において、8,000ha の湿地を回復し、天津・保定に隣接する房山長溝・琉璃河・大興長子営・青雲店・通州馬駒橋・張家湾・西集・潮県・北運河通州地域に新たに 3,000ha の湿地をつくり、市内の湿地面積を 5 万 4,400ha に拡大し、国土面積に占める割合を 3.31% に引き上げる。大興長子営・北運河 2 カ所の国家湿地公園を新たに増やし、市内の国家湿地公園の総数を 5 つにし、湿地の 60% 以上が効果的な保護と管理を受けるようにする。

(3) 平原生態回廊の骨組みの構築

グリーン生態回廊とは、都市または地域の優れた生態環境の基本的枠組であり、

都市の重要なグリーン通風回廊と生物多様性の通路である。北京市は、市全体を貫通し、天津と河北に通じる30以上の交通幹線と永定河・北運河・潮白河・拒馬河という4本の重要な水系に重点を置いて緑地整備を行っている。河川と幹線道路の両側の緑地帯を拡張・充実・改造・向上させることにより、交通幹線の両側に幅50m以上の永久緑地帯を、重要水系の両側に幅200m以上の永久緑地帯を形成し、さらに幅1,000〜2,000mの緑地管理エリアを構築し、同時に、天津と河北のグリーン回廊と地域をまたいだ相互接続を実現し、平原生態回廊の骨組みを共同で構築する。

2018年、天津市の七里海・北大港・大黄堡・団泊の四大湿地型自然保護区の総面積はすでに8万7,500haに達し、市全体の国土面積の7.4％を占め、京津冀地域における緑の「要」となっている。計画に従えば、2020年までに、天津の湿地面積は29万5,600haに達する予定である。2019年時点で、北京市の1ha以上の湿地の総面積は5万1,400haに達し、市内には、翠湖国家都市湿地公園・野鴨湖・長溝泉水国家湿地公園を含む国および市レベルの湿地公園が11カ所設立され、総面積は2,500haを超えている。湿地はさまざまな野生動植物に快適な生息環境を提供し、生態系の質向上と生物多様性保全に重要な役割を発揮している。

2. 雄安新区〔河北省〕建設は「緑を植えてから都市を築く」という新理念を採用

2017年4月、中共中央と国務院は、国家レベルの新区であり、北京の非首都機能を集中的に分散・移転させ、京津冀地域の協同発展の新たな成長拠点となる「雄安新区」の設立を決定した。雄安新区の生態建設、生態環境保護理念、戦略と実践法は、将来の雄安新区全体の発展を支え、また京津冀地域における生態修復と環境改善のモデルエリアとしての重要な役割を果たすだろう。

(一) 生態環境保護の理念が新都市建設の全プロセスを貫くことに尽力

習近平総書記は、雄安新区の建設はエコ文明建設の要求を十分に反映し、エコの模範とならなければならないと強調した。雄安新区の位置づけを、緑豊かでエコで生活しやすい新都市地域とするには、エコ優先とグリーン発展を堅持し、「緑の山河は金山銀山」を堅持しなければならない。雄安新区の開発過程で進められているのが、すべての人々・要素・過程をカバーした包括的な生態環境保護戦略であり、生態環境保護が、開発の各主体・各要素・各段階を貫くことであり、単

なる全体レベルだけにとどまらない。プロセスからみると、雄安にとって、生態環境保護は計画・設計・建設に一貫するだけでなく、運営・販売・管理の全過程にまで広がっている。

　2018年4月、中共中央と国務院が承認した「河北雄安新区計画綱要」は、次のように言及した。新区の生態系を完璧に確保し、資源の環境収容力を絶対的な制約条件とし、生産・生活・生態の3つの領域を統括し、生態保護レッドラインを厳格に守り、恒久的な基本農地を厳格に保護し、都市の規模と開発の境界を厳密に制御し、多くの規制の統一を実現し、青緑空間比率〔河川や湖沼の青色空間と森・畑・草などの緑地の割合〕を70％に安定して保ち、開発の強度を厳格に制御し、新区の将来の開発強度を30％に制限する。雄安新区の生態的な枠組を構築する際に、最初に確定されたのは青緑空間の比率であり、その意義は非常に重要である。ある地域を開発する際には、生態・農業・都市の3つの領域の範囲比率を線引きする必要がある。これまで、通常は、まず農業と都市の空間を画定し、それから制限された景観を生態空間とした。そのため、生態環境保護の作業は非常に受動的だった。しかし、雄安新区の各計画の制定では、生態優先とグリーン開発の理念を実行するために、生態空間の画定作業は前倒しで行われた。今後、雄安新区では、全域でゾーニングして生態空間の管理・制御を類別に実施し、都市空間を効率的かつ集約的に建設し、モデル農業空間を高水準で建設する。特に、自然属性を持ち、生態系サービスまたはエコ産品の提供を主要な機能とする国土空間は、白洋淀湿地自然保護区や、新区周辺・新都市周辺・白洋淀周辺の生態林帯および河川沿いの生態回廊エリアを含め、ゾーニングして類別に特別な保護を進める。この空間配置は、将来の都市建設において、白洋淀を中心とした湿地と、それに関連する生物多様性保全を強化することを約束している。

（二）生物多様性保全の理念が計画の各分野を貫く

　生物多様性保全の主流化とは、国際的には、最も効果的な生物多様性保全と持続可能な利用対策のひとつと認識されており、それはつまり、生物多様性保全を政府や部門の法律法規・政策・戦略・計画・技術革新・貧困脱却・文化建設・環境保護・機関設立など主要な活動に組み込むことである。生物多様性保全を都市化の過程に組み込むことは、都市の生物多様性保全の効果的な手段であり、都市の生物多様性を「破壊してから保護する」という従来のモデルを効果的に回避することができ、また都市建設および管理の対策と効果に直接的な影響を及ぼす、

あるいはそれを決定する。「河北雄安新区計画綱要」は、たびたび「生物多様性」に直接言及し、指導思想・戦略的配置・土地利用・機能施設などの各面で生物多様性保全と持続可能な開発利用の理念を貫いている。

生態環境の領域では、「河北雄安新区計画綱要」は、退耕還淀〔農地を湖に戻す〕を通じて、荒廃した地域の在来の水生植生を回復し、それによって水生動物の地元種の繁殖と種の増加を促進し、鳥類の営巣地を回復および保護し、生物多様性を高めることを提案している。そして、将来の計画ではさらに白洋淀国家公園を建設し、同地域の生態系を完全に維持する。これらの理念と行動は、今後の都市の生物多様性に対して3つの分野で直接的な保護効果をもたらすであろう。生態安全の分野では、スポンジシティ[2]構築設計プランを採用して、自然基盤を尊重し、河川や湖沼の生態緩衝帯を構築し、雨水や洪水の調整、雨水によって生じる地表水の浄化、生物多様性保全などにおける都市の生態系サービスを向上させることを強調している。生態系サービス向上の面では、緑地公園を中心として都市の生態系サービス機能を向上させ、都市の生態系サービス機能の探索に役立て、質の高い公共サービスを提供し、住みやすく、働きやすい、質の高い生活環境を構築することを提案している。交通分野では、「河北雄安新区計画綱要」は、便利・安全・グリーン・スマートな交通システムの構築を提案しており、その中の「グリーン」交通とは、内外をつなげるグリーンロードネットワークを構築し、地域・都市・地域コミュニティ各グリーンロードという3レベルのネットワークを配置し、それによって都市のグリーンロードがそれぞれの総合公園や地域コミュニティ公園をつなぎ、都市と農村が一体化し、地域が連動した都市のグリーンロードシステムを形成し、都市の生物多様性回廊を構築することを指している。

雄安新区の「千年秀林」プロジェクトは、2017年11月に開始され、自然に近い林を中心とした森林システムを構築するもので、将来の雄安新区の都市グループや特定エリア間の重要な生態緩衝地帯であり、炭素の貯留能力と生物多様性保全機能を強化し、新区の生態構造を固定し、都市開発の境界を安定化し、生態涵養機能を発揮して、地域の生態環境の改善を大幅に促進することを目指している。2020年4月現在、雄安新区の総造林面積は32万5,000ムーに拡大し、累計1,789万5,000本以上が植樹された。2018年、雄安新区内で発見された脊椎動物は310

2 　中国語原文は「海綿城市」。浸透・保水・貯留を意識した都市の水循環を進め、水害対策・水環境対策を促進する都市構想のこと。

種以上で、雄安新区の白洋淀では世界的な絶滅寸前種であるアカハジロが発見された。これは全世界にわずか1,000羽未満しか存在しない。

(三) 野生動植物保護の持続的強化
(1) 全国初の「生態環境局」の迅速な設立

2018年5月、雄安新区は全国で初めて地方の「生態環境局」を設立した。その職責には、自然保護区の環境保護の指導・調整・監督、野生動植物・希少絶滅危惧種の保護および白洋淀湿地の環境保護の監督管理、農村生態環境の総合整備の組織と指導、生物多様性保全の組織と調整が含まれている。河北雄安新区の生態環境局の設立は、生物多様性保全に重要な支援を提供している。

(2) 野生動植物保護強化のための特別行動

2016年10月、雄安新区の安新県は「乱獲や鳥類の違法取引など野生動物に関する違法犯罪を厳しく取り締まるための安新県『捕獲網撤去』特別行動実施計画」を通達し、2017年9月には「乱獲や鳥類の違法取引など野生動物に関する違法犯罪を厳しく取り締まり、白洋淀地域での蓮の根・葉・花の不法な収穫行為に対処する安新県の実施計画」を発表した。主には、白洋淀湿地自然保護区および周辺地域の野生動物集中生息地や繁殖地、渡り鳥休息重要地域や重要ルートでの野生動物乱獲違法犯罪行為、都市や農村の市場、花や鳥の市場、飲食店など主要施設での貴重な絶滅危惧種およびその製品を不法に販売・購入・利用する違法犯罪行為等に対して取り締まりを強化し、鳥類などの野生動物のために、より安定した安全な営巣・繁殖・移動の環境を創り、野生動物個体群の安全を長期にわたり効果的に維持するよう努力している。2019年10月、安新県は「渡り鳥などの野生動物の乱獲と不法な取引を厳格に取り締まる安新県人民政府の通知」を発表し、白洋淀景区水域および淀中村周辺水域での巡回監視を強化し、野生鳥類の違法捕殺、電気ショック漁、爆破による漁、毒による漁、かご漁、野生の蓮の芽や蘆根の乱獲などの違法行為を厳格に監視し、野生動植物保護特別取り締まりキャンペーンを全力で展開し、野生動植物の安全を確保している。

3. 上海市は庭園緑化建設に力を入れ、都市の生物多様性保全を促進

上海は、急速に発展しているメガシティとして、人為的な干渉が激しく、自然の生息環境は破壊され、種の生存と生物資源の持続可能な利用に深刻な影響を与えている。1990年代初頭から、都市の大規模な建設と同時に、都市の庭園・緑化

の建設が積極的に推進されており、特に 2000 年以降は、メガシティの緑化と林業の融合が進んでいる。「上海市生態空間特別計画（2018-2035）」では、卓越したグローバル都市という全体目標にそって、「都市は庭園に囲まれ、森の回廊に囲まれ、水の青さと木々の緑が交錯する」生態空間を構築するという目標とビジョンが提案された。上海は緑地・林地・湿地など都市と農村のグリーンインフラを十分に活用し、長江河口の自然保護システムの構築、崇明における世界クラスのエコ島建設、そして崇明東灘のヒガタアシの生態制御と鳥類生息地の最適化プロジェクトなどを実施し、都市の生物多様性保全において重要な支えとなる役割を果たしてきた。

（一）野生動植物の調査・監視と重要な生息地保護の積極的な実施

1994 年の「中国生物多様性保全行動計画」の実施以来、上海市の生態環境局は市全体の生態環境調査を定期的に実施し、上海市の緑化・都市外観管理局は市全体で水鳥の一斉調査や公園・緑地での野生動物多様性の調査と監視などを実施している。また、上海市農業農村委員会は「中国水生生物資源保護行動綱要」に基づいて、多くの漁業資源の保護および増殖放流作業を実施し、各保護区も一連の生物監視作業を、科学研究機関や大学は一連の科学研究作業を実施し、上海市の生物多様性の特徴や発生・発展のメカニズムなどについて研究を進め、「上海維管束植物リスト」「上海維管束植物検索表」「上海植物図鑑」「上海デジタル植物志」「上海陸生野生動物資源調査」「上海湿地資源調査」「上海東部沿海地区鳥類資料および生態環境調査」などの成果を得て、上海市の自然背景についてさらに把握を進めた。

現在、上海市は、崇明東灘鳥類国家自然保護区・九段沙湿地国家自然保護区・長江河口カラチョウザメ自然保護区・金山三島海洋生態自然保護区の 4 カ所を設立し、さらに国家レベルの森林公園 4 カ所、国家湿地公園 2 カ所、動物園 2 カ所、植物園 2 カ所を設立しており、野生動植物の域外保全と遺伝資源の保存が急速に進んでいる。

（二）生物多様性保全分野特別計画を編制

上海市は「中華人民共和国野生動物保護法」「中華人民共和国森林法」「中華人民共和国出入国動植物検疫法」「中華人民共和国自然保護区条例」「中華人民共和国野生植物保護条例」「農業用遺伝子組換え生物安全管理条例」「中華人民共和国絶滅危惧野生動植物輸出入管理条例」「中華人民共和国野生薬材資源保護管理条

例」など一連の生物多様性保全法律・法規を真摯に履行し、生物多様性保全に関する一連の地方条例・規則・管理方法を整備・制定し、一連の生物監視作業を展開し、上海市の生物多様性の現状と動態をほぼ把握し、関連する種のデータベースを構築し、「上海植物志」「上海魚類志」「長江河口魚類志」「上海維管束植物リスト」などの種の目録書を編纂した。

　林業の生態建設システムを構築するため、上海市政府は積極的に生物多様性を特別計画に組み込んだ。編制した生物多様性保護計画とプロジェクトの主なものは「崇明東灘鳥類自然保護区建設計画」「上海市『中国湿地保護行動計画』優先プロジェクト」「上海市崇明東灘自然保護区総合計画」「崇明東灘国立湿地生態モデル区建設プロジェクトのフィージビリティスタディ報告」「上海市野生動植物保護及び自然保護区建設プロジェクト総合計画」などである。「上海市生物多様性保護戦略と行動計画（2012-2030年）」では、2つの生物多様性保全優先区（沿岸河口地域と陸域河川ネットワークエリア）とその保護の重点を明確にした。上海市は6つの優先分野、17の優先活動、22の優先プロジェクトを確定し、市レベルの各関連部門と各区・県の生物多様性保全と生物資源管理業務の協力メカニズムを整備し、重要エリアと重点種の監視・制御レベルを向上させ、定期的に上海市の重点保護野生動物リストを公表し、外来侵入種の監視、早期警告、リスク管理メカニズムの構築を重点的に強化し、「上海崇明東灘鳥類国家レベル自然保護区のヒガタアシの制御および鳥類生息地最適化プロジェクト」を実施し完了した。このプロジェクトは総面積2,419haで、そのうち898haが保護区中心部に位置し、533haが緩衝区に位置し、988haが実験区に位置しており、保護区全体の生態系の質が明らかに向上し、鳥類の生息地がかなり回復し、鳥類の種の数と個体群の数が著しく増加した。

　「上海市環境保護・生態建設『第13次5カ年』計画」は、自然生態系の保護を強化し、自然保護区を重点として管理水準を向上させ、生物の生息地を効果的に保護し、損傷した湿地を修復・回復するよう明確に要求している。生態保護レッドラインの要件に基づき、長江河口水源地、自然保護区、野生動植物重要生息地、野生動物禁猟区、湿地公園、重要な島嶼部およびその他の生態保護レッドライン地域の保護と管理を強化し、生物多様性保全の基本的な空間を拡充する。

（三）大規模都市緑地システムの配置構造および生態ネットワークの構築

　都市緑地は都市の生物多様性保全に重要な空間的保障を提供し、都市緑地の生

態ネットワークの接続を改善・向上させることは、都市の生物多様性保全において重要な意義を持っている。

　生態資源という制約条件下での都市開発のモデルチェンジを促進し、都市と農村の一体化した健全な発展を実現するために、上海市は 2012 年 5 月に「上海市基本生態ネットワーク計画」（上海市 53 号）を承認し、都市の生態ネットワークに関する複数の規制を統一する道筋を確立した。「統一データベース、統一技術ガイドライン」を基に、生態資源の総量・配置・構造・機能を全体的に把握し、上海の都市と農村の生態空間ネットワークを体系的に構築し、生物多様性を保全・利用する土地空間資源を確保した。基礎生態空間、郊外生態空間、中心都市周辺および都市化地区の緑化空間という 4 つのレベルで空間の管理・制御を実施することにより、大規模河川・高速道路・幹線道路を活用した生態回廊およびそのネットワークシステムがまず建設された。自然保護区・重要生息地・森林回廊などの重要な生態空間を結合し、生態保護レッドラインの画定と組み合わせ、崇明東灘国際重要湿地・外環森林帯・青浦西部環淀山湖湿地・黄浦江中上流水源地など、種の多様性が豊かな生物多様性インフラが続々と形成されている。

　2020 年 4 月、上海市の緑化・都市外観管理局および上海市計画・自然資源局が編纂した「上海市生態空間特別計画（2018-2035）」草案の公示が行われた。この計画では、公園都市理念によって都市でのすてきな生活への市民の期待を満たし、森林都市理念によってメガシティの弾力的な生態システムを構築し、湿地都市理念によって人と自然の調和共生を促進し、「公園システム・森林システム・湿地システム」という 3 つの主要なシステムと「回廊ネットワーク、グリーンロードネットワーク」という 2 つの大きなネットワークの構築を通じて、システムの構築と質の向上を完全なものにし、都市の生態安全の確保、都市環境の質の向上、市民のレクリエーションニーズを満足させることを提案している。

　「上海市生態空間特別計画（2018-2035）」は、主に長江デルタの一体化した生態パターンと、ネットワーク化した市域の生態パターンといった側面から、都市のグリーン生態空間を整備し、都市環境を向上させる。長江デルタ一体化生態パターンは、「川と海の合流、水と緑の融合、文化の継承」という生態ネットワーク構築を強化し、長江河口・東海・太湖周辺・淀山湖周辺・杭州湾周辺などの生態地域保護を充実させ、川沿い・海岸および杭州湾沿岸の産業海岸線を厳格に管理し、長江生態回廊・沿岸生態保護ベルト・黄浦江生態回廊・呉淞江生態回廊など地域

生態回廊の相互連結を強化している。ネットワーク化された市域の生態パターンは、主に4つの広範な生態地域、すなわち崇明島・淀山湖・杭州湾・近海湿地の保護と向上に注力し、「双環〔ダブルリング〕、九廊〔9つの回廊〕、十区〔10地域〕」といった多層的で、ネットワーク化され、機能が複合的な市域の生態空間パターンを構築している。双環は都市グループの間隔を固定し、都市の拡大を防ぎ、九廊は市域の生態的な骨格を形成し、風の通り道と動物の移動経路を作り出し、十区は市域の生態基盤空間を確保する。

（四）国際条約の積極的な履行

近年、上海市緑化・都市外観管理局は積極的に国際湿地保全連合（Wetlands International）、野生生物保護学会（Wildlife Conservation Society、WCS）、WWF、国際動物福祉基金（International Fund for Animal Welfare、IFWA）などのNGOと、科学研究・宣伝教育・能力開発などの分野で多くの協力プロジェクトを実施し、上海の条約履行能力構築を推進している。

「生物多様性条約」を積極的に履行し、関連する国際機関との協力と交流を強化し、UNDP・国連環境計画およびユネスコ・世界銀行・地球環境基金・WWFなどと一連のプロジェクト協力を行い、中国とEU、ASEANなどの地域組織による生物多様性保全と持続可能な発展に関する戦略的対話に参加し、生物多様性保全政策および関連技術などのテーマで一連の交流を行った。国際的な湿地保護分野において顕著な成果を上げ、崇明東灘鳥類国家自然保護区と長江河口カラチョウザメ自然保護区は「ラムサール条約」事務局によって「国際重要湿地リスト」に登録された。崇明東灘鳥類国家自然保護区はまた、湿地国際アジア太平洋機構によって東アジア-オーストラレーシア地域フライウェイ〔飛翔路〕湿地ネットワークのメンバーに受け入れられている。

第7章　生物多様性保全と農村におけるグリーン発展の実践

　農村は、自然的・社会的・経済的特徴を有する地域複合体であり、生産・生活・生態・文化など多くの役割を併せ持ち、都市部と互いに成長を促し共存共生しつつ人間生活の主要な空間を築き上げている。農村振興戦略を実施し、ゆとりある社会、いわゆる小康社会を全面的に構築し、現代化された社会主義強国を全面的に完成する上で、最も困難な任務と最も広く深い基盤が農村にあり、また、最も大きな潜在的エネルギーと底力も農村にあるため、生物多様性保全と農村グリーン発展計画を包括的に立てることがとりわけ重要になる。生物多様性は農村のグリーン発展に堅実な「グリーンベース」を築き上げており、また、生物多様性資源の保全も農村のグリーン発展による支援と互いに支え合っているので、切り離すことができない。生物多様性保全の強化と農村グリーン発展の推進は、地域における生態産品供給能力の全面的な向上に貢献し、生物多様性保全を縦にも横にも広げ、地域の新たな経済的成長点を育み、人類の物質的・精神的生活をも豊かにしてくれる。エコ文明構築が着実に発展していくにつれ、中国国内には生物多様性保全と農村グリーン発展の相乗的進展の典型的事例が頻出するようになり、これらは生態環境保全と社会・経済の協調的発展を全面的に推進するためのサンプルを提供している。

第1節　生物多様性保全と農村におけるグリーン発展の主な方法

1. グリーン発展は背景となる特色ある生物資源の強みに立脚すべき

　中国社会の主要な矛盾が、より良い暮らしがしたいという日増しに増加する人民大衆の要求と不均衡で不十分な発展との間に生じる矛盾に変化していくにつれて、美しい生態環境に対する人民大衆のニーズはすでにこの矛盾の重要な側面となっている。習近平総書記は「緑の山河は金山銀山にほかならない。緑の山河は、自然

的財産であるのみならず、社会的・経済的財産でもあり、より多くの優れた生態系の生産物を提供することで日増しに増加する、より良い生態環境という大衆のニーズを満足させなければならない」と何度も強調している。豊富な生物多様性は「緑の山河」を構成する基本要素である。第一に、生物多様性とは、グリーン発展の「資源バンク」である。生物多様性は豊富な動植物資源を蓄え、経済的価値を有する動植物種の発掘・育成を通じて、地域の生態産品の競争力を高め、グリーン発展のためにさまざまなルートを提供することができる。例えば、河北省承徳市の囲場満族モンゴル族自治県では、豊富な生物多様性に基づいてキンレンカをはじめとする中医薬産業を発展させ、湖北省宜昌市の五峰トゥチャ族自治県と四川省綿陽市の平武県では、豊富な花粉の遺伝資源をよりどころとする中華ミツバチ（以下、中国ミツバチ）の養殖産業を発展させ、良好な経済的効果を上げているだけでなく、現地の生物多様性保全のために内発的活力を提供し、受動的保護を能動的保護に変えた。第二に、生物多様性とはグリーン発展の「増色剤」である。豊富な生物多様性は良好な生態環境を反映しており、生物多様性保全とは生態環境保全と同義である。良好な生態環境は、投資・人材を地域に誘致し、観光を発展させる競争力を高めることができる。同時に、独自の生物資源は地域のグリーン発展のために「ブランド面での優位性」を提供し、グリーン産品の競争力を高めることができる。例えば、国家地理的表示保護産品は、往々にしてより高い経済的効果と市場競争力を有する。ジャイアントパンダは四川省平武県のエコツーリズムの発展に天与の優位性を提供し、豊富な生物多様性は福建省の武夷山を景勝地に押し上げている。グリーン発展は自然の法則に従って、生物多様性を十分に発揮することで、生態産品・生態系サービスを提供するという生物多様性の多重的機能を十分に発揮し、経済的効果・社会的効果・生態的効果という多面的効果を実現する。

2. 生物多様性保全とグリーン発展には多方面の参画・保障が必要

　エコ文明建設を持続的に推進し、生物多様性保全を強化することは「産業の生態化、生態系の産業化」を実現させるための現実的な需要である。「中国生物多様性の保全戦略・行動計画」（2011-2030年）は以下のように述べている。「生物多様性保全のPRと教育を強化し、積極的に民間団体と一般民衆の幅広い参加を導き、情報の公開と世論の監督を強化し、社会全体が共に生物多様性保全に参加する効果的メカニズムを確立する。戦略的任務において、NPOや慈善団体の機能を

十分に発揮させ、共に生物多様性保全と持続可能な発展利用を推進しなければならない」。多方面が参加して共に構築・享受する生物多様性保全モデルは、エコ文明の制度体系を堅持し整備する具体的実践であり、産業のグリーン転換を実現させるカギでもある。政府・企業・公益組織・大衆は、生物多様性保全とグリーン発展の参加主体であるが、単純に単一の主体に依存していては生物多様性の持続的・安定的な保全とグリーン発展の実現は困難である。しかし、中国では多くの地方が、相も変わらず政府頼みで生物多様性保全とグリーン発展を推し進めているため、民間や企業の参加度が低く、地方財政はますます逼迫し、なおかつ、得られる効果も理想とは程遠い。多方面の参加を推進し、生物多様性保全とグリーン発展における企業など市場の力の参加度を高めることは、各方面がその優位性を発揮し力を合わせることに有効で、経済的効果を保証できるだけでなく、生物多様性保全も実現でき、それによって健全で持続的な内発的エネルギーも形成される。例えば平武県では、自然保護区建設の過程で、政府・農民およびアリババグループなどネット大手のECを統合して、生態環境保全を実現させつつ、現地の農産品販売ルートを開拓し、特色ある農産品の世界進出をネットによって成功させる、というモデルを貧困地区に作り上げている。

3. エコツーリズムは生態資源の生態資産への転換を推進する効果的な手段

生態資源の生産資産への転換を模索し、生態資源保全と経済的発展を同時に達成することは「緑の山河は金山銀山」という理念の具体的実践であり、「美しい中国」建設の現実的要請でもある。エコツーリズムは、自然保護と持続的発展の重要な手段であり、その最終目標は生態資源保全と経済的発展との協調である。中国において生物多様性保全が比較的良好な地域は、人口が極めて少なく、交通の便も悪い貧困地区に集中しているが、これらの地域では往々にして優れた生態資源が守られつつも、そこから高い経済的効果を得ることができないでいる。よって、経済発展を推進するために、しばしば環境破壊レベルの高い産業が導入される地域もある。エコツーリズムはこれらの地域の貧困脱出に有効なツールである。観光業は「低排出」「低汚染」という特徴を有するため、グリーン産業と認識されている。観光大衆化新時代に突入した今、観光業はすでに国民経済に対する貢献度がますます高い産業となり、経済的機能のほかに、その社会・文化・生態などの機能もますます重要になっている。観光業の発展のためには、一点に力を入れることを特徴とする観光ス

ポット発展モデルから、地域の資源や産業を再編成し、共に建設・享受するという地域全体の発展モデルへスピーディーに転換するよう推進し、観光業と農業・林業・水利・工業・テクノロジー・文化・スポーツ・健康・医療などの産業との本格的な融合を推進すべきである。観光資源を統合し、地域の生態的優位性を発揮することで、エコツーリズムはより大きな生態的効果を生み出せるようにする。同時に、観光業の発展は、農業と工業の発展を促進し、生態資源の生態資産への転換を実現させることができる。例えば、浙江省湖州市の安吉県では「緑の山河は金山銀山」という理念のもと、県全域で質の高い観光業の発展を推進することで、「緑の山河」の生態的優位性を県全体の観光業発展の優位性に転換させ、「エコツーリズム＋」を全面的に発展させ、大衆がより多くの満足感・幸福感・安心感を得られるようにした。福建省武夷山市は、「観光＋」をうまく展開し、「観光＋茶葉」「観光＋文化」「観光＋イベント」「観光＋祭日」「観光＋会議・展示会」「観光＋修学旅行」を大いに発展させ、ユニークな観光ブランドを打ち立てた。エコツーリズムは武夷山の観光業に利益をもたらすと同時に、「グリーン」というラベルを貼りつけた。

4. 改革・革新は生物多様性保全とグリーン発展を協調推進するためのブースター

　19期四中全会は、「エコ文明の制度体系を堅持・整備し、最も厳格な生態環境保護制度を実施し、資源の高効率な活用制度を全面的に確立し、生態系の保全・修復制度を整え、生態環境保護責任制度を厳密にし、人と自然との調和・共生を促進する」と明確に打ち出した。改革と革新とは、思考回路を常に変換し、固定観念の限界を打ち破り、体制・メカニズムの領域で絶えず模索を試み、生物多様性保全とグリーン発展が新たな局面を切り開くよう推進するということである。浙江省湖州市の安吉県、湖北省宜昌市の五峰トゥチャ族自治県、四川省綿陽市の平武県など6地域は、発展理念・運営モデル・体制メカニズムの3方面で絶えずイノベーションを行い、生物多様性保全とグリーン発展の協調的推進をうまく実現させた。その中で、発展理念の革新とは、高汚染・高排出に依存する経済発展モデルを転換し、「生態＋」を通して公共財の市場取引を実現させることである。例えば、安吉県は「籠の中の鳥を取り替える[1]」ことと「生態＋観光」によって、「資

1　籠は地域、鳥は産業を意味している。付加価値の低い産業を地域の外に移し、空いた空間に付加価値の高い産業を誘致すること。

源を売る」から「風景を売る」への華麗な転換を首尾よく実現させた。運営モデル革新の主軸は、合作社〔協同組合〕の設立を通じて、合作社が政府・農家・リーディングカンパニーと協力するという運営モデルのイノベーションを模索することだ。例えば、五峰トゥチャ族自治県は中蜂養殖保護合作社を設立し、生物多様性保全の要請によって移住した農家に対して「合作社の委託管理と分配」「合作社＋互助組＋移住貧困世帯」、「合作社＋移住貧困世帯分割式養殖」といった異なる3種の支援モデルを採用し、施策を分類して生活困窮世帯の毎年の安定した産業収入を確保している。体制・メカニズム革新は、主に森林の使用権・所有権改革、土地使用権の譲渡、エコバンク試行という方面に現れている。例えば、福建省武夷山市は、これらの模索によって、生態資源の生態資産・生態資本への転換、生態資源の最適化配置と効率的な活用を実現し、また、総合的な効果向上をも実現させている。

5. 第一〜三次産業の融合は農業生産による生物多様性破壊の軽減に有益

　昨今、耕作、放牧、農薬・化学肥料の使用、農業用動植物の遺伝的改良（海外の優良品種の導入を含む）といった農業生産活動は、農業生産力を向上させてはいるが、生態系バランスに大きな影響を及ぼしている。例えば、土地資源の開発・利用が容易に生態環境の破壊を招き、生物多様性を減少させること、大規模な機械耕作が土壌の動植物の区系に変化をもたらし、生物個体群を減少させること、大規模な農薬使用は害虫を駆除すると同時にその他の関係する動植物もまた消滅させること、品種改良や外来種の導入が地域の農作物の種類や品種の単一化を招き、地域固有の優良品種の伝統的資源を喪失させること、などである。

　新たな時代において、農民と土地の関係を調整し、農民の現代化レベルを向上させ、農村の生産力を解放し、農村の第一〜三次産業融合〔中国農村における第一〜三次産業の融合的発展〕を実現することが急務であるというのは、習近平同志を核心とする党中央が新しい時代の「三農〔農業・農村・農民〕」の情勢に対して打ち出した重要な布石である。第一〜三次産業の融合は、産業の最適な再編・整理統合・相互浸透を通じて、産業チェーンを延伸し、産業エリアを拡大することで、農業・農村発展の新たな活力となる切り札を育成することができ、農作物の付加価値が低いという問題を解決して農民所得を向上させた。第一〜三次産業融合は、郷土料理を食べ、農村に住み、緑豊かな自然を享受し、農耕文化を体験す

るという広範な人民の消費ニーズを満足させ、積極的に農業の多様な機能を開発し、「観光＋」「生態＋」といったモデルを活用して、農業・林業と観光・教育・文化・ヘルスケアなどの産業を本格的に融合させ、レジャー農業・農村観光・クリエイティブ農業・農耕体験などの発展に力を入れるべきである。例えば、陝西省留壩県は、「エコ」という看板を掲げ、「グリーン」をうまく活用して、農民は従来型の農作物「生産者」から観光サービス商品「供給業者」へとモデルチェンジし、山村の農民は「農村」の経営者に転身し、今では住民全体が生態系を守るという共通認識を自覚するようになり、グリーン発展と住民の豊かさをともに実現した。農業・農村というリソースの利点を発掘・活用し、グリーン産業を選択した結果、第一～三次産業融合が、緑の山河を、庶民を豊かにする宝の山に変える重要な手段になったのである。

第２節　生物多様性保全と貧困脱却の難関攻略

　中国においては、生物多様性保全と小康社会の順調な全面的構築とが密接に関係している。なぜならば、貧困県の分布と生物多様性資源の豊かさに一定の正の関係性を示しており、生物多様性資源が比較的良好な地域は経済的発展が相対的に遅れているが、森林・野生の動植物などといった貧困地区の生物資源は、直接的・間接的・生態的な価値、そして、大いなる潜在的価値を有しているため、その潜在的資源力の開発を合理的に導き、グリーン経済を発展させることは、生態環境保全と貧困脱却の課題克服という二重目標の実現にとって、重要な役割を果たすことになる。十九全大会報告では、「全面的な貧困脱却とエコ文明体制建設を加速させ、生態回廊と生物多様性保全ネットワークを構築する」と明確に提起している。中国は「生物多様性条約」加盟後、生物多様性保全戦略を実施し、多国間および二国間協力を強化してきた。生物多様性保全と貧困脱却の課題克服という協調的発展の主要任務は生物資源の保全であり、技術・資金などを投入することで生物資源をグリーン資本に転換させ、それによって地域全体の総合的発展を駆動させることである。

　現在、生物多様性保全と有力産業育成との協調的発展という面で、全国的に良好な局面が形成されており、多くの成果を上げ、典型的かつ代表的な多数の事例が出現している。グリーンベースは比較的良好で、農業の特色も比較的際立って

はいるが、経済発展レベルが相対的に立ち遅れ、貧困発生率が比較的高い地域では、資源の循環利用と生態環境保全を重要な前提として、「生物多様性保全」の取り組みを生産発展の全過程に組み入れ、生態系の堅固な防壁を築き、グリーン経済を発展させ、資源の全面的な節約と循環利用を全力で推進している。生物多様性保全と貧困削減モデルの模索は、生態チェーンを延伸し、豊かな生態系を地域経済発展の優位性へ転換するよう推し進め、ビッグヘルス、ビッグツーリズム、ビッグデータという三大主要産業の発展に尽力し、グリーン有機農業を発展させ、経済の質の高い発展を実現させ、人々に絶え間なく物質的な富をもたらし、現地住民の貧困脱却をサポートし、大衆の満足感と幸福感向上を持続させている。

1. ケース１：湖北省五峰トゥチャ族自治県——特色ある「蜂薬〔蜂蜜と中薬材〕」産業が貧困脱却を支援

　五峰トゥチャ族自治県〔以下、五峰県〕は湖北省宜昌市に属する。湖北省の西南部に位置し、長江本流と湖南省に隣接している。東は宜都市と松滋市に隣接し、西は鶴峰県と巴東県に接し、南は湖南省石門県に至り、北は長陽トゥチャ族自治県とつながっている。総面積は2,372km²で、5つの鎮と3つの郷を管轄し、総人口は20万8,000人で、そのうち、トゥチャ族を主とする少数民族が人口の84.8%を占めている。五峰県は、習近平総書記が掲げた「緑の山河は金山銀山」と「共に資源保護に取り組み、大規模な開発をしない」という理念を長期にわたって守り続け、生態立県戦略をトップ戦略として堅持し、生物多様性保全を持続的に推進し、現代的エコ経済システム建設を加速させ、生態系を優先させるグリーン発展の道を歩み、国家主体機能区のモデル県建設という全国に通じる経験をつくり上げた。

（一）背景

　五峰県は、中部亜熱帯モンスーン気候のために、県内では山地型の気候と垂直気候帯の体系が顕著で、四季がはっきりしている。県全域すべてが山地で武陵山の支脈に属しており、雲貴高原の東へ伸びた先端地帯であり、カルスト地形のため、鍾乳洞や伏流が遍く分布している。五峰県は動植物区系成分の豊富な多様性を有するのみならず、高度な群落種多様性と経済類型多様性をも有する〔王業清ほか，2017〕。五峰県は、動植物の遺伝子プールや自然地質博物館として中国内外にその名が知られており、東経110度と北緯30度の交わる「神秘の交差エリア」

に属し、中国の三大特有現象のひとつである「四川省東部 - 湖北省西部特有現象」の中心地帯であり、世界的に保護されるべき中国の17の生物多様性重点地区のひとつであり、国連の自然・生物多様性保全機構の重点関心エリアでもある。県内の長楽坪鎮・五峰鎮・傳家堰郷・采花郷・牛荘郷・湾潭鎮・後河国家レベル自然保護区は武陵山生物多様性保全優先区域に採り入れられており、中でも後河国家レベル自然保護区にある、中国固有の稀少な絶滅危惧植物あるいは重点保護植物のハンカチノキ、チュウゴクイチイなどの植物は70種以上ある。第三次の植物中薬資源全面調査の記載によると、県内に生息している中薬材は195科812種に達し、そのうち植物種の中薬材は749種で、五倍子・独活・続断・貝母・黄連・玄参・牛膝などさまざまな道地薬材であり、大多数の中薬材はどれも皆、薬用・保健的価値を持つ優れた蜜源植物である。

（二）主な方法

五峰県は豊かな生物資源をよりどころとして中国ミツバチ・中国医薬などの産業を発展させ、豊かな生物多様性をよりどころとして農民の貧困脱却を実現させる道を歩み始めることに成功している。

（1）中国ミツバチ養殖を発展させ、農民に生態系ボーナスを享受させる

五峰県の森林被覆率は80％を超え、ヌルデ、トチノキ、ケンポナシ、ナンキンハゼなど優れた蜜源植物を有し、養蜂産業の発展には天与の好条件に恵まれている。持続可能な利用という原則に基づく指導の下、五峰県は科学的に環境許容能力を計算し、長所を生かし、欠点を避け、地域的特徴が鮮明な養蜂産業を開発し、グリーン発展理念で実践を指導し、実践の中で理念を固め向上させ、発展の共通認識を形成し、運営メカニズム・インセンティブメカニズム・監督メカニズムを刷新し、その結果、現地住民は生物多様性資源の保全と開発により収入が増加し、生活環境が改善され、「蜜のように甘い貧困脱却の道」を歩み出した（図7-1）。

五峰県は武陵山区に依拠し、華中地区に視線を向け、中国内外の先進的な知見を参考にして、産業発展に新たなエンジンを取り入れ、中国ミツバチ産業総合発展計画を科学的に策定し、後河国家レベル自然保護区を重点とする中国ミツバチ保護区を画定・設立した。中国ミツバチの生物学的特性と県全域の蜜源植物分布状況に基づき、「養殖向き地区」と「養殖制限地区」を科学的に設定し、中国ミツバチの保種・育種・生産・加工などの科学的配置を合理的に進めるとともに、蜜源基地建設計画を最適化し、科学的な計画により養蜂産業の発展をリードしている。

図 7-1　五峰県の中国ミツバチ産業（郝海広撮影）

　また、中国ミツバチ保護区をベースに、中国ミツバチ種群の核心保護区・中国ミツバチ保種場を設立し、中国ミツバチの遺伝資源保護レベルを向上させている。中国ミツバチ科学研究所を創設し、中国ミツバチ産業発展基金を立ち上げ、優良個体群の保種・選抜育種・伝染病対策・優良蜜源基地建設を重点的に支援した。生態系と生物多様性の保全を前提とし、蜜源植物資源の全面調査を積極的に展開し、蜜源基地建設計画を科学的に策定し、毎年新たに 2 万ムー以上の優良蜜源基地を増設し、「第 13 次 5 カ年計画」期間には新たに優良蜜源基地を 10 万ムー以上新設する。良質蜜源植物の選抜育種レベルを高め、優良木本性蜜源植物を主、優良草木性蜜源植物を補、優良薬用性蜜源植物を特色として、それぞれ異なる海抜・気候・季節に応じて、時間的・空間的配置を最適化することで、県全域で 1 年を通して豊富な蜜源を十分に確保し、県全域での蜜源基地の許容量を確実に高めた。

　貧困世帯を貧困から脱却させるために、五峰県は積極的に中蜂専業合作社の設立を推進し、現地住民の中国ミツバチ養殖を誘導し、養殖技術の訓練および個体群の質の向上を進め、貧困世帯の養殖能力・資源状況などの実情に合わせ、生物多様性保全の求めに応じて移転した農家に対し「合作社の委託管理と分配」「合作社＋互助組＋移住貧困世帯」「合作社＋移住貧困世帯分割式養殖」の 3 種の異なる扶助モデルを採用し、施策を分類してそれぞれの割合で収益を分配し、人手も資金もない生活困窮世帯に対して政府が特別支援政策を打ち出し、1 世帯に 10 群、

1群当たり600元を補助し、まとめて中蜂専業合作社に振り込み、現地の村委員会が監督して専業合作社と貧困世帯との間で委託管理や協同分配協定を結び、中国ミツバチの財産権が貧困世帯に属し、経営管理のリスクを合作社が担うことを明確にし、最低限度額の保証と割合に基づく収益分配を実施し、生活困窮世帯が毎年の安定した産業収入を確実に得られるようにした。

（2）自然の生態系と豊かな資源を結びつけ、中薬材を打ち出の小槌にする

湖北省は中国国内で第5位の道地中薬材の産地であり、同省西部地区は、「中薬材の宝庫」という名声を得ている。そのうち、国家一・二級重点保護薬用植物は31種あり、道地薬材は100種を超える。現在、五峰県の中薬材の総面積は20万ムーを超え、その中で、人工栽培された中薬材は9万4,000ムーに達し、政府による買い上げ品種は60を超え、年間買い上げ量は3万t以上になっている。中薬材は五峰県の現地農民にとって伝統的な経済作物であり、農家の収入元としてかなり大きな割合を占めている。ここ数年、五峰県の各級政府は積極的な指導を行い、同地域の良好な生態環境、独特な冷涼な気候、豊富な道地薬材資源など、核心的競争力を保護・発揮し、グリーン栽培・グリーン生産を守り続け、中薬材産業を発展させ、中薬材栽培を現地の農民や県を富ませるグリーン産業にし、現地の優れた中薬材の遺伝子伝承をも促進させた（図7-2）。

合作社はブランド構築を推進し、基地生産品の市場における核心的競争力を向上させている。五峰県は、質の高い発展という要請に基づき、良好な生態環境に立脚し、農業供給サイドの構造改革を主軸として、県全域に道地中薬材生産基地を建設し、知名度の高い薬材ブランドを立ち上げて、地元の豊富な中薬材資源を効果的に保護している。五峰赤誠生物科技股份有限公司は、「会社＋科学研究所＋基地＋協会＋林業従事者」という林業産業化発展モデルで地元の農家と生産・販売契約を結び、相対的に安定した売買関係を確立し、「五倍子林改造」の展開を主導し、荒山や植生がまばらな斜面・林間の遊閑地を活用して広く「五倍子林」を発展させた。五峰富衆中薬材栽培専業合作社は、中薬材科技園の建設を模索し、薬材資源の保護・活用と科学研究、中薬材の種苗育成と標準化栽培のテストケースをまとめて一体化し、科学研究を行う高等教育機関と協力を進めることによって、年に1億2,000万株の優れた中薬材の種苗を生産し、道地薬材資源を効果的に保護して、中薬材産業の持続可能な発展を促進した。興農専業合作社は、積極的に農家と産業発展契約を結び、「統一品種・統一購入・統一標準・統一検査・統

図 7-2　五峰県は五倍子を富民産業に（郝海広撮影）

一表示・統一販売」といった「六統一管理」を実行し、専門家集団に中薬材の栽培技術を伝授してもらい、的を射た貧困補助を効果的に支援した。中薬材栽培計画・中薬材産業政策支援などの構築により、五峰県は中薬材産業発展の新たな局面を全力で切り開いていった。

(三) 進展と成果

　生物多様性の持続可能な利用レベルを高めるために、五峰県は生物多様性保全活動を着実に推進している。県内の後河自然保護区は 1984 年に建設が始まり、1988 年 2 月には湖北省人民政府によって省レベルの自然保護区の建設が承認され、2000 年 4 月には国務院によって国家レベルの自然保護区の建設が承認された。二度のランクアップと面積拡大を経て、今では保護区の総面積が 1 万 340ha に達し、保護ランクは最初の県レベルから国家レベルに格上げされ、エコツーリズムを牽引するのみならず（図 7-3）、生物多様性保全と研究についても、低レベルな粗放型から高レベルな科学的スタイルへと順次移行を完了させた（李作洲ほか，2006、趙蓓，2015）。

　五峰県は、生態系が最大の強みであり、最も貴重な財産であると十分認識しており、モデルチェンジ、アップデートを堅持して新たなルートを切り開き、グリー

第 7 章　生物多様性保全と農村におけるグリーン発展の実践

図 7-3　五峰県の茶産業とエコツーリズムの発展（郝海広撮影）

ン発展を人々の心に深く浸透させている。生物多様性にやさしい養蜂業は、順次、従来型の養殖業などによる生態系破壊型経済活動に取って代わり、貧困世帯がエコ化・集約化・大規模化といった健全かつ効率的な養蜂の道を歩むのを後押しし、持続可能な発展に良好な基礎を築き上げた。2018 年までに、五峰県は貧困世帯に向けて中国ミツバチ産業奨励金・補助金をすでに累計 1,000 万元近く支給しており、3,500 世帯の貧困世帯が養蜂業によって貧困脱却を達成する見通しである。五峰県は自身の豊富な中薬材資源という利点を自然の生態系と結びつけ、山里が中薬材によって魅力的になるよう、そして、山の民が中薬材によって豊かになるように努力した。2018 年、五峰県の中薬材の農業生産額は 3 億 2,000 万元に達し、同年の全県農業総生産額の 9.6％を占め、中薬材の総生産額は 7 億 4,600 万元に達し、県全体の GDP の 11.8％になった。

2．ケース 2：四川省平武県——生物資源の掘り起こしによる生態型貧困支援の牽引

　平武県は生物資源が豊富で「天下随一のジャイアントパンダ県」と呼ばれている。第 4 回全国パンダ調査の結果によると、平武県には現在、ジャイアントパンダが 335 頭おり、県全体の 56％近い面積がジャイアントパンダ国家公園に組み込まれている。平武県は自然保護区面積の比率が高いという自身の特徴に立って、積極的にグリーン発展の道を切り拓き、四川自然保護基金会・アリババグループ

など多方面と提携し、生態型公益貧困支援モデルを模索した。同時に、平武県は生態環境という強みを頼りにブランドを展開し、「平武蜂蜜」など優れたエコ製品を生み出し、農民の収入を向上させ、「天下随一のジャイアントパンダ県」という民俗色豊かなパンダ都市を建設し、県全域で観光業を発展させ、生物多様性保全とグリーン発展の一石二鳥を実現させ、現地住民が貧困脱却を成し遂げるという輝かしい未来を歩むよう先導している。

（一）背景

平武県は中国西南部に位置し、四川盆地西北部にあり、四川省綿陽市に属している。総面積は5,974km²で、7つの鎮・13の郷・248の村を管轄し、漢族・チベット族・チャン族・回族など20のエスニック集団を有する、総人口18万6,000人の県である。平武県は秦巴山区に集中して広がる「特別貧困区」、「5・12」四川省汶川県巨大地震の「激甚被災地区」「少数民族地区」「旧革命根拠地」「辺境地区」「国家重点生態機能区」という「六区合一」の貧困県である。辺境であり、自然災害が頻発し、発展が停滞しているなどの要素が重なり、平武県は長い間、インフラが不足、産業発展が遅い、民生保障が薄弱、収入増加の道が少ないなどといった独特の困難に直面しており、災害が多く、条件が悪く、基盤が貧弱で開発が遅れているという典型的な貧困県である。2011年7月には秦巴山区集中広域特別貧困区貧困支援開発重点県に組み込まれた。2014年には、県全体で貧困登録カードにより、貧困人口6,896世帯、1万9,543人、貧困村73、貧困発生率12.8％であることを把握した。

平武県は涪江の上流に位置し、森林資源がとりわけ豊富で、森林被覆率は74.58％、四川省・雲南省の森林および生物多様性の生態機能区に属し、長江上流の重要な生態系障壁エリアである。平武県の生物資源は極めて豊富であり、岷山山脈－横断山脈北部生物多様性保全優先区域に位置し、地球上で生物多様性が最も豊富な25のホットスポットのひとつに属し、県内には王朗・雪宝頂という2つの国家レベルの自然保護区、小河溝省レベル自然保護区、余家山・老河溝という2つの県レベルの自然保護区があり、保護を受けている地域の総面積は1,460km²にまで達し、県全体の24.4％を占めている。

（二）主な方法

平武県はその独特な生物資源上の優位性に立脚し、生物多様性保全と貧困削減との一石二鳥モデルを重点的に模索し、「山を削らず、木を切らなくても豊かにな

れる」という生態系を保全しつつ貧困を支援する道を選んだ。
(1) 多方面の力を合わせて自然保護区保全とグリーン発展の新ルートを開拓
　平武県は自然保護区の面積が比較的多く、すでに王朗・雪宝頂という2つの国家レベル自然保護区と小河溝省レベル自然保護区、余家山・老河溝という2つの県レベル保護区が建設されており、保護区の総面積は県全体の24.4％を占める。平武ジャイアントパンダ国家公園計画の面積は2,700㎢に達し、県全体の41.35％にもなる。自然保護区設立と経済発展との調和のため、平武県は考え方を改め、「党委員会・政府主導で、リーディングカンパニーが旗を振り、経営主体が組織して貧困層が参加する」という原則を堅持し、政府・企業・農民専業合作組織・農家という多方面の力をひとつにして、利益連動メカニズムを構築し、共同で生態型貧困支援の発展を推進し、貧困層の収入増加と集団経済組織の増加を保障した。政府が組織し、農民が参加することを前提に、中国国内の科学研究機構が生態価値評価を行い、山水自然保護センターなどの生態系保全組織に支援と指導を求め、自然保護地・地域社会が共に管理し互いに利益を得るという試みを展開し、アリババグループの手を借り、ECを通じて販売ルートを開拓し、生態保護区内の住民の収入増加と貧困脱却の道を歩みだした。
① 自然保護小区「123＋」の生態型貧困支援
　2009年以降、良好な生態上の優位性に依拠し、平武県委員会・県政府は山水自然保護センターを誘致し、木皮チベット族郷関壩村で生態型貧困支援のパイロットプロジェクトを展開し、省内初の自然保護小区を建設（図7-4）、四川西部自然保護基金会の助けを借り、中国初の公益型保護地である老河溝自然保護区を設立した。生態系保全と貧困支援の発展との円滑な相互作用という目標を堅持し、近隣コミュニティの経済的発展の促進を切り口とし、共同建設・共同管理を通じて、村民議事会・専業合作社を設立し、共同で生態系保全と生態型貧困支援に参加することで「一つのグリーン発展の理念を堅持しつつ、経済・生態系双方の関係のバランスを保ち、政府・社会・村民という三者の力を凝集させ、エコ産業の発展を促進させる」という「123＋」の生態型貧困支援発展モデルをつくりあげた。
　老河溝自然保護区は近隣コミュニティの契約農業の発展を牽引し、2013年の農家9世帯、契約農産品7万元余りの参加から、2018年には農家113世帯、契約農産品80万元、世帯平均増収額7,000元あまりにまで発展した。教育基金を設立し、2015年から合計33万600元の教育基金を賦与し、延べ382人の学生が恩恵

図7-4　関壩溝流域自然保護小区（平武県提供）

を受けた。関壩村は中国ミツバチエコ産業を発展させ、「パンダ蜂蜜」をエコ製品として売り出し、年間生産額は約15万元に達し、2013年以降、累計配当額16万6,100元、世帯平均年間700元の増収になった。貧困世帯は村全体から配当を受けるという前提に立って、2017年には個別に1世帯当たり200元を受け取り、2018年には約400元相当の蜂蜜製品を受け取った。生態型貧困支援モデルを通じて、ジャイアントパンダなど稀少野生動植物の重要な生息地や保護施設で現地経済の発展を推進させると同時に、村民の郷土の誇りと生態環境保全意識を高め、人と人、人と自然の調和を促進した。

②アリババグループによる生態型公益貧困支援

平武県は豊かな生態環境資源に基づき、中国国内に強力な経済的実力を有し、生態系保護公益事業に取り組む意欲を持つ民間組織・企業との提携を積極的に推し進め、生態型公益貧困支援モデルを模索している。2018年3月、ECブランドとして名高いアリババグループは、平武県をアリババ貧困支援モデル最初のパイロット県に選んだ。「アリババ貧困撲滅基金会」は中国の決済アプリである「アリペイ」内で遊べるミニゲーム「螞蟻森林〔アリの森〕」を基本プラットフォームとし、テクノロジープラットフォームのリンクを通じて、これまでのパイロットプロジェクトを統合し、平武県の生態的貧困撲滅推進をサポートした。

2018年5月、関壩自然保護地はアリペイの「螞蟻森林」プラットフォームに登場し（図7-5）、「グリーンエネルギー」を1㎡の保護地10年分の保護権に交換する

第 7 章　生物多様性保全と農村におけるグリーン発展の実践

図 7-5　関壩自然保護地がアリペイの「螞蟻森林」プラットフォームに登場（平武県提供）

という活動が活発に行われ、アリババ貧困撲滅基金会・中国科学院生態環境研究センター・山水自然保護センター・桃花源生態保護基金会は共同で関壩自然保護地 2 万 7,000 ムー以上を提示、1,179 万人のネットユーザーがグリーンエネルギーのポイント交換によって関壩自然保護地の生態型貧困支援のサポーターとなった。同時に、農村はオンラインショップ、タオバオの「淘郷甜公式旗艦店」、アリペイのミニゲーム「螞蟻森林」、アリババの共同購入サービス「聚劃算〔juhuasuan.com〕」などのプラットフォーム上に、積極的に「生態農産品インターネット予約販売モデル」を構築した。2018 年 8 月・9 月、関壩自然保護地の 2 回にわたる 2 万斤〔1 斤＝約 500g〕の蜂蜜がそれぞれ 8 月は 1 時間、9 月は 1 分で完売し、平武県の生態型貧困支援の新たな糸口を切り開き、ネットを通じた貧困地区の特色ある農産品の世界進出成功モデルとなった。このモデルは高村郷福寿村・木座チベット族郷新駅村などにもさらなる広がりを見せている。

（2）中国ミツバチなどの生物資源が持つ価値を掘り起こし、生態農業という貧困から抜け出す新しいエンジンに点火

平武県は特色ある農業資源が豊富ではあるが、長期にわたり、効率が悪い、利益が低い、産業チェーンが短いなどの問題があった。平武県の特色ある農業資源という優位性を十分に発揮させ、繰り返し調査・研究し、十分に論証した上で、平武県委員会・県政府は豊富な資源に立脚し、「原生原種」という生態情報農業を

263

発展させ、特色ある農産業を立ち上げ、産業の選択、モデルイノベーション、ブランドの確立、テクノロジーによるサポート、販路の開拓などの方法によって、山間地区の農業の増産、農民の収入増加、農村の繁栄という特色ある農業発展の新たな道を歩んでいくという決定をした。

　産業選択の面では、平武県は「原生原種」産業の育成を重視し、「平武中国ミツバチ＋」という貧困支援産業を主体とし、緑茶・クルミ・中薬材を三大区域の中心産業とし、ブタ、黄牛、大紅公鶏〔シャモの一種。公鶏はオンドリ〕、ウメ、食用キノコという五大特色産業と協調的に発展する「135N」農業産業モデルを形成した。モデルイノベーションの面では、リーディングカンパニー＋科学研究＋基地＋専業合作社というモデルを採用し、現在、すでに特色農業モデル地区4カ所を始動させ、専業合作社44社、家庭農場10戸、市レベルのリーディングカンパニー3社を新たに設立し、産業基地30万ムーを建設した。ブランド確立の面では、「平武原生原種」というブランドシステムと標準規格制定を始動させ、「三品一標〔無公害農産物・グリーン食品・有機農産物と、農産物の地理表示〕」認証を取得した製品は102種類となり、特に平武中国ミツバチは四川省の「一都市一品ブランド」や、四川省の十大農産品優秀地域公用ブランドの称号が与えられ、平武中国ミツバチ「大山老槽」蜂蜜は第16回中国国際農産品交易会で金賞を獲得し、CEマークとハラル認証も取得している。テクノロジーによるサポートの面では、新タイプの農民訓練育成を拡大し、「県レベル専門家プラットフォーム」・郷村テクノロジーによる貧困扶助ステーション・専門技術者による田畑実地指導などの方式を通じて、農民に対して作物栽培・病害虫防除・家畜養殖などといった面の先進技術を教授し、特色ある農業産業における生産方式のテクノロジー化・規範化を推進した。販路拡大の面では、積極的に各種展示即売会・オンライン販売プラットフォームなどオンライン・オフライン両面を活用して特色ある農産品のPRを拡大した。政府主導で、リーディングカンパニー・専業合作社・農家は十分に「天網」「地網」「人網」を活用し、平武蜂蜜とその他の農業特産品を展示・販売し、積極的に製品市場の開拓をなしとげた。「天網」は主にECおよび「インターネット＋」を発展させることで、アリババグループ・アリ科技集団と相次いで提携し、全国初の「生態型貧困支援基地」を建設し、天猫・京東などの大型ECプラットフォームに加入し、「平武一点通」「平武生態農特館」「潤生衆品」などのオンラインショッピングモールの立ち上げに成功した。「地網」はリーディングカン

パニーに、北京市・上海市・広州市などといった一線大都市〔発展度や経済力をもとに一・二・三線に都市を分類している〕で、平武県の生態農産品の展示・即売ルームを設立するよう指導・支援し、全国の一・二・三線都市に生態農産品のリアル体験ショップを設けた。「人網」は積極的に県域企業に呼びかけ、「川貨北京行〔北京で行われる四川省生産物展示会〕」「新春購物節〔四川省で毎年1月に開かれるショッピングフェスティバル〕」「糖酒会〔糖蜜酒商品交易会〕」などの各種イベントに参加させ、北京市・上海市・広州市に生態農産品展示ルームを18カ所設立した。農産品のオンライン販売プラットフォームを5つ立ち上げ、3つにテナント参加したことで、80種あまりの農産品がオンライン上で販売され、「大山老槽」蜂蜜はそれぞれ40分で1万斤、1分で1万斤売り上げるという奇跡を次々と達成した。

（3）ジャイアントパンダ保護と組み合わせ、エコツーリズムによる全県貧困削減の新たな枠組を確立

豊富な生態系と独特な文化資源は、平武県のエコツーリズム発展の基盤であり、核心的な競争力である。平武県は従来、生態系保全とエコツーリズム発展を重視しており、本格的に「生態・観光による県おこし」戦略を実施し、エコツーリズムを県域経済発展の重要な産業として統一的に推進し、エコツーリズムによる貧困支援を、農民が貧困から脱却し豊かになるための重要なきっかけとし、「平武県優良民宿建設管理規則」などの指導政策を相次いで制定・公布し、県長がチームリーダーになり、分管県長が副チームリーダーとなり、各関係部門が構成員となった平武エコツーリズム発展の指導チームを結成して、県全体のエコツーリズム発展を推進した。同時に、平武県委員会は平武県の「緑の山河」を足がかりとして、「全域観光キャンペーン」を行い、美しい平武県と省内エコツーリズム優良県の建設という戦略構想の実施を提案した。

平武県は「天下随一のジャイアントパンダ県」「パンダのふるさと」と称えられ、九寨溝からは177km、黄竜寺からは124km離れており、九寨溝・黄竜寺風景区の東の玄関口である。ジャイアントパンダを主とする森林秘境体験ツアーの構築を加速させ、「生態都市・産業都市・民俗都市・幸福都市」という立ち位置を中心に置いて、「天下随一のジャイアントパンダ県」という民俗色豊かなパンダ都市を建設し、都市建設において生態環境保全理念と民俗観光文化・幸福感・ジャイアントパンダ公園といった目標を設計・施工・補修などの全工程に徹底させ、都市を「窓を開ければ緑が目に入り、門を出ればパンダに会う」という生態民俗都市と

して完成させるべきである。「特色ある小鎮（村落）＋景勝地」「特色ある小鎮（村落）＋産業」といった民俗エコツーリズム発展モデルを積極的に模索し、活力に満ちて魅力にあふれ、特徴の鮮明な民俗小鎮、森林浴小鎮、ジャイアントパンダと共生する小鎮など特色ある小鎮を形成する。同時に、ジャイアントパンダ国家公園の建設をきっかけとして、インフラ建設・資金投入を加速させ、各エコツーリズムエリアをつなげる道路を建設・改修し、九綿高速道路・広平高速道路の着工を推進し、「二高二横三縦二環[2]」という交通の骨格を基本的に形成する。美しい農村建設と組み合わせ、農村の生態環境を整備し、「村落の美しさ」「生活の美しさ」を向上させる。積極的に現地の民間資本が観光客接待施設建設に参加するのを奨励し、歴史・風俗・革命地・自然・農村の景観など異なる特色を持つ観光資源を絶えず開拓・融合し、平武県を九環線上の重要な観光名所につくり上げる。

（三）進展と成果

「グリーンをベースとし、生態系の保全を優先する」という発展構想の下で、平武県は生態系保全と経済発展を統合的に推進し、生態系と文化的優位性に基づき、生態農業・エコツーリズム構築を通じて、生物多様性保全・経済発展・貧困脱却戦略など多くの目標を実現した。

生物多様性保全の面では、ミツバチの養殖を通じて、除草剤・化学肥料・化学農薬などの農業生産分野からの撤退を迫り、農村の非点源汚染を抑制した。関壩溝流域自然保護小区を例にすると、プロジェクト実施後、区内のキンシコウ〔イボハナザル〕やターキン〔高山に住むウシの一種〕などの稀少動物の数が明らかに増加し、種の資源が豊富になり、ウシやヒツジの数は83％減少し、環境の質や生態系の機能も向上した。ECなどネット時代の新テクノロジーによって、大衆は豊富な平武の産品および自然資源を知り、消費者一人ひとりが生態系の管理・保全活動へ参加する機会を持つようになり、これによって生態環境保全の効果を高めている。生態農業とエコツーリズムの発展は、生態環境に対する経済活動の干渉を減少させた。特に「平武中国ミツバチ＋」貧困支援モデルは、自然保護地内の自然資源の有効活用のみならず、自然の生態系における種子植物の種の多様性形成、希少植物の保護、生態系のバランス維持、生態系の回復を促進することもできた。

2 　都市交通の改善・発展が目的。二高は九綿高速道路・広平高速道路。二横三縦二環は、県内の大動脈となる道路の配置を言う。

第 7 章　生物多様性保全と農村におけるグリーン発展の実践

　　経済発展と貧困脱却の課題克服面では、平武県は 6 年連続で四川省県域経済発展大会において「県域経済発展先進県」として表彰されており、貧困県をグリーン発展モデル県へモデルチェンジさせることに成功し、人々の大幅な増収を達成した。老河溝自然保護区周辺地域コミュニティの 113 世帯が契約農業に参加し、農家 1 世帯当たりの平均収入は 7,000 元以上増加した。「平武中国ミツバチ＋」エコ産業プロジェクトの実施によって、貧困世帯は 1 世帯当たり 8,000 元増収し、貧困村の集団経済組織の年平均収入は 1 万元余り増加した。システム栽培による 2 万ムーの草本蜜源作物や 4 万ムーのウラゲイイギリは、生産開始後、貧困層に対して、安定した収入をもたらし、貧困世帯の持続可能な増収を促進した。農村地域コミュニティの総合的な発展を促進し、貧困地区の増収実現を支援すると同時に、現地経済全体の発展水準を引き上げた。全県の「三品一標」認証産品は増加し続け、製品の販売ルートは EC と密接に結びつき、「平武中国ミツバチ＋」産業チェーンは一層延伸し、加工業・飲食産業の発展を促進し、全県の産業経済は粗放型の発展から、資源節約型・環境友好型の発展へとモデルチェンジを実現させた。平武県の生態型貧困支援の経験と成功モデルは、『人民日報』『人民政協報』『中国青年報』『南方周末』『四川日報』『華西都市報』『南風窓』などの新聞・雑誌および「人民網」「新華網」「中国社会扶貧網」「中国新聞網」などのオンラインメディアに次々と掲載された。平武関壩生態型貧困支援の実践は四川省ピンポイント貧困支援重大課題事例・四川省重要モデル地区の改革経験リストに組み込まれ、四川省の自然保護小区の管理法と実践的指南の実施を推進、中国浦東幹部学院・四川省社会科学院などの科学研究機関の専門家を引きつけて実地の調査・研究を行い、経験を総括した。「平武中国ミツバチ」は 2018 年に四川省が公開・宣伝した十大優秀農産品域域公用ブランドに入選し、平武県の生態型貧困支援の新たな広告塔となった。このほか平武県白馬民俗観光は、白馬チベット族郷の刀切加・祥述加・扒昔加などの村を「景勝地帯村」とすることで、民家を旅館へと変え、これによって農民 1 人当たりの純収入が 2012 年の 2 倍になり、率先して「貧困」というレッテルを剥がし、新華社通信に「四川省の文化観光産業による貧困支援の新たな手本」であると称えられた。この事例は『中国扶貧開発年鑑 2016』に入選し、新華社通信の『国内動態清様』にも掲載された。

第3節　生物多様性保全と農村振興

　農村は、自然・社会・経済という特色を有する地域総合体であり、生産・生活・生態・文化などといった複数の役割を持ち、都市と相互促進・相互成長・共存共生をし、人間の主要な生活空間を共に作り上げている。伝統的に農村は農業生産を主とするため、産業の種類は少なく、生産規模は小さく、産業の層も薄く、産業チェーンは短く、生産効率は低く、特色ある産業は弱く、ブランド産品に欠け、産業環境は悪く、製品のクオリティは低く、競争力も乏しかった。新たな時代の中国では、「農村が盛んになれば国家が盛んになり、農村が衰えれば国家が衰える」であり、農村が発展しようとするならば振興がカギであり、農村振興促進はエコ文明建設という要請に合致し、習近平の「緑の山河は金山銀山」という理念を実践する集中的体現であるので、農村振興の道を切り開くことは焦眉の急であり、農村振興という発展の道を歩み続け、都市と農村との調和的発展を促進し、人民大衆の「より良い暮らしがしたい」というニーズを満足させなければならない。

　生物多様性保全は農村振興戦略の重要な原動力であり、農村振興がブレイクスルーしようとするには、党の十八全大会が提案した「産業が盛んで、住みやすい環境があり、モデルが高く、管理が行き届いており、生活が豊かである」という総合的要請に基づいて生物資源を保全する必要がある。現在、多くの農村の従来型経済は、発展力が弱く活力にも欠けるため、現地の生物資源の潜在力や比較的優勢な産業基盤を頼みにイノベーション要素を集め、立ち遅れた生産能力を整理し、「生物多様性保全＋産業振興」を主とする融合業態を構築し、特色ある産業チェーンを延伸し、農業のモデルチェンジ、アップデートを推進し、生物資本の付加価値をより速く高め、エコ産業の基盤を盤石にしなければならない。生物多様性保全は、農村のグリーン農業・観光レジャーなどのエコ産業の発展と結びついて農村の生物多様性保全文化の構築を強化し、発展理念のグリーン化への転換を促進すべきである。農村のグリーンバイオ産業を拡大し、グリーン発展の「バイオベース」を固める。農村産業振興の制度刷新を強化し、生物多様性産業発展の永続的エネルギーを形成して、生物資源を「ドル箱」にして絶え間なく「金銀を生み出す」ようにし、生物多様性保全と経済・社会の持続可能な発展を実現さ

せ、最終的には農村振興を実現させる。

1. ケース1：河北省囲場満族モンゴル族自治県——生物多様性の回復による金山銀山の築造

囲場満族モンゴル族自治県は生態環境部が定めた支援対象である。ここ30年で、同県は生態環境部の生態環境保全による貧困支援をきっかけとし、生物多様性保全を強化して、京津冀の水源涵養機能区建設と国家森林都市建設を推進し、「山・河川・森林・田畑・湖・草原」の総合的管理を統一的に計画・実施し、積極的に農村の特色ある産業を育成し、「内も外も共に育成」することで、生物多様性保全と農村振興の相乗的なグリーン発展の道を歩みだした。生物多様性の回復過程において、「使命を胸に刻み、刻苦奮闘して創業し、グリーン発展を図る」という塞罕壩精神[3]が形成され、全党員・全国民を、グリーン発展推進とエコ文明建設のために絶えず奮闘するよう鼓舞・激励した（図7-6）。

（一）背景

囲場満族モンゴル族自治県〔以下、囲場県〕は河北省承徳市に属し、河北省の最北部にあり、総面積9219.7km²、12の鎮と25の郷と1つの林場、1つの牧場、312の行政村を管轄する総人口54万4,000人の県で、満州族とモンゴル族を主とした少数民族33万8,000人を含む。同県は承徳市で人口が最も多く、河北省で面積が最大の県であり、中国唯一の満族モンゴル族自治県である。2018年、県は地域GDP140億元、財政収入11億7,000万元を達成し、都市と農村では住民1人当たりの可処分所得がそれぞれ2万4,700元、9,002元を超え、相次いで中国馬鈴薯の里、国家レベル無公害野菜生産基地、全国商品牛基地県、中国観光花形県、第一期国家農業持続可能な発展モデル区などに認定された。気候は、北方（寒冷）温帯－中温帯、半湿潤－半乾燥、大陸性モンスーン型、高原－山岳気候で、冬は長く夏は短く、また、内モンゴル高原の草原部と起伏のある丘陵部では標高や地理的条件が異なるため気候条件の変化が大きいので、微気候の違いが顕著である。

これまで、無計画な開墾や伐採、過度の放牧、耕作放棄、野生薬用植物の乱獲などにより、囲場県の生態環境は深刻に破壊され、生物多様性が脅かされてきた。半世紀にわたる植樹造林によって、同県は北京・天津・河北および華北エリアに

3　1960年代に承徳市灤昌林業局と先駆者がチームを結成し、国の植林の呼び掛けに応えた物語に由来する。

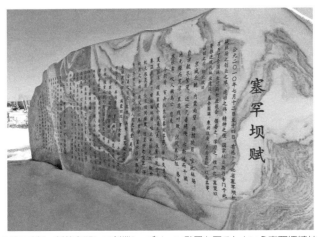

図 7-6 「使命を胸に刻み、刻苦奮闘して創業し、グリーン発展を図る」という塞罕壩精神（劉煜傑撮影）

おける「生態環境の真珠」となったのと同時に、北京の風砂源をなくし、天津の水源を蓄え、河北の資源を増やし、地方の財源を開拓するという重大な生態的機能を担っている。囲場県は生物多様性保全を非常に重視している。現在、県の植物には170以上の科、470以上の属にわたる1,100以上の種や変種があり、国家の一級重点保護動物であるノガン、コウノトリ科のシュバシコウやナベコウやインドトキコウ、ヒョウなどを含む5綱28目78科183属323種の脊椎動物の生息が確認されている。中でも、塞罕壩機械林場は3世代にわたる60年近い努力が続けられてきた結果、森林被覆率が80％を超える世界最大の人工林場となっている。1998年8月、塞罕壩曼甸山地草甸生態システムおよび希少野生動植物多様性と灤河・西遼河河源湿地景観生息地を主要な保護対象とする総合的草地類紅松窪国家レベル自然保護区が設立された。2002年6月、灤河上流の自然生態環境・森林生態システムおよびその生物多様性・希少絶滅危惧野生動植物を主な保護対象とする灤河上流自然保護区が設立され、2008年1月に国家レベル自然保護区に昇格した。その他、同県には御道口省レベル自然保護区が設立されている。

（二）主な方法

囲場県は生態環境の質を長年改善し続け、塞罕壩精神を広め、積極的にエコ産業を模索したことで比較的良好な成果を上げている。

第 7 章　生物多様性保全と農村におけるグリーン発展の実践

（1）森林の生態システムを再建し、エコ経済の飛躍的な発展を推進

　囲場県は引き続き森林の生態システム再建を推し進め、京津風砂源対策、耕地の森林復原、中独造林協力、国有林場造林協力などの生態系建設プロジェクトを実施している。このほか、同県では北京林業大学・河北農業大学との技術協力を強化し、「日当たりの良い斜面の干ばつ対策」「砂地での造林」「グリッド分割砂漠化防止」などの研究テーマに対して、造林新技術の研究・実験・普及・応用を行っている。同時に、同県は耐寒性・耐乾性を持つチョウセンマツ、ウラジロハコヤナギ、グミ科のロシア系小果樹オビルピーハ〔Hippophae rhamnoides L. ssp. Mongolica〕、アカテツ科の錦繍海棠〔Xantolis stenosepala〕などの防砂樹と栽培育種技術を導入し、19 万ムーの新樹種造林を達成した。2000～2019 年、全県で累計 359 万 7,000 ムーの造林を完了させ、森林面積は 423 万ムーから 784 万 2,000 ムーに増加し、森林被覆率は 43.6％ から 58.8％ になり、県内の森林面積は 784 万 2,000 ムーに達し、天然草地は 982 万ムーに、森林・草地の被覆率は 95％ を達成し、北京 - 天津エリアにおける重要な生態防壁となった。

　囲場県は「不毛の山」を緑化し、生物多様性保全を強化するとともに、積極的に林業の発展モデルを転換させ、その産業構造を調整し、長年の植樹造林によって生み出された生態的優位性をフル活用してグリーン経済を発展させ、森林下経済、森林ツーリズムなどのグリーン産業の発展を際立たせ、「五区・二環・八大基地」という発展の枠組を形成した。グリーン発展の旗振りのもとで、塞罕壩機械林場は積極的に森林の質を向上させ、生物多様性を回復させると同時に、あくまで「グリーン」に発展を求め、「グリーン」に未来を求め、年間直接観光収入 6,200 万元以上を達成し、毎年、2 万 5,000 人以上の雇用を周辺地域に呼び込み、社会全体の収入 6 億元以上を実現させ、効果的に周辺の農村と県域の経済発展を刺激している。塞罕壩機械林場は相次いで国家レベルの森林公園に指定され、「緑の山河は金山銀山」実践革新基地などの称号を得た。2017 年、塞罕壩機械林場の建設者が国連の「地球大賞〔UN Champions of the Earth Awards〕」を受賞し、グローバル環境ガバナンスの「中国モデル」になった（図 7-7）。

（2）キンレンカなどの生物資源を掘り起こし、現代的なグリーン農業という新たなステージへ

　豊富な生物多様性は、囲場県のグリーン農業発展のために天然の強みを提供した。アブラマツ、ネズ、クモスギ、オニグルミ、レイカイドウ、オウバク、イタヤ

図7-7 塞罕壩機械林場（囲場県提供）

カエデなどは庭園緑化植物にできる。サジー、アンズ〔野生の希少種〕、ヤマハギ、コバノムレスズメ、エゾウコギなどは飲料に用いることのできる稀少な植物、あるいは薬用植物である。これ以外にも、県内は広大で昼夜の寒暖差が大きく、特殊な地理・気候条件はグリーン・有機・機能農業のための好条件を提供している。

　生態環境部のピンポイント支援のもと、同県はキンレンカ栽培を代表とする重要産業を首尾よく発展させ、かつ八頃村をパイロット地区とし、生物多様性保全と貧困削減を実践し、顕著な成果を上げた。キンレンカ栽培の規模が拡大していくにつれて、村民が山に入って野生の薬用植物を摘み取ってしまうという状況もますます減り、野生生物種に対する干渉も緩和されつつあり、生物多様性の保全と貧困脱却・増収は平行して進んでいる（図7-8）。

　同県は同時に、ジャガイモと野菜を二大主要産業として発展させ、率先して国内初の「10万ムー機能農業（有機セレニウムに富んだジャガイモ）モデル区」建設を発動し、25カ所の高標準農業モデル区を建設し、1,000ムー以上の野菜用ハウスを設置し、4カ所の省レベルの現代的な施設野菜産業園区建設を完成させた。1年間で野菜栽培面積は30万ムー（施設野菜は4万6,000ムー）、総生産量は95万tを超えた。同県は「国家レベル現代農業モデル区」「国家有機産品認証モデル確立区」「国家農産品品質安全県」「国家農業持続可能な発展モデル区」として評価されている（図7-9）。

　それ以外にも、同県はリーディングカンパニーという役割にも注目している。

第 7 章　生物多様性保全と農村におけるグリーン発展の実践

図 7-8　囲場県のキンレンカ栽培産業（囲場県提供）

図 7-9　囲場県のジャガイモ栽培産業（囲場県提供）

承徳木蘭林業集団有限責任公司を先頭に、3,000万元を現代苗木育成センター建設に投資するとともに、苗木産業協会を設立し、県全体の苗木産業園を1,000にまで増やし、造林用苗産業基地・都市緑化園林用苗産業基地・苗木一体化産業基地を順次形成した。

（3）環境ガバナンスを強化し、アグリツーリズム・全域観光を発展させる

　囲場県は、京津冀の水源涵養機能区建設と国家森林都市建設を本格的に推進し、「山・河川・森林・田畑・湖・草原」と生態脆弱区の総合的管理などの重点的生態プロジェクトを一本化して実施し、農村の改造・向上業務と組み合わせ、農村の居住環境改善に力を注いだ。「12+1」特別整備キャンペーンの展開に合わせて、同県は省レベルの重点村と市レベルの優良モデル地区の改良を実施し、合わせて6,550の改造モデル世帯を完成させ、農村の危険な家屋を1,000棟改造し、重点村を27村緑化することで、緑化面積は5,850ムーになり、緑化樹木は43万6,000株、草木や花は25万2,000カ所に植え込みが作られ、優良モデル村すべてに生活

273

汚水処理施設を完成させた。32の省レベル重点村、8つの県レベル重点村を全面的に建設し、全力で狩猟苑小鎮・廟宮満蒙風情小鎮・柳塘人家という3つの優良モデル地区をつくり上げ、塞罕壩森林小鎮・御道口草原風情小鎮・甘溝門馬鈴薯王国小鎮・熱水湯温泉小鎮など6つの特色ある小鎮建設の推進を加速させた。大喚起郷・哈里哈郷・朝陽地鎮・郭家湾郷・囲場鎮の5つの郷・鎮、10の行政村では、傾斜畑水土流失総合対策プロジェクトを実施し、計1,555haの傾斜畑が改修された。5万4,000ムーの山での伐採・放牧を禁じて育林し、30km²の水土流失に総合的な対策を施し、節水灌漑面積1万ムーを新たに増やした。総投資額は1億469万元で、「山・河川・森林・田畑・湖・草原」生態河道プロジェクトが実施された。伊遜河上流のハリハ（哈里哈）から棋盤山に至る2区間の河道7.3kmを整備、56.15haの面積を緑化すると同時に、環境保護部は2017年から毎年、囲場県に農村環境総合整備資金3,000万元を割り当て、50の貧困村に対して環境対策を行っている。2011年から、生態環境部は汚水処理・ゴミ処理・環境観測ステーションなど累計108の環境インフラプロジェクトを実施し、支援資金3億8,700万元、民間には26億元の資金を拠出させた。

　農村環境の改善は、囲場県がアグリツーリズムと全域観光を発展させる基盤を築いた。長年の育成を経て、現在、全県の観光産業はすでに六大景勝地と3本の環状線[4]が相互に貫通した発展の枠組を築きあげており、ゼロからスタートしたアグリツーリズム業界を急速に発展させ、「車で周るおススメ県トップ10」にランクアップされ、「2008年中国ブランド景勝観光地トップ10」と「2008年中国ブランド観光目的地トップ10」に認められ、近年では中国囲碁Aリーグ木蘭囲場特別対局・国際モデルコンテスト・環中国自転車レース・河北省第3回観光産業発展大会などのイベントを成功させ、国の「トップ観光ルート」という観光ブランドを立ち上げた。

（三）進展と成果

　長年の努力と生態環境部のサポートを経て、囲場県は生物多様性保全とグリーン発展の方面で確実な成果を上げた。

（1）県内生物資源が明らかに回復し保護されている

　囲場県は天津市の主要な水源涵養地であり、北京・天津のために黄砂を阻止し

4　東部・中央部・西部の3つの環状線のこと。県内の観光エリアを結ぶネットワークとして機能している。

水を蓄えるという重要な役割を担っている。県全体の森林植被はすでに効果的に回復しており、林草被覆率は95％を達成し、森林の生物多様性が次第に顕著になり、生態環境は明らかに改善した。その中で、数十年にわたる営みと保護を経て、塞罕壩は「黄砂が太陽をさえぎり、鳥が巣作りする木もない」といった過酷で住みにくい寒冷地から「森林の海原、河川の源、花の世界、鳥の楽園」へとその姿を変えた。現在、塞罕壩の森林被覆率は80％を超え、維管束植物81科303属618種、陸生脊椎動物66科261種、魚類5科32種、昆虫114科660種を有し、ナベヅル、ノガン、コハクチョウなどといった国家一・二級重点保護動物も生息している。

（2）県を強靱にし、県民を豊かにする能力が明らかに増強された

県全体の果樹面積はすでに10万ムーになり、基本的に四道溝・張家湾・棋盤山を中心に周辺の郷・鎮を輻射的に発展させる「季節外フルーツ」生産基地を一応形成したことで、年間のフルーツ生産量は6,100万kg、生産額は7,600万元に達し、果樹産業はすでに県域経済を発展させる主力産業となっている。囲場県は1,000人近くが加入する果実仲買人協会を設立し、安定した販売網を構築した。四道溝郷は、1人当たり3ムーの果樹栽培を実現させ、1人当たりの年収を3,000元以上増加させた。県内で新たにサジーが35万ムー栽培され、その総面積はすでに50万ムーに達しているため、住民はサジーの果実を収穫するだけで年1,000元以上の増収が可能になった。全県でアンズが12万ムー新たに栽培され、その総面積は60万ムーに達し、杏仁（きょうにん）の年間生産量は1,500万kg、総生産額は7,500万元に達し、農民1人当たりの年収は150元増えた。

（3）農業生産の条件が向上

生態環境の改善によって、農業産業の条件が最適化され、無公害のグリーン食品を生産する前提条件が提供されたため、囲場県は全国的に有名なジャガイモの里になり、河北省の「季節外野菜」基地とされ、乳製品も北京市・天津市などに進出している。生態環境の根本的な改善により、アンズ、ワラビ、食用キノコ、ヤブカンゾウ、キンレンカなど20種を超える山野の資源が蓄えられ、住民は年に1億元近く増収した。牛産業の発展を推進するため、近年、同県では造林観が見直され、シルボパスチャー〔林間放牧〕、アグロフォレストリーなどの造林モデルが精力的に推進され、積極的に飼料用のカラガナを6万ムー以上造林し、牛肉産業発展のために後続部隊となる牧草を提供しており、現在では牛をメインとする

牧畜業は年間生産額9億元を達成している。

(4) 生態的景観が日増しにその効果をあらわに

囲場県は森林草原観光・リゾート・狩猟・ラフティングを売りにしたエコツーリズムで名を馳せており、北京北部のゴールデンルートの重要な景勝地となって、国内外から年間延べ60万人を超える観光客を受け入れ、観光収入は2億元を超え、県域経済を牽引する支柱産業となっている。

2. ケース2：陝西省留壩県──本場中薬材による農村産業の基盤構築

陝西省留壩県は秦嶺山脈南麓の懐に位置し、天然植物の中薬材の種類が豊富なため、「天然の薬材宝庫」と呼ばれている。長年、留壩県はエコ文明建設を足がかりとすることで「生態を足場に、薬材と食用菌で県を振興し、観光で県を強靭にする」という発展戦略を持ち続け、精力的に西洋参・猪苓・天麻などをはじめとする道地薬材を発展させ、「緑の山河」を「金山銀山」へと変えることで、民が豊かで県は強力、科学的で持続可能な留壩独自の発展ルートをスタートさせたのである。

(一) 背景

留壩県は陝西省の西南、漢中市北部の漢江上流に位置し、巴蜀〔四川省〕に面し秦川〔陝西省秦嶺山脈以北の関中平原〕を背にする、総面積1,970k㎡の県である。7つの鎮、1つの街道、75の行政村、1つの社区〔コミュニティ〕を管轄し、総人口は4万7,000人、国家レベル貧困支援開発事業重点県・旧革命根拠地県・秦巴山区集中広域特別貧困区に指定されている。西安市からは367km、漢中市からは85km離れており、林業用地を272万5,000ムー、農業用地を8万9,000ムー有する陝西省の林業県のひとつである。留壩県は夏も冬も過酷な気候がなく、四季がはっきりとしており、亜熱帯モンスーン気候に属している。

同県は国家重点生態機能区・水源涵養地・秦嶺生態保全制限開発区で、森林被覆率は91.23%、森林緑化率は92.97%に達し、「秦巴生物多様性生態機能区」・秦嶺生物多様性保全優先区域に属し、生物多様性が豊富で、生物多様性維持型重点生態機能区である。野生動物の種は410以上、ジャイアントパンダ、ターキン、ヒョウなどの国家一級重点保護動物までもが生息している。そのうち、留壩県東北の角にある桑園自然保護区は総面積が1万3,806haあり、2009年9月に、主にジャイアントパンダとその生息地を保護対象とする野生動物類型国家自然保護区

にランクアップした。同県は薬用動植物を1,320種有し、その中でも西洋参・猪苓など中薬材の品質は極めて純正で、全国三大西洋参標準栽培基地のひとつであり、全国最大の猪苓栽培基地・種源基地である。

(二) 主な方法

留壩県は自らの環境・地理といった資源的優勢を踏まえ、グリーン発展を目指して、農業効率化を前提とし、農民の増収を中心に据え、精力的に特色ある農業の持続的かつ急速な発展を推進し、県民の「所得アップ」という難題を解決し、現地の特色ある生物資源の優良遺伝子を保全するのみならず、都市と農村の住民の急速な増収を促して生態系保全と住民の増収という一石二鳥を実現した。

(1) シイタケや中国ミツバチなどの特色ある生物資源を頼みに農村の経済的活力を活性化させる

留壩県は積極的に「四養一林[5]」という特色豊かな農業産業の発展を推進し、留壩シイタケ・留壩キクラゲ・留壩蜂蜜など5つの産品が次々と国家地理的表示保護産品の認証を取得し、数量で省の上位にランクしている。農産品のトレーサビリティシステムを構築・整備し、農地から食卓に至るまでのプロセスすべての安全保証を実現し、西洋参は国家薬食同源リストに記載され、留壩蜂蜜はCCTVの「源味中国〔中国の地理的表示産品を扱うドキュメンタリー〕」で紹介されるまでになった。「政府+リーディングカンパニー+扶貧社[6]+農家」という契約農業モデルを精力的に推し進め、「留壩棒棒蜜」「留壩地鶏」などの優良商品を売り出して「販売に合わせた生産」という完全な産業チェーンを形成することで、住民の収入アップ、脱貧困を効果的にサポートした。陝西省の省・市・県・鎮の4レベルの現代農業パークは協力して急速に発展し、県全体で新たに食用キノコの生産を728万筒に拡大し、食用キノコ産業基地52カ所をすでに建設し、江口鎮磨坪村・小川子村など7カ所の生産モデル基地で標準化された食用キノコのハウス1,503個を建設し、新たに食用キノコの生産を687万袋に拡大し、貧困世帯527戸・非貧困世帯207戸をけん引し、生産額5,300万元を達成する見通しであり、3年以内に2億5,000万元の収入を実現する見込みだ。全県で2,160ムーの中薬材が新たに開発され、全国最大の猪苓種源基地と高江省レベル現代農業パークが建設された。全県にハチの繁殖モデル場が12カ所建設され、大規模養蜂農家が360戸に、

---

5 在来種を基盤とする養鶏、養豚、キノコ栽培、養蜂と林業のこと。
6 貧困農民に小口の融資を行うNGO。1994年設立。

標準地鶏養殖モデル場が16カ所に増え、養殖中国ミツバチが2万8,500箱に、地鶏が7万羽になった。同県は西北農林科学技術大学などの科学研究機関や企業と積極的に提携し、「太香ブタ[7]」を導入して飼育を試み、ブタの養殖モデル場を9カ所建設した。生産・生態・生活のインタラクティブな推進を通して、留壩県の農業経済は活力を増し、実際に住民が共に生態ボーナスを享受するようになった。

(2)西洋参などの中薬材産業を成長させ、住民が豊かになるルートを開拓する

近年、留壩県は自身の優れた生態環境、適切な気候条件、豊富な中薬材といった有利な条件を足がかりにして、企業・扶貧社・大規模栽培農家・零細農民を積極的に支援・指導し、中薬材栽培産業を発展させ、純正の優れた中薬材の遺伝物質を保護し、生態系の多様性を維持して、野生中薬資源の絶滅危惧ラインを引き下げている。

同県は中薬材産業を発展させていく中で、テクノロジーサービスのレベルを上げ、県・鎮・村の3行政レベルのテクノロジーサービスネットワークを整備して、中薬材の技術専門家を選抜し、郷・鎮・企業に派遣して技術指導を行っている。現場技術訓練および現場指導を幾度にもわたり行い、延べ9,000人以上の農民を訓練し、実用的な技術の資料・書籍などを1万部(冊)以上配布した。同時に西北農林科学技術大学・陝西理工大学・陝西師範大学・河南大学・漢中市植物研究所などの科学研究機関と積極的に技術協力を進め、西洋参連作地の回復利用やハイドロカルチャー、白芨の組織培養苗植え付けや重楼人工栽培技術などの実験・研究を相次いで展開し、留壩県における中薬材産業の持続的で健全な発展の基礎を築いた(図7-10)。

2019年、留壩県は全力を挙げて新型コロナウィルス感染予防対策の戦いに打ち込むと同時に、春耕準備に有利な時期を逃さず、中薬材産業の操業再開の号令をかけた。オンライン上で「留壩県中薬材」などの技術速報・図集を編纂し、西洋参・猪苓・天麻などの特色ある中薬材の栽培技術を基準化し、ウィーチャットグループ、QQグループ、ウィーチャット公式アカウントで中薬材の春期の種まき・栽培の技術的要点を公開し、具体的・視覚的な方法を使って農家に標準的な植え付け指導を行った。それと同時に、オフラインで積極的に技術指導者を組織して、村の小グループや田畑にまで足を運んで技術的なサービスを展開し、現場で直接

---

7 西北農林科学技術大学と楊凌創牧業科技研究所の曹斌雲教授のチームが開発した新品種。

指導し、栽培レベルと収益を効果的に向上させた（図7-11）。2018年、同県の西洋参・天麻・白芨・鳥薬(うやく)・重楼などの中薬材品種の栽培面積は8,095ムーに達し、地方の産業発展と農民の増収を効果的に推進した。

（3）生態資源を保全・活用することで質の高い全域観光の発展を推進する

留壩県は固有の「緑の山河」資源をよりどころに、エコ文明の建設と観光産業の発展を一体化して推し進め、「エコ」という看板を掲げ、「グリーン」をうまく活用して観光という「ひとつの事業を盛り立てる」ことで「あらゆる業界を活性化」させ、全域観光のリードによって県域の経済・社会が協調し速やかに発展するという新しいルートを見つけた。

図7-10　留壩県の西洋参栽培産業（留壩県提供）

図7-11　留壩県の西洋参栽培と管理の育成訓練（留壩県提供）

①郷村を景勝地に、景色を財源に

　留壩県は引き続き都市と農村の総合的な環境整備を行い、あくまで県全体を一大風致地区に仕立て上げ、住みやすい環境づくり、住人も客人も共有できる美しいふるさとづくりに力を注いでいる。2012年から同県は7年連続で7億元の資金を投入し、都市部・鎮・村・道路沿い・河川水系・景勝地・観光スポットの環境整備・緑化のレベルアップを主要な内容とする「洗練された留壩県」都市・農村環境総合整備六大プログラムを引き続き推進し、絶えずインフラを整備し美しい村を作り続けている。

②「貧困照準支援」と「全域観光」を組み合わせて

　留壩県の主要な景勝地では、直接従業員はすべて現地の貧困層から雇用されており、景勝地周辺の郷村観光・民宿の従業員もまた、周辺の村民である。政府のサポートを下敷きに、県人口の70％が「全域観光」関連産業に従事している。全域観光が絶え間なく浸透していくにつれて、住民の生活も少しずつ変化していき、従来の過剰な伐採・採集・採掘・乱獲は基本的になくなり、農民はこれまでのような農産品の「生産者」から観光サービスの「供給者」にシフトし、山村の農民も農業経営者へと転身したので、経済を発展させても生態系にダメージは与えず、それどころか森林被覆率は年々アップし、動植物の個体数は絶えず増加し、野生の動植物の生息エリアも持続的に拡大し、住環境も日増しに良好になっているという緑によって豊かになる道を開拓した。2018年、留壩県では「農村復興フォーラム・留壩サミット」開催に成功、「双節〔紫柏山登山節と桟道漂流節〕」のブランド力は日増しに明らかになり、観光市場は引き続き活気づき、観光客は年間延べ343万6,700人、観光総収入は16億5,500万元を達成、それぞれ年間22.63％、35.66％増加し、通過観光から目的地観光へと華麗に転身した。

（三）進展と成果

　留壩県は「緑の山河を守る」という責任と任務をしっかりと担い、多くの大型資源開発プロジェクトを拒絶し、生態環境に影響を与える11の工業・鉱業企業を操業停止にし、環境破壊行為を根絶した。また、最も厳しい生態系保全政策を実施し、県域環境安全障壁を構築し、生態保全のレッドライン画定と生物多様性保全活動を積極的に展開し、生態機能指針に沿わないすべての開発的利用活動を根絶することで、留壩県の「緑の山河」を断固として守り続けている。

第7章　生物多様性保全と農村におけるグリーン発展の実践

　留壩県は自身の生態的優位性に立脚し、市場作用に沿って、「四養一林一遊[8]」というグリーン産業発展の新たな枠組を構築し、エコ蜂蜜・エコ地鶏などに代表される短期投資産業、森林下での中薬材栽培に代表される中期投資産業、全域観光に代表される長期投資産業とが協調的に発展するという理想的な局面をほぼ形成し、農民1人当たりの平均収入は7年間で倍増した。全域観光という方向性を確立し、中国における山岳リゾート観光モデル区建設を目標に、観光産業のモデルチェンジ、アップグレードをさらに速め、紫柏山スキーリゾート・中国桟道水世界[9]・留侯老集[10]・青少年自然成長営・木工学堂[11]・青少年サッカー研修基地・優良民宿などの観光産品を次々と打ち出し、レジャー・休暇・養生・養老・学習旅行を主とし、県全域をカバーする、年間を通した全域観光アイテムの体系を形成した。農業と観光を融合させる方向を堅持し、「四養一林」という特色ある主要産業を大いに発展させ、留壩シイタケ・留壩キクラゲ・留壩蜂蜜など5つの産品が相次いで国家地理的表示保護産品の認証を取得し、その数量は県省内のトップグループに躍り出た。2018年、県民1人当たりの可処分所得は9,800元を超え、そのうち、観光収入は34.5％を占めている。県全体の貧困発生率は2013年末の36.5％から2018年末には1.08％にまで低下した。2018年5月、陝西省人民政府は留壩県を貧困県リストから除外することを承認した。

第4節　生物多様性保全と農村のグリーン発展

　中国が新たな時代に突入してから、長きにわたった「汚染してから、対策を講じる」という農村の古い発展方式は継続することが困難になり、発展路線のグリーン転換は焦眉の急だった。十九全大会の報告では「農村振興戦略を実施しなければならないが、一方、農村のグリーン振興は農村振興戦略実施の重要な推進力であり、農村振興戦略のブレイクスルーを実現しようとするなら、グリーン発展を目指さなければならない」と提起された。2018年の「農村振興戦略実施に関する中共中央・国務院の意見」には、「農村のグリーン発展を推進し、人と自然の調

8　四養は前出。一遊は貧困支援観光産業のこと。
9　留壩県の自然の地形を活かした水上アトラクションを提供する大型水上テーマパーク。
10　留壩県留侯鎮棗木欄村にある歴史的な市場・集会場。
11　宿泊施設併用の子ども向け手工芸体験教室。

和・共生という発展の新たな枠組を打ち立て、速やかに農村の自然資本の付加価値を高める必要がある」とはっきり書かれている。農村のグリーン発展の新たなルート・新たなモデルを模索することは、「緑の山河」を「金山銀山」に転換させる中で大きな意義を持つ。

　優れた生態環境は農村最大の強みであり、貴重な財産である。農村のグリーン発展を推進するとは、人と自然の調和・共生というグリーン発展の理念の指導に基づいて、農村の生態環境の改善、農民の生活レベルの向上、農村経済の持続可能な発展、という三者の有機的統一を追求することである。

（1）美しい農村建設に向けた住環境レベルの向上

　16期五中全会は「『生産が発展し、ゆとりある生活が向上し、マナーが良く、村は清潔で、管理は民主的』という要請に従って、社会主義の新農村建設を着実に推進する」と提起した。十九全大会の報告では「産業が振興し、住みやすく、マナーが良く、行政がしっかりしていて、生活は豊かという総合的な要求に従って、都市と農村が融合発展する健全な体制・メカニズムと政策システムを整備し、農業・農村の現代化推進を加速させる」と提起した。10年以上発展を続けて、「住みやすい環境」が「清潔な村」に取って代わったのは、単に農村の段階的発展の延長・継続ではなく、むしろ時代が求める発展のニーズに適応したより高い要求なのである。2015年に習近平は大理市湾橋鎮古生村で視察を行った際、「新農村建設は農村の実情に沿ったルートを歩み、農村自身の発展規律に従い、十分に農村の特徴を体現し、郷土の風情を重視し、農村の風景・緑の山河を守り、郷愁を忘れない必要があり、それゆえに農村の住環境整備が地域の実情に沿うよう推進し、住みやすく働きやすい美しい農村が美しい中国の力強い支えとなるようにしなければならない」と強調した。

（2）生態の産業化と産業の生態化を中心とする産業振興の促進

　2018年3月、習近平は13期全人代第1回会議の、山東省代表団の審議に参加した際に、「農村の産業振興を推進するには、現代農業の発展にしっかり取り組み、農村の第一次・第二次・第三次産業の融合発展に取り組み、農村産業システムを構築し、産業振興を実現させなければならない」と強調した。農村の産業振興を促進し、農村発展の新たな原動力を育むには、「緑の山河は金山銀山」という理念をしっかりと樹立・実践し、クオリティを上げて農業を振興し、「グリーン」によって農業を振興し、農業の供給側の構造改革を柱とし、現代の科学技術と管理

方法を活用して、農村の生態的優位性を生態的経済発展の優位性に転換し、資源節約と環境保護という農村産業構造の構築を加速し、より多くの、より良い、グリーンなエコ産品とサービスを提供し、環境と経済との良好な循環を促進し、「緑の山河」を真に「金山銀山」へと変え、美しい環境と産業振興とのより良い融合を実現させる必要がある。

（3）グリーンの恩恵をみんなで共有することを目標とし、村民の豊かな生活を実現する

農民の増収ルートを広げ、持続的な収入増加を促進し、政府主導のもとで、企業・民間団体・地域住民が共同で参加する美しい農村建設システムを構築することで、村民は、生態環境改善によってもたらされる恩恵を享受できると同時に、農村がグリーン発展に参加することでもたらされる生活レベルの上昇をしっかり実感でき、それにより良好な生態環境が生活レベル向上の重要な成長点となり、さらには経済・社会の発展が、逆に生態環境保全を育てるという良好な循環を実現することになる。「グリーンの恩恵をみんなで共有する」という農村のグリーン発展モデルの構築は、財産権制度の整備を重点として、農村の基本的な経営制度を強化・整備し、農村の空き家・農田・農業技術・資金などの資源の使用権を統合・移転・活性化し、主体・要素・市場を活性化させ、観光農業・民泊・観光体験・健康・養生などのサービス業を発展させ、投資者の投資ニーズ、消費者の娯楽への欲求を満足させるなど、一石何鳥にもなる。

生物多様性保全と農村のグリーン発展が密接な関係にあり、現在、中国の生物多様性保全と産業発展の相互促進は目覚ましい成果を上げている。生物多様性資源が比較的良好で生態的優位性が目立つ地域では、資源の循環利用と生態環境の保全を重要な前提に、「グリーン発展」に関する取り組みを生産と発展の全プロセスに統合し、グリーン有機農業の発展に尽力し、生物多様性保全と貧困削減を推進し、生態系の延伸を模索し、エコツーリズムとエコ工業育成に力を注ぎ、グリーン経済を発展させ、生態的優位性を地域経済発展の優位性に転換し、経済の質の高い発展を実現し、絶えず人民大衆の満足感と幸福感を高め続けている。

1．ケース1：浙江省安吉県——2枚の「葉」がグリーン発展を後押し

安吉県は、習近平総書記の「緑の山河は金山銀山」という重要な理念の発祥地である。この理念の指導に基づき、安吉県は率先して発展方式をチェンジさせ、汚染が深刻な企業の操業を停止し、生物多様性がもたらす物質的・生態環境的優

位性を十分に発揮し、内容を全面的に変えることでグリーン発展のルートを精力的に模索し、竹産業・白茶産業・全域観光・アグリツーリズムをはじめとするエコ産業を興して安吉県の発展に活力を注ぎ込んでいる。

（一）背景

安吉県は長江デルタエリアの中心に位置し、浙江省湖州市に属する県で、浙江省湖州市長興県・呉興区・徳清県、杭州市余杭区・臨安区、安徽省寧国市・広徳県に隣接している。東経119度14分〜119度53分、北緯30度23分〜30度53分に位置し、面積は1,885.71㎢、15の郷・鎮（街道）を管轄し、2018年の戸籍人口は47万700人である。安吉県は日照時間が長く、気候は温暖、雨量も十分で四季がはっきりしている。地形の高低差が大きいので明瞭な垂直気候の特性を持つ、典型的な亜熱帯海洋性モンスーン気候地域である。

安吉県は太湖流域の西部丘陵水生生態系エリアに属する（高永年・高俊峰, 2010）。特殊な地理的条件と気候因子が豊富な生物資源を生み出している。県内の安吉サンショウウオ国家レベル自然保護区は、中国東部中央亜熱帯地帯北縁と長江デルタエリアの生物多様性が最も豊富な地域のひとつで、植物は1,400種以上、野生動物は269種が生息し、シナユリノキ、香果（こうか）、チュウゴクイチイなどの国家重点保護樹木種や安吉サンショウウオ、チュウゴクイモリ〔Cynops orientalis〕、ヒョウなどの稀少な動物を含んでいる。県の主要生物資源は竹林であり、モウソウチクの貯蓄量は1億4,000万本を超え、タケ科の植物は6属44種ある。

安吉県は習近平総書記の「緑の山河は金山銀山」という理念の発祥地であり、長年の発展を通して「緑の山河を保全」し、「金山銀山を実現」するという面で大きな成果を上げている（図7-12）。

（二）主な方法

近年、安吉県は相次いで大量の資金を投入して汚染が深刻な企業を取り締まり、閉鎖し、動植物の生息地の保護・設置・連結・管理を通して、生態環境を維持・育成し、生物多様性を守り、かつ現地の良好な生態資源の優位性を十分に活用し、生態の優位性を産業の優位性に転換することに努め、エコ産業の発展、エコ文明の建設などの面で有益な模索をしている。

（1）「籠の中の鳥を取り換える」ことで全域観光のハイクオリティな発展を推進

県内の山には石灰岩が豊富にあり、長期にわたって多くの場所で山が切り開かれ石が切り出され、「石材産業」が発展していた。しかし、それに伴って粉塵が太

第 7 章　生物多様性保全と農村におけるグリーン発展の実践

図 7-12　安吉県余村——習近平総書記「緑の山河は金山銀山」理念発祥地（林青霞撮影）

陽を覆い、竹林は色を失い、河川は濁り、生物多様性は激減し、人民大衆は深刻な被害を被った。2005 年 8 月 15 日、当時の浙江省党委員会の書記であった習近平同志は、モデルチェンジの最中にあった安吉県余村を視察に訪れると、「緑の山河は金山銀山」という科学的判断を下し、現地にグリーン発展の道を示した。窮状に直面していた余村の村民は、かつての失敗に学び、どうすれば「金山銀山」を得られるか考え、年間経済収入 300 万元を超える石灰石鉱山 3 カ所を思い切って操業停止にし、また、発展計画を練り直し、村全体をエコツーリズムエリア、美しい居住エリア、田園観光エリアの 3 区画に分けて合理的に配置し、汚水処理、ゴミの清掃、山中の溜め池の修復、景観区の改造、工場の解体・移転、道路の三化〔清潔化・緑化・美化〕、河川整備などを次々と行った。昔の余村は鉱山と小さなセメント工場が全てであったが、今では「廃水には処理場ができ、ゴミは回収係がいて、村には木陰が広がり、川には魚もエビもいる」ようになり、「資源を売る」から「景色を売る」へと華麗な転身を実現させ、産業が発展し、環境が良くなり、住民は豊かになる、という持続可能な発展の道を徐々に歩み始めた（図 7-13）。2018 年、余村は 80 万人近い観光客を迎え、観光収入は 1,000 万元以上になり、村民 1 人当たりの平均収入は 4 万 4,600 元になった。2020 年 3 月、習近平総書記は再び安吉県に視察に訪れ、「余村が現在手にしている成果は、グリーン発展の道の正しさを証明しており、道を正しく選んだら、これを堅持していくべきである」と指摘した。

285

現在、余村の経験したモデルは県全体に根付いている。安吉県では「緑の山河は金山銀山」という理念に基づいて、国家レベルの生態県の建設、「中国の美しい農村」の建設や、「三級〔県・鎮・村〕連動」県域大景勝地区の建設など、観光を担う一連の政策を次々打ち出すことで全域観光の模範的な発展をリードし、かつ国家アグリツーリズムレジャー試験区・全国観光標準化パイロット県などを見事につくり上げ、「緑の山河」の生態的優位性を全域観光発展の産業的優位性へと転換させた。県は事前評価制度を通して綿密に計画を立て、少しでも良いプロジェクトを選択することで、より多くの「緑の山河」の恩恵にあずかれるようにした。同時に、「観光＋」と「＋観光」がより広く深く各界各層に染み渡り、エコツーリズム・産業観光・アグリツーリズム・文化観光・紅色観光[12]・水上観光などの重点産業を全面的に育てている。ハローキティランド、ハッピーストームウォーターパーク、田園嘉楽比楽園など、多くの錚々たる観光地が次々と運営を開始し、JWマリオットホテル〔JW万豪酒店〕、バンヤンツリーホテル＆リゾート〔悦榕庄〕、クラブメッドジョイビューリゾート〔地中海倶楽部〕などの名の知れたホテルが続々と現地で開業し、多くの特色ある民宿が自然の中に点在し、全域観光に彩りを添え、地元の文化を掘り下げることで、「エコツーリズム＋」は全面的な発展を遂げてきた。

（2）「2枚の葉」の発展を促進し、生物多様性保全とエコ産業発展を有機的に結びつける
　「中国白茶のふるさと・中国随一の竹のふるさと」として知られる安吉県は、近

図7-13　自然豊かな安吉県（安吉県提供）

12　中国共産党の歴史や革命の遺産をめぐるツアー。レッドツーリズムとも言う。

年、「笹葉」「茶葉」開発を通して竹産業・白茶産業のモデルチェンジとアップグレードを推進し、「資源を売る」から「産業を育てる」へと転換を果たして、現在の安吉県の特徴的な竹産業・白茶産業システムを形成し、美しい農村を、村はたくましく住民は豊か、といった新たなステップへ進めている（図7-14）。

①青竹1本でグリーン経済を支える

竹資源の豊富な安吉県は、全国30カ所の「中国竹の里」総合ランキングで1位となり、「中国の竹と言えば浙江省、浙江省の竹と言えば安吉県」と言われるまでになった。県の豊かな森林の植生、特に竹林は、水源を涵養し、水土を保全する森林生態系サービス機能の維持に重要な意義を持つだけでなく、土壌の窒素・リンの流失や他の水域への移動を抑制するという重要な役割も担っている（楊艶剛ほか，2011）。安吉県は竹の栽培技術を広めると同時に、竹林現代科技パークの建設と発展にも力を入れており、科学研究・竹林改革モデル・観光・レジャー体験の機能を一体化させ、1999年から相次いで山川郷・昆銅郷・杭垓鎮・章村鎮などの郷・鎮に竹林現代科技パークを建設してきた。現在、26の毛竹〔モウソウチク〕現代パークがすでに建設されており、その総面積は1万3,300haを超えた。FSC[13]による竹林国際認証を目指して持続可能な竹林経営計画を策定し、国際森林認証

図7-14　安吉白茶園（安吉県提供）

13　森林管理協議会（Forest Stewardship Council）のこと。森林管理の認証を行う国際的な森林管理協議会。1993年にカナダで創設されたNGO。

を受けた竹林の面積は 1 万 ha、貯蓄量は 2,750 万株を超え、モウソウチク個体群の生物多様性発展を効果的に促進した。各種毛竹合作社が 59 社成立され、その中で、毛竹株式制合作社モデルが全国で初めて作られ、各界から高い評価を得ている。同時に、安吉県と他省はさまざまな形式で竹産業を共同開発し、33 万 3,300ha の原料基地を直接設立し、全国 200 万 ha の竹林開発を牽引している（張健ほか，2016）。竹木資源の付加価値を高める産業を積極的に発展させることで、県は竹を木の代わりに使用したり、竹と木を同時に活用し、生竹の販売から購入に移行し、竹竿の利用から竹全体の活用に、物理的な方法から生化学的な活用に、単純加工からチェーン式経営にという 4 つのブレークスルーを経て、竹全体の活用と高効率な活用を実現させている。産業のモデルチェンジとアップグレードを加速し、時代遅れの産業を淘汰し、製品のクオリティを上げ、資源の合理的な応用を促進し、環境汚染を削減し、「低レベルで小規模で分散的」な竹製品経済組織に対して期限付きの調整と管理を行い、全面的に産業の質を向上させた。竹林観光と農村レジャー観光が緊密に結びついた発展を堅持し、森林観光とアグリツーリズムの間の良好な相互連動・相互発展を実現し、「生態系は緑に、農民は利益を」という森林観光産業を形成した（甘萍，2015、張建ほか，2016）。黄浦江源竜王山景区・中国竹子博覧園・中国大竹海・中南百草園・蔵竜百瀑布・大漢七十二峰などの特色豊かな竹林景勝区がすでに建設されており、長江デルタエリア観光の特色あるブランドになり、竹林エコツアー経済は、安吉県の経済がより良く、より速やかに発展するための手厚いサポートを提供した。2018 年、県竹産業の総生産額は 225 億元に達し、従業者は 5 万人近く、竹製品は竹の装飾材料・日用品などの八大シリーズ 3,000 種以上および、森林生物多様性保全とエコ産業発展の有機的結合を真に実現し、「緑の山河は金山銀山」という理念を存分に裏付けた。

②一枚の「葉」が一帯の住民を豊かにする

1970 年代末、研究員が安吉県大渓村の断崖で「白茶の祖」を発見し、挿し木で白茶の苗を育てたことで、白茶産業が徐々に成長し、住民の増収を効果的にリードし（白艶ほか，2018）、「一枚の葉が一帯の住民を豊かにする」ことを実現した。第一に、高い基準の生態茶園を建設した。安吉県は白茶標準化生産技術管理操作マニュアルと生産モデルマップを制定し、技術者を組織して田畑の隅々にまで入り込ませ、標準化生産技術を各人・各世帯・各農園にまで普及させた。全面的に茶園の生態学改造を推進し、「安吉白茶生態茶園建設標準」を制定し、茶畑を森

林・耕作地に戻すこと、そして、茶園に経済樹木を植えるなどの方法で茶園の生態系を回復させ、茶園の生態学改造の展開を奨励した。県は「原産地安吉白茶茶園保護区域画定に関する通知」を打ち出して、白茶永久保護区・核心保護区・重点保護区を画定し、等級別に保護・管理を実施し、白茶の遺伝的多様性を保全した。次に、多くのアプローチを組み合わせて白茶産業のバリューチェーンを強化した。県は積極的に白茶の付加価値を高める加工企業の発展を推進し、テクノロジーに牽引させて、安吉白茶の製品ラインを研究・開発し、茶産業を向上させ、付加価値を高める加工を産業融合の「インキュベーター」にした。「人力から機械へ」を精力的に推進し、安吉白茶の加工レベルを高めたことで、県の8つの茶工場がすでに「省レベル標準化モデル名茶工場」の称号を獲得している。安吉白茶のヘルスケア機能を充分に開発して、白茶ドリンク・白茶トローチ・白茶酒・白茶スイーツ・白茶体験カフェなどの安吉白茶製品のシリーズを展開し、茶葉からアミノ酸・茶ポリフェノールを抽出したり、茶園の廃棄物を食用キノコの栽培に利用したり、白茶の花の精油や白茶パックなどを開発したりして、安吉白茶のさらなる広範な応用に成功している（白艶ほか，2018）。最後に、白茶産業とアグリツーリズム産業の深い融合を精力的に推進した。安吉県は観光・体験・レジャーを一体化したお茶ツーリズムという新業態の確立に力を注ぎ、茶園を景勝地へ、茶農家を観光ガイドへと変えた。茶文化を深く掘り下げるために、相次いで白茶街・白茶仙子広場・白茶テーマパーク・白茶生態博物館などの文化観光施設が建設された。中国初のグランピングで有名なリゾートホテルであるキャンプソート〔帳篷客〕を白茶園区に誘致して、安吉白茶の産業価値と特色の牽引機能をより一層開拓し、「茶園」から「景勝地」へのモデルチェンジを実現させた。2018年、安吉白茶の総生産量は1,890tに達し、第一次産業の生産額は25億3,000万元に、第一次・二次・三次産業の総生産額は38億元に達し、安吉白茶はグリーン発展の実践者となった。

（3）精力的に「美しい農村」安吉モデルを作り上げる

2008年から、安吉県は積極的に「緑の山河は金山銀山」という理念を実践し、「中国の美しい農村」建設を綱領とし、「環境を美しく、産業を盛んに、住民を豊かに」という持続可能な発展の道のりを歩み、安吉県農村が美しく、豊かに、強くなるよう推進している。

①計画策定の優先を堅持し、心を込めて「美しい農村」の青写真を描く

　安吉県は県の実情に合わせて全体を統一し、「無計画に設計しない、設計なしに施工しない」という原則を堅く守り、常に高い水準で、全体をカバーするという建設理念を計画に取り入れ、その計画・設計により建設レベルを高めた。「安吉県『中国の美しい農村』建設行動綱要」「安吉県『中国の美しい農村』建設全体計画」などの一連の県域エリア計画と産業配置計画を相次いで編制し、建設計画システムを縦横に徹底させ、農村で勝手に何かしらを建設したり山を掘ったり、樹木を伐採して生態系を破壊するといった問題を効果的に解決した。関連計画の文書作成過程において、県は自然・半自然・人工的土地利用の分布に関する枠組について十分に考慮し、既存の農村の景観要素およびその間にある空間的、実践的なつながり、あるいは障害を体系的に分析し、専門家の論証を経て最適な方策を提案し、既存の農地・湿地・森林・池・茶園などの景観パッチを十分に活用し、農業栽培園・森林・村落の配置を合理的に計画し、防護林帯・河川・農地森林ネットワークなどの景観的要素を持つ面積を増加させ、景観的機能の連結度を向上させ、景観の多様性と不均質性を強め、多様な生物に適した生存条件を作り上げ、さらに生態系の持続可能な発展を実現させる。また、同県は特徴的な建築物の保護と地方色豊かな文化的コンテンツの開発に十分注意を払い、それを農村の雰囲気とうまく融合させ、計画・設計・建設の各段階に徹底させている。山間地区・平原・丘陵など異なる地理的位置と産業の配置状況に応じて、鎮・村ごとに個別の計画を立て、機能の集積を万全にし、個性的特徴を際立たせている。

②標準化建設を実施し、美しい農村の生態的価値の転換を促進する

　「美しい農村」建設において、安吉県は建設プロセス全体が調和し、秩序立って、科学的かつ効果的になるように努力し、安吉の特色を取り込んだ「中国の美しい農村」標準化建設システムを形成した。この他、県は都市と農村が一体化し、融合発展する新たな枠組に着眼し、中心市街地を核として、郷・鎮で連結し、村を結節点として、優雅な竹の都市－風情ある小鎮－美しい農村の建設を一括してつくり上げ、三行政レベルが連動して相互に促進し、都市・鎮・村の本格的な融合発展を推進し、美しい農村建設によって高級民宿や農業体験などのアグリツーリズムの発展を効果的に牽引した（図7-15）。安吉県では美しい農村建設を通じて、高家堂村・魯家村などに代表される、多くの美しい農村経営モデルを生み出している。

第 7 章　生物多様性保全と農村におけるグリーン発展の実践

（三）進展と成果

　安吉県は長年にわたって生物多様性保全とグリーン発展を推進し続けてきた。次々と生態農業建設・生態環境保全・野生動植物保全などに関わる一連の計画・政策・措置を制定し、県内の自然保護区・生物遺伝資源に対して、現地保全と域外保全を行ってきた。その中で、現地に建設された竜王山自然保護区は、2017 年に安吉サンショウウオ国家レベル自然保護区へ見事にランクアップし、浙江省唯一の、動物の名前の付いた国家レベル自然保護区になり、亜熱帯北縁と長江デルタエリアの生物多様性保全の完全性を高め、区内の安吉サンショウウオ、シナマンサクなどの希少絶滅危惧種と落葉広葉樹林などの植生を効果的に守っている。

　安吉県は、かつての鉱山採掘加工から今日の自然環境に寄り添ったグリーン経済へ、山を食い物にする過去のやり方から山を養い育てる現在のやり方へと変わり、全域観光・アグリツーリズム産業を主体とする「緑の山河は金山銀山」という方針への転換を果たし、その結果、住民にさらなる満足感を与えた。2018 年、同県では都市と農村の住民可処分所得がそれぞれ 5 万 2,617 元と 3 万 541 元になり、都市と農村の所得比は 1.72：1 になった。2008～2018 年、県が「美しい農村」建設に直接使用した県レベルの財政奨励金・補助金は 15 億 3,300 万元を超え、県内の 188 の行政村は美しい農村建設を全て完成させ、そのうち、44 の村は「優秀モデル村」となった。美しい農村建設をベースとして、県の 18 の村が「3A〔AAA〕レベル景観区」となり、1 つの郷・鎮が全国初の全郷域の「4A レベル景観区」と

図 7-15　安吉県畈山郷（安吉県提供）

なった。

　安吉県は生物多様性保全とグリーン発展の有機的結合を積極的に推進し、生物多様性保全の意味合いとその範囲を拡大させ、エコ経済の基礎をしっかりと固め、第一次・二次・三次産業の融合発展を促進している。竹林のエコシステムサービス機能を基に、積極的に竹林の生物多様性保全を推進し、竹林産業発展の地盤を突き固め、生態の経済化と経済の生態化をサポートし、「環境を美しく、産業を盛んに、住民を豊かに」という科学的な発展の道を歩み始め、経済発展と生態建設の共存共栄を実現させた。2018年、県の竹産業の総生産額は225億元に達し、従業者は5万人近くになった。2018年、県は「白葉一号」という品種の栽培面積の規模を17万ムーにまで広げ、年間の生産量は1,890tになり、生産額は25億3,100万元に達したため、「白葉一号」は県の農業を主導する産業となり、1つのブランドが産業を牽引するという伝説を作った。

2. ケース2：福建省武夷山市——生物多様性保全重要地域におけるグリーン経済への転換

　武夷山市は福建省の西北部、福建省と江西省の境界エリアに位置し、東は南平市の浦城県と隣り合い、西は光沢県に接し、南は建陽区につながり、北は江西省上饒市の鉛山県と境界を接している。生物資源が豊富で、稀少・固有な野生動物の遺伝子プールである。武夷山市は、グリーン発展の理念を掲げ続けることで、武夷山の生態系・資源・ブランドといった面でその優位性を存分に発揮し、観光・現代グリーン農業・健康・養生・オリジナルグッズなどのグリーン産業を積極的に発展させ、国家レベル田園総合体試行地区・全国グリーン農業産業モデル基地・国家全域観光モデル区・国際医療ツーリズム先行区などを中心とした武夷山の特色豊かな現代的経済システムを構築し、積極的にエコバンクのイノベーションを進め、全面的に同市のグリーン産業のハイクオリティな発展を推進している。

（一）背景

　武夷山市は福建省の南平市に属し、3つの鎮、4つの郷、3つの街道、4つの国有農業製茶工場、115の行政村を管轄し、総面積2,803k㎡、2019年の常住人口は24万1,600人、地域の生産総額は207億1,161万元で前年比7.8％の増加である。武夷山市は四季がはっきりしていて、日照時間が長く、雨量も十分で亜熱帯モンスーン気候に属している。

武夷山市は国家重点生態機能区であり、水源の涵養、水と土壌の保全、生物多様性の維持などを重要な生態機能として担っている。同市は五夫鎮と興田鎮以外は、すべて武夷山生物多様性保全優先区域にある。その中で、武夷山国家レベル自然保護区は、地球上の同緯度の地域の中で最も完璧かつ典型的で、最大の面積を持つ中亜熱帯原生林生態系を保っているため、多くの動植物に「天然のシェルター」を提供している。「中国生物多様性国情研究報告」によれば、武夷山地区は、国内で11ある、陸の世界的な生物多様性保全の重要地区のひとつであり、また、中国東南部全体で唯一の重要地区でもある（陳昌篤, 1999）。1987年には、ユネスコによって「人間と生物圏計画」世界自然保護ネットワークのメンバーとしてリストアップされ、1992年には国連によって世界生物多様性A級自然保護区に登録され、1999年にはさらにユネスコによって「世界複合遺産」として登録された。植物は3,782種が確認されており、中国中亜熱帯のほぼすべての植生タイプが網羅され、シナユリノキ、樹齢が千年を超えたイチョウ、マツ科のチュウゴクツガ〔Tsuga chinensis〕など、稀少な絶滅危惧植物で『中国植物白書』に記載されている28種を含む、中国固有の27属31種が生息している。武夷山は稀少な固有野生動物の遺伝子プールでもあり、すでに5,110種の動物の生息が知られているが、特に両生類・爬虫類・昆虫類の分布が多いことは有名で、中国内外の生物学者から「両生類・爬虫類研究の要」「鳥の楽園」「蛇の王国」「昆虫の世界」「世界の生物の窓」などと呼ばれている（図7-16）。

(二) 主な方法

　良好な生態環境が武夷山市最大の強みであり、今後の発展のための強力なバックボーンでもある。長い間、同市は生態環境保全を非常に重視し、一貫して生態

図7-16　武夷山野生動物遺伝子プールのヤマザキヒタキ（武夷山市提供）

環境保全を市のバックボーンとし、生態系保全優先を堅持し、生態環境の破壊行為を一切許さず、エコバンクの実践を模索し、エコ経済システムを構築し、全国の生物多様性保全とグリーン発展に模範的かつ牽引的役割を果たしている。

(1) 国土空間の用途の管理を強化し、生物種の生存圏を拡大

①国家公園の試験的な運用を積極的に推進し、生物多様性を保全

18期三中全会では、国家公園システム確立という重要な任務が打ち出された。武夷山国家公園は中国初の国家公園システム試行地区に選ばれた10エリアのうちのひとつで、従来の武夷山国家レベル自然保護区・武夷山国家レベル風景名勝区・九曲渓上流保護地帯で構成され、武夷山固有の生物多様性および自然地理と文化資源を保護する上で重要な意義を有している。中共中央弁公庁・国務院弁公庁が公布した「国家公園システム確立総合プラン」と国家発展改革委員会が認可した「武夷山国家公園システム試行地区の試行実施プラン」によると、市は試行地区の8項目の任務を達成し、順次4項目の実施を進めている。同時に、国家公園の自然生態系の独自性と完全性を保護するため、武夷山国家公園を、中核保護区と一般制御地区の2つの管理区域と、特別保護区・厳格保護区・生態修復区・伝統利用区の4つの機能区に分割し、国家公園を差別化して管理するという。

②生態系保全レッドラインを画定し、厳格に国土空間を管理・制御

武夷山市は、生態系保全のレッドライン画定を、市全体と長期的発展にとって重要な意義を持つものとして非常に重視し、生態系保全レッドライン画定業務連絡会議制度を制定し、市長をチームリーダーとして、市政府および各部門の主要なリーダーが参加し、生態系保全のレッドライン画定業務の順調な完成を保証している。合計で1,302.46km²ある生態系保全レッドラインは、国土面積の46.43％を占め、省内第一位である。生態系エリアの用途制限対策は全国のモデルとなる経験になった。

③茶山整備活動の持続的な展開

武夷山の茶葉は市場での知名度が高く、茶葉栽培によって高い経済的利益を得ることが期待できる。そのため、武夷山の自然生態系を破壊し、違法に茶山に開墾してしまうという状況が時として発生する。武夷山の自然システムの独自性と完全性を保全し、農業栽培による非点源汚染と水土の流失を減少させるため、市は2008年から、違法な茶山に対して厳格な整備を続けることで、プレッシャーをかけ続けている。2013年からは新しい茶山の開墾を完全に禁止し、違法な茶山の

開墾を集中的に取り締まっている。2018年11月までに、全市で計2万8,234ムーの違法茶山の取り締まりを完了させ、1万3,394ムーの造林が達成され、警告プレートはすでに402枚掲示されている。

④生態林保全メカニズムの模索

武夷山市は全国で初めて県レベルの生態公益林を建設し、省レベル以上の生態公益林の基準を参考に、市自身で財源を補填している。これまでに県レベルの生態公益林を20万2,000ムー建設し、生態公益林の割合は県級市ランキングで全国1位である。重点生態区内の商業林を市有化する試験的・改革的プロジェクトを展開、国家備蓄林の質をピンポイントに向上させるプロジェクトを実施し、全市で商業林の買い上げを続ける。現在、累計9万5,360ムーの商業林がすでに市有化され、350ムーがリースされ、4,607ムーで生態系が補われ、4,411ムーの人工林が集中栽培され、2万2,600ムーの森林改造が完了し、資金配分は4億1,900万元である。2018年は2億6,400万元を投資して1万4,800ムーの森林改造を完了し、市有化された商業林の面積は4万400ムーになった。新たな植樹造林は1万3,800ムーで、林業有害生物対策は8万4,500ムー完了し、「福建省森林都市」という称号を獲得した。

（2）エコバンク試行地区を展開し、経済発展に対する生物多様性のサポートを強化

「エコバンク」とは銀行の「分散入力・集中出力」を参考にした運営モデルであり、運営プラットフォーム構築を通じて、断片化・分散化した生態資源に対し管理・統合・転換・強化・市場化・持続可能な運営を行い、生態資源を生態資産・生態資本に転換し、生態資源を適切に配置し効果的に活用することで総合的な利益向上を実現した。2017年、福建省南平市は「南平市『エコバンク』試行実施方案」を打ち出し、武夷山市五夫鎮が試行地区として選出され、積極的に「エコバンク」イノベーションを模索している。

①生態系サービスのもたらす価値を査定し、天然資源の権利確認作業を行い、生態資源の貯蔵と循環の基盤を固める

2016年12月、「国家エコ文明試験区（福建）実施方案」の要請に従って、武夷山市は率先して生態系の価値を査定する試みを行った。生物多様性の種の保護育成・文化・気候調整・供給・環境調節・流量調整・養分調整という、7方面のサービスから、9つの一級指標、18の二級指標を含む査定指標システムを構築し、併せてリモートセンシング画像・現地調査・資料収集・アンケート調査などの方法

でデータを収集し、重点的に森林・湿地・農田などの生態系サービスの価値査定を行った。2018年10月28日、プロジェクトは専門家の審査を通過した試行プロセスを経て、武夷山市は林業・水利などの市レベル各部門に分散していた16万以上の生態データを統合し、まとまった地図と数値をつくり、天然資源の実物的価値を算出しただけでなく、生態系のサービス価値も算出し、エリアの生態資源を整合し、エコ産品の価値を実現するための根拠を提供した。同時に、五夫鎮が持つ文化、文物、古い街並み・村落、山、河川、森林、田畑、湖、茶山、農村集団所有地などの資源に対して、詳しい天然資源徹底調査や権利確認作業を行って、優良な文化・生態資源が、市場のニーズや担い手とドッキングするための基本的な条件を提供した。

②運営プラットフォームを構築し、すべてのタイプの開発を促進

武夷山市は「専門委員会＋政府＋プラットフォーマー＋市場主体＋村落集団＋農民」の六位一体となった運営システムを構築し、五夫鎮の「エコバンク」を、生態資源を持続可能に運営するという市場プラットフォームにした。武夷山市五夫鎮は、朱子生態農業公司・朱子文化観光開発有限公司という2つの運営プラットフォームによって、山・河川・森林・田畑・湖・古民家などのリソースをオールラウンド型資源に開発した。1万ムーの蓮池や、ブドウ園、朱子文化園などの多くのモデルプロジェクトを計画し、資源の優位性をより一層開放して、現地住民の生産・生活・環境が同時に発展できるシステムを徐々に形成した。

③幹部の活力を引き出す

「エコバンク」モデルの成功は、県・市・郷・鎮・村落集合体各レベルの指導者や幹部の積極的協力や、探究・革新と密接に関わっている。武夷山市は、人材の選択・任用を積極的に第一線に集中させ、基層幹部の考察チームを最前線に送り込み、重要な場面で有能な幹部が頭角を現せるようにした。「南平市党員幹部のミス容認・是正制度実施規則（試行）」を公布することで、責任と成果を問うデッドラインを明確にし、「模索的エラー」を容認し、改革革新者を後押しした。市が公布した「村幹部層奨励保障メカニズムの一層の整備に関する実施意見」により、村幹部業績審査褒賞を設け、村幹部インセンティブメカニズムを整え、「エコバンク」モデルに「最後の1km」を切り開いた。

（3）生物資源の強みによってエコ経済システムを構築する

武夷山の豊富な生物多様性と美しい生態環境および「世界複合遺産」という称

号は、武夷山市の「切り札」であり、市がブランド的優位性を打ち立てるのに力強いサポートを与えた。武夷山国家重点風景名勝区というブランドの強さと価値は全国で一、二を争う。武夷岩茶のブランド力は引き続き全国茶葉類第2位を占め、市の観光ブランド力は全国トップクラスで、「魅力ある都市トップ10」の栄冠を獲得した。ブランド的優位性は武夷山市のエコ経済システム確立の基盤をしっかりと構築した。

①生態農業システムの構築

第一次・二次・三次産業の融合発展を積極的に推進し、茶葉・オオハクチョウ・野菜・ハス〔白蓮〕・コメなどの特色ある産業を育成し、「農業+観光」「農業+生態系」「農業+文化」という現代農業発展の枠組を一応形成した。五夫国家レベル田園総合体・国家農村産業融合発展モデル園・省レベル農民起業園プロジェクト建設を全力で推進し、錦秀園オオハクチョウ養殖・生産加工基地、五夫国家レベル田園総合体、本場中草薬栽培研究観光基地など、武夷山市の異なる特色を融合させた一群のグリーン産業の重点サポートプロジェクトが次々と建設されて生産体制に入り、武夷山市は「十県百鎮千村」情報化モデルプロジェクトパイロット県（市）となった。「クオリティで茶業を振興し、グリーン発展を図る」キャンペーンを本格的に展開し、重点的に「茶園の有機肥料化モデル県2018」プロジェクトを始動させ、生態茶園での農薬・化学肥料ゼロ成長・減量化キャンペーンを全面的に推進し、全省で率先して「化学農薬・化学肥料ゼロ使用」茶園モデルプロジェクトを始動した。

②観光・レジャー産業の構築

「観光+」に真剣に取り組み、「観光+茶葉」「観光+文化」「観光+イベント」「観光+祭事」「観光+会議・展示会」「観光+学習旅行」を大いに発展させ、武夷山市の特色ある観光ブランドを打ち立てている。体験旅行に力を入れ、紅色ツアー・エコツアー・学習ツアー・産業観光ツアー・自然体験ツアーなど多くの特色ある優れた観光プランを売り出した。夜間観光に力を入れ、茶博園・「印象大紅袍[14]」・飲み屋街・雲河ナイトツアー・武夷山水上ショーなど崇陽渓沿いのナイトレジャー観光資源を整理統合して、リゾート地浜渓ナイトレジャー観光ベルトを打ち立てた。低炭素観光に力を入れ、全面的に低炭素型観光モデルエリアプロ

---

14 茶文化を主なテーマとした演劇。

ジェクトの建設を推進し、全国初の低炭素型観光プロジェクト「自在武夷・翼支付城[15]」の建設を始動させ、エコ文明建設と低炭素型観光のモデルとなった。全面的にウェルネス産業を支援し、引き続き「三養〔養育・養生・養老〕」基地・健身気功養生基地などを建設し、積極的に「深呼吸小都市100」「国際医療ツアー先行区」などのブランドを打ち立て、東方養心谷・神農谷養生園・福建中医薬大学附属リハビリ養老センター・朱子養生文博園などのプロジェクトを武夷山市に呼び寄せた。中国健身気功協会武夷山国際養生基地を設立し、「健身気功養生の聖地」というブランドを起ち上げた。彭祖(ほうそ)[16]養生文化を掘り起こし、彭祖四季養生宴〔四季の食材を使った薬膳の宴〕を開発し、彭祖導引養生観光・健身気功養生個人向け観光ルートを設け、ウェルネス産業の発展を推進した。

(三) 進展と成果

　長年の努力により、武夷山市の生物多様性保全とグリーン発展は目覚ましい成果を上げた。第一に、武夷山市の生物多様性は良好に保全されている。厳格な保護措置とエコバンクの試みとエコ産業の模索により、生態環境への経済・社会発展の干渉や破壊がますます減り、国家公園の試みを通してエリアをまたいだ統一的で差別化された管理方法を実施し、共同経営・共同管理・共同建設・共同利益といった生態系保全・管理の新モデルをつくり上げた。次に、エリア内生態系の本来の姿と完全な姿が効果的に守られている。原生林の植生と垂直分布が完璧に保存されており、生態系と生物多様性は良好に保たれ、自然な植生の被覆率は94.92％に達している。野生動植物は個体群を増やしており、広義のコノハガエル属の新種、「雨神ツノガエル〔Megophrys ombrophila〕」とオニノヤガラ属の新種、「福建天麻」が発見された。武夷山国家公園の主要な部分は、生物多様性保全モデルエリアおよび生態系回復・生態価値実現・生態系教育展示モデルエリアとなっていて、多くの国内外の関連高等教育機関と科学研究機構の学者・大学院生・大学生を科学研究・教育・実習に呼び込むとともに、南京林業大学と長期的な協力関係を樹立し、両者は提携して国家レベルと省部レベルの科学研究プロジェクト10項目近くを完成させた。2016年に武夷山市は全国初のエコ文明試験区（福建）

15　翼支付とは、中国電信グループが提供するモバイル決済およびデジタルウォレットサービスのひとつ。「自在武夷・翼支付城」は武夷山市に翼支付を導入し、地域経済発展を促進するプロジェクトのこと。
16　中国の伝説上の仙人。長寿をその特徴とする。

第 7 章　生物多様性保全と農村におけるグリーン発展の実践

図 7-17　武夷山市の豊かな自然風景（武夷山市提供）

核心区となり、2018 年には見事、国家エコ文明建設モデル市県に選出された（図 7-17）。

　良好な生態環境を活用してブランド力をつくり上げることで、武夷山市のグリーン発展の成果は華々しい。同市のエコ産業システムはほぼ構築され、茶葉と観光は二大重要産業になり、これをベースに模索された「農業＋観光」「農業＋生態」「農業＋文化」「観光＋文化」などの産業もまた比較的良好な発展を成し遂げた。2018 年に「乾毛茶〔初期加工済みの茶葉〕」の総生産量は 1 万 9,200t になり、茶葉の生産額は 21 億 1,200 万元だった。「大紅袍〔武夷岩茶を代表する銘柄〕」は 2015～2017 年 3 年連続で「地域ブランド力トップ 10」の栄冠を獲得し、「中国十大茶葉地域公用ブランド」の称号を得て、中欧地理的表示産品相互承認相互保護「100＋100」品目にその名を連ねた。「武夷岩茶」はブランド強度スコア 937 と評価され、ブランド価値は 693 億 1,000 万元であり、依然として全国茶葉類の第 2 位に輝いている。武夷山市は「中国における茶と観光の融合競争力トップ 10 県（市）」「中国茶業百強県（市）2018」の称号を得た。同時に同市の観光業の発展は新たなステージへと進み、第一期中国優秀観光都市・全国観光標準化モデル都市などに指定され、第一期国家重点風景名勝区・第一期国家観光リゾート区・第一期国家重点自然保護区・全国重点文物保護単位[17]・全国第一期 5A レベル風景観光区・全国十大文明風景観光区などとなり、相次いで国家生態観光モデル区・全国

17　国家レベルの文化遺産保護制度。

森林観光モデル県・国家エコ文明建設モデル市（県）に評定され、国家スマートツーリズム・国家公園システムモデル実験都市・国家全域観光モデル区などに加えられた。2019年の観光客受け入れ総数は延べ1,625万6,600人で、前年比7.3％増、観光収入総額は359億1,100万元で前年比16.5％増となった。

　この他、「エコバンク」の模索は確かな成功を収め、中央宣伝部による2019年の「宣伝重点」に加えられた。試行以来、五夫鎮は国家レベル田園総合体、国家現代農業園区、美しい水辺の村（中小流域管理）など一連のプラットフォームプロジェクトを総合させ、資源開発の整理を進めている。五夫鎮全域の資源価値は全面的かつ大幅に上昇し、鎮の新農村住宅地は、2018年の平均1㎡あたり2,500元から今では1㎡あたり3,600元にまで跳ね上がり、古い村落にある古民家の価格も1㎡あたり375元だったが、第三者評価で1㎡あたり2,100元に値上がりした。エコバンクも大量の社会資本投資を呼び込み、五夫鎮はすでに緑地グループ〔不動産開発企業〕・貴澳グループ〔各種農業関連の活動を行う企業〕・神玉文化グループ〔国内の文化芸術交流活動の企画を行う企業〕・国開発展基金有限公司[18]などの大手企業と交渉し、当初の投資の意向をほぼ達成している。また、「籍渓草堂」「諸子窯陶芸館」「舎倉民宿」「朱子佳酒」「熹柳鎮農特産品館」「武星農業」などの文化観光・アグリツーリズムプロジェクトも相次いで五夫鎮に定着した。このほか、エコバンクの試行も五夫鎮地元農民の収入を明らかに上昇させ、茶葉・ハス・干しタケノコ・キノコ・クリなどの特産品がオンラインのプラットフォームを通じて全国に販売されている。

18　証券以外の投資・投資運用・コンサルティングを行う企業。国家開発銀行の子会社。

第8章　生物多様性保全とグリーン発展戦略対策

　生物多様性保全は、経済発展、人民大衆の健康、人類の未来の福祉に関わり、「ミレニアム開発目標[1]」の実現にとって不可欠な内容である。生物多様性保全の強化は、エコ文明建設の重要な内容であり、グリーン発展推進の重要な足がかりでもある。ここ数年、各レベルの政府と関連部門は、それぞれ異なるエリアと分野で積極的な生物多様性保全措置を採用したが、気候変動、環境汚染、過剰な生物資源利用などさまざまな要素が依然として種の生存を著しく脅かしており、中国の生態系の質は相変わらず低く、生態系保全と経済発展の矛盾が比較的目立っており、生態系の供給能力と社会のニーズとの間には、まだまだ大きなギャップが存在し、生物多様性の低下という全体的趨勢は未だ効果的に抑制されていない。生物多様性保全とグリーン発展を強化するには、生物多様性保全のための法律・法規を完備し、国家公園を主とする保全システムの建設を加速させ、生物多様性基礎調査を実行し、種の遺伝資源バンク建設を推進・整備し、公衆の生物多様性保全への参加を促し、生物多様性保全のグローバルな協力を強化し、生物多様性の観測・警告システムを整え、生物資源の持続可能な利用モデルを探索し遂行し続けなければならない。

第1節　生物多様性保全とグリーン発展の主な問題

　生物多様性と一人ひとりの生産・生活とは密接な関係がある。中国は多種多様な生物多様性保全措置を取り、グリーン発展の基本理念を堅持しているが、未だに生物多様性低下の趨勢に歯止めがかからず、生物の生息地が奪われ、破壊され、

---

[1] 2000年9月、ニューヨークで開催された国連ミレニアム・サミットで採択された国連ミレニアム宣言と、1990年代の主要な国際会議やサミットで採択された国際開発目標を統合し、ひとつの共通の枠組としてまとめたもの。MDGs。

外来生物侵入のリスクはかなり高く、生物多様性を保全・管理する制度・政策はその完成が待たれ、生物多様性保全任務の実行も推進待ちで、生物資源が粗放的に利用されている、などの問題が存在している。

1. 生物多様性の減少傾向、未だ止まらず

（一）自然生態系の劣化

ここ数年、中国はまさに絶えず「緑化」されている。NASAのデータによると、2000~2017年の中国の新増緑化面積は135万1,000km²に達し、地球全体の純緑化増加面積の25％を占めている。そのうち42％は植林プロジェクトによるものであり（Chenほか，2019）、第9回全国森林資源精査の結果でも、中国の森林被覆率はすでに1970年代初頭の12.70％から22.96％にまで向上したことを示している。状況は改善傾向にあるが、中国の天然林の割合は依然として低く、森林面積全体のわずか63.7％であり、森林生態系の構造はシンプルで、病害虫への抵抗力は弱く、不健全な森林が多く、断片化程度がかなり高く、中・幼年期の森林が64％も占めていて、森林の劣化状況は楽観視できない。

草原の生態系劣化状況はより深刻であり、専門家の研究によれば、過去数十年、中国における乾燥・半乾燥地域でさまざまな草原劣化現象が見られる。例えば、チベット北部地域（曹旭娟ほか，2016）、三江源地域（劉紀遠ほか，2008）、新疆イリ渓谷（閻俊傑ほか，2018）などで、植生被覆率の減少、生物量の減少、毒草の割合の増加、といった具体的な現象が見られている。

その他、経済発展の推進により、湿地占拠現象が頻発しており、面積が減少すると同時に、工業・農業による汚染、湿地パッチの断片化、干ばつと水不足、過度な養殖・放牧などにより、湿地の生物多様性サービスの機能は劣化の一途をたどっている。『2019年中国海洋生態環境状況公報』によれば、監視測定している河口・湾・干潟湿地・サンゴ礁・マングローブ林・海草藻場などの海洋生態系は、「健康」16.7％、「亜健康」77.8％、「不健康」5.5％で、状況の劣化がいずれも顕著である。

（二）一部の種の絶滅危惧レベルが高まる

2019年5月に公布された、国連の生物多様性及び生態系サービスに関する政府間科学－政策プラットフォーム（IPBES）の「生物多様性と生態系サービスに関する地球規模評価報告書」によると、「世界の種の個体群はまさに減少中であり、種

は前代未聞のスピードで絶滅に向かっており、少なくとも、過去 1,000 万年の平均値と比べても数千倍のスピードであり、もし人類がこのまま無軌道な発展を続ければ、今後数十年以内に 100 万の種が絶滅するだろう」とのことである。『米国科学アカデミー紀要』において、ある研究者が指摘したところによれば、「第 6 次大絶滅期がすでに訪れていて、効果的な手を打つための時間的猶予は少なく、多く見積もっても 20~30 年しかない」（Ceballos ほか，2017）という。2019 年 3 月、国連が公表した第 6 期「全国環境展望」の報告は、「42％の陸上無脊椎動物と 34％の淡水無脊椎動物と 25％の海洋無脊椎動物が絶滅の危機に瀕している」と指摘している。

　2020 年 3 月、中国の国家林業・草原局は、絶滅危惧種救助プロジェクトを体系的に実施し、60 種以上の希少絶滅危惧野生動物の人工繁殖に成功し、一部の絶滅危惧野生動植物の減少傾向を逆転させ、個体群の数量全体を着実に増加させていると発表した。そのうち、ジャイアントパンダの絶滅危惧ランクは「危機」から「危急」に緩和され、野生ジャイアントパンダの数は 1980 年代の 1,114 頭から 1,864 頭になった。アジアゾウの数は 180 頭から 300 頭近くまで増加した。チルー〔Pantholops hodgsonii〕の保護ランクはすでに「危機」から「準絶滅危惧」にまで緩和され、その数は 7 万 5,000 頭足らずから 30 万頭以上にまで増加した。トキは最初わずか 7 羽のみであったが、野生と人工繁殖、合わせて 4,000 羽以上に増えた。この他、約 65％の国家重点保護野生植物と極小個体群野生植物が保護され、ソテツ科の徳保蘇鉄〔Cycas debaoensis〕、モクレン科の華蓋木〔Pachylarnax sinica〕、マツ科の百山祖冷杉〔Abies beshanzuensis〕、カバノキ科の天台鵝耳櫪〔Carpinus tientaiensis〕と普陀鵝耳櫪〔Carpinus putoensis〕などの 100 種近い極小個体群野生植物に緊急保護が加えられ、一部の絶滅危惧種の数量は順次回復している。

　状況が上向いているが、「国際自然保護連合絶滅危惧種レッドリスト」（以下「IUCN レッドリスト」）の統計によれば、中国では、依然として 535 種の動物と 631 種の植物が「深刻な危機」「危機」「危急」状態にある。『中国生態環境状況公報 2019』によれば、全国 3 万 4,450 種の既知の高等植物のうち、すでに脅威にさらされているのは 3,767 種あり、準絶滅危惧レベルは 2,723 種、等級データ不足が 3,612 種ある。4,357 種の既知の脊椎動物（海洋魚類を除く）のうち、脅威を受けているのは 932 種、準絶滅危惧レベルが 598 種、等級データ不足が 941 種ある。すでに知られている 9,302 種の大型真菌のうち、脅威を受けているのは 97 種、準絶

減危惧レベルは101種、等級データ不足は6,340種にも上る。

この他、一部の種の絶滅危惧レベルが高まるという現象も起きている。2009年に中国で行われた陸生脊椎動物絶滅危惧状況調査では、国家二級保護動物のうち、81種で絶滅危惧レベルが上昇している。2004〜2017年、シマアオジは「IUCNレッドリスト」のレベル評価で「低懸念」から「深刻な危機」という「5段飛び」を経験している。また、ミミセンザンコウ（尹峰ほか，2016）、マクジャク（孔徳軍・楊暁君，2017）などが類似の状況にあり、最近の密猟、生息地の環境悪化などといった外的要因や、自身の遺伝的要因によって大幅に数を減らしている。統計によると、中国の脊椎動物の絶滅危惧レベルは世界平均より高いが、両生類の絶滅危惧の割合はさらに高く、42％に達している。

（三）一部の遺伝資源の流失

遺伝多様性はバイオ技術研究の重要な物質的ベースであり戦略資源でもあるので、未来のバイオ産業のグリーン発展やワールドワイドな遺伝子の知的所有権競争および遺伝資源へのアクセスと利益配分の促進などといった点で、非常に重要な戦略的意義を有する。中国の遺伝資源は非常に豊富であり、遺伝子の種類も多く、七千年以上の農業開墾史が中国に豊富な遺伝資源を残した結果、中国は農作物と家畜の品種とその数が世界で最も豊かな国のひとつとされ、栽培作物は528類、栽培品種は1,339種、稲の品種は5,000種、大豆の品種は2万種、経済樹木の品種は1,000種以上、薬用生物資源は1万2,807種、原産観賞植物は7,939種、家畜は948品種、水産生物資源は約2万種あり、350種以上の農作物の遺伝資源合計51万点が保存されている。2015年には第3次全国農作物遺伝資源全面調査と収集キャンペーンが始動し、2019年までに、中国は199の国家レベルの家畜・家禽の遺伝資源保種場・保護区・遺伝子バンク、458の省レベルの保種場（区）を打ち立て、52のハイブリッドイネとハイブリッドトウモロコシ新種開発重点県、100の国家レベルの地域的優良繁殖基地を認定した。

しかし、指向性選抜育種の急速な発展に伴い、遺伝子の多様性はどんどん減少している。現在、地方の栽培植物と家畜の種類・品種は今まさに失われようとしており、優れた特性を持つものの産出量レベルが低い若干の品種はしだいに生産対象からはずれている。例えば、西洋ミツバチは世界中に伝播している。個体が大きく、環境適応力も高く、蜂蜜の生産量が多いため大量に飼育されているが、これにより、中国ミツバチの分布範囲は相対的に75％減少した。同時に、政府の

強力な提唱と政策の旗振りのもとで、少し前までは家々で少量栽培されていた小口作物が、次第に大口作物に取って代わられ、農作物の品種、人工林の品種、家畜・家禽の品種などの単一化が日増しに目立つようになり、遺伝的浸食がより一層激化した。全国第2次家畜家禽遺伝資源調査の結果によると、300カ所近くで家畜・家禽の品種数が減少し、15カ所ではすでに絶滅し、22カ所で絶滅に瀕しており、55カ所で絶滅危惧状態であった。遺伝子の多様性喪失は害虫・病原体・気候変動などの脅威に対する農業システムの抵抗力を大きく失わせる上、食糧の安全に対する一定の脅威にさえなる。

この他、異なる家畜・家禽の品種は、薬物などの科学実験において特殊な価値を持つ。例えば、海南省の五指山ブタには、高度な近親交配でも劣化しないという際立った特徴があり、かつ、数十項目の生理指標が人の数値と近似しているので、実験動物として理想的である。また、多くの地方の家畜・家禽の品種と民族・地方文化の風習とは密接な関係にある。例えば、チベット高原のチベットブタ、ヤクおよび、東北オロチョン族のオロチョンウマなどは皆、その民族特有の唯一無二の構成要素である。よって、これらの遺伝資源がもしも流失すれば、科学研究・教育・文化なども甚大なダメージを受けることになる。

同時に、中国では15～20％の作物の遺伝資源が今も未収集の状況にある。林木資源の中で、一部の樹木種はわずかに標本化されているか、数十年前に採集された少量の標本があるのみだ。特に西部は交通の不便さや技術力の薄弱さから、相当の遺伝資源が未だに収集できていない。それ以外にも、国内外の交流が日増しに盛んになるにつれて、各種遺伝資源が故意あるいは無意識に国外へ持ち出されているが、関連する伝統的な知識の財産権保護および利益配分制度が未だに形成されていないため、遺伝資源流失は深刻な状況になっている。遺伝資源保護のほかに、国外の種の導入・交換も強化する必要がある。現在、中国では、国外から導入された資源の量は全保存量のわずか18％にすぎないが、アメリカでは80％を上回る。また、過去10年、中国の作物遺伝資源の総量はわずか9％の増加だったが、同時期のアメリカでは資源総量が24％増加している（高吉喜ほか，2018）。

2. 生息環境・生息地が占拠・破壊に遭遇
(一) 生息環境・生息地の占拠

　種の絶滅、生物多様性喪失のスピードを緩和させるために、人々が保護地の構築を選択しており、このような現地保護モデルも、相対的に有効な、公認の生物多様性保全方式となった（Pouzols ほか，2014）。しかしながら、2019 年の IPBES 報告から見ると、保護地の任務と情勢は依然厳しく、生息地の破壊は、今のところ地球全体の種の絶滅における最大の原因である。都市化・工業化の急速な発展に伴い、人類活動の干渉は苛烈化し、生息環境は深刻な脅威にさらされているが、現地保全能力構築は極めて不足しており、動植物の生息地は大量に喪失・断片化し、中国では 900 以上の脊椎動物と 3,700 以上の高等植物が脅威にさらされている。今、地球上では約 100 万の種が絶滅危機に瀕し、その中で 50 万を超える陸生生物が生息地不足によって「絶滅不可避」となり、もし生息地が回復できなければ、多くの種が数十年以内に絶滅してしまうだろう。

　生息環境破壊の主な原因は、天然資源の採取や耕地の拡張、都市化である。例えば、シバムギモドキが群生している黒竜江省大慶地区は、大量の石油採掘のためにその優位性が低下し、雑草が侵入している。2008~2012 年、内モンゴル草原区では、年平均 5,000 万 t の石炭が増産され、草原面積 1,000 km² 以上を破壊している。柴刈りと肉蓯蓉(にくじゅうよう)〔ハマウツボ科ホンオニクの肉質茎を乾燥した生薬〕採取のせいで、ソウソウ〔Haloxylon ammodendron〕が主に群生している荒漠草原の植生が、人為的に破壊され、次第に砂漠化してしまった。草原と砂漠の生態区では、農業と牧畜の矛盾が顕在化し、増加した耕地はほぼ草地を占拠してできたものである。三江平原では、農業開発が湿地面積減少と機能低下の最大の原因であり、1950 年代中期以降、3 万 km² 以上の湿地が田畑へと変わった（Wang ほか，2015）。都市周辺では耕地の多くが建設用地に浸食され、例えば、1990 年代の京津冀地区のように、都市の新増用地の 74% が耕地に由来している（Tan ほか，2005）。これ以外にも、鉄道・高速道路・草原の柵などのインフラは、野生動物の生息地面積の減少や断片化を招き、野生動物の活動・エサ探し・移動を制限し、さらに個体群の間での遺伝子隔離をも招くだろう。

　自然保護区は絶滅危惧野生動植物種の天然の集中分布区であり、その保全活動はいっそう重視されるべきである。2019 年末までに、全国で国家公園をメインとした各行政レベル・各種類の保護地が 1 万 1,800 カ所以上建設され、各種自然保

護区の面積は172万8,000km²以上で、全国の陸地国土面積の18.0％、管轄する海域面積の4.1％を占め、「愛知目標」で提起された2020年までに17％を達成するという目標を前倒しで実現した。各種の生態保護区域（重複を含む）の総面積はすでに全国陸地国土面積の50％を超え（楊鋭・曹越，2018）、生物多様性保全、自然遺産保存、生態環境の質の改善、国の生態安全維持といった面において重要な役割を発揮している。

しかし、ここ数年、甘粛省祁連山脈の生態系破壊、新疆カラマイリ（卡拉麦里）保護区の鉱山への譲歩による縮小、陝西省秦嶺での違法別荘建築などといった事件が相次いで発生し、現地の生物多様性に甚大な被害を及ぼしている。データによれば、2019年上半期・下半期の国家レベル自然保護区では、人間の活動の新増あるいは規模拡大が、それぞれ1,019カ所、2,785カ所、総面積はそれぞれ8.98km²、6.42km²になった。

（二）生息環境・生息地の汚染

ここ数年、中国は「汚染を防止・管理する戦いへの取り組み」を繰り返し強調しており、2019年には全国の生態環境の質が総体的に改善され、大気の質の改善も一層向上し、水質環境は持続的に改善され、海洋環境状況は着実に向上し、土壌環境のリスクは基本的に抑えられた。2015～2019年、中国は化学肥料・農薬の使用量をそれぞれ、10.3％、15.7％減少させた。

生態環境の質は次第に改善されているが、2019年、中国では未だに25.1％の観測地点で地上水三類水標準[2]を達成しておらず、海への流入地点ではなおのこと、54.1％が三類水標準に達していなかった。2014年の「全国土壌汚染状況調査公報」によれば、全国全ての土壌観測ポイントにおける基準オーバー率は16.1％であり、耕地・森林地・草地の土壌観測ポイントにおける基準オーバー率はそれぞれ、19.4％、10.0％、10.4％だった。農薬・殺虫剤・化学肥料・石炭・石油の広範な使用により、大量の有毒物質が生み出され、大気・土壌・水質の汚染は深刻化し、生物多様性および種の生息地に深刻な影響を与えている。例えば、雲南湖ユンナンイモリ〔Cynops wolterstorffi〕はかつて雲南省などに分布しており、主に滇池〔雲南省最大の湖〕周辺で生息していたが、1956年には、滇池周辺の人口増加

2　水質基準のひとつ。水域状況を一類～三類に分類する。一類水は飲料水源・生活用水源として使用可能。二類水は生活用水源・農業用水源として使用可能。三類水は工業用水源・景観用水源として使用可能。

に伴い、工業廃水と生活汚水が未処理のまま滇池に放出されたため、溶存酸素量〔水中に溶解している酸素量〕と透明度が低下し、水質が破壊され、1970年の「干拓」によってさらに生息地が破壊され、最終的にユンナンイモリは1979年に絶滅が宣言されるに至った。

3. 外来種の侵入リスクは依然として大きいまま

　研究によれば、外来種のおよそ10％は新しい生態系でも自力で繁殖可能であり、これら自力繁殖が可能な外来種のさらに10％が、生物災害をもたらして侵略的外来種となるという。侵略的外来種は、長期的かつ持続的に生態系を破壊し、生物多様性を脅威にさらす。侵略的外来種による排除と競争によって、多くの在来種の数は低下し、最悪の場合は絶滅する。

　2019年の時点で、全国ですでに660以上の侵略的外来種が確認されている。その中で、71種が自然生態系にすでに脅威をもたらしたか、あるいは潜在的な脅威となっているとして「中国外来侵入物種リスト」にリストアップされている。67の国家レベル自然保護区における侵略的外来種調査結果によると、215種の侵略的外来種がすでに国家レベル自然保護区に侵入し、そのうち、48種の侵略的外来種が「中国外来侵入物種リスト」にリストアップされている。農田生態系は種が単一であるゆえ、リスクへの抵抗力が弱く、外来種侵入による影響が深刻になっている。現在、生態環境部は、中国科学院と連合して4回にわたり侵略的外来種リストを発表し、かつ「外来種環境リスク評価技術ガイドライン」を発表し、国家レベル自然保護区における侵略的外来種の調査を重点的に行っている。

4. 生物多様性保全と管理制度・政策の完全化が必要

　現在、中国政府は、主に「中華人民共和国環境保護法」「中華人民共和国草原法」「中華人民共和国森林法」「中華人民共和国野生動物保護法」「中華人民共和国畜牧法」「中華人民共和国種子法」「中華人民共和国出入国動植物検疫法」などを含めた、生物多様性の保全に関わる一連の法律を公布し、また、「中華人民共和国自然保護区条例」「中華人民共和国野生植物保護条例」「農業遺伝子組換え生物安全管理条例」「中華人民共和国絶滅危惧野生動植物輸出入管理条例」「野生薬材資源保護管理条例」などを含む一連の行政法規を公布した。関連業界の主管部門と一部省レベルの政府でも、対応する法規・地方法、基準・規範を制定してはいる

が、未だにいくつかの問題が残っている。

（一）包括的生物多様性保全法の欠如

現在、生物多様性保全関係規定は「中華人民共和国環境保護法」「中華人民共和国草原法」「中華人民共和国森林法」「中華人民共和国野生動物保護法」などの関連法に分散しており、その多くの規定は原則的な性格を持つものであるため、具体的措置を実行可能にする条例や管理規則に欠ける。生物多様性保全の体系性・科学性・規範性を強化するために、国は生物多様性保全のための特別法を制定する必要がある。近年、多くの全人代代表・政協委員が相次いで積極的に生物多様性保全分野での単独立法を求めており、特に「中華人民共和国生物安全法」立法過程では、全人代の代表も同様の提案をしている。

（二）野生動植物の保全と監督における法律的根拠の欠如

「三定」の職責規定によると、生態環境部は「野生動植物保全を監督する」責任を担うが、現在の「中華人民共和国野生動物保護法」「中華人民共和国自然保護区条例」などの関連法律・法規には関連規定が存在せず、かつ、関係部門が制定した「生態環境保護総合行政執法事項目録」には、生態環境主管部門に野生動物保全の法執行責任があるとは規定されていない。監督管理・法執行を行うための法律的根拠を欠くため、生態環境部は、監視・監督部門として効果的に職務を執行する術を持たない。

（三）生物遺伝資源へのアクセスと利益配分を管理する上で未だに法律的空白が存在

「生物遺伝資源へのアクセスと利益配分〔ABS〕」は、「生物多様性条約」を履行するための現実的な要請であり、生物遺伝資源を監視・管理する上での中国の重要なコンテンツでもある。現行の法律・法規は主に国家重点保護種を管理しているが、微生物遺伝資源、遺伝資源派生物、関連する伝統知識の管理、特に生物遺伝資源の利益配分・特許保護・出国管理などといったポイントで監視・管理できていない。2015年、環境保護部は「生物遺伝資源へのアクセスと利益配分の管理に関する条例」の立法プロセスを推進し始めたが、上位法に根拠が欠けている上に、関連職責部門が多く、各部門の意見すり合わせの難易度が高くなり、現在のところ、全体的な立法プロセスは比較的遅れている。

（四）侵略的外来種管理に関する特別法律・法規の欠如

侵略的外来種に対する現行の法規定の大部分は原則的なもののみであるため、

細分化して実施する侵略的外来種管理に特化された法規が必要である。現在制定中の「中華人民共和国生物安全法」はすでに侵略的外来種管理に関するいくつかの明解な規定を設けており、侵略的外来種管理に関係する法規制定のために、上位法による根拠も提供している。

5. 生物多様性保全任務の実施は未だ推進が必要

　近年、中国政府は積極的に「中国生物多様性の保全戦略・行動計画」（2011-2030年）を実施し、生物多様性保全のための制度的メカニズムを徐々に整え、現地保全と域外保全を強化し、劣化した生態系を回復させ、法執行の検査と責任追及を強化し、科学研究と人材育成を向上させ、民間の参加を促進し、国際協力を本格化させるなどの政策措置によって、規定された目標・任務をほぼスムーズに完了したが、侵略的外来種の早期警戒・観測と緊急対応能力の向上、生物多様性保全と管理機構の構築、人工個体群の野生化と野生個体群の回復の強化、生物多様性に対する環境汚染の影響の削減、生物遺伝資源と生態系のバックグラウンドの調査、生物遺伝資源と関連伝統知識の調査・編纂、生物遺伝資源および関連伝統知識の保護・取得・利益配分の制度とメカニズムの制定、自然保護区のモデル化構築、気候変動に対応した生物多様性保全行動計画の制定、バイオ燃料生産が生物多様性に与える影響力の評価などといった方面での進捗は緩慢で、任務を果たすにはそれらの推進が待たれる。

6. 生物資源の粗放的利用

　生物多様性に対する生物資源の粗放的利用と無秩序な開発の影響は顕著である。森林生態系方面では、一部地域で過度に森林を伐採し、森林群落の類型が減少し、動植物の種類もそれに伴って消失あるいは移動を余儀なくされた。草原生態系方面では、草原の主導的機能の位置づけが不明確であったため、草原資源は農業生産の重要な資源として長年にわたって過度に利用され、かつ必要な生態補償システムも欠いたため、草原生態系の赤字は日々積み重なっていった。海洋生態系方面では、商業漁業がすでに海洋生物多様性の最大の脅威となっている。海洋での捕獲能力が高まるにつれて、一部の重要な商業魚種は過剰捕獲にさらされ、利用量が資源の自然更新量をはるかに追い越したため、資源は次第に枯渇し、近海エリアの生物種の組成・豊富さ・均質度などが大きく変化した。底引き網や毒

撒き漁やダイナマイト漁などは魚にとって大きな災難であるのみならず、生態系全体にとっても著しい破壊行為となり、海洋生物多様性の安定性に深刻な影響を与えた。

7. 気候変動の影響が絶えず増大

気候変動は世界の生物多様性の重大な脅威のうちのひとつであり、気候の微変動も種の分布に顕著な変化を生み出す可能性があり、ひいては種の絶滅を招く。温度の変化は種の生理活動と性別発育に重要な影響を及ぼし、降水量の変化は、主に種の生理的活動と繁殖の過程に影響を与える。多くの種にとって、気候はさらに種の食物構造と生息地の環境を通して間接的にその生存と繁殖・育成に影響する。と同時に、生物多様性と気候変動とは双方向的に関係するため、生物多様性喪失と自然生息地劣化もまた気候変動を引き起こす（荘国泰・沈海濱, 2013）。ここ50年で、気候の温暖化・湿潤化により、チベット高原およびそこに隣接する地域の氷河面積は縮小し、永久凍土面積は減少した。氷河・凍土の縮小は生物多様性に対して必然的に影響し、一部の生物（無脊椎動物のような）は生息地の変化に適応できなかったため、最終的にはエリアの生態系の変質を招いた。高地・寒冷地に生息する動物、例えば、絶滅危惧種のオコトナ・イリエンシス〔Ochotona iliensis〕とオコトナ・コズロフ〔Ochotona koslowi〕は、気候変動によってその生息地が減らされたため、より海抜の高いエリアへの移動を余儀なくされ、劣悪な生存環境と、分布が散り散りになったことが繁殖を困難にし、ひいては種の絶滅を招く可能性もある。その他、低海抜エリアの動物に対しては、降水量の増加に伴って植生が拡張され、生息地の範囲もそれに伴って拡大し、種の繁殖を加速させる可能性がある。

第2節　生物多様性保全とグリーン発展の戦略目標

1990年代から、中国政府はすでに生物多様性保全を生態環境保全業務の重点として、「中国アジェンダ21」で生物多様性保全を重要項目に列挙している。習近平総書記は十九全大会報告のなかで「生態安全障壁システムを最適化し、生態回廊と生物多様性保全ネットワークを構築し、生態系の質と安定性を高める」と強調している。2019年、韓正副首相は中国生物多様性保護国家委員会会議を主催し、

「生物多様性は人類が生存・発展する基盤である。生物多様性保全を強化することは、エコ文明建設の重要な内容であり、質の高い発展を推進する重要な手がかりである」と表明した。

1. 国家の重要な戦略と計画で確定した戦略目標

　生物多様性保全は目下、徐々に国の各種の計画に組み入れられており、「国民経済と社会発展の第13次5カ年計画綱要（2016-2020年）」で、生態系保全・回復を強化し、生態回廊と生物多様性保全ネットワークを構築し、各種の自然生態系の安定性と生態系サービス機能を全面的に高め、堅固な生態安全障壁を築くことが明確に打ち出された。国家エコ文明建設モデル市県創建指標と「美しい中国」建設評価指標では、ともに生物多様性保全の側面（国家重点保護野生動植物保護率、外来種侵入状況、特有性または指示性のある水生種保持率）に触れている。旧環境保護部は「中国生物多様性保全優先区域範囲」を公布した。生態環境部は農業農村部・水利部と共同で「重点流域水生生物多様性保全方案」を公布した。

　それ以外にも、中国の経済成長における資源・環境の束縛は年々激化しており、党と政府は速やかに戦略を調整し、経済発展をモデルチェンジし、科学的発展・グリーン発展のルートを進まなければならないと提起した。グリーン発展の理念を貫き通し、保全する中で発展し、発展の中で保全してこそ、重要な生態系と種の資源の喪失を避けることができ、生態系の永続的なサービス機能と生物多様性資源の持続的活用という潜在力が発揮され、中国の未来の経済・社会の発展に重要な資源的貯蓄を提供することができるからだ。生物多様性の価値を経済・社会の発展と農業生産に組み込み、自然への圧力を減少させ、自然に基づく解決方法を提案し、生物多様性の損害を減らし、また、病害虫や気候変動に対する生態系の抵抗力を高めるべきである。

　同時に、生物多様性保全とグリーン発展は地球全体の生態安全に関わるとともに、世界の個人一人ひとりと密接に関わるので、国内の各種計画の他に、国外の組織も中国の生物多様性保全とグリーン発展に望みをかけているのである（表8-1）。

2. 新時期生物多様性保全目標設定の重点的研究内容

　生物多様性喪失を抑制し、持続可能的に資源を管理し生態系を回復させることは皆、中国昆明市で開催されるCOP15の任務である。協議を始めるため「生物

第 8 章　生物多様性保全とグリーン発展戦略対策

表 8-1　生物多様性保全とグリーン発展の目標・戦略

通達	目標と戦略
「エコ文明建設の加速推進に関する意見」(2015 年)	2020 年までに、生物多様性喪失速度を基本的に抑制し、全国の生態系の安定性を明らかに増強する。
「国民経済と社会発展の第 13 次 5 カ年計画綱要 (2016-2020 年)」(2016 年)	保全優先・自然回復を主とすることを堅持し、自然生態系の保全と回復を推進し、生態回廊と生物多様性保全ネットワークを構築し、各種の自然生態系の安定性と生態系サービス機能を全面的に引き上げ、堅固な生態安全障壁を築く。生物多様性保全の重大なプロジェクトを実施する。自然保護区建設と管理を強化し、典型的な生態系・種・遺伝子・景観の多様性保全レベルを強化する。生物多様性のバックグラウンド調査と評価を展開し、観測システムを整える。生物資源保全バンク (圃) を科学的に計画・建設し、野生動植物の人工個体の保育基地と遺伝子バンクを建設する。外来種の侵入と遺伝資源喪失を厳重に防止・管理する。野生動植物の輸出入管理を強化し、象牙など野生動植物製品の違法な貿易を厳しく取り締まる。
「中国生物多様性の保全戦略・行動計画」(2011-2030 年) (2011 年)	2030 年までに、生物多様性を着実に保全させる。各種保護区の数と面積を合理的なレベルにまで引き上げ、生態系・種・遺伝多様性を効果的に保全する。完璧な生物多様性保全政策・法律システムと生物資源の持続可能な活用メカニズムを形成し、生物多様性保全を大衆の自覚的な行動にする。
「生物多様性の調査・観測・評価実施方案 (2019-2023 年)」(2019 年)	2023 年までに、生態系・種・遺伝多様性の 3 つのレベルで全国生物多様性状況評価を完成させ、生物多様性の監視・管理プラットフォームを構築し、脅威となる因子を明確にし、保護と監視・管理のモデルを練り上げ、自然環境監視・管理能力を強化する。長江経済ベルトと京津冀エリアという 2 つの国家戦略発展区の生物多様性保全優先エリア、ならびに中国沿岸の重要な臨海湿地の生物多様性状況と脅威となる因子を重点的に把握し、典型的な生態脆弱区の生態系変化趨勢を究明する。700 以上の重点種と生物遺伝資源の現状と保全の成果を洗い出す。観測ネットワークを最適化して、哺乳類や鳥類などの指標生物の動態変化を把握する。ホットな問題に対応するシステムを構築し、影響力のある政策・提案を提起し、高レベルの学術的成果を公表し、生物多様性保全エリアにおけるイノベーション人材を育成し、最終的には「5 つの 1」目標を実現する。すなわち、①生物多様性の調査・観測・評価技術の標準規範と監視・管理制度のシステムのセット、②全国生物多様性観測ネットワーク、③全国生物多様性の展示プラットフォーム、④種および生物遺伝資源標本館ネットワーク、⑤生物多様性保全監視・管理人材チーム 1 つが全面的にエコ文明建設をサポートする。
「生物遺伝資源管理を強化する国家事業方案 (2014-2020 年)」(2014 年)	2020 年までに、生物遺伝資源および関連する伝統知識の保護・利用の状況をほぼ究明し、生物遺伝資源基礎データ国家プラットフォームと関連伝統知識国家デジタル図書館をあらかた構築し、生物遺伝資源および関連伝統知識の法律・法規と制度システムをさらに整備し、国家監視・管理システムをおおむね形成する。
「中国林業遺伝資源保全と持続可能な利用行動計画 (2015-2025 年)」(2015 年)	2025 年までに、法律が完備され、メカニズムが整い、保全が効果的で、管理が秩序立っていて、科学的に評価できる林業遺伝資源管理システム、バックグラウンドが明確で、構造は完全、保全が安全、監視・管理が規範に沿った林業遺伝資源保全システム、および基準が整い、資源が共有され、利用が合理的で、利益が配分される林業遺伝資源活用システムをひとまず構築する。全面的に林業遺伝資源の研究・観測、および保存能力を高め、90％以上の稀少で絶滅が危惧される樹木と 80％以上の中国固有の樹木の遺伝資源を保全する。稀少な絶滅危惧野生動植物の遺伝多様性を安定的に保全する。重要な資源である微生物を効果的に保存する。資源大国から資源強国への転換を基本的に実現し、林業遺伝資源を着実に保全し持続可能な活用を実現させる。
「重点流域の水生生物多様性保全方案」(2018 年)	2030 年までに、整った水生生物多様性保全政策・法律体系と生物資源の持続可能な活用メカニズムを形成し、重点流域水生生物多様性を着実に保全する。

通達	目標と戦略
「中国の持続可能な開発のための2030アジェンダ実施に関する国別方案」（2016年）	2030年までに、「国連砂漠化対処条約〔UNCCD〕」の土地退化のゼロ増加目標が設定したモデルプログラムに参加する。砂漠化・石漠化・水土流失の総合的な対処を推進し、土地の砂漠化を予防し、砂漠化した土地の管理の範囲を絶えず拡大し、砂漠エリアの生態保護と建設を強化する。山地の自然生態系の安定性と生態系サービス機能を全面的に高め、堅固な生態安全障壁を構築する。国家林木遺伝資源バンクを構築し、標準化された遺伝資源保存システムを形成する。科学的に森林公園建設・管理システムを最適化させ、森林多様性資源の共有と活用を促進する。
「グローバル種の保全活動アブダビイニシアティブ」（IUCN, 2019）	種の保全活動を大規模に展開し、絶え間なくエスカレートする生物多様性の危機に対応する。世界各国の政府・国際機関・民間部門はこれに応じて緊急措置を取り、絶滅が危惧されている種を救済し、さらに個体群の減少・絶滅をもたらす主たる脅威に対応すべきである。2030年までに、種の減少を阻止し、人為的な種の絶滅を防止し、また、脅威にさらされている種の保全状況を改善し、2050年までに脅威にさらされている種の広範な回復を達成する。
「地球生命力報告2018」（WWF, 2018年）	WWFの盧思騁中国総幹事は以下のように示している。「2020年の『生物多様性条約』第15回締約国会議〔COP15〕を中国で開催し、2020年以降の、グローバルな自然保護の枠組を制定する。中国がエコ文明を打ち出したことで、WWFは中国がリーダーシップを発揮し、大胆で実行可能なプランの成立を促し、COP15を画期的な大会とするよう希望している」。

多様性条約」公式HP（https://www.cbd.int/）上で、2020年1月13日から「ポスト2020生物多様性枠組」の予稿が公開され、また9月1日にこれが更新された。この中には2050年の長期目標が4つ、2030年の行動目標が20含まれている。

次なる一歩として、中国の生物多様性保全に存在する問題を、COP15の設定した目標と結びつけ、中国の「第14次5カ年計画」期間、今後10年間および長期の生態環境保全、エコ文明建設、「美しい中国」建設の総体的目標と配置に基づき、新たな時代における各段階の目標と戦略を設定しなければならない。そのため、以下の方面から考察を展開する必要がある。

(一) 中国の生物多様性保全の成果を総括する

関連する法規政策・調査評価・現地および域外保全ネットワークシステムの構築、外来種侵入の予防とコントロール、生物多様性保全と貧困削減などの面から、中国の生物多様性保全と条約履行の具体的な方法と成果を全面的に総括し、現存する問題と欠点を見定める。十八全大会以降の、生物多様性保全に対する中国のエコ文明建設の重大な推進作用を浮き彫りにし、さらに、生物多様性保全のベース・現状・課題・未来の方向をより明確にする。

(二) 速やかにグローバルな生物多様性保全の目標および活動の動向を追跡する

「ポスト2020生物多様性枠組」「EU2030生物多様性戦略——自然回復計画」などの成果を収集し、国際的な生物多様性保全の新たな動向を追跡する。COP15の

事前準備、主要な議題・主な内容の進展などを関連づけ、速やかに目標戦略を調整する。

(三) 中国の生物多様性保全エリアのシステム構築を研究する

国家公園を主体とした自然保護地システムを構築するという中国の総体配置要求の下、生物多様性保全優先区域・自然保護地システム・生態保護レッドラインを主とする生物多様性保全エリアのシステム構築の研究をより進め、生物多様性保全小区・生物回廊など、関係する施設の建設と保全を増加させる。

(四) 将来的な生物多様性保全優先エリアと具体的な行動を研究する

「中国生物多様性の保全戦略・行動計画」(2011-2030 年) の各分野と各活動の進展・差異を全面的に総括した上で、既存分野や活動と今後の業務との結びつきを強め、保留すべき優先エリアと活動を分析し、補充・増加すべき領域と行動をさらに提案する。例えば、都市の生物多様性の保全と発展、生物多様性のグリーン産業、生物資源と生態系の価値計算などといった優先分野を強化し、関連する行動計画を細分化する。

(五) 生物安全と気候変動といった重点的な地球規模の問題に対応する戦略を研究する

エボラウイルス・新型コロナ肺炎・アフリカ豚コレラなどが全世界に影響を与えているという事態に鑑み、生物安全対応措置に関する研究に力を入れ、優先分野および行動計画に、動植物・微生物・侵略的外来種・生物資源輸出入など生物安全方面の政策・制度・技術的重点・任務配置を盛り込む。気候変動に対応し、生物多様性に対する気候変動の負の影響を少なくする面での行動計画を増やす。

(六) 生物多様性の保全とガバナンスシステムを研究・提案する

国家環境ガバナンスシステムとガバナンス能力の現代化という要求に照らして、生物多様性の保全・ガバナンスシステムを提案し、体制・メカニズム、制度・政策、インフラ、能力構築などの面での具体的な要求と措置を明確にする。中国生物多様性保全国家委員会の総括・協調作用を強化する具体的措置を提起し、生物多様性保全活動に対する生物多様性保全国家委員会の全体的なデザインと統一的指導を強める。

第3節　生物多様性保全とグリーン発展の主な対策と任務

1. 生物多様性保全重要プロジェクトの持続的推進

　生物多様性保全重要プロジェクトは以下の内容を主とする。生物多様性調査・評価を徹底的に行う。生物多様性観測ネットワークを構築してその動態変化の趨勢を把握する。現地保全を強化して生物多様性保全ネットワークを整備する。域外保全を強化することで国家の戦略資源を蓄える。生物多様性回復試行モデルを展開して生態系サービス機能を高める。生物多様性保全と貧困削減を並行して推し進めることで従来型産業のモデルチェンジとアップデートを促進する。下支え能力を強化して各行政レベルの生物多様性保全水準を高める。将来的には、新たな時代の生物多様性保全目標の更新に合わせ、継続してより多くのプロジェクトを展開するべきである。

2. 生物多様性基礎調査の本格的展開

　生物多様性の調査・観測とは、生物多様性のベースを徹底的に調査し、その動態変化の趨勢を把握し、脅威となる因子を認識し、その保全の成果を分析するための基礎作業と根本的な方法である。中国の生物遺伝資源状況と被害状況を全面的に把握するためには、継続した全国生物遺伝資源調査と生物多様性調査が不可欠であり、中国における栽培植物、家畜・家禽の遺伝資源や水生生物・観賞植物・薬用植物などの遺伝資源の状況を定期的に調査し、重点種と生物遺伝資源に対して、その分布状況、絶滅危機度、危険因子、遺伝多様性、取引状況、現地保全と域外保全（人工繁殖個体群）の現状などについて調査と評価を行い、観測ネットワークを最適化し、哺乳類・鳥類の指標生物の観測と評価を行う。調査によって生物多様性のベースをほぼ洗いざらい整理し、観測を通して生物多様性の状況およびその変化を把握し、評価を基に生物多様性が変化する原因を明確にし、中国の生物多様性保全レベルと管理・政策決定能力を全面的に向上させる。

（一）生物多様性のベースを継続して総合的に調査する必要

　重点地区と重点種に対して資源調査を行い、河川型湿地の水生生物資源のベースおよび多様性の調査を展開し、国家と地方における種のベース資源の編目データバンクを作り上げ、定期的に全国野生動植物資源調査を行って、資源のファイ

ルとリストを作り、国家生物多様性情報管理システムを立ち上げる。地理情報システム、ビッグデータ融合分析、種の分布モデル、シミュレーション分析モデルなどの技術を採用し、重点区域と重点種の調査・観測データを総合的に分析し、生物多様性の現状と脅威となる因子や保全状況を評価する。生物資源調査における種の発見などの業務に対する支援を増やし、種のリストを充実させ、生物多様性情報管理システムを、確実な科学的データを基盤に構築していく。特定の条件を持つエリアでは、生物多様性の動態変化を研究し、それが自然あるいは人間活動による干渉を受けてからどのように回復していくかというプロセスを理解し、生物多様性保全と回復措置の制定に理論的根拠を提供する。

(二) 生物遺伝資源と関連する伝統的知識の調査とリスト作り

辺境地区と少数民族地区を重点とし、地方の農作物と家畜・家禽の品種資源および野生の食用・薬用動植物、菌類資源の調査・収集・整理を行い、国家遺伝資源データバンクに登録する。重要な林木、野生の草花、薬用生物、水生生物などの遺伝資源を重点的に調査し、資源の収集保存・リスト化・データバンク建設を行う。少数民族地区における生物遺伝資源に関係する伝統的知識・イノベーション・実践について調査し、データバンク構築によって、共に利益を享受する研究を行い、モデルを示す。

(三) 生物多様性の監視・測定と警戒

生態系と種資源の監視・測定標準システムを構築し、生物多様性監視・測定業務の標準化と規範化を推進する。生態系および異なる生物群に対する現代的な監視・測定を行う設備・施設の開発と建設により力を入れる。目下最も主要な中国森林生物多様性監視・測定ネットワーク（CForBio）のような、生態系と生物多様性を監視・測定する既存の能力に依拠し、各種生態系の生物多様性監視・測定ネットワークシステムを構築し、システマティックな監視・測定を行ってデータ共有を実現し、国家と地方がいつでも新しい状況を更新できるような生物多様性保全監視・管理プラットフォームを構築する（Fengほか、2016）。生物多様性予測・警戒モデルを開発し、警戒技術システムと応急対応メカニズムを構築する。生物多様性調査方式の独創的な研究を行い、分子シークエンシング、赤外線カメラ、衛星リモートセンシング、ドローンテレメトリーなどといった技術を十分に活用し、生物多様性監視・測定の情報化レベルを高め、局地・景観・エリア・地球規模といった一連の尺度から、生物多様性の組成およびその変化と被害レベルや、直接

反映する質・量に正確な論述を提示する（郭慶華・劉瑾, 2018)。

(四) 生物多様性の総合評価

　生態系サービス機能、生物種資源の経済価値の評価システムを開発し、生物多様性の経済的価値評価試行を展開する。全国の重要な生態系と生物群の分布構造、変化の趨勢、保全の現状、存在する問題に対する評価を行い、総合評価報告書を定期的に公表する。絶滅危惧種に対する評価メカニズムを構築し、定期的に「中国生物多様性レッドリスト」を公開する。

3. 国家公園保護地システム構築の加速

　国家公園保護地システム構築の重点任務は、まず現有保護地の位置と範囲が合理的であるかどうかをはっきりさせ、速やかに調整を行うことである。多くの保護地は、成立したときに科学的・合理的なプランが存在していなかったため、保護する意義がない多くのエリアも保護地に含まれてしまっていた。大まかな統計によると、国家レベルの自然保護区核心区内だけで都市的地域が2カ所、行政郷鎮地区が72カ所あり、人口約40万人、耕地は17万9,000haで、そのうち、永久基本農田が8万3,000haある。国家レベル自然保護区内には探鉱権を有する場所が1,855カ所あり、重複面積は約6万9,107km²で、鉱山採掘権は782カ所あり、重複面積は2,421km²になる。鉱物資源開発と自然保護区管理は明らかに衝突している。これに加え、一部の重要な自然生態系、自然遺産、野生動物の重要な生息地、希少な絶滅危惧野生動植物原生地は今なお自然保護区に指定されておらず、特に海洋生態系保全と水生生物保全が不十分で、海洋タイプの自然保護地内の海洋保全面積は、中国が管轄する海域面積の4％前後を占めているが、保護目標とは明らかにギャップがある。

　次に、地域ごとの状況にもとづき、どのように保護地面積を拡大するかを確定しなければならない。人口集中地区に対しては、郊外の公園・保護小区などを活用して、断片化した生息地を連結させ、空間配置を最適化し、保護地のつながりと全体の保護能力を向上させることができる。長期的に人類の影響を受けているエリアに対しては、それぞれの地域コミュニティと自然との関係を活用して、資源の持続可能な利用と新たなタイプの保護地モデルを推進し、既存のベースを前提として保護地面積を拡大させる必要がある。

　生態回廊は、自然保護区における種の移動を保証し、エリアにおける生態安全

の枠組を維持する重要なベースであり、断片化した生息地を連結して生物が生活し、移動し、移転する生態回廊を構築することは、一刻の猶予も許さない状況にある。中国の生物多様性保全という重大なプロジェクトにおいては、すでに生態回廊構築をプランに組み込んでおり、速やかに始動させ、また全体的なプランニングを進め、絶滅危惧レベルの高い種を選別し、速やかに生態回廊プロジェクト構築を試行し、辺境の自然生態系保全が良好な国境にまたがるエリアを活用し、国境をまたぐ大型の生態回廊を建設することで、クロスボーダー生物多様性保全を強め、クロスボーダー生態安全を維持する。率先して雲南省や東北の辺境地域に国際保護区生態回廊を建設する。例えば、中国、ラオス、ミャンマー、ベトナムのアジアゾウの生態回廊、中国、パミール高原の生態回廊、中国、ロシア、朝鮮民主主義人民共和国の白頭山、張広才嶺、完達山区域のアムールトラとアムールヒョウの保護生態回廊、中国、ロシア、モンゴルのフルン湖の有蹄類動物生態回廊などである。

　自然保護小区は、敷地面積が小さい、設置のプロセスが簡単、速やかかつ簡潔に建設できる、管理が柔軟にすばやくできる、保護対象への集中度が高い、コミュニティが自力で管理できる、大衆の保護知識・意識を高めることができるなどといった、一部の自然保護区にはない利点と特徴を有している。したがって、自然保護小区は自然保護区の不足を補う効果的な措置になる。中国の自然保護小区は一般的に政府が認定した小規模なエリアであり、通常は面積はかなり狭いが、保護小区間の面積差が大きく、1haから2,000ha以上までばらつきがある。自然保護小区は一般的に、安定した境界と、明確な保護対象と、責任を負う管理者を有する。中国では現在、県や県以下の行政機関が自然保護小区を設定するのが一般的であるが、村民が自発的に設定・管理しているものや、歴史文化や伝統習俗などの要因から自発的に形成された小型の保護区も存在する。数量と面積の急速な増加に伴って、自然保護区に対するその補助的機能はますます際立ち、生物多様性保全における地位や役割もますます高まるだろう。このような状況下で、各レベルの政府は、法律・法規や政策および補償措置などといった相応の保障システムを確立するとともに、技術支援を強化し、自然保護小区の安定的な発展を推進すべきである。

　保護地の範囲を確定することをベースに、自然保護地の監視・管理システムを確立すべきである。現在、一部の保護区では保全効果が低いため、密猟がしばし

ば発生している。例えば、雲南省の多くの保護区では、銃を持って密猟したり、鉄製のトラバサミを設置したり、落とし穴を作ったりといった住民の違法な活動が記録されている。一部の自然保護地は辺境に位置し、人家もまばらなので、内部に社会的な監督が欠け、一部の保護地の管理団体とコミュニティのメンバーには「守りつつ自ら盗む」といった現象が発生している。例えば、2013年に雲南省哀牢山国家レベル自然保護区管理局局長および管理保護員と森林保護員などが無許可で森林を破壊し道路や家屋を造った件、2014年に広東省平遠県竜文－黄田省レベル自然保護区内の管理保護員がその他スタッフと共に国家二級保護植物であるクスノキ科のフィービー・バーネイ〔Phoebe bournei〕を不法伐採して販売した件などである。可及的速やかに法執行検査を強化し、野生動物の乱獲を厳しく取り締まり、野生動植物資源が破壊される事案を厳正に調査処分し、保護地の実施効果を定期的に評価し、生物多様性回復モデル区と保全モデル区を建設し、民間の活力を呼び込んで、監督・管理に関わらせなければならない。

4. 生物多様性保全と利益配分に関する法規制度の整備

　今後、中国は、既存の法律・法規・基準における、生物多様性保全とグリーン発展に関する内容を全面的に整理し、異なる法律・法規間において衝突・矛盾する内容を調整し、法律・法規の体系性と調和を高める必要がある。既存の法律・法規・基準を改善・整備するという前提で、保護地における生物多様性の監督・管理をより一層強化し、生物多様性を監視・管理する基礎的能力の構築を強化し、違法採収・密猟を厳しく取り締まり、生物多様性に関する国家と地方の法律・法規執行システムの構築を強化する。生物多様性モニタリング、影響評価、重点種保全成果の評価といった基準・規範の策定と改正を加速させる。生物多様性保全と貧困削減モデルを積極的に展開し、自然保護区周辺のコミュニティにおける環境にやさしい産業の発展を促進するための関連政策を制定する。生物安全、生物遺伝資源へのアクセス、利益配分管理などの面における立法プロセスを加速させ、「生物遺伝資源へのアクセスと利益配分管理の条例」を改正・整備し、生物遺伝資源へのアクセスと利益配分に関する活動のルール作りをさらに推進する。生物資源保全に関する法律・法規の起草を急ぎ、生物多様性の知的財産権保護を強化し、生物資源の保護・採集・収集・研究・開発・貿易・交換・輸出入・出入国などの活動を規範化し、野生資源の直接的な商業利用を厳しく規制し、野生動物の全面

的な食用禁止と外来種侵入防止のための立法活動を強化し、「農業遺伝子組換え生物安全管理条例」を改正し、生物資源の保護と持続可能な利用を奨励する政策を打ち出す。同時に、『中国生物多様性白書』と「中国生物多様性レッドリスト」を積極的に編制し、全国の生物多様性状況を評価し、生物多様性保全監視・管理プラットフォームを構築し、脅威となる因子を明確にし、保全・監視・管理のモデルを練り上げ、保護戦略と政策提言を策定する。

5. 生物多様性保全への国民参加の促進

　生物多様性が人々の生活と密接に関わっているので、その保全は政府や専門家の努力に任せるだけでなく、一般市民の参加が生物多様性保全政策を円滑に実施するための重要な前提となる。そのためには、多様な形式で生物多様性保全知識を広め、より多くの人々に生物多様性保全の重要な意義を認識させ、積極的に生物多様性保全に参加するよう仕向けなければならない。2020年6月5日の世界環境デーに、中国が定めたテーマは「美しい中国、私は行動者」であり、市民に生態環境を共に守り、美しい中国建設に尽力するよう呼び掛けている。

　次に、生物多様性保全に参加するボランティアを十分に動員し、民間公益組織と慈善団体の役割を十分発揮させて、企業と市民の生物多様性保全への参加を促進していく必要がある。家庭・学校・社会などを含む全方位的な生物多様性保全教育体系の構築と整備を加速させ、ラジオ・テレビ・新聞・雑誌・ウェイボー・ウィーチャット公式アカウントなど各種メディアを通じて生物多様性保全理念を大々的に宣伝し、生物多様性保全に対する国民の認知度と参加度を高める。自然保護区・動物園・植物園・森林公園・標本館・自然博物館を拠点とし、生物多様性保全知識を幅広く宣伝して、学校における生物多様性保全の科学普及教育を強化する。生物多様性保全活動への積極的な参加を促すことで、市民が生物多様性保全がもたらすメリットを主体的に感じるようにし、さらに自分から生物多様性保全に参加するようにする。同時に、異なるタイプの自然保護地のコミュニティ共同管理モデルを模索し、コミュニティの共同管理、公共の監視員、生態補償の試行と普及を展開する。生物多様性保全と貧困削減とを結びつけるインセンティブメカニズムを確立し、地方政府および草の根レベルにおいて市民が自然保護地の建設と管理に参加するよう促進する（孫潤ほか，2017）。

　市民とメディアの監督作用をしっかりと発揮させる。市民が生物多様性保全に

参加する効果的なメカニズムを整え、生物多様性の情報公開を強化する。公式サイトや環境保護ショートメッセージ、各種主要メディアを通じて、積極的に情報公開を推進し、公衆と社会による監督を受ける。座談会・公聴会・パブリックコメント・シンポジウムなど多様な形式によって世論調査を行い、生物多様性保全への市民参加を円滑に進める。浮き彫りになった問題に対しては、典型的な事案をしっかりと捉え、訓戒・教育を本格化させ、社会全体の生物多様性保全に対する責任感を継続的に高めていく。

6. 生物資源の持続可能な利用モデルの探索と普及の加速

地球上の生物多様性は、食物・繊維・薬物・建築・家具材料およびその他の生活・生産原料の大部分を人間に直接提供しており、生物資源は「自然の銀行」とも言える存在であって、我々に永続的な福利を提供できる。よって、人類文明の存在と発展は、生物資源の合理的な開発と効果的な保全に大きく依存しているのである。21世紀に入ってからは、バイオテクノロジーの急速な発展に伴い、経済社会発展に対する生物資源の促進作用がますます明確になり、バイオ産業も、各国経済のモデル転換型発展を促進する戦略的新興グリーン産業になっている。同時に、経済のグローバル化は、従来の経済・技術・軍事などの分野における世界各国の競争を生物資源の分野にまで広げたため、生物資源の保有量は国家の総合競争力の重要な指標となった。

(一) バイオテクノロジーの開発と生物資源の持続可能な利用の促進との結合

生物資源の発掘・整理・検測・選別・形質評価を強化し、優良な生物遺伝子を選別し、農業・林業・バイオ医薬品・環境保護などの分野で関連するバイオテクノロジーの応用を推進し、自主的イノベーションを奨励し、積極的に品種改良を行い、進んで国際特許を出願し、知的財産権保護能力を高める。国内・国際2つの市場を十分に利用し、生物資源の協力的開発と利用をより強化して、バイオ産業の発展を推進し、中国の経済社会の発展により良いサービスを提供する。同時に、生物資源の流失に注意し、中国の野生動植物資源保護を強化し、開放的な視野で適切な保全活動を行う必要がある。

(二) 生物多様性保全と持続可能な利用を促進する政策の制定

生物多様性保全と持続可能な利用に関わる価格・税収・信用貸付・貿易・土地利用・政府調達といった政策体系を確立・完備し、生物多様性保全と持続可能な

利用プロジェクトに対して、価格・信用貸付・税収上の優遇を与える。生態補償政策を整え、政策がカバーする範囲を拡大し、資金投入を増やす。生物資源リサイクルを奨励する政策を制定し、生物資源代替技術の開発を政策的に支援する。

（三）生物遺伝資源および関連伝統知識の保全、アクセスと利益配分に関する制度とメカニズムを構築

世界中の先進的経験を参考にして試行モデルを展開し、生物遺伝資源の価値評価と管理制度の研究、関連伝統知識の緊急保護と伝承を強化し、伝統知識保護制度を整え、生物遺伝資源および伝統知識へのアクセスと利益配分制度の構築を模索し、知的財産権を保護し、生物遺伝資源の利用によって生まれた利益を平等に分け合い、生物遺伝資源および関連伝統知識の保護・開発・活用における利益関係を調整し、各方面の利益を確保する。特許出願時の生物遺伝資源の出所開示制度を完備し、生物遺伝資源および関連伝統知識取得の「合意条件〔MAT〕」と「事前インフォームドコンセント」というプロセスを確立し、生物種の出入国検査における有効性を保証する。生物遺伝資源へのアクセスと利益配分のための管理システム・管理機構・技術支援体制を構築し、関連する情報交換メカニズムを構築する。

（四）生物遺伝資源の開発利用とイノベーション研究を強化

家畜・家禽の遺伝資源の生産状況・品質形質・抵抗力・形態学の評価システムを構築して、家畜・家禽の肉・卵・乳・毛など、畜産物の生産量と品質に影響する主要遺伝子を選別し、アイソレート、クローニング、シークエンシング、ポジショニングを行う。家畜・家禽の遺伝資源の開発と活用技術の研究を行い、家畜・家禽の新品種育成・交雑育種を強化し、中国の家畜・家禽遺伝資源保護利用技術の自主的イノベーションシステムを構築する。農作物の遺伝資源の更新・繁殖、形質鑑定、評価を行い、農作物の遺伝資源から特別優れた機能を持つ遺伝子を分離・複製する。林木の遺伝資源に対しては、系統立った形質鑑定・遺伝子選別を行い、重要な林木資源の中心的品種を特定し、優れた遺伝子を選別して林木の品種改良に活用する。新技術を利用した薬用・観賞植物資源の開発と応用を強化し、遺伝子の鑑定・整理・選別を行い、優良新品種を育成する。微生物資源の特性を反映させた検測または選別技術を発展させ、微生物の菌種・菌株を計画的に採取・分離・保存・評価・活用し、微生物の産業化プロセスをより一層推し進め、食用菌・中薬・抗生物質・肥料・農薬・工業発酵・石油採取・治金および汚水・汚染

土壌・生活ゴミ処理における微生物技術の役割を探求する。バイオ産業特別プロジェクトを実施し、バイオ技術研究のイノベーションと知的財産権の保護を奨励し、バイオ産業のコア技術と重要産品の研究開発におけるブレイクスルーを実現する。野生動植物における特殊機能を持つ遺伝子の研究を展開する。例えば、昆虫資源は応用可能性が高いので、天敵となる昆虫、飼料となる昆虫、薬用昆虫など、各種の昆虫資源に対して、飼育・繁殖・加工・利用に関する研究を行う。

参考文献

エベネザー・ハワード．2010. 明日的田園城市 [M]. 金経元訳．商務印書館．
安豊軒．2010. 基於自然保護小区建設的社区可持続発展研究総述 [J]. 科技伝播，(19): 19-25.
白秀萍．2013. 日本如何応対生物多様性喪失危機 [N]. 中国緑色時報．2013-11-26.
白艶・頼建紅・湯丹．2018. 浅談安吉白茶一二三産融合発展之路 [J]. 中国茶葉，40(12): 40-42.
柏成寿・崔鵬．2015. 中国生物多様性保護現状与発展方向 [J]. 環境保護，43(5): 17-20.
班娟娟・陳淑蘭．2019. 生態文明建設成就緑水青山 [N]. 経済参考報．2019-09-12.
蔡波・王躍招・陳躍英ほか．2015. 中国爬行綱動物分類厘定 [J]. 生物多様性，23(3): 365-382.
蔡嬋静．2005. 城市緑色廊道的結構与功能及景観生態規画方法研究——以武漢為例 [D]. 華中農業大学碩士学位論文．
蔡煜・余凌帆・文智猷ほか．2016. 瀕危植物光葉蕨胞子離体培養与萌発研究 [J]. 四川林業科技，37(6): 76-79.
曹滌環．2019. 植物用於監測汚染，是不下崗的"哨兵"[J]. 農薬市場信息，(15): 67-68.
曹旭娟・干珠扎布・梁艶ほか．2016. 基於 NDVI 的蔵北地区草地退化時空分布特徴分析 [J]. 草業学報，25(3): 1-8.
陳昌篤．1999. 論武夷山在中国生物多様性保護中的地位 [J]. 生物多様性，(4): 320-326.
陳道印・劉新宇・高宝国ほか．2018. 陝西楡林東方蜜蜂微衛星 DNA 種群遺伝分析 [J]. 中国蜂業，69(6): 67,73-76.
陳国慶・姚発興・馮坤ほか．2010. 大冶銅緑山鴨跖草居群的遺伝変異初歩分析 [J]. 湖北師範学院学報（自然科学版），30(1): 5-9.
陳済友・徐昕・劉暁勇．2018. 江西省第九次森林資源清査主要結果与動態変化分析 [J]. 林業資源管理，(2): 18-23.
陳潔．2019. オーストラリア：生物多様性戦略聚焦三大目標 [N]. 中国緑色時報．2019-01-09（第 3 版）.
陳麗霞・劉化金・劉宇霖ほか．2019. 興凱湖不同棲息地水鳥群落差異分析 [J]. 林業科学，55(1): 56-65.
陳霊芝．1993. 中国的生物多様性現状及其保護対策 [M]. 科学出版社．
陳霊芝・馬克平．2001. 生物多様性科学：原理与実践 [M]. 上海科学技術出版社．
陳権．2017. 互花米草入侵紅樹林湿地的生態学効応：基於大型底棲動物与鳥類研究 [D].

中国科学院生態環境研究中心博士学位論文.

陳水華・王彦平・蘭思思ほか．2013. 城市化対杭州鳥類的影響：従群落到個体 [C]// 中国動物学会鳥類学分会．第十二届全国鳥類学術研討会暨第十届海峡両岸鳥類学術研討会論文摘要集．中国動物学会鳥類学分会，浙江省科学技術協会．

陳叙図・金篠霆・蘇楊．2017. フランス国家公園体制改革の動態、経験及啓示 [J]．環境保護，(19): 56-63.

陳延斌・周斌．2015. 新中国成立以来中国共産党対生態文明建設的探索 [J]．中州学刊，(3): 83-89.

陳雨晴・王瑞江・朱双双ほか．2016. 広州市珍稀瀕危植物水松的種群現状与保護策略 [J]．熱帯地理，36(6): 944-951.

池仕運・韋翠珍・胡俊ほか．2020. 富栄養深水水庫底棲動物群落与浮遊生物相関性分析 [J]．湖泊科学，32(4): 1060-1075.

遅徳富・孫凡・厳善春ほか．2005. 保護生物学 [M]．東北林業大学出版社．

崔洪波・張楠・劉航ほか．2015. 地理国情普査成果応用於生態保護紅線画定工作的探討 [J]．測絵与空間地理信息，38(10): 92-94.

戴競鋒．2016. 城市規画与城市生物多様性保護関係的思考 [J]．智能城市，2(8): 292-293.

鄧可蘊．2001. 中国農村能源総合建設理論与実践 [M]．中国環境科学出版社．

鄧茗文・管竹笋．2020. 生物多様性保護的中国"新様本"——伊利集団首発"双報告"[J]．可持続発展経済導刊，(6): 28-30.

丁愛強・徐先英・張雯ほか．2019. 不同退化程度檉柳灌叢的土壌理化和生物学特性 [J]．草業学報，28(2): 1-11.

丁洪美．2020. 野生動物遷徒物種保護公約新増 10 個物種 [N]．中国緑色時報．2020-03-04.

丁聖彦．2004. 生態学：面向人類生存環境的科学価値観 [M]．科学出版社．

杜楽山・李俊生・劉高慧ほか．2016. 生態系統与生物多様性経済学 (TEEB) 研究進展 [J]．生物多様性，24(6): 686-693.

杜楽山・劉海燕・徐靖ほか．2017. 城市化与生態系統服務的双向影響総述 [J]．生態科学，36(6): 233-240.

杜志・甘世書・黄湘南ほか．2018. 西蔵自治区森林資源特点及経営管理策略 [J]．中南林業調査規画，37(4): 18-21.

段文．2018. 国家管轄範囲外海洋保護区的第三方効力——以南極海洋生物資源養護委員会建立的海洋保護区為例 [J]．中国海洋法学評論（中英文版），(1): 75-104.

段義忠・杜忠毓・亢福仁．2018a. 西北干旱区孑遺瀕危植物蒙古沙冬青群落特徴及与環境因子的関係 [J]．植物研究，38(6): 834-842.

段義忠・王建武・亢福仁．2018b. 孑遺瀕危植物蒙古沙冬青 ISSR 遺伝多様性分析 [J]．分子植物育種，16(15): 5008-5014.

樊沢璐・陳偉・李佳ほか．2017. 瀕危植物太行菊属遺伝多様性研究進展 [J]．現代園芸，(22): 6-8.

範玉竜・胡楠・丁聖彦ほか．2016. 陸地生態系統服務与生物多様性研究進展 [J]．生態学報，

36(15): 4583-4593.

馮娜・李風華. 2016. スウェーデン緑色発展政策的高効運行之道探究 [J]. 緑色科技, (22): 166-170.

馮暁輝. 2015. 生物多様性 [M]. 高等教育出版社.

馮暁娟・米湘成・肖治術ほか. 2019. 中国生物多様性監測与研究網絡建設及進展 [J]. 中国科学院院刊, 34(12): 1389-1398.

傅伯傑. 1995. 黄土区農業景観空間格局分析 [J]. 生態学報, 15(2): 113-120.

傅伯傑・陳利頂. 1996. 景観多様性的類型及其生態学意義 [J]. 地理学報, 51(5): 454-462.

概論編写組. 2013. マルクス主義基本原理概論 [M]. 高等教育出版社.

甘萍. 2015. 安吉竹産業鏈優化研究 [D]. 安徽財経大学碩士学位論文.

干靚・呉志強. 2018. 城市生物多様性規画研究進展評述与対策 [J]. 規画師, 34(1): 87-91.

高吉喜・薛達元・馬克平ほか. 2018. 中国生物多様性国情研究 [M]. 中国環境出版社.

高吉喜. 2015. 探索中国生態保護紅線画定与監管 [J]. 生物多様性, 23(6): 705-707.

高敬・王立彬・史衛燕. 2018. 譲祖国大地不断緑起来美起来——党的十八大以来中国生態環境保護成就総述 [OL]. 新華社. https://baijiahao.baidu.com/s?id=1600720780538820112&wfr=spider&for=pc[2018-05-17].

高永年・高俊峰. 2010. 太湖流域水生態功能分区 [J]. 地理研究, 29(1): 111-117.

高志義. 1991. 試論 "三北" 生態経済型防護林体系 [J]. 応用生態学報, 2(4): 373.

郭慶華・劉瑾. 2018. 遥感已経成為生物多様性研究保護与変化監測不可或欠的技術手段 [J]. 生物多様性, 26(8): 785-788.

郭忠玲. 2003. 保護生物学概論 [M]. 中国林業出版社.

国家発展和改革委員会. 2020. 加快改革経験 "由点及面" 推広生態文明制度建設邁向新台階 [OL]. https://www.ndrc.gov.cn/fggz/hjyzy/stwmjs/202012/t20201207_1252381_ext.html. [2020-12-07].

国家林業局. 2010. 中国林業年鑑 [M]. 中国林業出版社.

国務院第一次全国地理国情普査領導小組弁公室. 2013. 第一次全国地理国情普査方案 [Z].

韓宝翠・魏磊・楊新英ほか. 2017. 瀕危植物半日花的遺伝多様性和譜系地理結構研究 [J]. 内蒙古林業科技, 43(2): 16-19.

韓西麗. 2004. 従緑化隔離帯到緑色通道——以北京市緑化隔離帯為例 [J]. 城市問題, (2): 27-31.

郝璐楠・周姝婧・朱翔傑ほか. 2019. 東北地区東方蜜蜂遺伝分化和多様性分析 [J]. 東北農業大学学報, 50(9): 35-43.

何軍・謝婧・劉桂環. 2017. 生物多様性保護経済政策分析及展望 [J]. 環境与可持続発展, (6): 20-25.

何璆. 2017. フランス成立生物多様性署 [N]. 中国緑色時報. 2017-02-23.

賀華良・胡岩・葉波ほか. 2018. 湖南省稲水象甲的遺伝多様性及入侵拡散特点 [J]. 湖南農業大学学報（自然科学版）, 44(6): 613-619.

賀沢帥・張大治・楊貴軍ほか. 2019. 寧夏西吉県党家岔湿地自然保護区鳥類多様性調査及

分析 [J]. 干旱区資源与環境, 33(2): 152-157.
胡海輝・王明璐. 2017. 城市濱水近自然景観規画設計研究 [J]. 湖北農業科学, 56(12): 2270-2271, 2367.
胡会峰・王志恒・劉国華ほか. 2006. 中国主要灌叢植被碳儲量 [J]. 植物生態学報, (4): 539-544.
胡理楽・翟生強・李俊生. 2015. 国家及国際決策中的生態系統和生物多様性経済学 [M]. 中国環境出版社.
胡莎莎. 2019. マルクス・エンゲルス生態発展観及其当代価値 [D] 石家荘鉄道大学碩士学位論文.
胡世俊・閻暁慧・何平ほか. 2013. 生境破砕対縉雲衛矛種群遺伝多様性的影響 [J]. 重慶師範大学学報（自然科学版）, 30(2): 26-29.
胡宗華. 2017. 雲南省森林資源動態変化分析与評価 [J]. 林業調査規画, 42(2): 87-94,99.
戸暁輝. 2016.「世界遺産公約」的修訂及其中国意義 [J]. 中原文化研究, (6): 73-79.
黄承梁. 2018. 新時代生態文明建設思想概論 [M]. 人民出版社.
黄茂興・葉琪. 2017. マルクス主義緑色発展観与当代中国的緑色発展——兼評環境与発展不相容論 [J]. 経済研究, 52(6): 17-30.
黄鈺倩・李想・周亜東ほか. 2017. 基於核基因 *LEAFY* 的中国珍稀瀕危植物中華水韭的遺伝多様性分析 [J]. 植物科学学報, 35(1): 73-78.
黄志斌・沈琳・袁蛟姣. 2015a. 毛沢東的緑色発展思想及其時代意義 [J]. 毛沢東鄧小平理論研究, (8): 48-52,91.
黄志斌・姚燦・王新. 2015b. 緑色発展理論基本概念及其相互関係弁析 [J]. 自然弁証法研究, 31(8): 108-113.
黄志斌・袁蛟嬌・沈琳. 2016. 鄧小平緑色発展思想的歴史考察 [J]. 安徽史学, (3): 106-110.
季維智・宿兵. 1999. 遺伝多様性研究的原理与方法 [M]. 浙江科学技術出版社.
江蘇省植物研究所. 1978. 防汚緑化植物 [M]. 科学出版社.
江沢民. 1996. 在第四次全国環保会議上的講話 [J]. 環境, (9): 1,4.
蔣際宝・邱江平. 2018. 中国巨蚓科蚯蚓的起源与演化 [J]. 生物多様性, 26(10): 1074-1082.
蔣志剛・馬克平. 2014. 保護生物学原理 [M]. 科学出版社.
蔣志剛・馬克平・韓興国. 1997. 保護生物学 [M]. 浙江科学技術出版社.
金瑶梅. 2020. 論習近平生態文明思想的生成邏輯及創新意蘊 [J]. 江海学刊, (3): 5-12,254.
景森. 2019. 遼寧省森林資源現状及保護利用建議 [J]. 防護林科技, (4): 57-59.
康寧. 2012. 日本都市生物多様性的保全 [J]. 農業科技与信息, (3): 16-19.
孔徳軍・楊暁君. 2017. 緑孔雀及其在中国的保護現状 [J]. 生物学通報, 1: 9-11,64.
孔繁翔・胡偉・桑偉蓮ほか. 2002. 二酸化硫対地衣中共生藻菌栄養関係影響研究 [J]. 応用生態学報, (2): 151-155.
孔祥智・盧洋嘯. 2019. 建設生態宜居美麗郷村的五大模式及対策建議——来自 5 省 20 村調研的啓示 [J]. 経済縦横, 398(1): 19-28.
労小平・金国東・羅勇ほか. 2016. 広東省森林資源与生態状況動態変化分析与評価 [J]. 林

業与環境科学, 32(3): 84-88.

雷海・陳智. 2014. スウェーデン首都ストックホルム緑色発展模式探析 [J]. 中国行政管理, (6): 120-123.

李成・謝鋒・車静ほか. 2017. 中国関鍵地区両棲爬行動物多様性監測与研究 [J]. 生物多様性, 25(3): 246-254.

李干傑. 2017. 牢固樹立緑水青山就是金山銀山意識, 推動形成緑色発展方式和生活方式 [R]. 2017 年紀念六五環境日主場活動暨 2017 国際環保新技術大会.

李海東・高吉喜. 2020. 生物多様性保護適応気候変化的管理策略 [J]. 生態学報, 40(11): 3844-3850.

李海濤. 2012. 四川西昌瀘山風景区鳥類頻率指数数量等級分析及其生態分布 [J]. 綿陽師範学院学報, 31(2): 70-74,80.

李京梅・王騰林. 2017. 米国湿地補償銀行制度研究総述 [J]. 海洋開発与管理, (9): 3-10.

李俊清. 2012. 保護生物学 [M]. 科学出版社.

李俊清・李景文. 2006. 保護生物学 [M]. 2 版. 中国林業出版社.

李寧. 2017. 浅談城市生態公園的近自然景観設計 [J]. 城市建設理論研究（電子版）, (25): 195.

李倩影・曹同・于晶ほか. 2010. 不同種群狭葉小羽蘚 (*Haplocladium angustifolium*) 重金属含量及遺伝多様性 [J]. 上海師範大学学報（自然科学版）, 39(2): 194-199.

李珊・甘小洪・憨宏艶ほか. 2016. 瀕危植物水青樹葉的表型性状変異 [J]. 林業科学研究, 29(5): 687-697.

李紹東. 1990. 論生態意識和生態文明 [J]. 西南民族学院学報（哲学社会科学版）, (2): 104-110.

李晟之. 2017. 四川藍皮本：四川生態建設報告 (2017) [M]. 社会科学文献出版社.

李思佳. 2014. 建設生態城市的生物多様性保護分析 [J]. 資源節約与環保, (9): 147-148.

李文華・欧陽志雲・趙景柱. 2002. 生態系統服務功能研究 [M]. 気象出版社.

李文華・張彪・謝高地. 2009. 中国生態系統服務研究的回顧与展望 [J]. 自然資源学報, 24(1): 1-10.

李暁燕・廖里平・高永ほか. 2017. 沙冬青属植物研究進展 [J]. 草地学報, 25(5): 921-926.

李星. 2006. 英国公布生物多様性保護戦略進展状況 [J]. 世界林業動態, (6): 9-10.

李星. 2010. 日本通過「生物多様性国家戦略 2010」[N]. 中国緑色時報. 2010-10-19.

李星. 2012. オーストラリア全面実施生物多様性保護戦略 [N]. 中国緑色時報. 2012-11-28（第 3 版）.

李優佳・楊帆・呂宝乾ほか. 2020. 入侵性食葉害虫椰子織蛾的単倍型多様性分析 [J]. 華南農業大学学報, 41(4): 76-81.

李作洲・黄宏文・唐登奎ほか. 2006. 湖北後河国家級自然保護区生物多様性及其保護対策 II. 生物多様性保護現状、威脅脇及其対策 [J]. 武漢植物学研究, (3): 253-260.

林学名詞審定委員会. 2016. 林学名詞 [M]. 科学出版社.

劉昶煥・姚順波. 2019. 韓国生物多様性管理協議制度的績効分析 [J]. 林業経済, (9): 44-73.

劉桂環・張彦敏・謝婧ほか．2015. 生物多様性保護与緑色経済関係弁析及対策探討 [J]. 環境保護，43(5): 21-24.
劉紀遠・徐新良・邵全琴．2008. 近 30 年来青海三江源地区草地退化的時空特徴 [J]. 地理学報，(4): 364-376.
劉軍会・鄒長新・高吉喜ほか．2015. 中国生態環境脆弱区範囲界定 [J]. 生物多様性，23(6): 725-732.
劉琳璐．2015. 中国生物多様性相関公約協同増効機制研究 [D]. 北京林業大学碩士学位論文．
劉思華．2002. 生態文明与可持続発展問題的再探討 [J]. 東南学術，(6): 60-66.
劉文慧・宋文娟・馮瑾ほか．2018. 有効避免生物多様性先破壊後保護的典範――以「河北雄安新区規画綱要」為例 [J]. 環境与可持続発展，43(5): 103-107.
劉曉飛・晋燕・施偉ほか．2019. 基於 mtDNA *cox1* 和 *cox2* 基因的寛帯果実蝿種群遺伝結構分析 [J]. 応用昆虫学報，56(3): 433-443.
劉旭艶・張心昱・袁国富ほか．2019. 近 10 年中国典型農田生態系統水体 pH 和礦化度変化特徴 [J]. 環境化学，38(6): 1214-1222.
劉卓．2011. フランス発布未来十年生物多様性国家戦略[OL]. 新華社．2011-05-20. http://www.chla.com.cn
竜睿贇．2017. 中国特色社会主義生態文明思想研究 [M]. 中国社会科学出版社．
盧風．2019. 生態文明：文明的超越 [M]. 中国科学技術出版社．
盧思騁．2019. 共謀全球生態文明建設 深度参与全球環境治理――2020 年生物多様性公約第十五次締約方大会展望 [J]. 社会治理，(2): 85-87.
陸波．2017. 当代中国緑色発展理念研究 [D]. 蘇州大学博士学位論文．
羅明・于恩逸・周妍ほか．2019. 山水林田湖草生態保護修復試点工程布局及技術策略 [J]. 生態学報，39(23): 8692-8701.
羅穎・田金萍・李建華．2017. 河南省森林資源現状分析及発展対策 [J]. 華東森林経理，31(2): 32-36.
馬嘉・小堀貴子．2019. 基於生態旅游与生物保護的日本山原国立公園環境教育 [J]. 風景園林，26(10): 60-65.
馬金双・李恵茹．2018. 中国外来入侵植物名録 [M]. 高等教育出版社．
馬克平・銭迎倩．1998. 生物多様性保護及其研究進展（総述）[J]. 応用与環境生物学報，(1): 3-5.
馬克平．1993. 試論生物多様性的概念 [J]. 生物多様性，(1): 24-26.
馬克平．2015a. 生物多様性保護主流化的新機遇 [J]. 生物多様性，23(5): 557-558.
馬克平．2015b. 中国生物多様性編目取得重要進展 [J]. 生物多様性，23(2): 137-138.
馬克平．2016. 従世界自然保護大会看生物多様性保護的新趨勢 [J]. 生物多様性，24(10): 1091-1092.
馬暁妍．2020. 米国 "30 × 30" 生物多様性保護目標及啓示 [J]. 中国国土資源経済，33(11): 44-49.

馬梓文・張明祥. 2015. 從「湿地公約」第 12 次締約方大会看国際湿地保護与管理的発展趨勢 [J]. 湿地科学, 13(5): 523-527.

梅雪芹. 2020. 生態文明: 從理念到人 [N]. 信睿周報. 2020-05-27.

蒙倩彬. 2016. 基於生物多様性保護的城市生態廊道建設研究 [D]. 北京林業大学碩士学位論文.

孟宏虎・高暁陽. 2019. " 一帯一路 " 上全球生物多様性与保護 [J]. 中国科学院院刊, (7): 818-826.

南極海洋生物資源養護公約. 2016. 南極海洋生物資源養護委員会公式サイト. http://www.ccamlr.org/ [2016-04-10].

欧朝蓉・朱清科・孫永玉. 2015. 西南干熱河谷景観格局研究進展 [J]. 西部林業科学, 44(6): 137-142.

潘家華. 2015. 生態文明: 一種新的発展範式 [J]. China Economist, 10(4): 44-71.

裴盛基・焦婷婷・田捷硯ほか. 2012. 生物多様性与文化多様性 [J]. 人与自然, 60(30): 18-25.

彭峰. 2016. フランス「生物多様性法令」の革新 [J]. 環境保護, (18): 73-76.

斉欣・楊威. 2013. 從被動保護到保護性開発的城市生態廊道規画——以広州番禺片区生態廊道規画為例 [J]. 西部人居環境学刊, (3): 62-68.

銭俊生・余謀昌. 2004. 生態哲学 [M]. 中共中央党校出版社.

銭立華・周嶸・方琦ほか. 2020. 緑色金融助力生物多様性保護的風険与機遇 [J]. 環境保護, (12): 30-34.

銭迎倩. 1994. 生物多様性研究的原理与方法 [M]. 中国科学技術出版社.

強勝・曹学章. 2001. 外来雑草在中国的危害性及其管理対策 [J]. 生物多様性, (2): 188-195.

喬清挙・馬嘯東. 2019. 改革開放以来中国生態文明建設 [J]. 前進, (2): 21-23,30.

秦天宝. 2007. 遺伝資源獲取与恵益分享的立法典範——インド 2002「生物多様性法」評介 [J]. 生態経済 (学術版), (2): 9-12,26.

邱耕田. 2017. 当今世界両種不同的発展模式 [J]. 新疆師範大学学報（哲学社会科学版）, 38(6): 40-47.

任留柱・席静. 2012. 自然景観元素在城市景観設計中的営造 [J]. 現代装飾（理論）, (10): 76.

任勇. 2019. 生態環境治理体系和治理能力現代化需要関注的問題 [N]. 中国環境報. 2019-11-19.

尚瑋姣・王忠明・陳民ほか. 2016. オーストラリア生物多様性保護管理及政策 [J]. 世界林業研究, 29(5): 82-86.

申曙光. 1994. 生態文明及其理論与現実基礎 [J]. 北京大学学報（哲学社会科学版）, (3): 31-37,127.

施立明. 1990. 遺伝多様性及其保存 [J]. 生物科学信息, 2(4): 159-164.

施雯・耿宇鵬・欧暁昆. 2010. 遺伝多様性与外来物種的成功入侵: 現状和展望 [J]. 生物多様性, 18(6): 590-597.

石敏俊. 2018. 緑色発展是新時代生態文明建設的治本之策 [OL]. 光明網. https://theory.

gmw.cn/2018-05/21/content_ 28897138.htm [2018-05-21].

史艶財・唐健民・柴勝豊ほか. 2017. 広西特有珍稀瀕危植物小花異裂菊遺伝多様性分析 [J]. 広西植物, 37(1): 9-14.

宋亨根. 2019. 保護生物多様性以及可持続利用的韓国政策概況 [J]. 中外企業文化, (7): 32-33.

宋培培・朱瑞華・陶躍順ほか. 2020. 植物保護対糧食安全的影響及対策研究 [J]. 農業開発与装備, (4): 98-99.

宋振・張衍雷・付衛東ほか. 2019. 少花蒺藜草在中国北方地区的不同種群遺伝多様性分析 [J]. 生態環境学報, 28(8): 1499-1506.

蘇紅巧・蘇楊・王宇飛. 2018. フランス国家公園体制改革鏡鑑 [J]. 中国経済報告, (1): 68-71.

孫金竜. 2020. 促進人与自然和諧共生 奮力譜写新時代生態環境保護事業新篇章 [J]. 旗幟, (9): 16-18.

孫麗婷・趙峰・張濤ほか. 2019. 基於線粒体 D-loop 序列的長江口中華鱘幼魚遺伝多様性分析 [J]. 海洋漁業, 41(1): 9-15.

孫潤・王双玲・呉林巧ほか. 2017. 保護区与社区如何協調発展：以広西十万大山国家級自然保護区為例 [J]. 生物多様性, 25(4): 437-448.

孫莎. 2016. 城市生態公園的近自然景観設計研究 [D]. 東北農業大学碩士学位論文.

孫旺・蒋景竜・胡選萍ほか. 2020. 瀕危植物秦岭石蝴蝶的 SCoT 遺伝多様性分析 [J]. 西北植物学報, 40(3): 425-431.

孫偉平. 2008. 生態文明：以人為本的可持続発展観 [J]. 江西社会科学, (9): 51-57.

孫湘来・石紹章・劉志偉ほか. 2019. 瀕危植物葫蘆蘇鉄種子繁育技術研究 [J]. 安徽農業科学, 47(2): 117-119.

孫燕奇・于偉巍. 2018. 浅析城市規画与城市生物多様性保護 [C]// 中国城市科学研究会, 江蘇省住房和城郷建設庁, 蘇州市人民政府. 2018 城市発展与規画論文集. 第十三届城市発展与規画大会, 266-269.

孫正楷. 2020. フランス国家公園建設的経験和啓示 [J]. 緑色科技, (8): 15-17.

孫中艶. 2005. 英国、インド和米国生物多様性法律保護概況及其借鑑意義 [J]. 油気田環境保護, 15(04): 7-9,57.

譚幸欣・王影. 2019. 生物多様性保護，中国企業走了多遠？ [J] 可持続発展経済導刊, (4): 43-45.

唐建業. 2012. 南極海洋生物資源養護委員会与中国：第 30 届年会 [J]. 漁業信息与戦略, 27(3): 194-202.

唐頴斌. 2017. 摸清国情家底 助力瓊島発展──海南省地理国情普査与監測成果応用精彩亮点 [J]. 中国測絵, (3): 48-52.

滕婕華・衛家賢・李象欽ほか. 2017. 瀕危特有種掌葉木的微衛星遺伝多様性研究 [J]. 広西植物, 37(11): 1471-1479.

田駿. 2012. 種質資源遺伝多様性研究進展 [J]. 草業与畜牧, 10: 53-58.

外交部・生態環境部. 2020. 共建地球生命共同体：中国在行動──国際連合生物多様性峰

会中方立場文件 [OL]. http://www.xinhuanet.com/world/download/zgzxd.pdf
外交部. 2019. 中国落実2030年可持続発展議程進展報告 (R). https://www.fmprc.gov.cn/web/ziliao_674904/zt_674979/dnzt_674981/qtzt/2030kcxfzyc_686343[2017-08-24].
万夏林・鄒玥嶼・王茜璐ほか. 2020.「生物多様性公約」第十五次締約方大会与生態文明理念的国際伝播 [J]. 環境保護, 48(22): 55-58.
汪青雄・肖紅・楊超ほか. 2020. 西安市越冬水鳥種類及其種群動態変化 [J]. 野生動物学報, 41(1): 100-107.
王愛蘭・李維衛. 2017. チベット高原瀕危植物唐古特大黄の遺伝多様性 [J]. 生態学報, 37(21): 7251-7257.
王伯蓀・王昌偉・彭少麟. 2005. 生物多様性芻議 [J]. 中山大学学報（自然科学版）, 44(6): 68-70.
王琛・周建華・王海洋. 2010. 重慶市主城区城市生態廊道景観構成及結構特点 [J]. 西南大学学報（自然科学版）, (12): 169-174.
王福田. 2019. 中国湿地保護取得歴史性成就 [J]. 国土緑化, (2): 10-12.
王佳麗・韋加奇・孫志秀ほか. 2020. 入侵中国中南三省（区）草地貪夜蛾的単倍体型和群体遺伝結構分析 [J]. 華南農業大学学報, 41(1): 9-16.
王黎娜. 2014. 浅談城市緑化隔離帯中近自然景観設計 [J]. 上海農業科技, (5): 96-97.
王麗霞・何彦峰・陳西倉. 2017. 甘粛木蘭科瀕危植物資源現状与保護対策 [J]. 林業科技通訊, (9): 42-45.
王璐. 2017. 習近平生態文明思想的理論創新及世界意義 [J]. 理論学習, (4): 14-18.
王美皇・高翔・関亜麗. 2020. 基於SRAP分子標記的銀膠菊遺伝多様性分析 [J]. 分子植物育種, 18(1): 193-199.
王敏・劉哲・馮相昭ほか. 2014.「国際連合気候変化框架公約」与「生物多様性公約」的関係 [J]. 生物多様性, 22(4): 431-437.
王明璐. 2016. 基於生態城市建設的濱水近自然景観規画設計研究 [D]. 東北農業大学碩士学位論文.
王青・崔暁丹. 2018. 人与自然是共生共栄的生命共同体 [N]. 学習時報. 2018-05-16.
王慶慧・李婧賢・彭羽ほか. 2019. 中国灌叢生態系統服務功能価値評估 [J]. 江蘇農業科学, 47(4): 233-237.
王述民・張宗文. 2011.「粮食和農業植物遺伝資源国際条約」実施進展 [J]. 植物遺伝資源学報, 12(4): 493-496.
王偉・劉方正・陳念念. 2018. 中国自然保護区与周辺社区協調発展問題及対策 [J]. 緑葉雑誌, 12: 47-54.
王偉民・祝令輝・任鴻昌. 2008. 中国西部地区灌叢生態系統服務功能効益評估 [J]. 林業資源管理, (4): 124-127,131.
王暁英. 2011.「国際連合防治荒漠化公約」研究 [D]. 西南政法大学碩士学位論文.
王業清・黄桂雲・呉笛ほか. 2017. 湖北後河国家級自然保護区的生物多様性及其保護現状調研報告 [J]. 黒竜江科技信息, (14): 270.

王軼虹・史学正・王美艶ほか．2017. 2001-2010 年中国農田生態系統 NPP 的時空演変特徴 [J]. 土壌学報，54(2): 319-330.

王雨辰．2017. 生態文明的四個維度与社会主義生態文明建設 [J]. 社会科学輯刊，(1): 11-18.

王玥．2018. 自然景観元素在城市空間設計中的応用価値分析 [J]. 美与時代（城市版），(9): 68-69.

王雲才・王雲．2011. 米国生物多様性規劃設計経験与啓示 [J]. 中国園林，(2): 35-38.

王雲忠．2020. 生物多様性理論在城市景観規劃設計中的応用研究 [J]. 現代園芸，43(13): 122-125.

王致誠．2002. 人類環境保護的"哨兵"——記神奇的環境指示動物 [J]. 野生動物，(5): 31-33.

韋建樺．2008. 理論工作在改革発展関鍵階段的主題 [J]. マルクス主義与現実，(1): 4-7.

温軍鷹．2012. 自然景観城市設計理念研究 [D]. 中国芸術研究院博士学位論文.

温宗国．2020. 准確把握政策導向和主要任務　加快構建緑色発展法規政策体系——解読「関於加快建立緑色生産和消費法規政策体系的意見」[N]. 中国経済導報．2020-03-26.

呉萍・張開平．2008. 雲南蘇鉄植物的現状及保護対策 [J]. 林業調査規劃 (4): 116-119.

呉舜沢・王勇・劉越ほか．2018. 牢固樹立并全面践行"緑水青山就是金山銀山"[J]. 環境与可持続発展，43(4): 10-11.

呉霞・向麗．2012. 日本里山模式下的生物多様性及保護 [J]. 資源開発与市場，28(7): 639-641.

呉暁青．2006. 加強生態保護　維持国家生態安全 [J]. 環境保護，(11): 9-12.

習近平．2007. 之江新語 [M]. 浙江人民出版社.

習近平．2019. 推動中国生態文明建設邁上新台段 [J]. 奮闘，583(3): 3-18.

夏光．2013. 用系統完整的制度保護生態環境 [N]. 人民日報．2013-11-16.

夏銘．1999. 遺伝多様性研究進展 [J]. 生態学雑誌，(3): 60-66,82.

肖猛・李群・郭亮ほか．2015. 四川西部瀕危植物桃児七遺伝多様性 RAPD 分析 [J]. 生態学報，35(5): 1488-1495.

謝宗強・唐志堯．2017. 中国灌叢生態系統炭儲量的研究 [J]. 植物生態学報，41(1): 1-4.

熊哲・郭麗楠・王瀟瀟ほか．2018. 設立全球重要農業文化遺産国際公約的国際経験借鑑及可行性分析——以「保護世界文化和自然遺産公約」「国際植物保護公約」和「糧食和農業植物遺産資源国際条約」為例 [J]. 世界農業，(6): 11-17.

徐伝秋．2016. 中国外来物種入侵的法律防治 [J]. 哈爾濱学院学報，37(7): 51-55.

徐海根・呉軍・呉延慶ほか．2018. 全国両棲動物多様性観測網絡 (China BON-Amphibians) 建設進展 [J]. 生態与農村環境学報，34(1): 20-26.

徐建・劉敏．2020. オーストラリア推動緑色発展的経験及啓示 [J]. 浙江経済，(3): 75-77.

徐靖・耿宜佳・銀森録ほか．2018a. 基於可持続発展目標的"2020 年後全球生物多様性框架"要素研究 [J]. 環境保護，(23): 17-22.

徐靖・銀森録・劉文静ほか．2018b. 2020 年後全球生物多様性框架的談判進展以及中国的建設 [J]. 生物多様性，26(12): 1358-1364.

徐麗娜・胡本進・蘇賢岩ほか．2019. 入侵安徽省草地貪夜蛾的遺伝分析 [J]. 植物保護，45(5): 47-53.

徐芹・肖能文. 2011. 中国陸棲蚯蚓 [M]. 中国農業出版社.

徐衛華・欧陽志雲・黄璜ほか. 2006. 中国陸地優先保護生態系統分析 [J]. 生態学報, (1): 271-280.

薛達元・武建勇・趙富偉. 2012. 中国履行「生物多様性公約」二十年：行動、進展与展望 [J]. 生物多様性, 20(5): 623-632.

薛達元. 2011.「中国生物多様性保護戦略与行動計劃」的核心内容与実践戦略 [J]. 生物多様性, 19(4): 387-388.

薛達元. 2015. 建立生物多様性保護相関国際公約的国家履約協調戦略 [J]. 生物多様性, 23(5): 673-680.

薛達元. 2019. 生物多様性相関伝統知識的保護与展望 [J]. 生物多様性, 27(7): 705-707.

郇慶治. 2020. 生態文明建設与可持続発展的融通互鑑[J]. 可持続発展経済導刊, (Z1): 59-62.

閆俊傑・劉海軍・崔東ほか. 2018. 近 15 年新疆伊犁河谷草地退化時空変化特徴 [J]. 草業科学, 35(3): 508-520.

閆朗・陳琳琳・呂巻章ほか. 2020. 黄河口近岸海域大型底棲動物群落特徴 [J]. 広西科学, 27(3): 231-240.

閻樹文・黄元. 2000. 浅談西部大開発和生態環境建設 [J]. 中国水土保持, (12): 8-10,49.

顔鳳・劉本法・余仁棟ほか. 2018. 囲填海対塩城珍禽自然保護区越冬水鳥群落及空間分布的影響 [J]. 生態科学, 37(6): 20-29.

顔岳輝・丁雪梅・李強ほか. 2019. 珠江源頭入侵種波氏吻蝦虎的遺伝多様性分析 [J]. 四川動物, 38(3): 263-270.

楊東民・何平・張賀全ほか. 2019. スイス和フランス国家公園等自然保護地的管理経験及啓示 [J]. 中国工程咨詢, (8): 89-92.

楊済達・張志明・沈沢昊ほか. 2016. 雲南干熱河谷植被与環境研究進展 [J]. 生物多様性, 24(4): 462-474.

楊加志・張紅愛・厳玉蓮ほか. 2019. 基於森林資源連続清査的広東省人工林資源動態分析 [J]. 林業与環境科学, 35(2): 95-99.

楊鋭・曹越. 2018. 論中国自然保護地的遠景規模 [J]. 中国園林, 34(7): 5-12.

楊小林・宮照紅・馬和平. 2012. ラサ半干旱河谷砂生槐灌叢群落退化程度評価 [J]. 西北林学院学報, 27(5): 11-14.

楊暁明・韓雪梅・梁子安ほか. 2020. 人類活動干擾下大型底棲動物功能多様性評価 [J]. 河南師範大学学報（自然科学版), 48(4): 96-102.

楊星宇. 2015. 瀕危水生蕨類植物水蕨的隠種多様性及分子譜系地理学研究 [D]. 武漢大学博士学位論文.

楊艶剛・張彪・董敦義ほか. 2011. 太湖地区竹林生態系統土壌硝態氮的分布特征──以浙江省安吉県為例 [J]. 資源科学, 33(7): 1292-1297.

楊宜勇・呉香雪・楊沢坤. 2017. 緑色発展的国際先進経験及其対中国的啓示 [J]. 新彊師範大学学報（哲学社会科学版), 38(2): 2,18-24.

楊玉萍. 2011. 城市近自然園林的営建与公衆認知──以武漢市為例 [D]. 華中農業大学博

士学位論文.

姚冲学・王智紅・梁良ほか. 2020. 雲南玉竜雪山両棲動物多様性時空格局的観測 [J]. 生態与農村環境学報, 36(6): 726-730.

葉冬娜. 2016. マルクス・エンゲルス論人与自然矛盾的根源 [J]. 中南林業科技大学学報（社会科学版）, 10(2): 6-9,60.

葉謙吉. 1988. 生態農業：農業的未来 [M]. 重慶出版社.

易金鑫・代応貴・孫際佳ほか. 2019. 北盤江下遊尼羅羅非魚群体 $Cytb$ 基因多態性 [J]. 水産科学, 38(5): 716-720.

殷悦. 2020. 巨型蝗災席巻東部非洲 [J]. 世界知識, (6): 52-53.

尹峰・盧琳琳・夢夢ほか. 2016. 穿山甲的貿易与保護 [J]. 野生動物学報, 37(2): 157-161.

于佳琳. 2017. 東北雨蛙線粒体 DNA 遺伝多様性的研究 [D]. 沈陽師範大学碩士学位論文.

俞可平. 2005. 科学発展観与生態文明 [J]. マルクス主義与現実, (4): 4-5.

俞孔堅・李迪華・段鉄武. 1998. 生物多様性保護的景観規劃途径 [J]. 生物多様性, 6(3): 205-212.

俞懿春・万宇・張朋輝ほか. 2020. 建設人与自然和諧共生的現代化——国際社会積極評価中国"十三五"時期生態文明建設成就. [N]. 人民日報. 2020-10-19.

曽甜・鄢志竜. 2020. 国際緑色発展研究進展及其熱点趨勢分析 [J]. 環境与可持続発展, (4): 5-15.

詹紹文・趙雅雯. 2020. 全球生物多様性正在加速喪失 [J]. 生態経済, (5): 5-8.

張春霞・章家恩・郭靖ほか. 2019. 中国典型外来入侵動物概況及防控対策 [J]. 南方農業学報, 50(5): 1013-1020.

張芬・楊伝強・趙青ほか. 2019. 山東省森林資源現状及動態変化分析 [J]. 山東林業科技, 49(6): 78-80,101.

張風春. 2020. 国家治理体系和治理能力現代化総目標下的生物多様性保護対策 [J]. 環境与可持続発展, 45(2): 22-27.

張風春・李俊生・劉文慧. 2015a. 生物多様性基礎知識 [M]. 中国環境出版社.

張風春・劉文慧・李俊生. 2015b. 中国生物多様性主流化現状与対策 [J]. 環境与可持続発展, 40(2): 13-18.

張風春・朱留財・彭寧. 2011. EU Natura 2000: 自然保護区的典範 [J]. 環境保護, (6): 73-74.

張富. 2016. 城市中心城区連片住区緑地結構生態優化研究以成都市為例 [D]. 西南交通大学碩士学位論文.

張桂英・王之安. 2004. 森林的浄化作用 [J]. 黒竜江科技信息, (2): 60.

張国鋒. 2018. 自然保護小区建設的自主治理問題研究——以四川関壩流域自然保護小区為例 [D]. 貴州師範大学碩士学位論文.

張海濱. 2019. 略論習近平生態文明思想的世界意義 [J]. 環境与可持続発展, 44(6): 45-48.

張恵遠・張強・郝海広ほか. 2018. 生態産品及其価値実現 [M]. 中国環境出版社集団.

張恵遠・張強・胡旭珺. 2020. 共建地球生命共同体：生物多様性保護的中国方案、世界行動 [J]. 世界環境, (2): 19-21.

張剣智. 2018. 深化生物多様性保護国際合作的思考 [J]. 環境保護, 46(23): 32-36.

張健・張宏亮・易秀琴ほか. 2016. 経済新常態下竹産業発展対策思考——以安吉為例 [J]. 世界竹藤通訊, 14(5): 34-38.

張麗栄・王夏暉・李若渓ほか. 2019. 生物多様性保護助力減貧：実践模式与案例 [J]. 中華環境, 6(14): 24-26.

張竜生・程小雲・李萍ほか. 2020. 甘粛省森林資源現状及動態変化分析 [J]. 林業与環境科学, 36(3): 73-79.

張式軍. 2007. ブラジル生物多様性保護法律与実践 [J]. 中共済南市委党校学報, (1): 35-37.

張淑萍・鄭光美. 2007. 北京市城区与郊区麻雀 (*Passer montanus*) 環境圧力的比較研究 [J]. 北京師範大学学報（自然科学版）, (2): 187-190.

張維平. 1999. 生物多様性面臨的威脅及其原因 [J]. 環境科学進展, (5): 3-5.

張新時. 1994. 対生物多様性的幾点認識 [C]. // 生物多様性研究進展——首届全国生物多様性保護与持続利用研討会論文集. 首届全国生物多様性保護与持続利用研討会.

張雁雲・張正旺・董路ほか. 2016. 中国鳥類紅色名録評估 [J]. 生物多様性, 24(5): 568-579.

張引・荘優波・楊鋭. 2018. フランス国家公園管理和規劃評述 [J]. 中国園林, 34(7): 36-41.

張永亮・兪海・王勇ほか. 2015. 可持続発展与生態文明，亦此亦彼？ [J] 環境経済, (ZA): 24-25.

張玉峰・胡清・伍玉鵬ほか. 2019. 環渤海島嶼蚯蚓種群遺伝多様性研究——以湖北遠盲蚓為例 [J]. 環境生態学, (5): 29-37.

張玉峰・劉瑩瑩・李叢勝ほか. 2016. 河北地区蚯蚓種群遺伝多様性分析 [J]. 河北農業科学, 20(4): 45-48.

張淵媛. 2019. 生物多様性相関伝統知識的国際保護及中国応対策略 [J]. 生物多様性, 27(7): 708-715.

張淵媛・薛達元. 2014. 気候公約的背景、履約進展、分岐与展望 [J]. 中国人口・資源与環境, 24(S2): 1-5.

張雲香・胡瀬禹・何興金. 2013. 珍稀瀕危植物距弁尾嚢草遺伝多様性的 ISSR 分析 [J]. 西北植物学報, 33(6): 1098-1105.

張志強・徐中民・程国棟. 2000. 生態系統服務与自然資本価値評估研究進展 [C]. // 生物多様性保護与区域可持続発展——第四届全国生物多様性保護与持続利用研討会論文集. 第四届全国生物多様性保護与持続利用研討会.

趙蓓. 2015. 武陵山区生態文明建設的基本思路研究 [D]. 吉首大学碩士学位論文.

趙建軍. 深入理解習近平生態文明思想的核心価値——『新時代生態文明建設思想概論』書評 [N]. 中国環境報. 2018-06-07.

趙婧懿. 2017. 倡導連盟框架理論視域下全球生物多様性政策変遷研究 [D]. 厦門大学碩士学位論文.

趙曼. 2016. 中国共産党生態文明建設思想的歴史邏輯 [J]. 人民論壇, 36(24): 45.

趙暁寧・李超. 2020.「生態銀行」的国際経験与啓示——以米国湿地緩解銀行為例 [J]. 資源導刊, (6): 52-53.

趙学敏. 2006. 積極推進中国自然保護区事業発展 [N]. 中国緑色時報. 2006-11-01.
趙英民. 2019. 加快推進生態環境治理体系和治理能力現代化 [N]. 光明日報. 2019-12-05.
浙江省林業考察団. 2011. 生物多様性保護的典範——趙英国、スペイン考察林業生態建設有感 [J]. 浙江林業. (10): 31-33.
鄭光美. 2011. 中国鳥類分類与分布名録 [M]. 2 版. 科学出版社.
鄭磐基. 1994. 関於于建立自然保護小区的研究 [J]. 環境与開発, (3): 289-293.
鄭世群・呉則焔・劉金福ほか. 2011. 中国特有子遺植物水松危原因及其保護対策 [J]. 亜熱帯農業研究, 7(4): 217-220.
中共中央編訳局. 2012. マルクス・エンゲルス選集（第一巻）[M]. 人民出版社.
中共中央文献研究室. 1994. 建国以来重要文献選編（第八冊）[M]. 中央文献出版社.
中共中央文献研究室. 1997. 周恩来年譜（一九四九 - 一九七六）（下巻）[M]. 中央文献出版社.
中共中央文献研究室. 1999. 経済建設是科学，要老老実実学習 [M]// 毛沢東文集（第八巻）. 人民出版社.
中国測絵報評論員. 2017. 恵及国計民生的重大成果 [N]. 中国測絵報. 2017-05-05.
中国大百科全書総委員会「環境科学」委員会. 2002. 中国大百科全書，環境科学 [M]. 中国大百科全書出版社.
中国環境与発展国際合作委員会. 2020. 専題政策研究報告：2020 後全球生物多様性保護 [R].
中国科学院植物研究所. 1978. 環境汚染与植物 [M]. 科学出版社.
中華人民共和国環境保護部. 2011. 中国生物多様性保護戦略与行動計劃：2011-2030 年 [M]. 中国環境科学出版社.
周琛. 2007. インド生物多様性保護法律与実践 [J]. 中共済南市委党校学報, (1): 37-38.
周侃・盛科栄・樊傑ほか. 2020. 中国相対貧困地区高質量発展内涵及総合施策路径 [J]. 中国科学院院刊, 35(7): 895-906.
周敏. 2018. 基於森林資源清査体系的安徽省森林資源動態変化分析 [J]. 安徽林業科技, 44(1): 44-46,51.
朱万沢・範建容・王玉寛ほか. 2009. 長江上遊生物多様性保護重要性評価——以県域為評価単元 [J]. 生態学報, 29(5): 2603-2611.
荘貴陽・薄凡. 2018. 従自然中来，到自然中去——生態文明建設与基於自然的解決方案 [N]. 光明日報. 2018-09-12(14 版).
荘国泰・沈海濱. 2013. 生物多様性保護面臨的新問題和新挑戦 [J]. 世界環境, (4): 16-21.
祖慧琳・朱煜・鄭典元ほか. 2012. 太湖藍藻水華汚染対黄顙魚遺伝多様性的影響 [J]. 江蘇農業科学, 40(4): 37-40.
Anna V R, Elena S B, Tatiana A M, et al. 2020. Genetic analysis in earthworm population from area contaminated with radionuclides and heavy metals[J]. Science of the Total Environment, 723.
Australian Association for Environmental Education. 1987. Our Common Future[M].

New York: Oxford University Press.
Barrett G W, Peles J D. 1994. Optimizing habitat fragmentation: an agrolandscape perspective[J]. Landscape and Urban Planning, 28(1): 99-105.
Berlin Derpartment of Urban Development. 1995. Valuable Areas for Flora and Fauna[R]. http://www.stadtentwicklung.Berlin.de/umwelt/umweltatlas/ei503.htm.
Ceballos G, Ehrlich P R, Dirzo R. 2017. Biological annihilation via the ongoing sixth mass extinction signaled by vertebrate population losses and declines[J]. Proceedings of the National Academy of Sciences, 114(30): E6089-E6096.
Chen C, Park T, Wang X, et al. 2019. China and India lead in greening of the world through land-use management[J]. Nature Sustainability, 2(2): 122-129.
Chen S, Wang W, Xu W, et al. 2018. Plant diversity enhances productivity and soil carbon storage[J]. Proceedings of the National Academy of Sciences, 115(16): 4027-4032.
Clayton P, Schwartz W A. 2019. What Is Ecological Civilization? Crisis, Hope, and the Future of the Planet[M]. MN: Process Century Press.
Dai F, Nevo E, Wu D, et al. 2012. Tibet is one of the centers of domestication of cultivated barley[J]. Proceedings of the National Academy of Sciences, 109(42): 16969-16973.
David S W, Lawrence L M. 2005. How many endangered species are there in the united states?[J] Frontiers in Ecology and the Environment, 3(8): 414-420.
Deng J S, Wang K, Hong Y, et al. 2009. Spatio-temporal dynamics and evolution of land use change and landscape pattern in response to rapid urbanization[J]. Landscape and Urban Plying, 92: 187-198.
Fan J, Shen S, Erwin D H, et al. 2020. A high-resolution summary of cambrian to early triassic marine invertebrate biodiversity[J]. Science, 367(6475): 272-277.
Feng G, Mi X, Yan H, et al. 2016. CForBio: a network monitoring Chinese forest biodiversity[J]. Science Bulletin, 61(15): 1163-1170.
Forman R T T. 1983. Corridors in landscape: their ecological structure and function[J]. Ekologia(CSSR), 2: 375-378.
Forman R T T. 1995. Landscape Mosaics [M]. New York: Cambridge Unicersity Press.
Forman R T T, Godron M. 1986. Landscape Ecology[M]. New York: John Wiley & Sons.
Frankel O H, Brown A H D, Burdon J J. 1995. The Conservation of Plant Biodiversity[M]. Cambridge: Cambridge University Press.
Gare A, 王俊. 2019. 従"可持続発展"到"生態文明": 打贏生存之戦 [J]. 倫理与文明, (7): 117-134,184.
Hawksworth H D L. 1994. Biodiversity: measurement and estimation ‖ preface[J]. Philosophical Transactions Biological Sciences, 345(1311): 5-12.

Hu J, Huang Y, Jiang J, et al. 2019. Genetic diversity in frogs linked to past and future climate changes on the roof of the world[J]. The Journal of Animal Ecology, 88(6): 953-963.

ICBP. 1992. Putting Biodiversity On The Map: Priority Areas For Global Conservation[M]. Cambridge: ICBP

Intergovernmental Science Policy Platform on Biodiversity and Ecosystem Services (IPBES). 2019. Global Assessment Report on Biodiversity and Ecosystem Services[R].

Lena B M V, Gilles P, Ann F, et al. 1995. Structure and function of buffer strips from a water quality perspective in agriculture landscapes[J]. Landscape and Urban Planning, 31: 323-331.

Li H D, Gao Y Y, Li Y K, et al. 2017. Dynamic of Dalinor Lakes in the Inner Mongolian Plateau and its driving factors during 1976-2015[J]. Water, 9(10): 749.

Li S, Yuan W, Shi T M, et al. 2011. Dynamic analysis of ecological footprints of Nanchong City in the process of urbanization[J]. Procedia Engineering, 15: 5415-5419.

Li X Y, Bleisch W V, Jiang X L. 2018. Using large spatial scale camera trap data and hierarchical occupancy models to evaluate species richness and occupancy of rare and elusive wildlife communities in southwest China[J]. Diversity and Distributions, 24(11): 1560-1572.

Liu B, Yan J, Li W, et al. 2020. Mikania micrantha genome provides insights into the molecular mechanism of rapid growth[J]. Nature Communications, 11(1): 1-13.

Liu C, Chen L, Vanderbeck R M, et al. 2018. A Chinese route to sustainability: postsocialist transitions and the construction of ecological civilization[J]. Sustainable Development, 26: 741-748.

Liu H, Yan Z, Xu H, et al. 2017. Development and characterization of EST-SSR markers via transcriptome sequencing in *Brainea insignis* (Aspleniaceae S. L.)[J]. Applications in Plant Sciences, 5(10) : 1700067.

McNeely J A, Mainka S A. 2009. Conservation for A New Era[M]. Switzerland: IUCN.

McNeely J A, Miller K R, Reid W V, et al. 1990. Conserving the world's biological diversity[M]. Switzerland: International Union for Conservation of Nature and Natural Resources.

Meynard C N, Pierre-Emmanuel G, Michel L, et al. 2017. Climate-driven geographic distribution of the desert locust during recession periods: subspecies' niche differentiation and relative risks under scenarios of climate change[J]. Global Change Biology, 23(11) : 4739-4749.

Norse E A. 1986. Today's biotechnology[J]. Science, 233(4762): 404.

Pearce D W. 1995. Blueprint 4: Capturing Global Environmental Value[M]. London:

Earthscan

Piou C, Bacar M J, Ebbe M B, et al. 2017. Mapping the spatiotemporal distributions of the Desert Locust in Mauritania and Morocco to improve preventive management[J]. Basic and Applied Ecology, 25: 37-47.

Pisupat B. 2020. 生態文明和新型全球生物多様性框架 [EB/OL]. 中国生物多様性保護与緑色発展基金会訳. http://www.cbcgdf.org/NewsShow/4854/12105.html [2020-11-10].

Pouzols F M, Toivonen T, Di Minin E, et al. 2014. Global protected area expansion is compromised by projected land-use and parochialism[J]. Nature, 516(7531): 383-386.

Rybak A V, Belykh E S, Maystrenko T A, et al. 2020. Genetic analysis in earthworm population from area contaminated with radionuclides and heavy metals[J]. Science of the Total Environment, 723: 137920.

Sachs J, Schmidt-Traub G, Kroll C, et al. 2020. The Sustainable Development Goals and COVID-19. Sustainable Development Report 2020[M]. Cambridge: Cambridge University Press.

Song H, Huang S, Jia E, et al. 2020. Flat latitudinal diversity gradient caused by the Permian-Triassic mass extinction[J]. Proceedings of the National Academy of Sciences, 117(30): 17578-17583.

Tan M, Li X, Xie H, et al. 2005. Urban land expansion and arable land loss in China-a case study of Beijing-Tianjin-Hebei region[J]. Land Use Policy, 22(3): 187-196.

Tian Y, Jia M, Wang Z, et al. 2020. Monitoring invasion process of Spartina alterniflora by seasonal sentinel-2 imagery and an object-based random forest classification[J]. Remote Sensing, 12(9): 1383.

Turner R K. 1991. Economics of wetland management[J]. Ambio, 20: 59-63.

United Nations Environment Programme, World Conservation Monitoring Centre (UNEP-WCMC). 2008. Convention on Biological Diversity poster series[Z].

Vought L B M, Pinay G, Fuglsang A, et al. 1995. Structure and function of buffer strips from a water quality perspective in agriculture landscapes[J]. Landscape and Urban Planning, 31: 323-331.

Wang Z, Brown J H, Tang Z, et al. 2009. Temperature dependence, spatial scale, and tree species diversity in eastern Asia and North America[J]. Proceedings of the National Academy of Sciences, 106(32): 13388-13392.

Wang Z, Mao D, Li L, et al. 2015. Quantifying changes in multiple ecosystem services during 1992-2012 in the Sanjiang Plain of China[J]. Science of the Total Environment, 514: 119-130.

Wilcox B A. 1984. In Situ conservation of genetic resources: determinants of minimum area requirements[M]. In: McNeely J A, Miller K R. National Parks, Conservation and Development, Proceedings of the World Congress on National Parks. Washington DC: Smithsonian Institution Press: 18-30.

World Resources Institute (WRI), World Conservation Union (IUCN), United Nations Environment Programme (UNEP). 1992. Global biodiversity strategy[M]. Catalog card: library congress.

World Resources Institute (WRI). 2003. Ecosystems and human well-being: a framework for assessment[J]. Physics Teacher, 34(9): 534-534.

World Wildlife Fund (WWF). 1989. The importance of biological diversity[M]. Grand: WWF.

Xu W B, Svenning J C, Chen G K, et al. 2019. Human activities have opposing effects on distributions of narrow-ranged and widespread plant species in China[J]. Proceedings of the National Academy of Sciences, 116(52): 26674-26681.

Yuan L, Gong W F, Dang Y F, et al. 2013. Study on ecological risk of land use in urbanization watershed based on RS and GIS: a case study of Songhua River watershed in Harbin section[J]. Asian Agricultural Research, 5(3): 61-65.

監訳者あとがき

　本書は「生物多様性条約第 15 回締約国会議」(通称 COP15) 関係図書シリーズ (科学出版社) の中の一冊で、原名は『生物多様性保护与绿色发展之中国实践』(生物多様性の保護とグリーン発展の中国における実践) 2021 年 6 月であり、生態環境部と中国科学院を中心に編集委員会が立ち上げられ、主編者張恵遠氏の下、多くの学者・研究員が執筆に参加した。

　本書は、生物多様性の保護とグリーン発展に関する定義、人類の歴史に沿ったその発展経過から筆を起こし、視点を現代に移して、グローバルな取り組みと中国の取り組みを概観したのち、法制・政策など中国の国家的な取り組みに筆を移し、さらに都市と農村における取り組み、実践例を詳述し、最後に将来を見据えた戦略的対策を紹介している。

　中国において環境保護や自然資源管理に本格的に取り組み始めたのは 1990 年代から。1994 年、アメリカの民間研究所所長のレスター・R・ブラウンが、中国の人口急増による世界的な食糧危機への懸念を示した。中国は人口急増の対策として、国を挙げて穀物の増産に取り組み、成果を上げたが、耕地の開拓が自然破壊につながり、1997 年頃には黄河下流で水流がほぼ途絶える事態を招いた。ここから「退耕還林還草」キャンペーンが始まったことは記憶に新しい。

　その後、1997 年に入ると、刑法にも環境資源保護破壊罪や環境保護監督管理汚職罪が登場し、2001 年の「国家環境保護"十五"計画」では、三河 (淮河・海河・遼河)、三湖 (太湖・巣湖・滇池) と三峡ダムや南水北調ルートの淡水汚染、渤海湾の海水汚染、大気汚染・酸性雨などの抑制、重点都市や小都市の環境保護などが主要テーマとして掲げられた。2003 年に「クリーン生産促進法」が施行されたのは画期的なことで (2012 年改訂)、汚染防止のため、軽工業・化学工業・冶金・非鉄金属・建材・石炭・電力などの構造調整が一層進められ、また、相前後して「環境影響評価法」も施行 (2018 年改訂) されるなど、この頃から、環境保護や自然資源管理に関する法律が次々に施行された。

　しかし、汚染はこれらの取り組みをはるかに上回る勢いで進行した。2006 年に温家宝首相が第 6 回全国環境保護大会で環境友好型社会の建設を呼びかけ、「3 つの転換」を提唱し、4 つの任務と 8 つの措置を示唆した背景には、表流水が工業用水、農業用水にも使用できなくなり、渤海湾、東海を中心に大規模な赤潮が発生、漁業に甚大な影響を与え、国土の 3 分の 1 が深刻な酸性雨の被害を受けたことが背景にあった。日本からの環境技術の提供で、日中関係が一時的に好転したのもこの時期である。

　しかし、これらの努力も、リーマンショック後の経済回復優先でまた歯止めが利かなくなり、習近平政権登場後の 2014 年頃には環境破壊と環境汚染が深刻化していた。こうし

た状況を受け、政府はいよいよ本格的に環境問題に取り組み、大気十条・水十条・土十条を施行するとともに、2015年の「生態文明体制改革総合プラン」では2020年に向けた改革目標、6つの具体的改革プランを明示し、非常に厳しい〈新環境保護法〉も施行した。

一方、中国は、「生物多様性条約締約国会議」や「湿地条約（ラムサール条約）」、「気候変動枠組条約」、「国際植物保護条約」など様々な国際的取り組みにも積極的に参加し、国内での呼応した取り組みも積極的に行った。

習近平国家主席は中国の新たな地域発展計画として、第12次5ヵ年計画以降、「全国主体機能区計画」を全面的に推進し、その重要政策のひとつとして、「緑の山河は金山銀山」というスローガンの下、農村地域の発展を推進した。その動きと相まって、近年、中国では森林・草原・湿地などの回復が顕著だが、一方で、自然破壊も歯止めがかかったとは言えず、地球温暖化による異常気象がもたらす土砂崩れや洪水などの自然災害が発生する引き金にもなっている。このような状況に対する具体的対策のひとつとして、中国は、2015年にパリ協定を承認、2020年9月の国連総会では習近平国家主席が、中国は二酸化炭素排出量のピークを2030年とし、2060年には中和を達成するよう努力する、と表明した。森林資源は二酸化炭素を蓄積する役割を果たすため、中国は2030年までに45億㎡増やす計画を打ち出し、森林化可能地3000万ha、耕地の森林・草原復元可能地4000万haの活用も提唱している。

中国にとって、グリーン発展は、極めて現実的かつ切迫した課題であり、生物多様性もまた、今後の農村の振興や経済発展に欠かせないアイテムで、地域おこしのよりどころともなっている。筆者が中国を最初に訪問したのは1977年で、その後、年に3～5回は中国を訪問、東西南北、その発展ぶりを自らの目で確かめてきた。1980年頃、隴海線の窓から見た起伏に富んだ黄土高原はどこまで行ってもむき出しの黄土だけだった。しかし、今、隴海線を旅すると、あちこちに緑の林が林立している。三北での砂嵐との闘いは依然、苦戦が続いてはいるが、中国全土に緑が蘇りつつあり、生態系の持続的回復は事実で、その間の中国人民の努力には敬意を表するべきである。

本書を通して、読者は中国各行政府や学者、研究者の弛まぬ取り組みの足跡をたどることができ、また、今後に大きな期待を寄せるだろう。「持之以恒」は中国人の誇るべき精神であり、「久久為功」は現代のスローガンになっている。

我々日本もまた、中国の取り組みに学ぶべきところが甚だ多い。

三潴正道
2024年5月

著者略歴
張恵遠
中国環境科学研究院生態文明研究センター主任、研究員。主に生態環境の保護と修復、都市・農村生態環境の計画と管理、生物多様性保護政策、生態文明戦略などの領域の研究活動に従事。主な著作に『青蔵高原区域生態環境保護戦略研究』『広東省環境保護戦略研究』『流域生態補償と実践研究』『流域生態の保障と汚染賠償メカニズムの研究』などがある。

郝海広
1981年生まれ。博士。中国環境科学研究院生態文明研究中心センター副主任、副研究員。主に生態文明建設の評価と計画、資源環境の効果測定と管理、山河・森林・田畑・湖沼・草原システムの評価と総合監督管理技術などの研究活動に従事。著作2部、学術論文50余篇。

張強
1982年生まれ。博士。中国環境科学研究院副研究員。

監訳者略歴
三潴正道
1948年生まれ。麗澤大学名誉教授、NPO法人日中翻訳活動推進協会（而立会）名誉会長。主な研究分野は、現代中国分析、日中異文化コミュニケーション論、「論説体（現代書き言葉）中国語」の研究と翻訳理論など。
著書に『中国語論説体読解力養成講座』、『時事中国語の教科書（シリーズ）』、『中国時事問題解説（シリーズ）』など約60冊、翻訳／監訳書に『習近平の思想と知恵』『現代中国の宗教と役割』『世界の屋根－チベットの生き物』『図解現代中国の軌跡　経済／政治／教育／国防』、『中国の現代化理論とその戦略』など十数冊がある。

翻訳者略歴（翻訳グループ「やまもも」）
曽根英理子
NPO法人日中翻訳活動推進協会（而立会）翻訳士。明治大学文学部史学地理学科卒（東洋史学専攻）。

袴田奈々
NPO法人日中翻訳活動推進協会（而立会）上級翻訳士。聖徳大学大学院言語文化研究科日本文化専攻博士後期課程満期退学。

早川三枝子
NPO法人日中翻訳活動推進協会（而立会）上級翻訳士。早稲田大学第一文学部卒（東洋史専修）。

中島慧
NPO法人日中翻訳活動推進協会（而立会）翻訳士。麗澤大学大学院言語教育研究科比較文明文化専攻博士課程修了。

中国における生物多様性の保全とその実践

2024 年 9 月 6 日　初版第 1 刷発行

著　者	張恵遠・郝海広・張強　ほか
監訳者	三潴正道
翻訳者	やまもも
発行者	黄琛
発行所	科学出版社東京株式会社
	〒 113-0034　東京都文京区湯島 2-9-10 石川ビル
	TEL 03-6803-2978　FAX 03-6803-2928
	http://www.sptokyo.co.jp/
編　集	角田由紀子
装　丁	長井究衡
組版・印刷・製本	モリモト印刷株式会社

ISBN 978-4-907051-90-7 C1040

Original Chinese Edition @ China Science Publishing & Media Ltd., 2021.
All Rights Reserved.
定価はカバーに表示しております。乱丁・落丁本は小社までご連絡ください。お取り替えいたします。
本書の無断転載・複写は、著作権法上での例外を除き禁じられています。